退耕还林工程

生态效益监测国家报告

■ 国家林业局

图书在版编目（CIP）数据

2016退耕还林工程生态效益监测国家报告 / 国家林业局著.
—北京：中国林业出版社，2017.12
ISBN 978-7-5038-8804-5

Ⅰ. ①2… Ⅱ. ①国… Ⅲ. ①退耕还林-生态效应-监测-研究报告-中国-2016 Ⅳ. ①S718.56

中国版本图书馆CIP数据核字（2017）第326747号

审图号：GS（2018）2116号

中国林业出版社·生态保护出版中心

责任编辑 刘家玲 甄美子

出版发行 中国林业出版社（100009 北京市西城区德内大街刘海胡同7号）
电话：(010)83143519 83143616
http://lycb.forestry.gov.cn

制　版 北京美光设计制版有限公司
印　刷 固安县京平诚乾印刷有限公司
版　次 2018年1月第1版
印　次 2018年1月第1次
开　本 889mm×1194mm 1/16
印　张 15.75
印　数 1～3300册
字　数 330千字
定　价 160.00元

《退耕还林工程生态效益监测国家报告（2016）》
编辑委员会

协调保障组负责人：段　昆　张英豪　宋庆丰
协调保障组成员：胡　俊　张进献　周长东　王　海　赵润林　聂　忠　肖　斌
肖昌友　周书清　雷永松　蒋达权　李贵玉　廖秀云　张洪明　周　军　董德昆
罗　琦　寇明逸　王治啸　郑海龙　籍　洋

报告编写组负责人：高　鹏　牛　香　王　慧
报告编写组成员：陈　波　徐丽娜　高瑶瑶　王　慧　宋庆丰　陶玉柱　刘胜涛
黄龙生　潘勇军　郭　慧　王　丹　房瑶瑶　张维康　师贺雄　周　梅　杨会侠
秦　岭　曾　楠　王雪松　丁访军　李少宁

项目名称：
退耕还林工程生态效益监测国家报告（2016）

项目主管单位：
国家林业局退耕还林（草）工程管理中心

项目实施单位：
中国林业科学研究院

项目合作单位：
北京市园林绿化局防沙治沙办公室
天津市林业局
河北省林业厅项目管理中心
山西省造林局退耕还林办公室
内蒙古自治区退耕还林和外援项目管理中心
辽宁省退耕还林工程中心
吉林省林业厅
黑龙江省林业厅造林绿化管理处
安徽省林业厅造林经营总站
江西省生态工程建设管理中心
河南省退耕还林和天然林保护工程管理中心
湖北省林业厅退耕还林管理中心
湖南省林业厅退耕还林办公室
广西壮族自治区退耕还林管理办公室
海南省林业厅营林处
重庆市退耕还林管理中心

四川省退耕还林工程管理中心
贵州省退耕还林工程管理中心
云南省林业厅退耕还林办公室
西藏自治区林业厅退耕还林办公室
陕西省退耕还林工程管理中心
甘肃省林业厅退耕还林工程建设办公室
青海省退耕还林还草工程管理办公室
宁夏回族自治区治沙防沙与退耕还林工作站
新疆维吾尔自治区退耕还林领导小组办公室
新疆生产建设兵团林业局退耕还林办公室
北京农学院
海南大学

支持机构与项目基金:
中国森林生态系统定位观测研究网络（CFERN）
国家林业局“退耕还林工程生态效益监测与评估”专项资金
北京市林果业生态环境功能提升协同创新中心（科技创新服务能力建设–科研基地建设–林果业生态环境功能提升协同创新中心（2011协同创新中心）（市级），PXM2017_014207_000024）
林业公益性行业科研专项项目“森林生态服务功能分布式定位观测与模型模拟”（201204101）
国家发展和改革委员会项目“森林生态服务价值分季度测算研究”
江西大岗山森林生态系统国家野外科学观测研究站

特别提示

1.本报告针对我国前一轮退耕还林工程所有涉及地区的生态效益进行监测与评估，范围包括北京、天津、河北、山西、内蒙古、辽宁、吉林、黑龙江、安徽、江西、河南、湖北、湖南、广西、海南、重庆、四川、贵州、云南、西藏、陕西、甘肃、青海、宁夏、新疆等25个省（自治区、直辖市）和新疆生产建设兵团；

2.严格按照中华人民共和国林业行业标准《退耕还林工程生态效益监测与评估规范》（LY/T 2573-2016）对研究区退耕还林工程生态效益进行评估；

3.评估指标包含：涵养水源、保育土壤、固碳释氧、林木积累营养物质、净化大气环境、森林防护和生物多样性保护7类功能15项指标，并将退耕还林工程营造林滞纳TSP、PM_{10}、$PM_{2.5}$指标进行单独评估，《退耕还林工程生态效益监测国家报告（2014）》中涉及的13个省份的滞纳TSP、PM_{10}、$PM_{2.5}$物质量采用2014年国家报告中的测算方法，即按照以上三种生态效益占相应滞尘量的比例计算，其余省份采用各项生态效益实测值计算；

4.本报告价格参数来源于社会公共数据集，除2014年已测算的13个省份仍采用《退耕还林工程生态效益监测国家报告（2014）》中的社会公共数据表外，其余工程省以2015年底至2016年作为前一轮退耕还林工程生态效益评估价值基准年，根据贴现率将非基准年份价格参数转换为基准年价格，本报告中内蒙古自治区、陕西省和重庆市提交的退耕还林资源面积比《退耕还林工程生态效益监测国家报告（2014）》中资源面积少，是本报告中相关地区部分生态功能物质量和价值量较《退耕还林工程生态效益监测国家报告（2014）》低的原因；

5.本报告中涉及的资源面积均为各工程省提交的1999—2015年底的退耕还林工程实际完成并成林能产生生态效益的森林面积，不包含退耕还草面积、2016年退耕还林还草面积；涉及的工程县（区、市、州）仅包括1999—2015年实施退耕还林工程的县级行政区域。本报告中全国退耕还林工程资源数据由国家林业局退耕还林（草）工程管理中心负责审核，各工程省和新疆生产建设兵团范围内的退耕还林工程资源数据由各工程省和新疆生产建设兵团林业厅（局）退耕还林主管部门负责质量控制。

前言

前一轮退耕还林工程累计安排退耕地还林13896.2万亩、荒山荒地造林26182.5万亩、封山育林4650万亩，国家总投入达4400多亿元。为全面评估前一轮退耕还林生态效益，客观地反映退耕还林对我国生态建设做出的巨大贡献，回应社会各界对退耕还林的热切关注。在国家林业局的统一部署下，国家林业局退耕还林（草）工程管理中心组织中国林业科学研究院等单位相关专家共同参与，对包括北京、天津、河北、山西、内蒙古、辽宁、吉林、黑龙江、安徽、江西、河南、湖北、湖南、广西、海南、重庆、四川、贵州、云南、西藏、陕西、甘肃、青海、宁夏、新疆等前一轮退耕还林所有工程省（自治区、直辖市）和新疆生产建设兵团进行了评估，完成了《退耕还林工程生态效益监测国家报告（2016）》（以下简称《报告》）。

《报告》以针对6个重点工程省的《退耕还林工程生态效益监测国家报告（2013）》，针对长江、黄河中上游地区的《退耕还林工程生态效益监测国家报告（2014）》和针对北方沙化和严重沙化地区的《退耕还林工程生态效益监测国家报告（2015）》3本国家报告为基础，在技术标准上，严格遵照中华人民共和国林业行业标准《退耕还林工程生态效益监测与评估规范》（LY/T 2573-2016）确定的监测与评估方法开展工作。在数据采集上，利用全国退耕还林工程生态连清数据集、资源连清数据集和社会公共数据集，其中生态连清数据集包括退耕还林工程生态效益专项监测站34个、中国森林生态系统定位观测研究网络（CFERN）所属的森林生态系统定位观测研究站74个、以林业生态工程为观测目标的辅助观测点230多个以及固定样地的数据8500多块。在测算方法上，采用分布式测算方法，分别针对所有工程省份开展效益评估，同时按照3种植被恢复模式（退耕地还林、宜林荒山荒地造林、封山育林）、3个林种（生态林、经济林、灌木林）和优势树种（组）的五级分布式测算等级，划分为14924个相对均质化的生态效益测算单元进行评估测算。在评估指标上，由涵养水源、保育土壤、固碳释氧、林木积累营养物质、净化大气环境、森林防护和生物多样性保护等7类功能15项指标构成。

《报告》结果表明，截至2016年，我国前一轮退耕还林25个工程省（自治区、直辖市）和新疆生产建设兵团物质量评估结果为：涵养水源385.23亿立方米/年、固土63355.50万吨/年、保肥2650.28万吨/年、固碳4907.85万吨/年、释氧11690.79万吨/年、林木积累营养物质107.53万吨/年、提供空气负离子8389.38×10^{22}个/年、吸收污染物314.83万吨/年、滞尘47616.42万吨/年（其中，滞纳TSP 38093.16万吨/年，滞纳PM_{10} 3296.35万吨/年，滞纳$PM_{2.5}$1318.36万吨/年）、防风固沙71225.85万吨/年。按照2016年现价评估，全国退耕还林工程每年产生的生态效益总价值量为13824.49亿元，其中，涵养水源4489.98亿元、保育土壤1145.98亿元、固碳释氧2198.93亿元、林木积累营养物质143.48亿元、净化大气环境3438.06亿元（其中，滞纳TSP 367.75亿元，滞纳PM_{10} 933.95亿元，滞纳$PM_{2.5}$1387.84亿元）、生物多样性保护1802.44亿元、森林防护605.62亿元。

本报告首次对我国前一轮退耕还林工程所有涉及省份的生态效益的物质量和价值量进行评估，全面评价了我国退耕还林工程建设成效，提高了人们对退耕还林工程的认知程度，为已有退耕还林成果的巩固和新一轮退耕还林的深入推进奠定了基础，推动了我国生态文明建设。《报告》在起草的过程中得到了国家林业局有关领导、相关司局的大力支持。在评估过程中，所有工程省工程和相关技术支撑单位的人员付出了辛勤的劳动。在此一并表示敬意和感谢。

退耕还林工程生态效益监测与评估工作涉及多个学科，监测与评估过程极为复杂，本报告在前3次报告的基础上，进一步完善了监测与评估方法和指标体系。我们相信，随着工作的不断深入开展，退耕还林工程生态效益监测与评估工作会越来越完善。在此，敬请广大读者提出宝贵意见，以便在今后的工作中及时改进。

编委会

2017年9月

目录

第三章　全国退耕还林工程生态效益物质量评估

第四章　全国退耕还林工程生态效益价值量评估

第五章　全国退耕还林工程社会经济生态三大效益耦合分析

第一章

全国退耕还林工程生态连清体系

全国退耕还林工程生态效益监测与评估采用全国退耕还林工程生态连清体系（图1-1）（王兵，2016），该体系是全国退耕还林工程生态效益全指标体系连续观测与清查体系的简称，指以生态地理区划为单位，依托国家林业局现有森林生态系统定位观测研究站（简称“森林生态站”）、全国退耕还林工程生态效益专项监测站（简称“生态效益专项监测站”）和辅助观测点，采用长期定位观测技术和分布式测算方法，定期对全国退耕还林工程生态效益进行全指标体系观测和清查，它与全国退耕还林工程资源连续清查相耦合，评估一定时期和范围内全国退耕还林工程生态效益，进一步了解该地区退耕还林工程生态效益的动态变化。

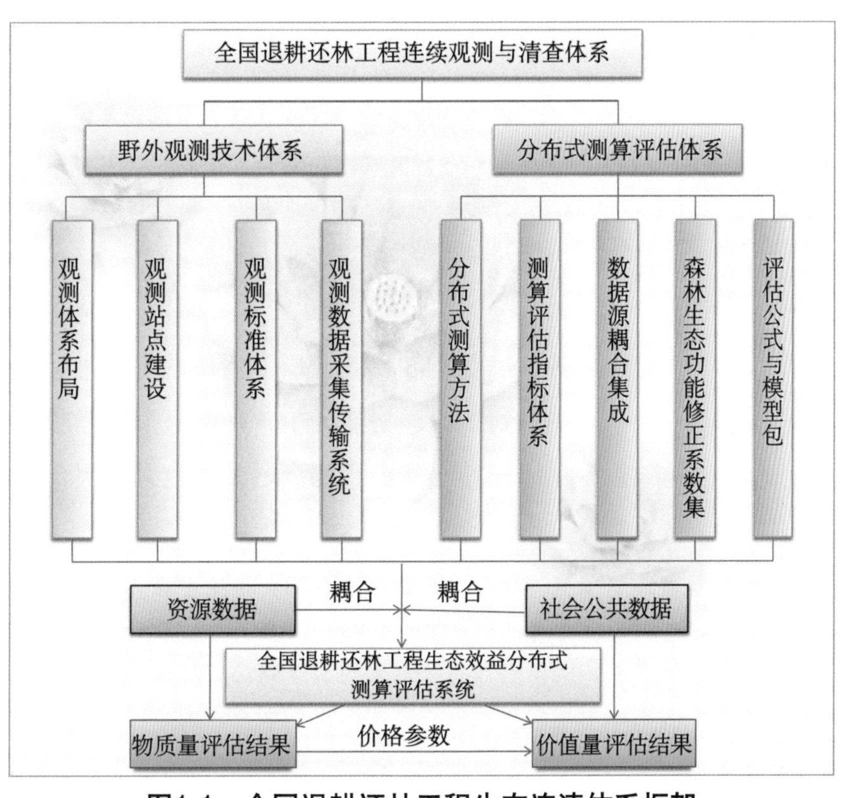

图1-1　全国退耕还林工程生态连清体系框架

1.1 全国退耕还林工程野外观测连清体系

全国退耕还林工程区的自然条件和社会经济发展状况各有不同，因此在监测方法、监测指标上应具有统一的标准。野外观测连清体系是评估的数据保证，其基本要求是统一测度、统一计量和统一描述。野外观测连清体系包含了观测体系布局、观测站点建设、观测标准体系和观测数据采集传输系统等多个模块。

生态功能监测与评估区划是以正确认识区域生态环境特征、生态问题性质及产生的根源为基础，依据区域生态系统服务功能的不同、生态敏感性的差异和人类活动影响程度，分别采取不同的对策，是实施区域生态功能监测与评估分区管理的基础和前提。

1.1.1 生态功能监测与评估区划布局

野外观测连清体系是构建退耕还林工程生态连清体系的重要基础，而生态功能监测与评估区划布局是退耕还林工程生态连清体系的平台。为了做好这一基础工作，首先需要考虑如何构建生态功能监测与评估区划布局。全国退耕还林工程涉及我国自然、经济和社会条件各不相同的各个地区，只有进行科学的生态功能监测与评估区划，才能反映所有地区退耕还林工程生态效益的差异。

森林生态系统服务全指标体系连续观测与清查技术（简称“森林生态连清”）是以生态地理区划为单位，以国家现有森林生态站为依托，采用长期定位观测技术和分布式测算方法，定期对同一森林生态系统进行重复的全指标体系观测与清查的技术，它可以配合国家森林资源连续清查，形成国家森林资源清查综合调查新体系，用以评价一定时期内森林生态系统的质量状况，进一步了解森林生态系统的动态变化。

全国退耕还林工程生态效益监测站点分布，将CFERN所属的森林生态站与退耕还林工程生态效益专项监测站点位置叠加到各生态功能区中，确保每个生态功能区内至少有1～2个森林生态站、生态效益专项监测站或辅助观测点以及样地。本次全国退耕还林工

森林生态系统定位观测研究站（简称“森林生态站”）是通过在典型森林地段，建立长期观测点与观测样地，对森林生态系统的组成、结构、生产力、养分循环、水循环和能量利用等在自然状态下或某些人为活动干扰下的动态变化格局与过程进行长期定位观测，阐明森林生态系统发生、发展和演替的内在机制和自身的动态平衡，以及参与生物地球化学循环过程的长期定位观测站点。

程森林生态连清共选择34个生态效益专项监测站、74个森林生态站、以林业生态工程为观测目标的230多个辅助观测点和8500多块固定样地，借助生态效益监测与评估区划布局体系，可以满足全国退耕还林工程生态效益监测和科学研究需求。全国退耕还林工程生态效益监测站点分布如图1-2所示。

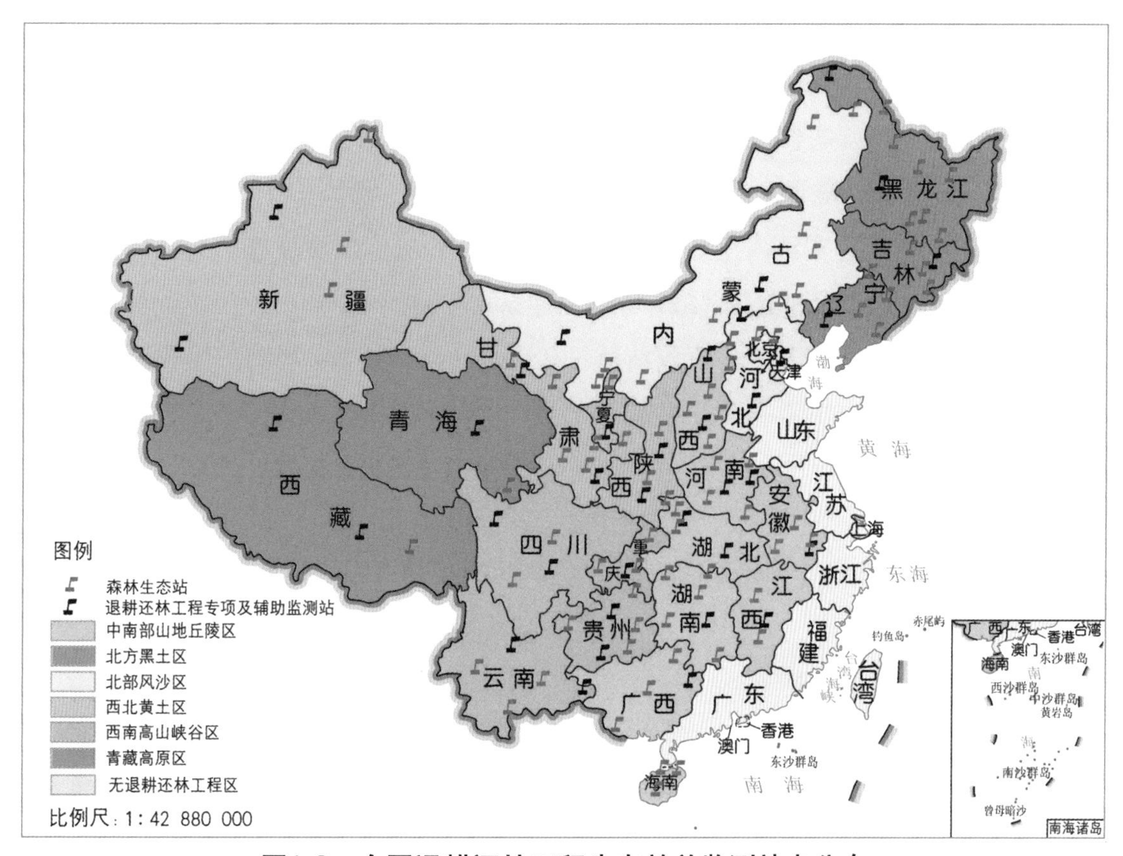

图1-2　全国退耕还林工程生态效益监测站点分布

目前森林生态站、生态效益专项监测站以及辅助观测点在生态功能区的布局上能够充分体现区位优势和地域特色，兼顾了在国家、地方等层面的典型性和重要性，可以承担相关站点所属区域的退耕还林工程森林生态连清工作。

退耕还林工程生态效益专项监测站是指承担退耕还林工程生态效益监测任务的各类野外观测台站。通过定位监测、野外试验等手段，运用森林生态效益评价的原理和方法，通过退耕后林地的生态环境与退耕前农耕地、坡耕地的生态环境发生的变化作对比，对退耕还林工程的防风固沙、净化大气环境、固碳释氧、生物多样性保护、涵养水源、保育土壤和林木积累营养物质等功能进行评估。

1.1.2 观测站点建设

森林生态站与生态效益专项监测站作为全国退耕还林工程生态效益监测的两大平台，在建设时坚持“统一规划、统一布局、统一建设、统一规范、统一标准、资源整合、数据共享”的原则（王兵，2015）。

依据中华人民共和国林业行业标准《森林生态系统定位研究站建设技术要求》（LY/T 1626-2005）（国家林业局，2005），森林生态站和生态效益专项监测站的建设，涵盖了森林生态连清野外观测所需要的基础设施、观测设施和仪器设备的建设等。森林生态站都配有功能用房和辅助用房建设，综合实验楼包括数据分析室、资料室和化学分析实验室等。同时也包括观测用车、观测区道路、供水设施、供电设施、供暖设施、通讯设施、标识牌、综合实验楼周围围墙和宽带网络等方面的建设。

森林生态站和生态效益专项监测站都建有地面气象观测场、林内气象观测场、测流堰、水量平衡场、坡面径流场、长期固定标准地和综合观测铁塔等基本观测设施。同时，按照中华人民共和国林业行业标准《森林生态系统定位观测指标体系》（LY/T 1606-2003）（国家林业局，2003）观测需要，各项指标的观测均配有相应符合规范的仪器设备，保证了数据的准确性、连续性、全面性和可用性。

1.1.3 观测标准体系

观测标准体系是退耕还林工程野外观测连清体系的技术支撑。全国退耕还林工程生态效益监测与评估所依据的标准体系如图1-3所示，包含了从退耕还林工程生态效益监测站

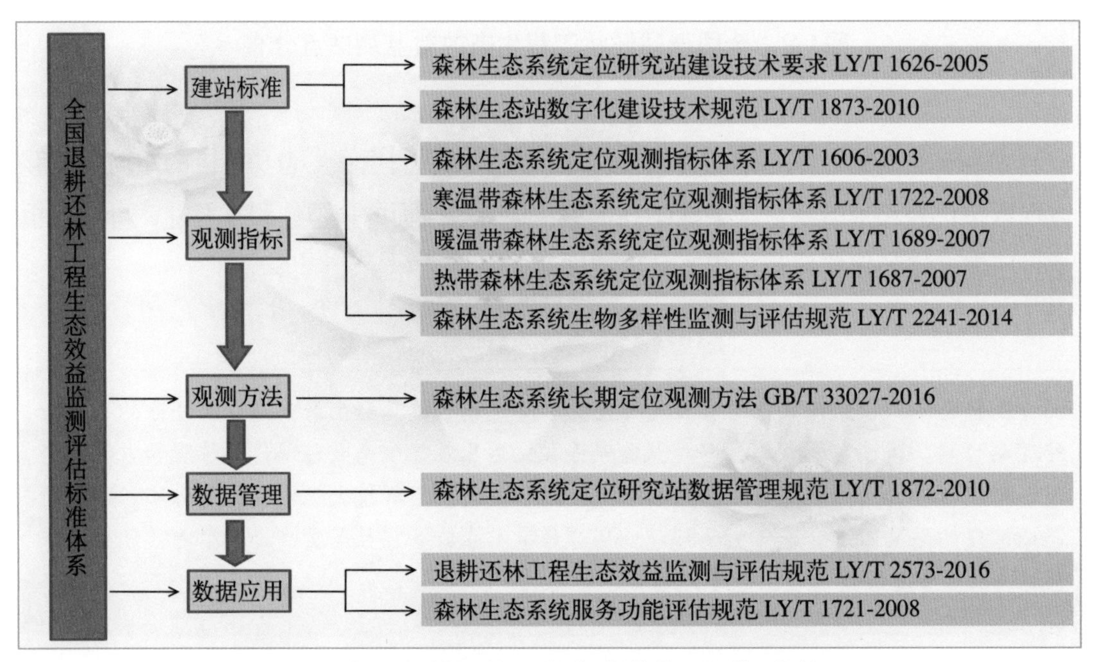

图1-3　全国退耕还林工程生态效益观测标准体系

点建设到观测指标、观测方法和数据管理，乃至数据应用各个阶段的标准。退耕还林工程生态效益监测站点建设、观测指标、观测方法、数据管理及数据应用的标准化，保证了不同站点所提供退耕还林工程生态连清数据集的准确性和可比性，为全国退耕还林工程生态效益监测与评估的顺利实施提供了保障。

1.1.4 观测数据采集传输

在全国退耕还林工程生态效益监测与评估中，数据是监测与评估的基础。为了加强管理，实现数据资源共享，森林生态站、退耕还林工程生态效益专项监测站及辅助观测点的数据采集严格按照中华人民共和国林业行业标准《森林生态系统定位研究站数据管理规范》（LY/T 1872-2010）（国家林业局，2010a）和《森林生态站数字化建设技术规范》（LY/T 1873-2010）（国家林业局，2010b），对各种数据的采集、传输、整理、计算、存档、质量控制和共享等进行了规范要求，按照同一标准进行观测数据的数字化采集和管理，实现了全国退耕还林工程生态效益监测与评估数据的自动化、数字化、网络化、智能化和可视化，充分利用云计算、物联网、大数据和移动互联网等新一代数据技术，提高了全国退耕还林工程生态连清数据的可比性。

在生态站数字化建设方面，全国退耕还林工程生态效益监测站点在观测数据采集过程中使用了大量全自动采集系统，如自动气象站、自动流量计、树干径流测量系统等，采集的数据量增多、精度也大为提高。随着观测仪器自动化的提高，观测数据得以远程数据传输，为全国退耕还林工程生态效益监测与评估提供了观测数据采集及传输的基本保障。

1.2 全国退耕还林工程分布式测算评估体系

1.2.1 分布式测算方法

分布式测算体系是退耕还林工程生态连清体系的精度保证体系，可以解决森林生态系统结构复杂、森林类型较多、森林生态状况测算难度大、观测指标体系不统一和尺度转化困难的问题。

> 分布式测算源于计算机科学，是研究如何把一项整体复杂的问题分割成相对独立运算的单元，并将这些单元分配给多个计算机进行处理，最后将计算结果统一合并得出结论的一种计算科学。

全国退耕还林工程生态效益测算是一项非常庞大、复杂的系统工程，适合划分成多个均质化的生态测算单元开展评估（Niu *et al.*, 2012）。因此，分布式测算方法是目前评估退耕还林工程生态效益所采用的较为科学有效的方法。并且，通过《退耕还林工程生态效益监测国家报告（2013）》（国家林业局，2014）、《退耕还林工程生态效益监测国家报告（2014）》（国家林业局，2015b）以及《退耕还林工程生态效益监测国家报告（2015）》（国家林业局，2016）证实，分布式测算方法能够保证结果的准确性及可靠性。

2016年按工程省分布式测算方法为：①按照全国退耕还林工程监测与评估工程省划分为26个一级测算单元；②每个一级测算单元按照市（盟、自治州、地区和师）划分为287个二级测算单元；③每个二级测算单元按照不同退耕还林工程植被恢复模式分为退耕地还林、宜林荒山荒地造林和封山育林3个三级测算单元；④按照退耕还林林种将每个三级测算单元再分成生态林、经济林和灌木林3个四级测算单元；⑤将四级测算单元按优势树种组分为五级测算单元。最后，结合不同立地条件的对比分析，确定14924个相对均质化的生态效益评估单元（图1-4）。

基于生态系统尺度的定位实测数据，运用遥感反演和模型模拟等技术手段，进行由点到面的数据尺度转换，将点上实测数据转换至面上测算数据，得到各生态效益评估单元的

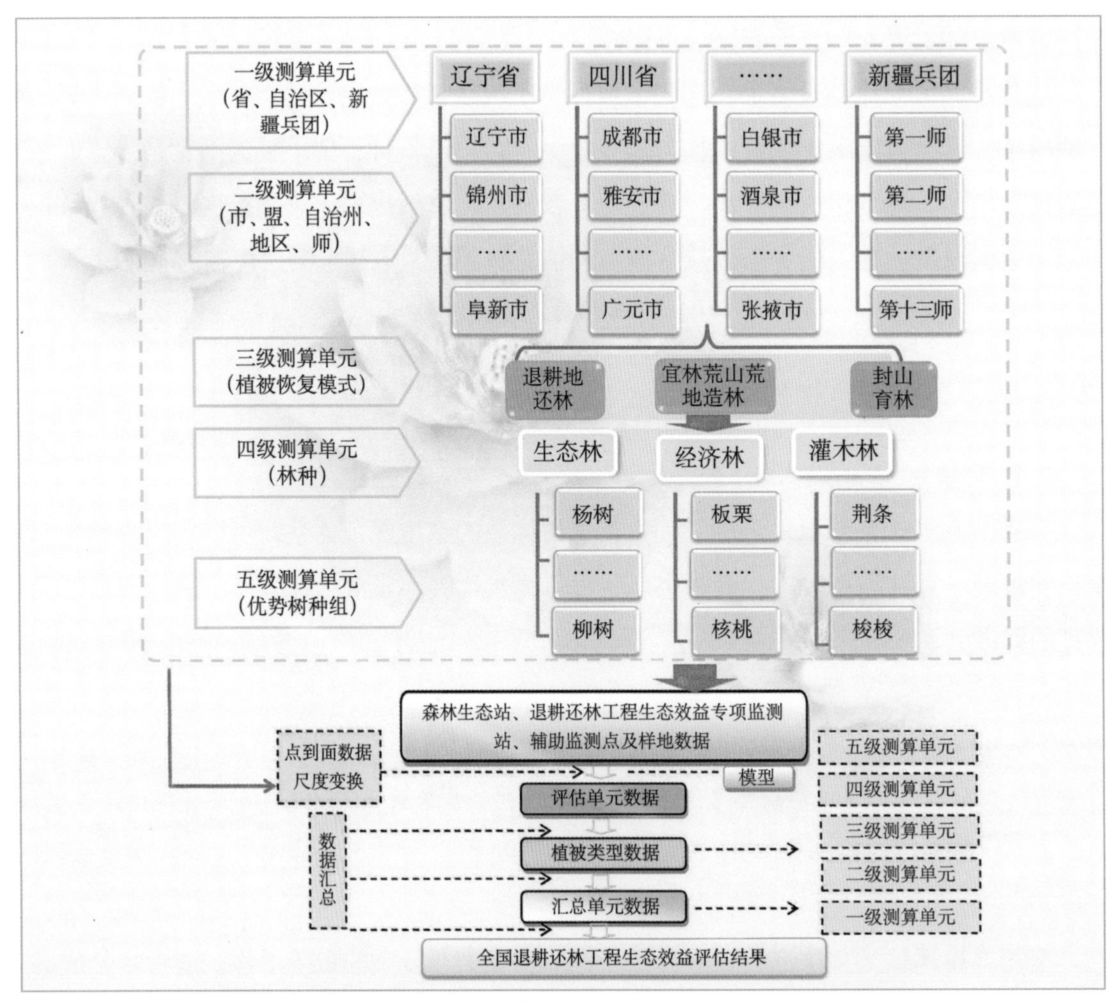

图1-4　全国退耕还林工程生态效益分布式测算评估体系

测算数据；以上均质化的单元数据累加的结果即为全国退耕还林工程评估区域生态效益测算结果。

1.2.2 测算评估指标体系

在满足代表性、全面性、简明性、可操作性以及适应性等原则的基础上，通过总结近年来的工作及研究结果，依据中华人民共和国林业行业标准《退耕还林工程生态效益监测与评估规范》（LY/T 2573-2016）（国家林业局，2016），本次评估选取的测算评估指标体系包括涵养水源、保育土壤、固碳释氧、林木积累营养物质、净化大气环境、生物多样性保护和森林防护7类功能15项评估指标。本次评估的创新之处在于将森林植被滞纳TSP、PM_{10}、$PM_{2.5}$ 指标进行单独测算评估（图1-5），同时在《退耕还林工程生态效益监测国家报告（2014）》的基础上增加了森林防护功能的农田防护指标，使得整个测算评估结果更具针对性和全面性。其中，降低噪音和降温增湿指标的测算评估方法尚未成熟，因此本报告未涉及该方面的评估。基于相同原因，在吸收污染物指标中不涉及吸收重金属的指标评估。

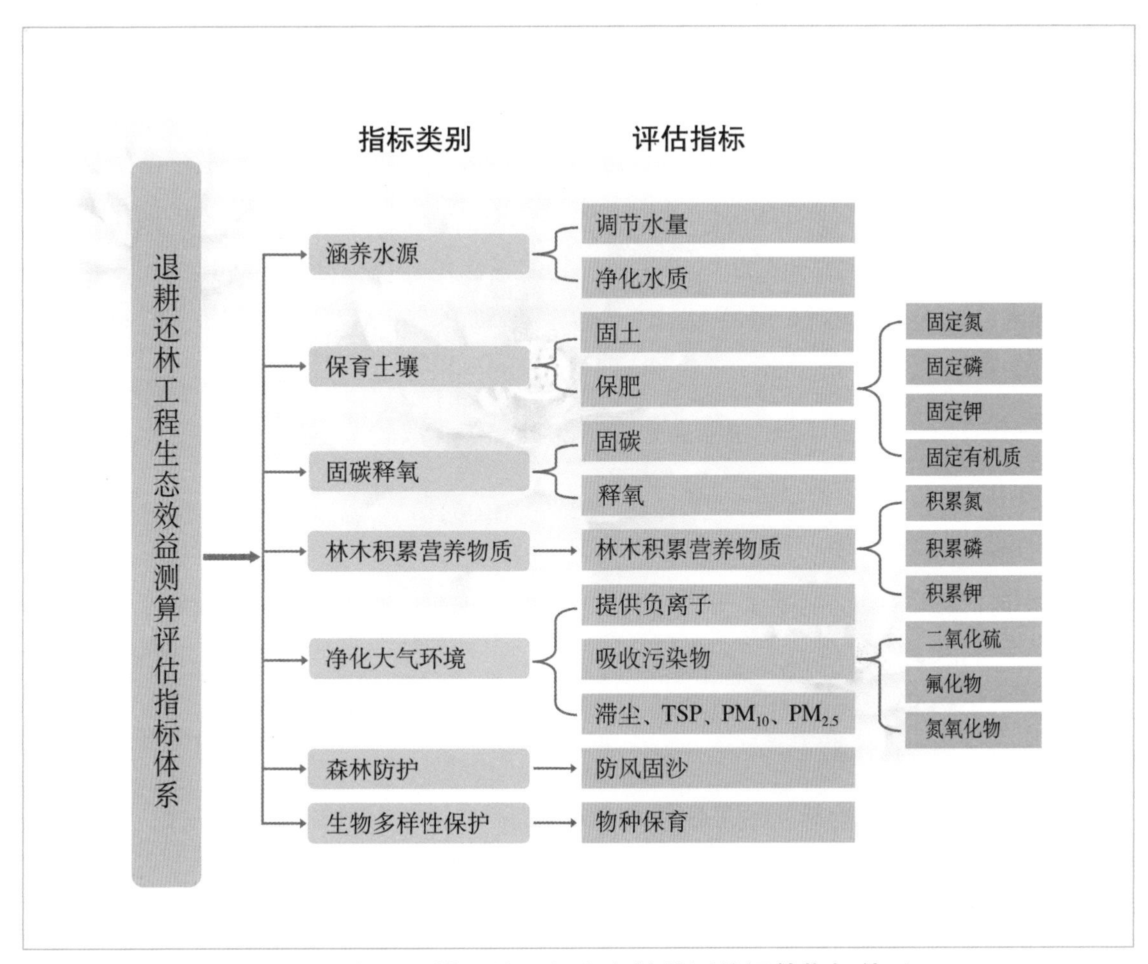

图1-5 全国退耕还林工程生态效益测算评估指标体系

1.2.3 数据源耦合集成

全国退耕还林工程生态系统服务功能评估分为物质量和价值量两部分。物质量评估所需数据来源于全国退耕还林工程生态连清数据集和退耕还林工程资源连清数据集；价值量评估所需数据除以上两个来源外还包括社会公共数据集。

物质量评估主要是对生态系统提供服务的物质数量进行评估，即根据不同区域、不同生态系统的结构、功能和过程，从生态系统服务功能机制出发，利用适宜的定量方法确定生态系统服务功能的质量数量。物质量评估的特点是评价结果比较直观，能够比较客观地反映生态系统的生态过程，进而反映生态系统的可持续性。

价值量评估主要是利用一些经济学方法对生态系统提供的服务进行评价。价值量评估的特点是评价结果用货币量体现，既能将不同生态系统与一项生态系统服务进行比较，也能将某一生态系统的各单项服务综合起来。运用价值量评价方法得出的货币结果能引起人们对区域生态系统服务给予足够的重视。

（1）全国退耕还林工程生态连清数据集 全国土地退耕还林工程生态连清数据集来源于34个生态效益专项监测站、CFERN所属的74个森林生态站（图1-2）、230多个辅助观测点以及8500多块样地，依据中华人民共和国林业行业标准《退耕还林工程生态效益监测与评估规范》（LY/T 2573-2016）（国家林业局，2016）、《森林生态系统服务功能评估规范》（LY/T 1721-2008）（国家林业局，2008）和《森林生态系统长期定位观测方法》（GB/T 33027-2016）（国家林业局，2016）等获取的全国退耕还林工程生态连清数据。

（2）全国退耕还林工程资源清查数据集 全国退耕还林工程资源清查工作主要由国家林业局退耕还林（草）工程管理中心牵头，各工程省退耕还林工程管理机构负责组织有关部门及其科技支撑单位，于每年3月前，将上一年本省的退耕还林工程三种植被恢复模式中各退耕还林树种营造面积和林龄等资源数据进行清查，最终整合上报至国家林业局退耕还林（草）工程管理中心。

（3）社会公共数据集 全国退耕还林工程生态效益评估中所使用的社会公共数据主要采用我国权威机构公布的社会公共数据（附表4），分别来源于《关于加快建立完善城镇居民用水阶梯价格制度的指导意见》、《中华人民共和国水利部水利建筑工程预算定额》、农业部信息网（http://www.agri.gov.cn/）、卫生部网站（http://wsb.moh.gov.cn/）和中华人民共和国国家发展和改革委员会等四部委2003年第31号令《排污费征收标准及计算方法》等。

图1-6　全国退耕还林工程数据源耦合集成

将上述三类数据源有机地耦合集成（图1-6），应用于一系列的评估公式中，即可获得全国退耕还林工程生态系统服务功能评估结果。

1.2.4 森林生态功能修正系数集

森林生态系统服务功能价值量的合理测算对绿色国民经济核算具有重要意义，社会进步程度、经济发展水平和森林资源质量等对森林生态系统服务功能均会产生一定影响，而森林自身结构和功能状况则是体现森林生态系统服务功能可持续发展的基本前提。“修正”作为一种状态，表明系统各要素之间具有相对“融洽”的关系。当用现有的野外实测值不能代表同一生态单元同一目标林分类型的结构或功能时，就需要采用森林生态功能修正系数（Forest Ecological Function Correction Coefficient，简称FEF-CC）客观地从生态学精度的角度反映同一林分类型在同一区域的真实差异。其理论公式为：

$$FEF-CC=\frac{B_e}{B_o}=\frac{BEF\cdot V}{B_o} \qquad 1\text{-}1$$

公式中：

$FEF\text{-}CC$—森林生态功能修正系数；

B_e—评估林分的生物量（千克/立方米）；

B_o—实测林分的生物量（千克/立方米）；

BEF—蓄积量与生物量的转换因子；

V—评估林分的蓄积量（立方米）。

实测林分的生物量可以通过退耕还林工程生态连清的实测手段来获取，而评估林分的生物量在本次退耕还林工程资源连续清查中还未完全统计，但其蓄积量可以获取（附表1）。因此，通过评估林分蓄积量和生物量转换因子（BEF，附表2）或者评估林分的蓄积量、胸径和树高（附表3），测算评估林分的生物量（Fang *et al*.，2001）。

1.2.5 贴现率

全国退耕还林工程生态系统服务功能价值量评估中，由物质量转价值量时，部分价格参数并非评估年价格参数，因此需要使用贴现率将非评估年价格参数换算为评估年份价格参数以计算各项功能价值量的现价。本评估中所使用的贴现率指将未来现金收益折合成现在收益的比率。贴现率是一种存贷款均衡利率，利率的大小主要根据金融市场利率来决定，其计算公式为：

$$t=(Dr+Lr)/2 \quad 1\text{-}2$$

公式中：

t—存贷款均衡利率（%）；

Dr—银行的平均存款利率（%）；

Lr—银行的平均贷款利率（%）。

贴现率利用存贷款均衡利率，将非评估年份价格参数，逐年贴现至评估年2015年底至2016年的价格参数。贴现率的计算公式为：

$$d=(1+t_{n+1})(1+t_{n+2})\ldots(1+t_m) \quad 1\text{-}3$$

公式中：

d—贴现率；

t—存贷款均衡利率（%）；

n—价格参数可获得年份（年）；

m—评估年年份（年）。

1.2.6 评估公式与模型包

全国退耕还林工程生态系统服务功能物质量评估主要是从物质量的角度对该区域退耕

还林工程提供的各项生态服务功能进行定量评估；价值量评估是指从货币价值量的角度对该区域退耕还林工程提供的生态服务功能价值进行定量评估，在价值量评估中，主要采用等效替代原则，并用替代品的价格进行等效替代核算某项评估指标的价值量。同时，在具体选取替代品的价格时应遵守权重当量平衡原则，考虑计算所得的各评估指标价值量在总价值量中所占的权重，使其保证相对平衡。

等效替代法是当前生态环境效益经济评价中最普遍采用的一种方法，是生态系统服务功能物质量向价值量转化的过程中，在保证某评估指标生态功能相同的前提下，将实际的、复杂的生态问题和生态过程转化为等效的、简单的、易于研究的问题和过程来估算生态系统各项功能价值量的研究和处理方法。

权重当量平衡原则是指生态系统服务功能价值量评估过程中，当选取某个替代品的价格进行等效替代核算某项评估指标的价值量时，应考虑计算所得的各评估指标价值量在总价值量中所占的权重，使其保持相对平衡。

1.2.6.1 涵养水源功能

涵养水源功能主要是指森林对降水的截留、吸收和贮存，将地表水转为地表径流或地下水的作用。主要功能表现在增加可利用水资源、净化水质和调节径流三个方面。本报告选定两个指标，即调节水量指标和净化水质指标，以反映该区域退耕还林工程的涵养水源功能。

（1）调节水量指标

①年调节水量

全国退耕还林工程生态系统年调节水量公式为：

$$G_{调} = 10A \cdot (P - E - C) \cdot F \tag{1-4}$$

公式中：

$G_{调}$—实测林分年调节水量（立方米/年）；

P—实测林外降水量（毫米/年）；

E—实测林分蒸散量（毫米/年）；

C—实测地表快速径流量（毫米/年）；

A—林分面积（公顷）；

F—森林生态功能修正系数。

②年调节水量价值

由于森林对水量主要起调节作用，与水库的功能相似。因此该区域退耕还林工程生态系统年调节水量价值根据水库工程的蓄水成本（替代工程法）来确定，计算公式：

$$U_{调} = 10C_{库} \cdot A \cdot (P - E - C) \cdot F \cdot d \quad 1\text{-}5$$

公式中：

$U_{调}$—实测森林年调节水量价值（元/年）；

$C_{库}$—水库库容造价（元/吨）（附表4）；

P—实测林外降水量（毫米/年）；

E—实测林分蒸散量（毫米/年）；

C—实测地表快速径流量（毫米/年）；

A—林分面积（公顷）；

F—森林生态功能修正系数；

d—贴现率。

（2）净化水质指标

①年净化水量

全国退耕还林工程生态系统年净化水量采用年调节水量的公式：

$$G_{净} = 10A \cdot (P - E - C) \cdot F \quad 1\text{-}6$$

公式中：

$G_{净}$—实测林分年净化水量（立方米/年）；

P—实测林外降水量（毫米/年）；

E—实测林分蒸散量（毫米/年）；

C—实测地表快速径流量（毫米/年）；

A—林分面积（公顷）；

F—森林生态功能修正系数。

②年净化水质价值

由于森林净化水质与自来水的净化原理一致，所以参照水的商品价格，即居民用水平均价格，根据净化水质工程的成本（替代工程法）计算该区域退耕还林工程森林生态系统年净化水质价值。这样也可以在一定程度上引起公众对森林净化水质的物质量到价值量的感性认识。具体计算公式为：

$$U_{水质} = 10K_{水} \cdot A \cdot (P - E - C) \cdot F \cdot d \quad 1\text{-}7$$

公式中：

$U_{水质}$—实测林分净化水质价值（元/年）；

$K_{水}$—水的净化费用（元/吨）（附表4）；

P—实测林外降水量（毫米/年）；

E—实测林分蒸散量（毫米/年）；

C—实测地表快速径流量（毫米/年）；

A—林分面积（公顷）；

F—森林生态功能修正系数；

d—贴现率。

1.2.6.2 **保育土壤功能**

森林植被凭借强壮且成网状的根系截留大气降水，减少或免遭雨滴对土壤表层的直接冲击，有效地固持土体，降低了地表径流对土壤的冲蚀，使土壤流失量大大降低。而且退耕还林工程森林植被的生长发育及其代谢产物不断对土壤产生物理及化学影响，参与土体内部的能量转换与物质循环，使土壤肥力提高，森林植被是土壤养分的主要来源之一。为此，本报告选用两个指标：即固土指标和保肥指标，以反映该区域退耕还林工程森林植被保育土壤功能。

（1）固土指标

①年固土量

林分年固土量公式为：

$$G_{固土} = A \cdot (X_2 - X_1) \cdot F \tag{1-8}$$

公式中：

$G_{固土}$—实测林分年固土量（吨/年）；

X_1—退耕还林工程实施后土壤侵蚀模数〔吨/（公顷·年）〕；

X_2—退耕还林工程实施前土壤侵蚀模数〔吨/（公顷·年）〕；

A—林分面积（公顷）；

F—森林生态功能修正系数。

②年固土价值

由于土壤侵蚀流失的泥沙淤积于水库中，减少了水库蓄积水的体积，因此本报告根据蓄水成本（替代工程法）计算林分年固土价值，公式为：

$$U_{固土} = A \cdot C_{土} \cdot (X_2 - X_1) \cdot F / p \cdot d \tag{1-9}$$

公式中：

$U_{固土}$—实测林分年固土价值（元/年）；

X_1—退耕还林工程实施后土壤侵蚀模数〔吨/（公顷·年）〕；

X_2—退耕还林工程实施前土壤侵蚀模数〔吨/（公顷·年）〕；

$C_{土}$—挖取和运输单位体积土方所需费用（元/立方米）（附表4）；

p—土壤容重（克/立方厘米）；

A—林分面积（公顷）；

F—森林生态功能修正系数；

d—贴现率。

（2）保肥指标

①年保肥量

$$G_N = A \cdot N \cdot (X_2 - X_1) \cdot F \quad 1\text{-}10$$

$$G_P = A \cdot P \cdot (X_2 - X_1) \cdot F \quad 1\text{-}11$$

$$G_K = A \cdot K \cdot (X_2 - X_1) \cdot F \quad 1\text{-}12$$

$$G_{有机质} = A \cdot M \cdot (X_2 - X_1) \cdot F \quad 1\text{-}13$$

公式中：

G_N—退耕还林工程森林植被固持土壤而减少的氮流失量（吨/年）；

G_P—退耕还林工程森林植被固持土壤而减少的磷流失量（吨/年）；

G_K—退耕还林工程森林植被固持土壤而减少的钾流失量（吨/年）；

$G_{有机质}$—退耕还林工程森林植被固持土壤而减少的有机质流失量（吨/年）；

X_1—退耕还林工程实施后土壤侵蚀模数〔吨/（公顷·年）〕；

X_2—退耕还林工程实施前土壤侵蚀模数〔吨/（公顷·年）〕；

N—退耕还林工程森林植被土壤平均含氮量（%）；

P—退耕还林工程森林植被土壤平均含磷量（%）；

K—退耕还林工程森林植被土壤平均含钾量（%）；

M—退耕还林工程森林植被土壤平均有机质含量（%）；

A—林分面积（公顷）；

F—森林生态功能修正系数。

②年保肥价值

年固土量中氮、磷、钾的物质量换算成化肥价值即为林分年保肥价值。本报告的林分年保肥价值以固土量中的氮、磷、钾数量折合成磷酸二铵化肥和氯化钾化肥的价值来体现。公式为：

$$U_{肥} = A \cdot (X_2 - X_1) \cdot \left(\frac{N \cdot C_1}{R_1} + \frac{P \cdot C_1}{R_2} + \frac{K \cdot C_2}{R_3} + MC_3\right) \cdot F \cdot d \quad 1\text{-}14$$

公式中：

$U_{肥}$—实测林分年保肥价值（元/年）；

X_1—退耕还林工程实施后土壤侵蚀模数〔吨/（公顷·年）〕；

X_2—退耕还林工程实施前土壤侵蚀模数〔吨/（公顷·年）〕；

N—退耕还林工程森林植被土壤平均含氮量（%）；

P—退耕还林工程森林植被土壤平均含磷量（%）；

K—退耕还林工程森林植被土壤平均含钾量（%）；

M—退耕还林工程森林植被土壤平均有机质含量（%）；

R_1—磷酸二铵化肥含氮量（%）；

R_2—磷酸二铵化肥含磷量（%）；

R_3—氯化钾化肥含钾量（%）；

C_1—磷酸二铵化肥价格（元/吨）（附表4）；

C_2—氯化钾化肥价格（元/吨）（附表4）；

C_3—有机质价格（元/吨）（附表4）；

A—林分面积（公顷）；

F—森林生态功能修正系数；

d—贴现率。

1.2.6.3 **固碳释氧功能**

森林植被与大气的物质交换主要是二氧化碳与氧气的交换，这对维持大气中的二氧化碳和氧气动态平衡、减少温室效应以及为人类提供生存的基础都有巨大的、不可替代的作用。为此本报告选用固碳、释氧两个指标反映退耕还林工程固碳释氧功能。根据光合作用化学反应式，森林植被每积累1.00克干物质，可以吸收1.63克二氧化碳，释放1.19克氧气。

（1）固碳指标

①植被和土壤年固碳量

$$G_{碳} = A \cdot (1.63R_{碳} \cdot B_{年} + F_{土壤碳}) \cdot F \qquad 1\text{-}15$$

公式中：

$G_{碳}$—实测年固碳量（吨/年）；

$B_{年}$—实测林分年净生产力〔吨/（公顷·年）〕；

$F_{土壤碳}$—单位面积林分土壤年固碳量〔吨/（公顷·年）〕；

$R_{碳}$—二氧化碳中碳的含量，为27.27%；

A—林分面积（公顷）；

F—森林生态功能修正系数。

公式得出退耕还林工程森林植被的潜在年固碳量，再从其中减去由于林木消耗造成的碳量损失，即为退耕还林工程森林植被的实际年固碳量。

②年固碳价值

鉴于欧美发达国家正在实施温室气体排放税收制度，并对二氧化碳的排放征税。为了与国际接轨，便于在外交谈判中有可比性，采用国际上通用的碳税法进行评估。退耕还林工程植被和土壤年固碳价值的计算公式为：

$$U_{碳} = A \cdot C_{碳}(1.63R_{碳} \cdot B_{年} + F_{土壤碳}) \cdot F \cdot d \qquad 1\text{-}16$$

公式中：

$U_{碳}$—实测林分年固碳价值（元/年）；

$B_{年}$—实测林分年净生产力〔吨/（公顷·年）〕；

$F_{土壤碳}$—单位面积森林土壤年固碳量〔吨/（公顷·年）〕；

$C_{碳}$—固碳价格（元/吨）（附表4）；

$R_{碳}$—二氧化碳中碳的含量，为27.27%；

A—林分面积（公顷）；

F—森林生态功能修正系数；

d—贴现率。

公式得出退耕还林工程森林植被的潜在年固碳价值，再从其中减去由于林木消耗造成的碳量损失，即为退耕还林工程森林植被的实际年固碳价值。

（2）释氧指标

①年释氧量

$$G_{氧气} = 1.19A \cdot B_{年} \cdot F \quad 1\text{-}17$$

公式中：

$G_{氧气}$—实测林分年释氧量（吨/年）；

$B_{年}$—实测林分年净生产力〔吨/（公顷·年）〕；

A—林分面积（公顷）；

F—森林生态功能修正系数。

②年释氧价值

因为价值量的评估属经济的范畴，是市场化、货币化的体现，因此本报告采用国家权威部门公布的氧气商品价格计算退耕还林工程森林植被的年释氧价值。计算公式为：

$$U_{氧} = 1.19C_{氧} \cdot A \cdot B_{年} \cdot F \cdot d \quad 1\text{-}18$$

公式中：

$U_{氧}$—实测林分年释氧价值（元/年）；

$B_{年}$—实测林分年净生产力〔吨/（公顷·年）〕；

$C_{氧}$—制造氧气的价格（元/吨）（附表4）；

A—林分面积（公顷）；

F—森林生态功能修正系数；

d—贴现率。

1.2.6.4 林木积累营养物质功能

森林植被不断从周围环境吸收营养物质固定在植物体中，成为全球生物化学循环不可缺少的环节。本次评价选用林木积累氮、磷、钾指标来反映退耕还林工程林木积累营养物质功能。

（1）林木年营养物质积累量

$$G_{氮} = A \cdot N_{营养} \cdot B_{年} \cdot F \quad 1\text{-}19$$

$$G_{磷} = A \cdot P_{营养} \cdot B_{年} \cdot F \quad 1\text{-}20$$

$$G_{钾} = A \cdot K_{营养} \cdot B_{年} \cdot F \quad 1\text{-}21$$

公式中：

$G_{氮}$—植被固氮量（吨/年）；

$G_{磷}$—植被固磷量（吨/年）；

$G_{钾}$—植被固钾量（吨/年）；

$N_{营养}$—林木氮元素含量（%）；

$P_{营养}$—林木磷元素含量（%）；

$K_{营养}$—林木钾元素含量（%）；

$B_{年}$—实测林分年净生产力〔吨/（公顷·年）〕；

A—林分面积（公顷）；

F—森林生态功能修正系数。

（2）林木年营养物质积累价值

采取把营养物质折合成磷酸二铵化肥和氯化钾化肥方法计算林木营养物质积累价值，公式为：

$$U_{营养} = A \cdot B_{年} \cdot \left(\frac{N_{营养} \cdot C_1}{R_1} + \frac{P_{营养} \cdot C_1}{R_2} + \frac{K_{营养} \cdot C_2}{R_3}\right) \cdot F \cdot d \quad 1\text{-}22$$

公式中：

$U_{营养}$—实测林分氮、磷、钾年增加价值（元/年）；

$N_{营养}$—实测林木含氮量（%）；

$P_{营养}$—实测林木含磷量（%）；

$K_{营养}$—实测林木含钾量（%）；

R_1—磷酸二铵含氮量（%）；

R_2—磷酸二铵含磷量（%）；

R_3—氯化钾含钾量（%）；

C_1—磷酸二铵化肥价格（元/吨）（附表4）；

C_2—氯化钾化肥价格（元/吨）（附表4）；

$B_{年}$—实测林分年净生产力〔吨/（公顷·年）〕；

A —林分面积（公顷）；

F—森林生态功能修正系数；

d—贴现率。

1.2.6.5 净化大气环境功能

近年雾霾天气频繁、大范围出现，使空气质量状况成为民众和政府部门关注的焦点，大气颗粒物（如TSP、PM_{10}、$PM_{2.5}$）被认为是造成雾霾天气的罪魁。特别$PM_{2.5}$更是由于其对人体健康的严重威胁，成为人们关注的热点。如何控制大气污染、改善空气质量成为众多科学家研究的热点（王兵等，2015；张维康等，2015；Zhang *et al*., 2015）。

> 森林释放负离子是指森林的树冠、枝叶的尖端放电以及光合作用过程的光电效应促使空气电解，产生空气负离子，同时森林植被释放的挥发性物质如植物精气（又叫芬多精）等也能促进空气电离，增加空气负离子浓度。

退耕还林工程植被同样能有效吸收有害气体、滞纳粉尘、提供负离子、降低噪音、降温增湿等，从而起到净化大气环境的作用。为此，本报告选取提供负离子、吸收污染物、滞纳TSP、滞纳PM_{10}、滞纳$PM_{2.5}$等指标反映森林植被净化大气环境能力。

> 森林滞纳空气颗粒物是指由于森林增加地表粗糙度，降低风速从而提高空气颗粒物的沉降几率，同时，植物叶片结构特征的理化特性为颗粒物的附着提供了有利的条件；此外，枝、叶、茎还能够通过气孔和皮孔滞纳空气颗粒物。

（1）提供负离子指标

①年提供负离子量

$$G_{负离子} = 5.256 \times 10^{15} \cdot Q_{负离子} \cdot A \cdot H \cdot F / L \qquad 1\text{-}23$$

公式中：

$G_{负离子}$—实测林分年提供负离子个数（个/年）；

$Q_{负离子}$—实测林分负离子浓度（个/立方厘米）；

H—林分高度（米）；

L—负离子寿命（分钟）；

A—林分面积（公顷）；

F—森林生态功能修正系数。

②年提供负离子价值

国内外研究证明，当空气中负离子达到600个/立方厘米以上时，才能有益于人体健康，所以林分年提供负离子价值采用如下公式计算：

$$U_{负离子} = 5.256 \times 10^{15} A \cdot H \cdot K_{负离子} \cdot (Q_{负离子} - 600) \cdot F / L \cdot d \quad 1\text{-}24$$

公式中：

$U_{负离子}$—实测林分年提供负离子价值（元/年）；

$K_{负离子}$—负离子生产费用（元/个）（附表4）；

$Q_{负离子}$—实测林分负离子浓度（个/立方厘米）；

L—负离子寿命（分钟）；

H—林分高度（米）；

A—林分面积（公顷）；

F—森林生态功能修正系数；

d—贴现率。

（2）吸收污染物指标

二氧化硫、氟化物和氮氧化物是大气污染物的主要物质，因此本报告选取退耕还林工程森林植被吸收二氧化硫、氟化物和氮氧化物3个指标评估森林植被吸收污染物的能力。退耕还林工程森林植被对二氧化硫、氟化物和氮氧化物的吸收，可使用面积－吸收能力法、阈值法、叶干质量估算法等。本报告采用面积－吸收能力法评估退耕还林工程森林植被吸收污染物的总量和价值。

①吸收二氧化硫

a. 二氧化硫年吸收量

$$G_{二氧化硫} = Q_{二氧化硫} \cdot A \cdot F / 1000 \quad 1\text{-}25$$

公式中：

$G_{二氧化硫}$—实测林分年吸收二氧化硫量（吨/年）；

$Q_{二氧化硫}$—单位面积实测林分年吸收二氧化硫量〔千克/（公顷·年）〕；

A—林分面积（公顷）；

F—森林生态功能修正系数。

b. 年吸收二氧化硫价值

$$U_{二氧化硫} = K_{二氧化硫} \cdot Q_{二氧化硫} \cdot A \cdot F \cdot d \quad 1\text{-}26$$

公式中：

$U_{二氧化硫}$—实测林分年吸收二氧化硫价值（元/年）；

$K_{二氧化硫}$—二氧化硫的治理费用（元/千克）（附表4）；

$Q_{二氧化硫}$—单位面积实测林分年吸收二氧化硫量〔千克/（公顷·年）〕；

A—林分面积（公顷）；

F—森林生态功能修正系数；

d—贴现率。

②吸收氟化物

a. 氟化物年吸收量

$$G_{氟化物} = Q_{氟化物} \cdot A \cdot F \ / \ 1000 \qquad 1\text{-}27$$

公式中：

$G_{氟化物}$—实测林分年吸收氟化物量（吨/年）；

$Q_{氟化物}$—单位面积实测林分年吸收氟化物量〔千克/（公顷·年）〕；

A—林分面积（公顷）；

F—森林生态功能修正系数。

b. 年吸收氟化物价值

$$U_{氟化物} = K_{氟化物} \cdot Q_{氟化物} \cdot A \cdot F \cdot d \qquad 1\text{-}28$$

公式中：

$U_{氟化物}$—实测林分年吸收氟化物价值（元/年）；

$Q_{氟化物}$—单位面积实测林分年吸收氟化物量〔千克/（公顷·年）〕；

$K_{氟化物}$—氟化物治理费用（元/千克）（附表4）；

A—林分面积（公顷）；

F—森林生态功能修正系数；

d—贴现率。

③吸收氮氧化物

a. 氮氧化物年吸收量

$$G_{氮氧化物} = Q_{氮氧化物} \cdot A \cdot F / 1000 \qquad 1\text{-}29$$

公式中：

$G_{氮氧化物}$—实测林分年吸收氮氧化物量（吨/年）；

$Q_{氮氧化物}$—单位面积实测林分年吸收氮氧化物量〔千克/（公顷·年）〕；

A—林分面积（公顷）；

F—森林生态功能修正系数。

b. 年吸收氮氧化物价值

$$U_{氮氧化物} = K_{氮氧化物} \cdot Q_{氮氧化物} \cdot A \cdot F \cdot d \qquad 1\text{-}30$$

公式中：

$U_{氮氧化物}$—实测林分年吸收氮氧化物价值（元/年）；

$K_{氮氧化物}$—氮氧化物治理费用（元/千克）（附表4）；

$Q_{氮氧化物}$—单位面积实测林分年吸收氮氧化物量〔千克/（公顷·年）〕；

A—林分面积（公顷）；

F—森林生态功能修正系数；

d—贴现率。

（3）滞尘指标

鉴于近年来人们对TSP、PM_{10}和$PM_{2.5}$的关注，本报告在评估总滞尘量及其价值的基础上，将TSP、PM_{10}和$PM_{2.5}$从总滞尘量中分离出来进行了单独的物质量和价值量核算。

①年总滞尘量

$$G_{滞尘} = Q_{滞尘} \cdot A \cdot F / 1000 \quad 1\text{-}31$$

公式中：

$G_{滞尘}$—实测林分年滞尘量（吨/年）；

$Q_{滞尘}$—单位面积实测林分年滞尘量〔千克/（公顷·年）〕；

A—林分面积（公顷）；

F—森林生态功能修正系数。

②年滞尘总价值

本研究中，用健康危害损失法计算林分滞纳PM_{10}和$PM_{2.5}$的价值。其中，PM_{10}采用的是治疗因空气颗粒物污染而引发的上呼吸道疾病的费用，$PM_{2.5}$采用的是治疗因为空气颗粒物污染而引发的下呼吸道疾病的费用。林分滞纳其余颗粒物的价值仍选用降尘清理费用计算。

$$U_{滞尘} = (G_{滞尘} - G_{PM_{10}} - G_{PM_{2.5}}) \cdot K_{滞尘} \cdot d + U_{PM_{10}} \cdot U_{PM_{2.5}} \quad 1\text{-}44$$

公式中：

$U_{滞尘}$—实测林分年滞尘价值（元/年）；

$G_{PM_{10}}$—单位面积实测林分年滞纳PM_{10}量〔千克/（公顷·年）〕；

$G_{PM_{2.5}}$—单位面积实测林分年滞纳$PM_{2.5}$量〔千克/（公顷·年）〕；

$G_{滞尘}$—单位面积实测林分年滞尘量〔千克/（公顷·年）〕；

$K_{滞尘}$—降尘清理费用（元/千克，见附表）；

$U_{PM_{2.5}}$—实测林分年滞纳$PM_{2.5}$价值（元/年）；

$U_{PM_{10}}$—实测林分年滞纳PM_{10}价值（元/年）；

d—贴现率。

（4）TSP指标

鉴于近年来人们对PM_{10}和$PM_{2.5}$的关注，本报告在评估TSP及其价值的基础上，将PM_{10}和$PM_{2.5}$进行了单独的物质量和价值量核算。

① 年总滞纳TSP量

由于《退耕还林工程生态效益监测国家报告（2014）》的滞纳TSP量核算方法与本次评估报告不同，故在本报告中分别列出。

《退耕还林工程生态效益监测国家报告（2014）》公式：

$$G_{TSP}=P_{TSP}\cdot Q_{滞尘}\cdot A\cdot F/1000 \qquad 1\text{-}33$$

公式中：

G_{TSP}—实测林分年滞纳TSP量（吨/年）；

P_{TSP}—单位面积实测林分年滞尘量中TSP所占比例（%）；

$Q_{滞尘}$—单位面积实测林分年滞尘量〔千克/（公顷·年）〕；

A—林分面积（公顷）；

F—森林生态功能修正系数。

本评估报告公式：

$$G_{TSP}=Q_{TSP}\cdot A\cdot F/1000 \qquad 1\text{-}34$$

公式中：

G_{TSP}—实测林分年滞纳TSP量（吨/年）；

Q_{TSP}—单位面积实测林分年滞纳TSP量〔千克/（公顷·年）〕；

A—林分面积（公顷）；

F—森林生态功能修正系数。

②年滞纳TSP总价值

本研究中，用健康危害损失法计算林分滞纳PM_{10}和$PM_{2.5}$的价值。其中，PM_{10}采用的是治疗因为空气颗粒物污染而引发的上呼吸道疾病的费用，$PM_{2.5}$采用的是治疗因为空气颗粒物污染而引发的下呼吸道疾病的费用。林分滞纳TSP采用降尘清理费用计算。

《退耕还林工程生态效益监测国家报告（2014）》公式：

$$U_{TSP}=K_{滞尘}\cdot P_{TSP}\cdot Q_{滞尘}\cdot A\cdot F\cdot d \qquad 1\text{-}35$$

公式中：

U_{TSP}—实测林分年滞纳TSP量（吨/年）；

$K_{滞尘}$—降尘清理费用（元/千克）（附表4）；

P_{TSP}—单位面积实测林分年滞尘量中TSP所占比例（%）；

$Q_{滞尘}$—单位面积实测林分年滞尘量〔千克/（公顷·年）〕；

A—林分面积（公顷）；

F—森林生态功能修正系数；

d—贴现率。

本评估报告公式如下：

$$U_{TSP}=(G_{TSP}-G_{PM_{10}}-G_{PM_{2.5}})\cdot K_{TSP}\cdot d+U_{PM_{10}}+U_{PM_{2.5}} \qquad 1\text{-}36$$

公式中：

U_{TSP}—实测林分年滞纳TSP价值（元/年）；

G_{TSP}—实测林分年滞纳TSP量（吨/年）；

$G_{PM_{10}}$—实测林分年滞纳PM_{10}的量（千克/年）；

$G_{PM_{2.5}}$—实测林分年滞纳$PM_{2.5}$的量（千克/年）；

$U_{PM_{10}}$—实测林分年滞纳PM_{10}的价值（元/年）；

$U_{PM_{2.5}}$—实测林分年滞纳$PM_{2.5}$的价值（元/年）；

K_{TSP}—降尘清理费用（元/千克）（附表4）；

d—贴现率。

（5）滞纳PM_{10}

①年滞纳PM_{10}量

$$G_{PM_{10}} = 10 \cdot Q_{PM_{10}} \cdot A \cdot n \cdot F \cdot LAI \quad 1\text{-}37$$

公式中：

$G_{PM_{10}}$—实测林分年滞纳PM_{10}的量（千克/年）；

$Q_{PM_{10}}$—实测林分单位叶面积滞纳PM_{10}的量（克/平方米）；

A—林分面积（公顷）；

n—年洗脱次数；

F—森林生态功能修正系数；

LAI—叶面积指数。

②年滞纳PM_{10}价值

$$U_{PM_{10}} = 10 \cdot C_{PM_{10}} \cdot Q_{PM_{10}} \cdot A \cdot n \cdot F \cdot LAI \cdot d \quad 1\text{-}38$$

公式中：

$U_{PM_{10}}$—实测林分年滞纳PM_{10}价值（元/年）；

$C_{PM_{10}}$—由PM_{10}所造成的健康危害经济损失（治疗上呼吸道疾病的费用）（元/千克）（附表4）；

$Q_{PM_{10}}$—实测林分单位面积滞纳PM_{10}的量（克/平方米）；

A—林分面积（公顷）；

n—年洗脱次数；

F—森林生态功能修正系数；

LAI—叶面积指数；

d—贴现率。

（6）滞纳$PM_{2.5}$

① 年滞纳$PM_{2.5}$量

《退耕还林工程生态效益监测国家报告（2014）》公式：

$$G_{PM_{2.5}} = P_{PM_{2.5}} \cdot Q_{滞尘} \cdot A \cdot F / 1000 \quad 1\text{-}39$$

公式中：

$G_{PM_{2.5}}$—实测林分年滞纳$PM_{2.5}$的量（千克/年）；

$P_{PM_{2.5}}$—单位面积实测林分年滞尘量中$PM_{2.5}$所占比例（%）；

$Q_{滞尘}$—单位面积实测林分年滞尘量〔千克/（公顷·年）〕；

A—林分面积（公顷）；

F—森林生态功能修正系数。

本评估报告公式：

$$G_{PM_{2.5}} = 10 \cdot Q_{PM_{2.5}} \cdot A \cdot n \cdot F \cdot LAI \tag{1-40}$$

公式中：

$G_{PM_{2.5}}$—实测林分年滞纳$PM_{2.5}$的量（千克/年）；

$Q_{PM_{2.5}}$—实测林分单位叶面积滞纳$PM_{2.5}$量（克/平方米）；

A—林分面积（公顷）；

n—洗脱次数；

F—森林生态功能修正系数；

LAI—叶面积指数。

② 年滞纳$PM_{2.5}$价值

《退耕还林工程生态效益监测国家报告（2014）》公式：

$$U_{PM_{2.5}} = C_{PM_{2.5}} \cdot P_{PM_{2.5}} \cdot Q_{滞尘} \cdot A \cdot F \cdot d \tag{1-41}$$

公式中：

$U_{PM_{2.5}}$—实测林分年滞纳$PM_{2.5}$价值（元/年）；

$C_{PM_{2.5}}$—由$PM_{2.5}$所造成的健康危害经济损失（元/千克）（附表4）；

$P_{PM_{2.5}}$—单位面积实测林分年滞尘量中$PM_{2.5}$所占比例（%）；

$Q_{滞尘}$—单位面积实测林分年滞尘量〔千克/（公顷·年）〕；

A—林分面积（公顷）；

F—森林生态功能修正系数；

d—贴现率。

本评估报告公式：

$$U_{PM_{2.5}} = 10 \cdot C_{PM_{2.5}} \cdot Q_{PM_{2.5}} \cdot A \cdot n \cdot F \cdot LAI \cdot d \tag{1-42}$$

公式中：

$U_{PM_{2.5}}$—实测林分年滞纳$PM_{2.5}$价值（元/年）；

$C_{PM_{2.5}}$—由$PM_{2.5}$所造成的健康危害经济损失（治疗下呼吸道疾病的费用）（元/千克）（附表4）；

$Q_{PM_{2.5}}$—实测林分单位叶面积滞纳$PM_{2.5}$量（克/平方米）；

A—林分面积（公顷）；

n—洗脱次数；

F—森林生态功能修正系数；

LAI—叶面积指数；

d—贴现率。

1.2.6.6 **生物多样性保护功能**

生物多样性维护了自然界的生态平衡，并为人类的生存提供了良好的环境条件。生物多样性是生态系统不可缺少的组成部分，对生态系统服务的发挥具有十分重要的作用。Shannon-Wiener指数是反映森林中物种的丰富度和分布均匀程度的经典指标。传统Shannon-Wiener指数对生物多样性保护等级的界定不够全面。本报告采用濒危指数、特有种指数及古树年龄指数进行生物多样性保护功能评估，其中濒危指数和特有种指数主要针对封山育林。

生物多样性保护功能评估公式：

$$U_{总} = (1 + 0.1\sum_{m=1}^{x} E_m + 0.1\sum_{n=1}^{y} B_n + 0.1\sum_{r=1}^{z} O_r) \cdot S_I \cdot A \cdot d \tag{1-43}$$

公式中：

$U_{总}$—实测林分年生物多样性保护价值（元/年）；

E_m—实测林分或区域内物种m的濒危分值（表1-1）；

B_n—评估林分或区域内物种n的特有种指数（表1-2）；

O_r—评估林分或区域内物种r的古树年龄指数（表1-3）；

x—计算濒危指数物种数量；

y—计算特有种指数物种数量；

z—计算古树年龄指数物种数量；

S_I—单位面积物种多样性保护价值量〔元/（公顷·年）〕；

A—林分面积（公顷）；

d—贴现率。

本报告根据Shannon-Wiener指数计算生物多样性价值，共划分7个等级：

当指数<1时，S_I为3000元/（公顷·年）；

当1≤指数<2时，S_I为5000元/（公顷·年）；

当2≤指数<3时，S_I为10000元/（公顷·年）；

当3≤指数<4时，S_I为20000元/（公顷·年）；

当4≤指数<5时，S_I为30000元/（公顷·年）；

当5≤指数<6时，S_I为40000元/（公顷·年）；

当指数≥6时，S_I为50000元/（公顷·年）。

表1-1 特有种指数体系

特有种指数	分布范围
4	仅限于范围不大的山峰或特殊的自然地理环境下分布
3	仅限于某些较大的自然地理环境下分布的类群，如仅分布于较大的海岛（岛屿）、高原、若干个山脉等
2	仅限于某个大陆分布的分类群
1	至少在2个大陆都有分布的分类群
0	世界广布的分类群

注：参见《植物特有现象的量化》（苏志尧，1999）；特有种指数主要针对封山育林。

表1-2 濒危指数体系

濒危指数	濒危等级	物种种类
4	极危	参见《中国物种红色名录（第一卷）：红色名录》
3	濒危	
2	易危	
1	近危	

注：物种濒危指数主要针对封山育林。

表1-3 古树年龄指数体系

古树年龄	指数等级	来源及依据
100～299年	1	参见全国绿化委员会、国家林业局文件《关于开展古树名木普查建档工作的通知》
300～499年	2	
≥500年	3	

1.2.6.7 **森林防护功能**

植被根系能够固定土壤，改善土壤结构，降低土壤的裸露程度；植被地上部分能够增加地表粗糙程度，降低风速，阻截风沙。地上地下的共同作用能够减弱风的强度和携沙能力，减少因风蚀导致的土壤流失和风沙危害。

（1）防风固沙量

$$G_{防风固沙}=A_{防风固沙}\cdot(Y_2-Y_1)\cdot F \quad 1\text{-}44$$

公式中：

$G_{防风固沙}$—森林防风固沙物质量（吨/年）；

Y_1—退耕还林工程实施后林地风蚀模数〔吨/（公顷·年）〕；

Y_2—退耕还林工程实施前林地风蚀模数〔吨/（公顷·年）〕；

$A_{防风固沙}$—防风固沙林面积（公顷）；

F—森林生态功能修正系数。

（2）防风固沙价值

$$U_{防风固沙}=K_{防风固沙}\cdot A_{防风固沙}\cdot(Y_2-Y_1)\cdot F\cdot d \tag{1-45}$$

公式中：

$U_{防风固沙}$—森林防风固沙价值量（元）；

$K_{防风固沙}$—草方格固沙成本（元/吨）（附表4）；

Y_1—退耕还林工程实施后林地风蚀模数〔吨/（公顷·年）〕；

Y_2—退耕还林工程实施前林地风蚀模数〔吨/（公顷·年）〕；

$A_{防风固沙}$—防风固沙林面积（公顷）；

F—森林生态功能修正系数；

d—贴现率。

（3）农田防护价值

$$U_a=V\cdot M\cdot K \tag{1-46}$$

公式中：

U_a——实测林分农田防护功能的价值量（元/年）；

V—稻谷价格（元/千克）（附表4）；

M—农作物、牧草平均增产量（千克/年）；

K—平均1公顷农田防护林能够实现农田防护面积为19公顷。

1.2.6.8 退耕还林工程生态效益总价值评估

全国退耕还林工程区生态效益总价值为上述分项之和，公式为：

$$U_I=\sum_{i=1}^{15}U_i \tag{1-47}$$

公式中：

U_I—退耕还林工程区生态效益总价值（元/年）；

U_i—退耕还林工程区生态效益各分项年价值（元/年）。

第二章 全国退耕还林工程植被恢复的时空格局

2.1 退耕还林工程不同模式恢复的时空动态

退耕还林工程是迄今为止我国政策性最强、投资量最大、涉及面最广和群众参与程度最高的一项生态建设工程，也是最大的“强农、惠农”项目。退耕还林工程从保护和改善生态环境出发，将易造成水土流失的坡耕地有计划、分步骤地停止耕种。自1999年启动以来，退耕还林工程经历了试点示范、大规模推进、结构性调整、延续期和新一轮退耕还林五个阶段，工程建设实施情况较为顺利，并取得了较为显著的成效。第一轮退耕还林工程植被恢复时间动态变化见图2-1。每年退耕还林工程造林面积和全国造林面积见图2-2。

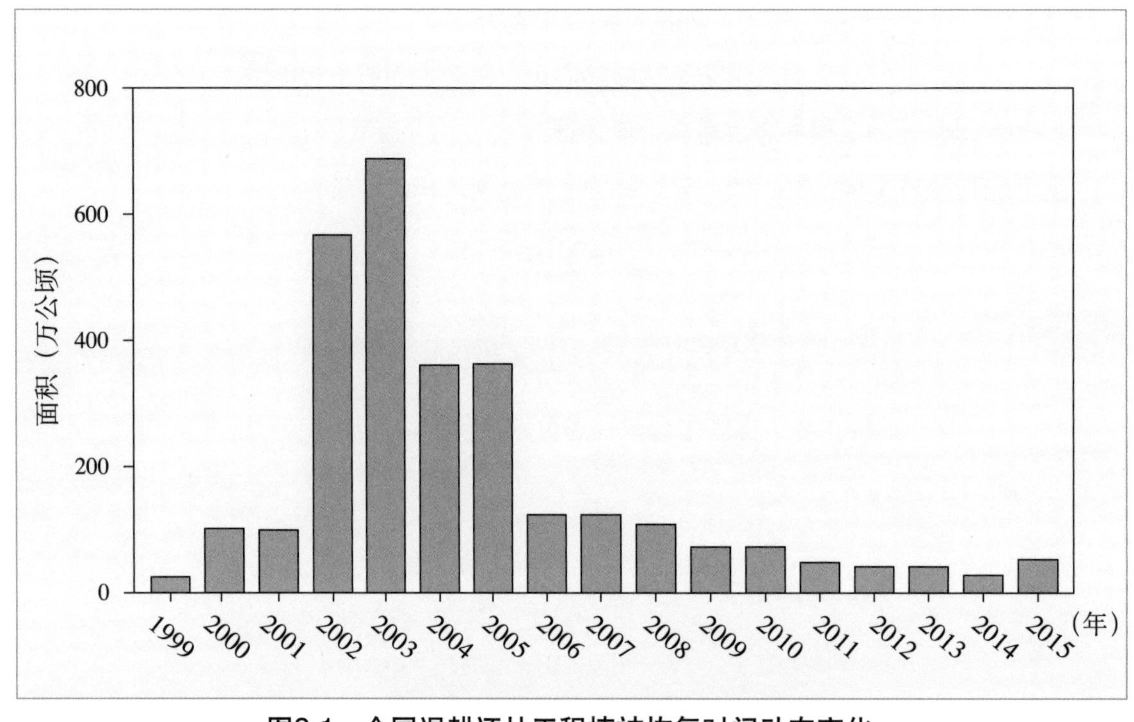

图2-1　全国退耕还林工程植被恢复时间动态变化

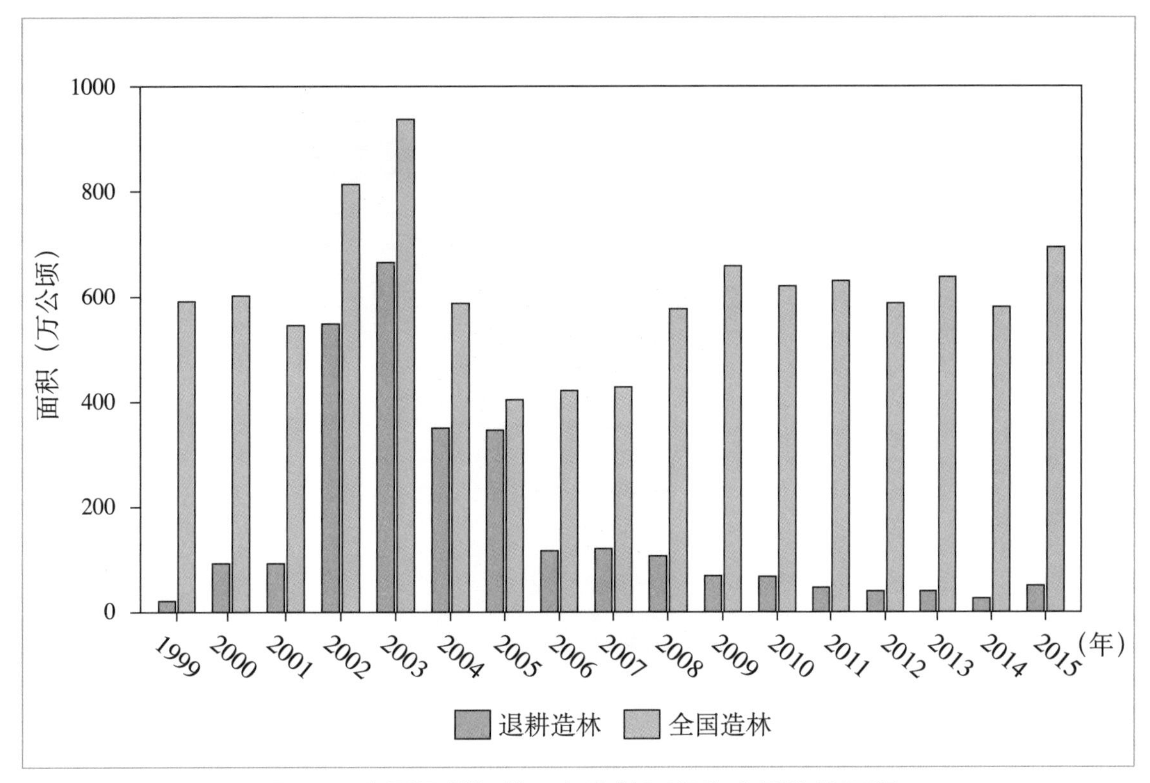

图2-2　全国退耕还林工程造林面积和全国造林面积

由于退耕还林工程所处地区的地形地貌、水热条件等自然特征以及水土流失和风蚀沙化程度的不同，各省份退耕还林工程植被恢复情况差异较大。至2015年底，全国退耕还林工程面积达到2848.64万公顷，全国退耕还林工程植被恢复空间动态变化见图2-3。其中，内蒙古自治区退耕还林面积最大，占退耕还林工程总面积的9.95%；其次是四川省、甘肃省、陕西省和河北省，分别占退耕还林工程总面积的7.27%、7.13%、6.89%和6.46%；其余，还有山西省、贵州省、湖南省等省（自治区、直辖市）和新疆生产建设兵团。

1998年特大洪灾之后，为从根本上扭转我国生态急剧恶化的状况，国家将“封山植树，退耕还林”作为灾后重建、整治江湖的重要措施。为了摸索经验，稳步推进，根据“全面规划、分步实施，突出重点、先易后难，先行试点、稳步推进”的原则，从1999—2001年选择具有代表性的省和县进行退耕还林工程试点。1999年，最先开始选择四川省、陕西省和甘肃省三个省，按照“退耕还林、封山绿化、以粮代赈、个体承包”的政策措施，率先开展了退耕还林工程试点。到2001年底，全国先后有20个省（自治区、直辖市）和新疆生产建设兵团进行了试点。

2002年在试点成功的基础上，退耕还林工程全面启动，扩大退耕还林规模，加快退耕还林、改善生态环境的步伐。2003年，退耕还林工程全面实施的第二年，退耕还林的范围进一步扩大，在全国25个省（自治区、直辖市）和新疆生产建设兵团实施，工程任务达到高峰。2002—2003年之间，退耕还林工程任务量急剧增大，增加量大于500万公顷。

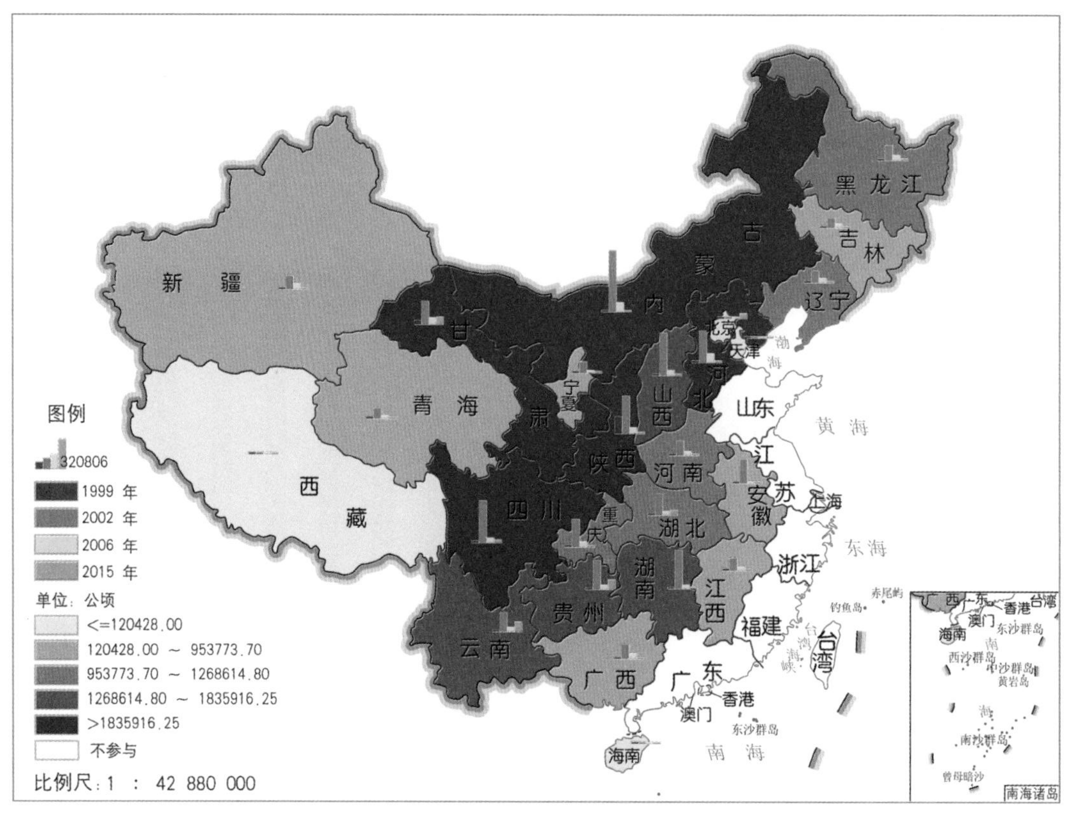

图2-3 全国退耕还林工程植被恢复空间动态变化

2004年是退耕还林工程从扩大规模、扩大范围到成果巩固、稳步推进的转折点，进行结构性、适应性的调整，退耕地还林任务进行较大幅度的调减，同时加大了荒山造林的比重，荒山造林成为退耕还林工程的重要特色。2005年退耕还林工程增加了封山育林建设内容，安排少量退耕地还林任务，解决已经完成任务的遗留问题。2004年和2005年退耕还林工程面积均在300万～400万公顷之间。退耕还林工程的实施工作主要集中在2002—2005年，占总退耕还林工程面积的67.69%。

2006年退耕还林工程任务很少，根据“巩固成果、确保质量、完善政策、稳步推进”的重要指示进一步解决部分遗留问题，将工作重点放在巩固成果上，退耕还林任务要严格限定在25度以上水土流失严重的陡坡耕地和严重沙化耕地。2007—2013年之间，退耕还林任务只安排了宜林荒山荒地造林和封山育林，没有安排退耕地还林任务。其中2006—2008年，退耕还林工程增加量在100万～200万公顷之间；2009—2010年，退耕还林工程增加量小于100万公顷；2011—2013年，退耕还林工程增加量小于50万公顷。

水土流失和风沙危害仍是现阶段突出的生态问题，还存在大面积的坡耕地和沙化耕地在继续耕种，2014年开始实施新一轮的退耕还林。经国务院批准实施《新一轮退耕还林还草总体方案》，继续在陡坡耕地、严重沙化耕地和重要水源地实施退耕还林还草。2015年，退耕还林工程面积较前几年略有增加。全国退耕还林工程不同阶段划分见表2-1。

随着退耕还林工程的推进，各地可根据当地的自然、社会、经济条件和林地经营目

表2-1 全国退耕还林工程不同阶段划分

阶段	时间	特点
试点示范	1999年—2001年	试点从3个省增加到20个省（自治区、直辖市）和新疆生产建设兵团
大规模推进	2002年—2003年	全面启动，扩大退耕还林规模，加快退耕还林的进程
结构性调整	2004年—2005年	结构性、适应性调整，加大荒山荒地造林的比重，增加封山育林的建设内容
延续期	2006年—2013年	巩固成果、确保质量、完善政策、稳步推进
新一轮退耕	2014年—至今	水土流失和风沙危害仍是现阶段突出的生态问题，实施新一轮的退耕还林

标、种苗供应等情况，将工程建设任务做结构性调整、适应性调整，协调退耕地还林、宜林荒山荒地造林和封山育林任务，保证退耕还林工程持续稳定协调发展。至2015年底，全国退耕还林工程退耕地还林面积为959.92万公顷，宜林荒山荒地造林面积为1582.47万公顷，封山育林面积为306.25万公顷。退耕还林工程三种植被恢复模式面积比例见图2-4。

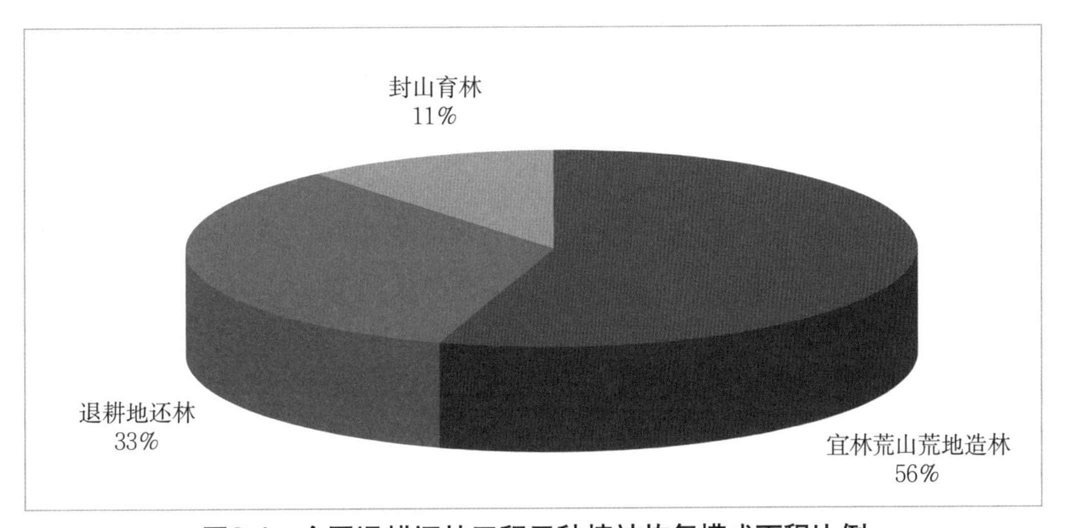

图2-4 全国退耕还林工程三种植被恢复模式面积比例

从1999—2004年，退耕还林工程只安排了退耕地还林和宜林荒山荒地造林两种模式，退耕地还林任务主要集中在2002—2005年之间，占退耕地还林总面积的59.11%，2006年退耕地还林任务很少，2007—2013年退耕还林任务没有安排退耕地还林任务，只安排了宜林荒山荒地造林和封山育林。宜林荒山荒地造林任务主要集中在2002—2007年之间，占宜林荒山荒地造林总面积的70.78%。封山育林任务主要集中在2005年，占封山育林总面积的33.63%。退耕还林工程三种植被恢复模式时间动态见图2-5。

退耕还林工程将水土流失、沙化、盐碱化和石漠化严重的，生态位重要、粮食产量低而不稳的耕地纳入规划，退耕地还林模式下规模较大的省份主要有四川省、内蒙古自治区、甘肃省和陕西省等。各省级区域宜林荒山荒地造林面积均占有一定的数量，此模式下

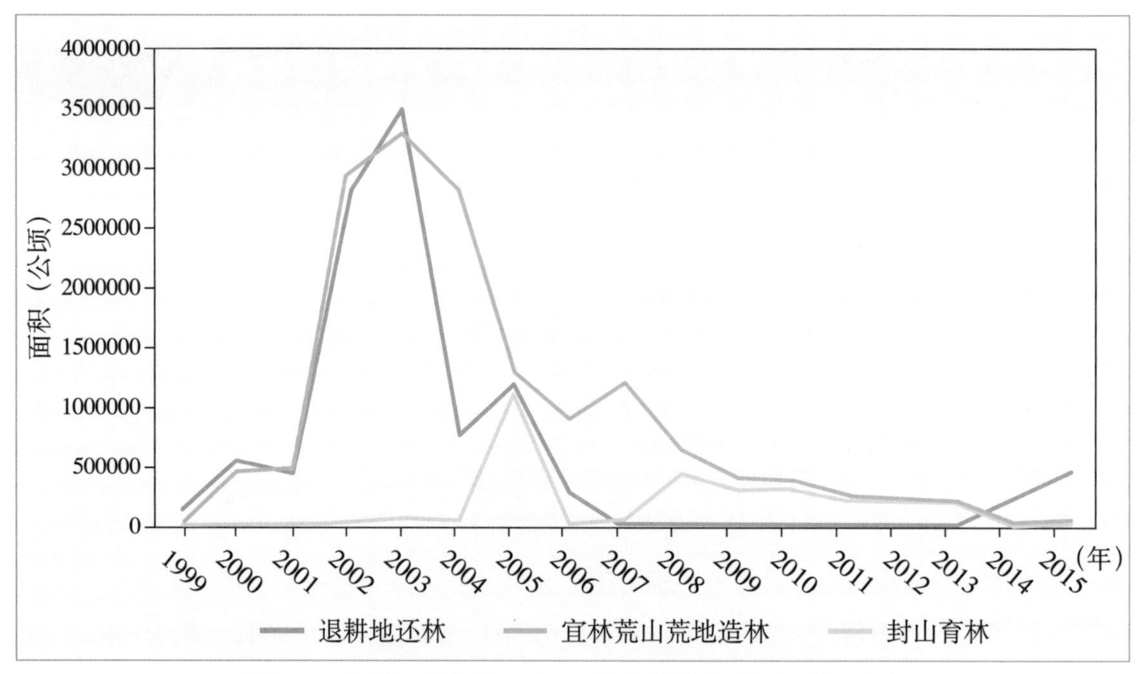

图2-5　全国退耕还林工程三种植被恢复模式时间动态

规模较大的省份主要有内蒙古自治区、甘肃省、陕西省和四川省等。封山育林作为植被恢复的重要方式之一，建设安排在无林地和疏林地上，有效提高森林覆盖率，此模式下规模较大的省份主要有河北省、内蒙古自治区、黑龙江省和辽宁省。全国退耕还林工程三种植被恢复模式的空间动态见图2-6至图2-8。

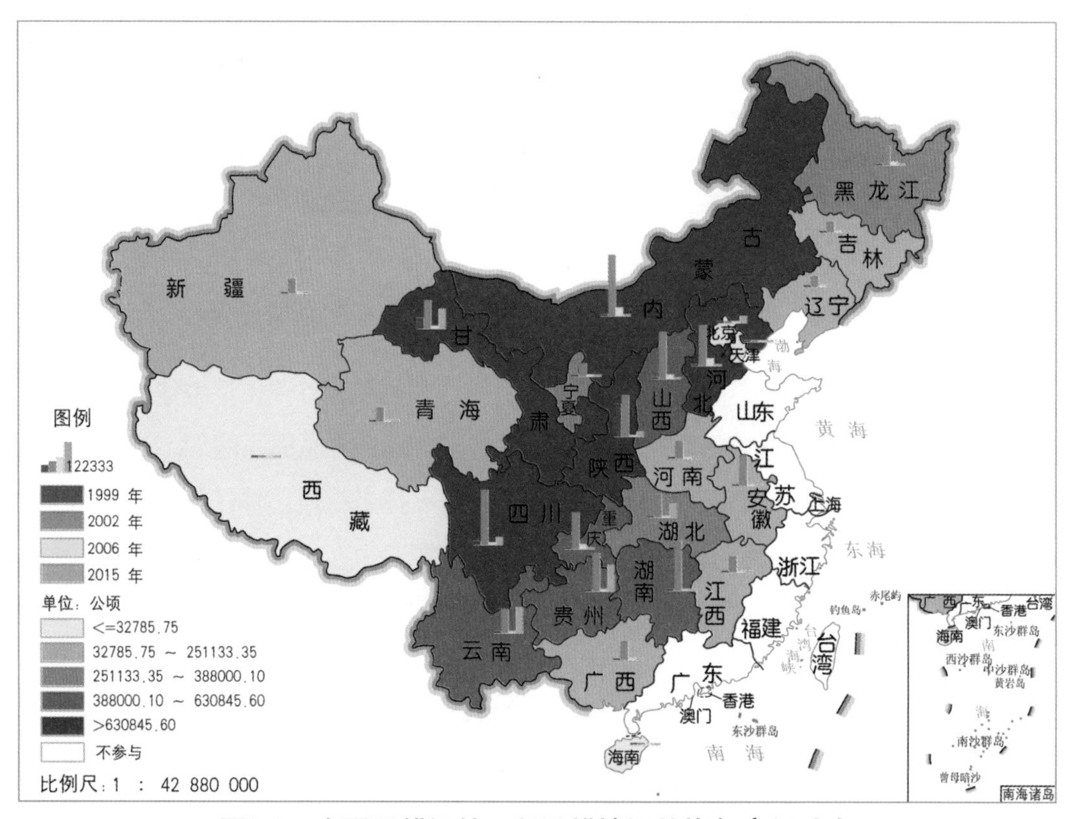

图2-6　全国退耕还林工程退耕地还林恢复空间动态

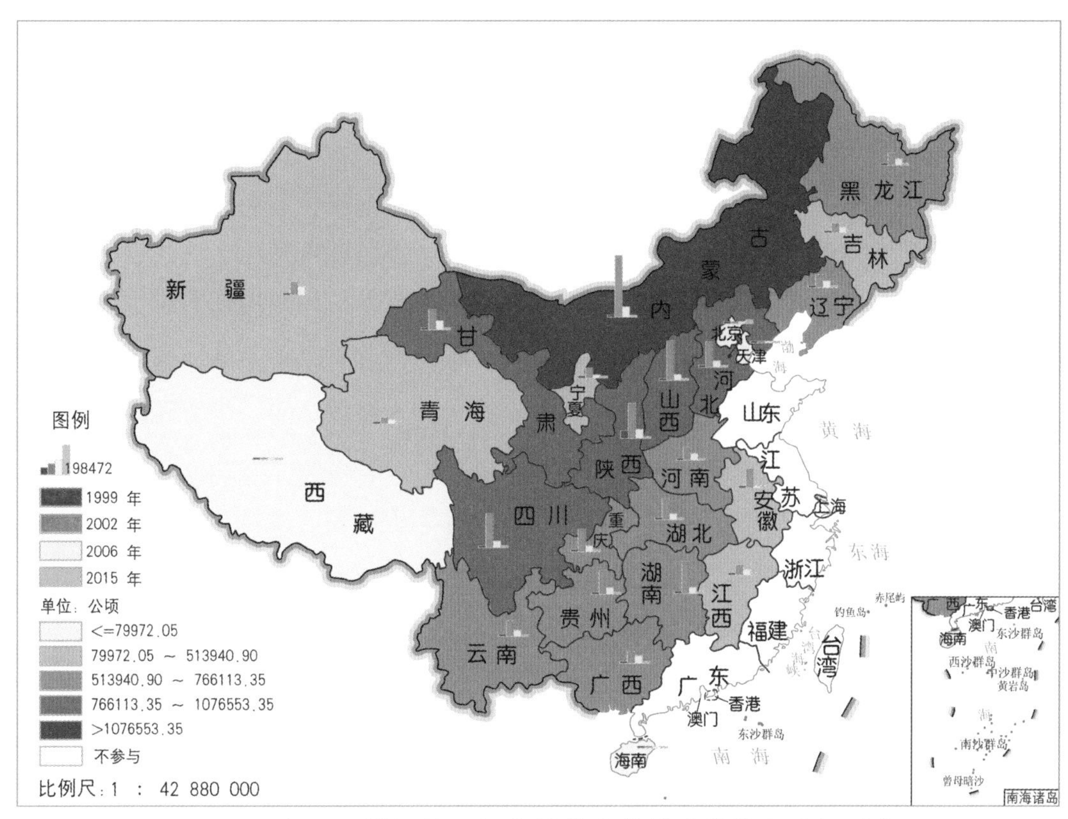

图2-7　全国退耕还林工程宜林荒山荒地造林恢复空间动态

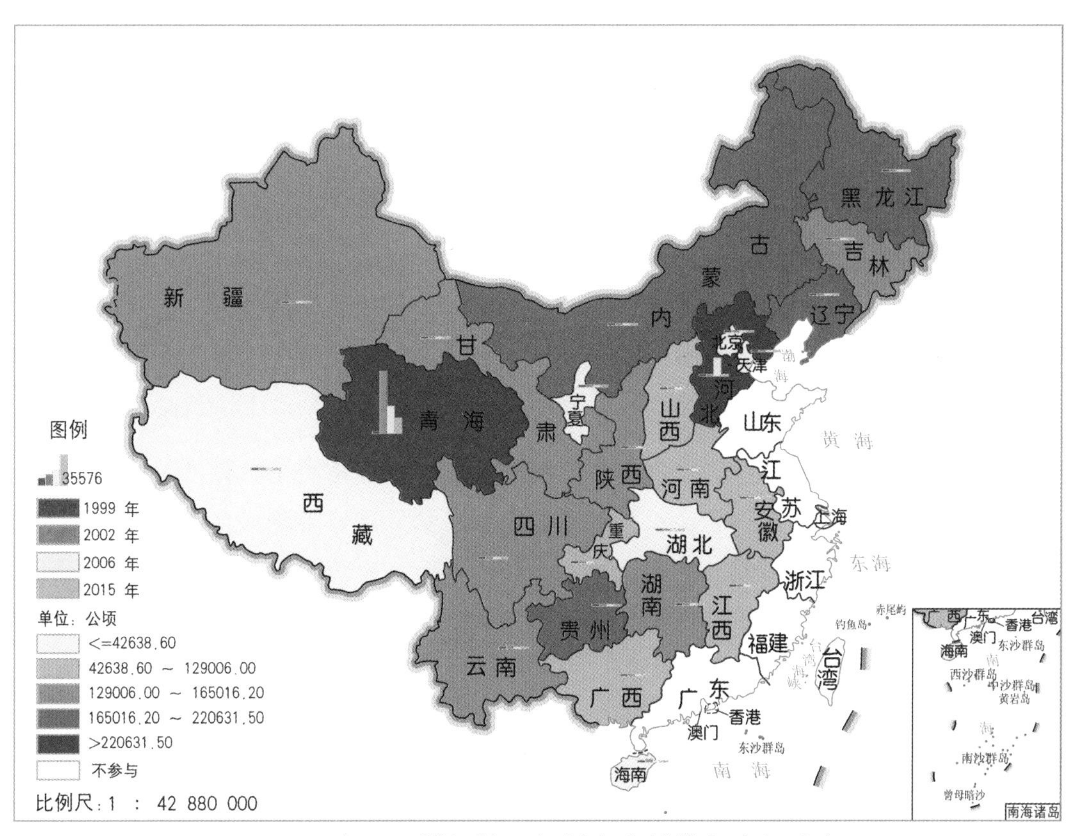

图2-8　全国退耕还林工程封山育林恢复空间动态

2.2 退耕还林工程不同林种恢复的时空动态

退耕还林工程以生态优先，本着宜乔则乔、易灌则灌、宜草则草和乔灌草合理配置的原则，因地制宜造林种草，恢复林草植被。退耕还林工程区域范围广，社会经济和自然条件差异大。从大兴安岭北部的寒温带一直到海南岛的热带，从西北内陆的年均降水量20毫米左右到东南沿海的2000多毫米，包括东南季风气候、西北干旱半干旱气候和青藏高原高寒气候。退耕还林工程区总体生态环境条件相对恶劣，水资源短缺，生态环境脆弱，经济发展相对落后，人口压力较大，基础设施落后。

东北黑土区地势相对平缓，谷地宽阔平坦，气候寒冷，该区退耕还林的主要限制因子是年均气温低，植被生长缓慢，适生树种少，冬季漫长寒冷，部分地区冻害严重，新造林越冬困难。该区为我国重要林区，考虑到植被生长缓慢，兼顾生态环境和经济发展，在水肥条件较好的地带选择生长周期长的树种造林，培育大径材；在降雨量少、石质化严重的地带，选择耐性较好的树种造林，尽快恢复并提高森林植被的质量，达到保育土壤的目标。

北部风沙区降水量少，气候干旱，风蚀沙化和土地盐碱化较严重，该区退耕还林的主要限制因子是干旱、低温、沙化和盐碱化等，结合各地不同的生态环境特点，在风沙区的源头和边缘，采用乔、灌、草相结合的模式，以阻止土壤沙漠化和盐碱化；在水分条件许可的地带，采用以乔木为主的还林模式；在干旱少雨、地下水位低的地带，选择抗旱性强的灌木；在不同程度盐碱化的低洼地，可以选择抗盐碱能力较好的灌木等。通过造林种草，适当增加林草植被，建设乔、灌、草相结合的防风固沙体系，防止流沙蔓延和扩展，增强防风固沙的功能。

西北黄土区沟壑纵横、水土流失严重、降雨量较少，该区退耕还林的主要限制因子是黄土松散、水土流失严重、土壤贫瘠、肥力低下等。台塬和沟壑为主要的两大地貌，塬边及沟壑是水土流失的根源，为改善环境必须以恢复扩大森林植被为主要目标，以坡耕地还林为突破口，合理配置乔、灌，起到护土护坡的作用，重点营造生态林，部分地区可适当发展经济林。在降雨量比较丰富的台塬地带，可适当的发展经济林；在立地条件不好、易引起水土流失的沟壑和曲流侵蚀作用强的河流地块，可选择耐性强的单树种或混交树种，以及乔灌结合等模式，充分发挥造林保育土壤的功能。

中南部山地丘陵区地形破碎、山地和丘陵相间分布、土壤侵蚀严重，坡地开垦时间长、复种指数高，人口密度大、人均耕地少，易发生严重滑坡、泥石流及洪涝灾害，对可以退耕的25度以上坡耕地尽量做到退耕还林，重点营造生态林，以乔木为主，乔、灌、草结合，兼顾经济林，逐步形成乔、灌、草复层混交的营造林，以尽快恢复涵养水源和保育土壤的生态功能。

西南高山峡谷区是我国重要的天然林区，该区流域面积大、地势高、坡度大、造林难度大，植被类型以云杉林和冷杉林为主，对长江上游的生态环境起着极为重要的作用，该区25度以上坡耕地应全部退耕还林，营造以针叶混交、阔叶混交、针阔混交林及乔灌或乔灌草相结合的生态林；干热干旱河谷和喀斯特山地地段，引进适生耐热、耐旱、耐瘠薄树种，主要采取灌草结合、乔草结合的方式，提高森林覆盖率，改善石质山体的土壤，增强保育土壤和涵养水源的功能。

青藏高原区地势高，气候寒冷，干旱少雨，风大沙多，植被低矮稀疏以灌丛草甸，乔木呈"块状"分布在森林和草原的过渡地带，为长江和黄河源头的重点保护区域。该区由于昼夜温差大、高海拔和风大等不利的自然条件，以封山育林为主，采用块状、带状、行间和株间混交方式，形成针叶混交、针阔混交、乔灌或乔灌草结合的营造林，恢复和扩大森林植被，达到防止草场退化、沙化，控制水土流失，增强涵养水源的功能。

退耕还林工程作为一项生态恢复工程，应当遵循生态优先、经济效益次要的原则，协调生态保护与经济发展、全局利益与部门利益之间的关系，保障工程建设质量和系统维护的可持续发展。北方干旱半干旱土地沙化区和青藏高寒江河源区植被恢复以灌草为主，实行灌木防风林带与种草相合，在水资源条件较好的地方，可适当种植乔木。黄土高原水土流失区，植被恢复实行乔灌草相结合。

三种林种的恢复趋势大致均为先增长后减少最后趋于平稳。其中，三种林种均在2003年达到恢复面积峰值，后逐年降低。生态林在工程前期为主要工程造林林种，2001—2006年间的年生态林恢复面积均大于230.00万公顷，之后的生态林恢复面积逐渐减少；工程营造经济林恢复面积相对其他两个林种总体恢复面积较少，2003年营造经济林面积最多，2003年之后经济林年恢复面积逐年减少；2002年和2003年大量种植灌木林，此后恢复面积逐渐减少。2008年未实施生态林退耕任务，该年之后有少量恢复面积。除2008年经济林和灌木林的年面积均小于同年的生态林面积。退耕还林工程三种林种恢复时间动态见图2-9。

各地区根据不同气候条件和土壤类型进行科学规划设计，因地制宜，选择适宜的退耕树种，乔灌草优化配置。同时，结合各地的自然、社会和经济条件，以及林地经营目的和乡土优势树种类型的不同，制定不同生态林、经济林与灌木林比例的工程实施方案（表2-2）。

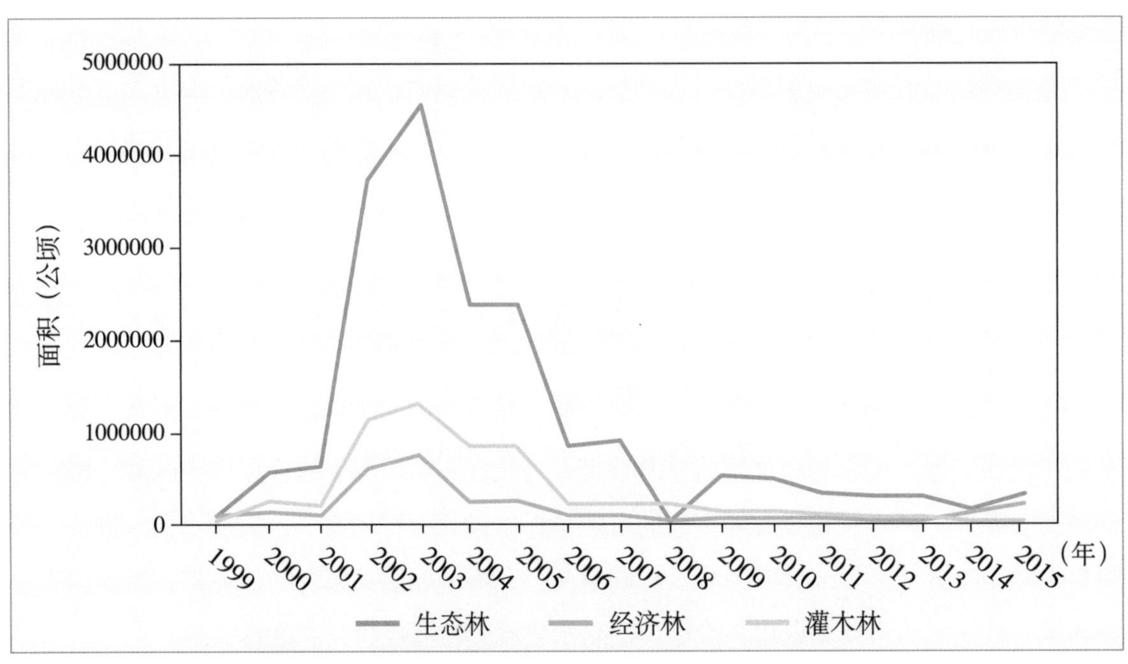

图2-9　全国退耕还林工程三种林种恢复时间动态

表2-2　退耕还林工程各林种优势树种（组）主要分布情况

林种类型	优势树种（组）	主要省份
生态林	针叶树种有油松（*Pinus tabuliformis*）、华山松（*Pinus armandii*）、樟子松（*Pinus sylvestris*）、落叶松（*Larix gmelinii*）、云杉（*Picea asperata*）、冷杉（*Abies fabri*）、侧柏（*Platycladus orientalis*）、马尾松（*Pinus massoniana*）、柳杉（*Cryptomeria fortunei*）和柏木（*Cupressus funebris*）等，阔叶树种有栎类（*Quercus*）、杨（*Populus*）、榆（*Ulmus*）、槐（*Sophora*）、桦类（*Betula*）、柳（*Salix*）、白蜡（*Fraxinus chinensis*）和桉树（*Eucalyptus robusta*）等	四川省、河北省、贵州省、湖北省、黑龙江省、重庆市、甘肃省和陕西省等
经济林	油桐（*Vernicia fordii*）、苹果（*Malus pumila*）、杏（*Armeniaca vulgaris*）、桑（*Morus alba*）、枸杞（*Lycium chinense*）、油橄榄（*Olea europaea*）、文冠果（*Xanthoceras sorbifolium*）、梨树（*Pirus*）、核桃（*Juglans regia*）、板栗（*Castanea mollissima*）、枣树（*Ziziphus jujuba*）和漆树（*Toxicodendron*）等	湖南省、云南省、陕西省和四川省等
灌木林	锦鸡儿（*Caragana korshinskii*）、沙地柏（*Sabina vulgaris*）、黄蔷薇（*Rosa hugonis*）、虎榛子（*Ostryopsis davidiana*）、毛樱桃（*Cerasus tomentosa*）、紫穗槐（*Amorpha fruticosa*）、山桃（*Amygdalus davidiana*）、柠条（*Caragana korshinskii*）、梭梭（*Haloxylon ammodendron*）、柽柳（*Tamarix chinensis*）、沙棘（*Hippophae rhamnoides*）、沙枣（*Elaeagnus angustifolia*）和沙拐枣（*Calligonum mongolicum*）等	内蒙古自治区、宁夏回族自治区、甘肃省、山西省和青海省等

全国退耕还林工程三种林种恢复的空间分布见图2-10至图2-12。其中，退耕还林工程生态林恢复面积较大的省份主要位于长江流域地区，有四川省、河北省、湖南省、贵州省和湖北省等；工程营造经济林恢复面积相对较少，主要位于四川省、陕西省和甘肃省等水热条件较好的部分地区；灌木林主要集中在干旱沙化地区，面积较大的省份有内蒙古自治区、宁夏回族自治区和甘肃省等。

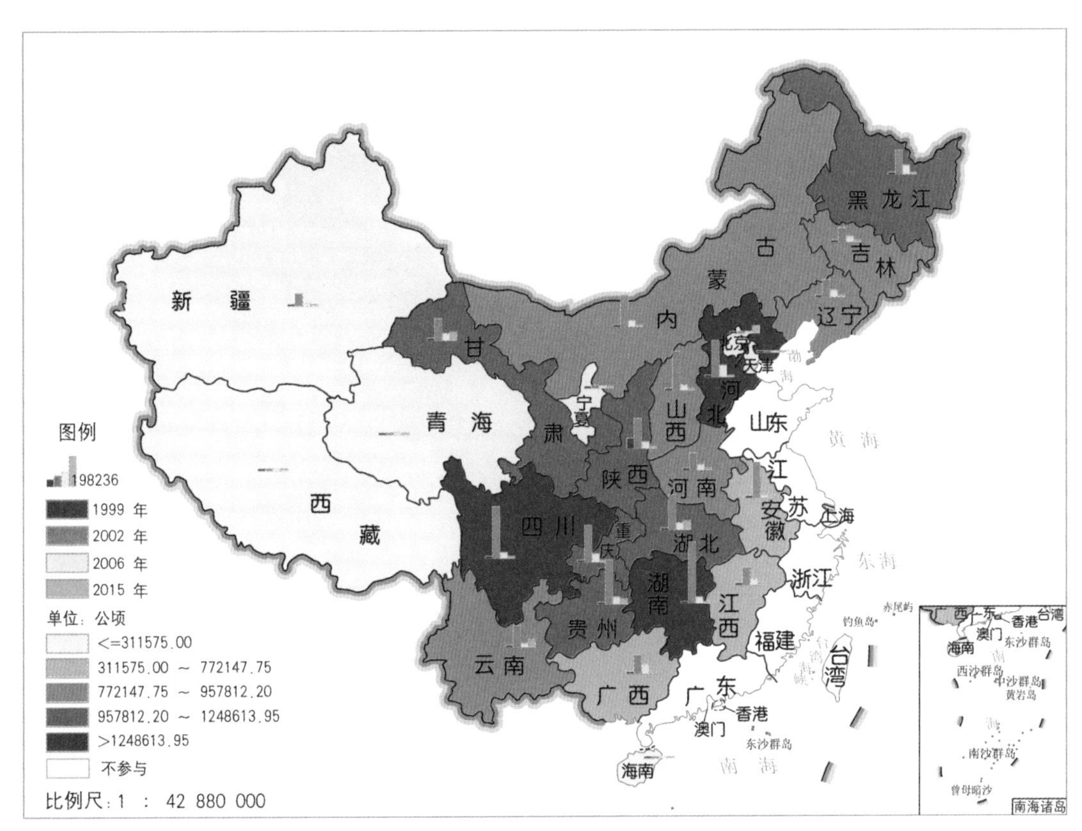

图2-10　全国退耕还林工程生态林恢复空间分布

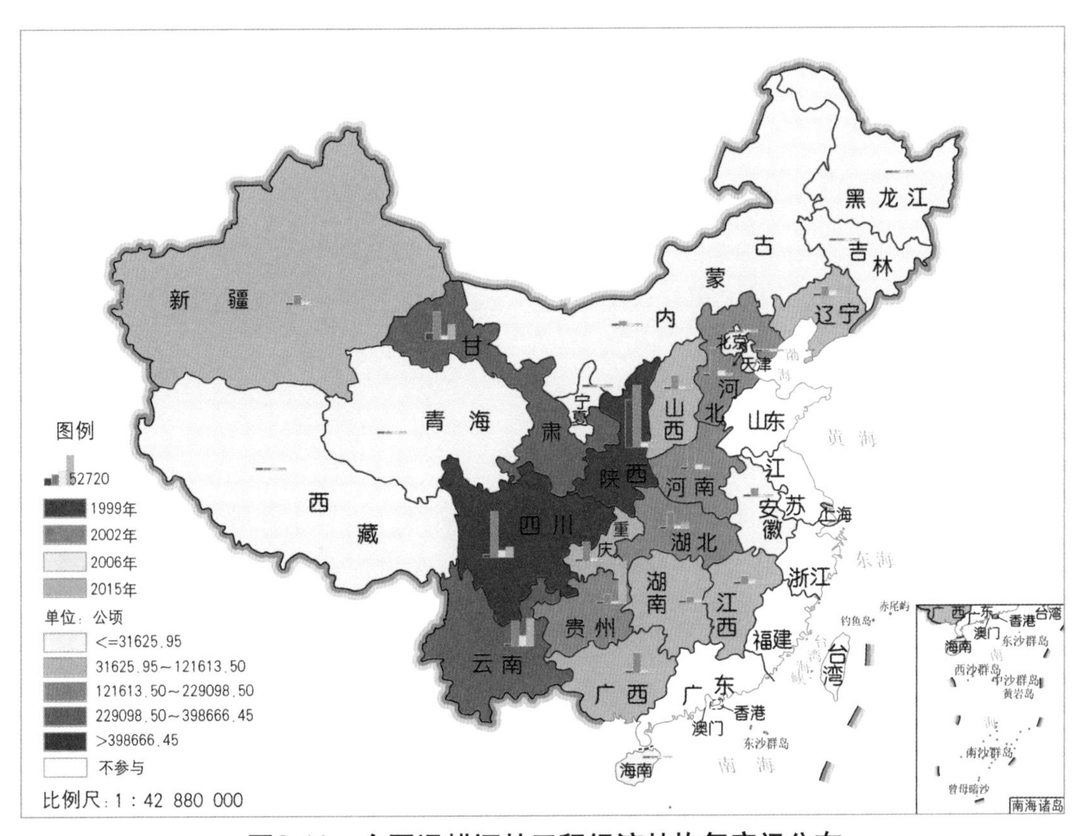

图2-11　全国退耕还林工程经济林恢复空间分布

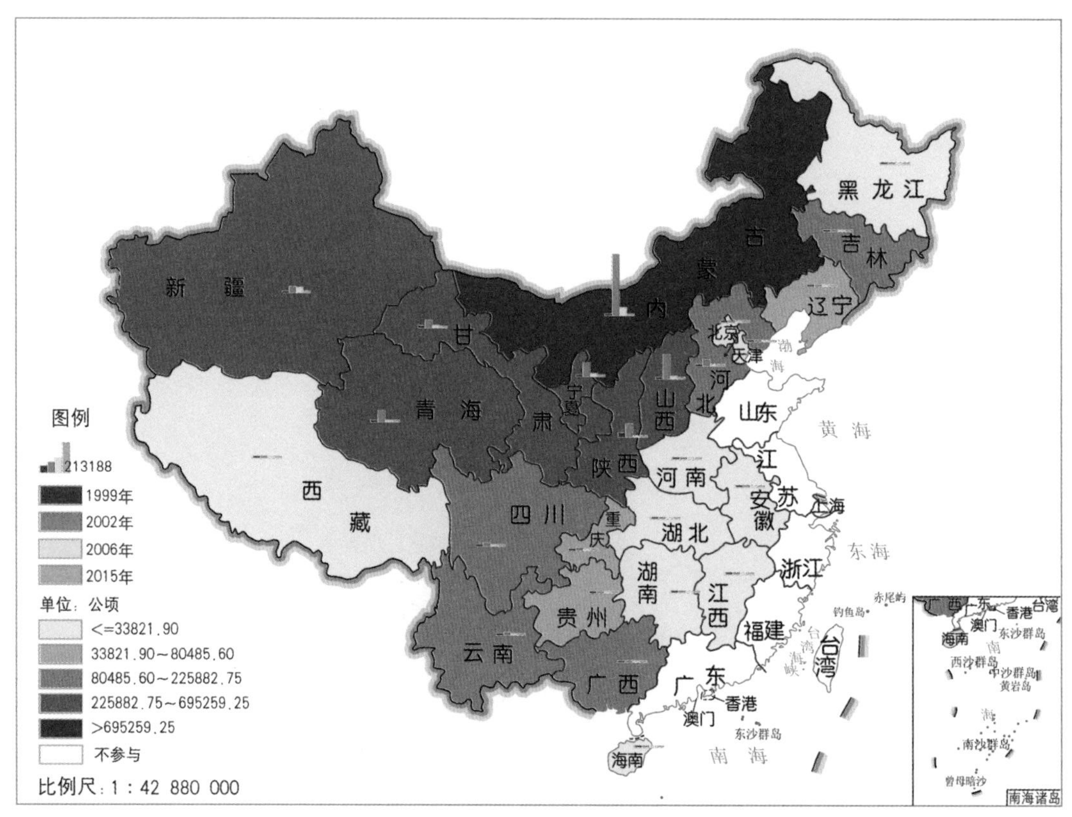

图2-12　全国退耕还林工程灌木林恢复空间分布

2.3 退耕还林工程不同区域植被恢复时空动态

本报告依据上述内容（2.2的相关区域）分别选取位于中南部山地丘陵区的湖南省、西北黄土区的宁夏回族自治区、东北黑土区的辽宁省、北部风沙区的内蒙古自治区、西南高山峡谷区的云南省和青藏高原区的西藏自治区为例，并分别以上从6个省份中选择1个典型市级区域以及该市下辖的1个布设有退耕还林工程监测点的县级区域阐明其退耕还林工程植被恢复动态。

2.3.1 中南部山地丘陵区

湖南省是我国南方重点集体林区之一，各地探索推广了与工程区适应的“林竹、林果、林草、林油、林药、林漆”6类造林恢复模式。湖南省东、南、西三面环山，北部为湖泊平原，中部大都为起伏的丘陵、岗地和河谷冲积平原。依据不同的水系，湘江流域地区采取“马尾松+阔叶树+牧草”的恢复模式；沅江流域地区采取杉木（或马尾松）与楠竹混交模式，或营造杉木、桤木、落叶松和香椿等，在树木为成林郁闭前，栽培百合、天麻、黄连等名贵药材，以及“坡上生态林、坡下经济林”等模式，实现长短效益结合。

湖南省以退耕地还林和宜林荒山荒地造林为主，2002年的以上两项植被恢复模式的恢复面积达到峰值均超出20.00万公顷，见表2-3和图2-13。湖南省退耕地还林以国外松和针阔混交林为主，其恢复面积变化均与该省退耕地还林趋势一致；宜林荒山荒地造林主要是杉木、其他软阔类和针阔混交林，其恢复面积整体均为先增长后减少；封山育林以阔叶混交林为主，其恢复面积变化均与该省封山育林趋势一致，见图2-14。

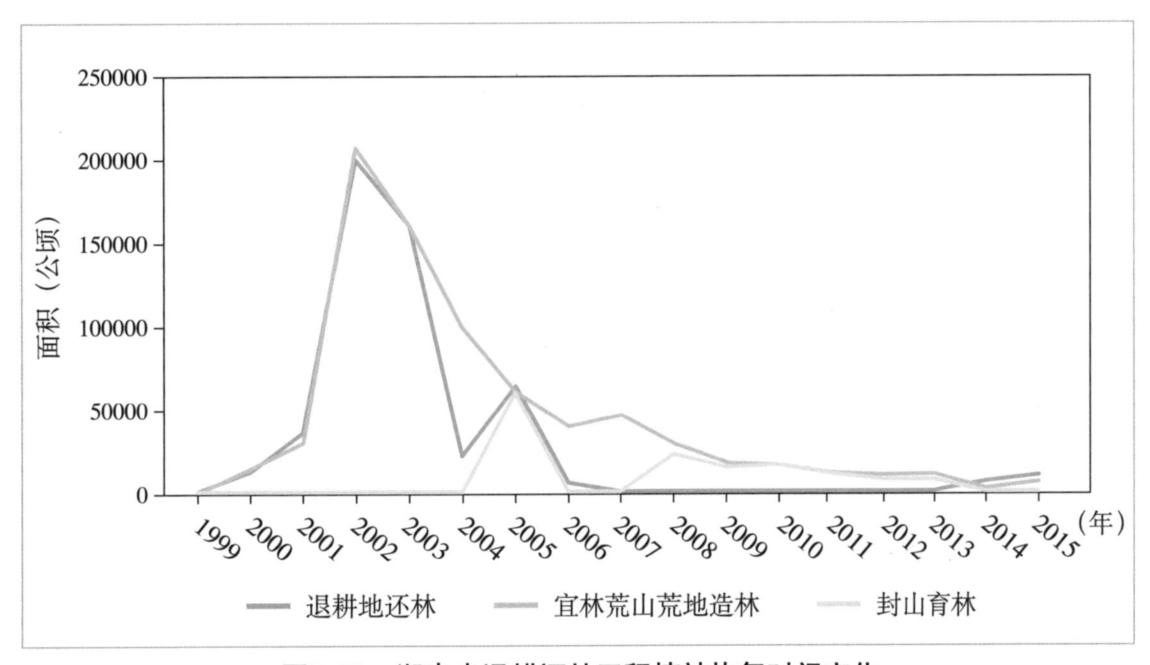

图2-13　湖南省退耕还林工程植被恢复时间变化

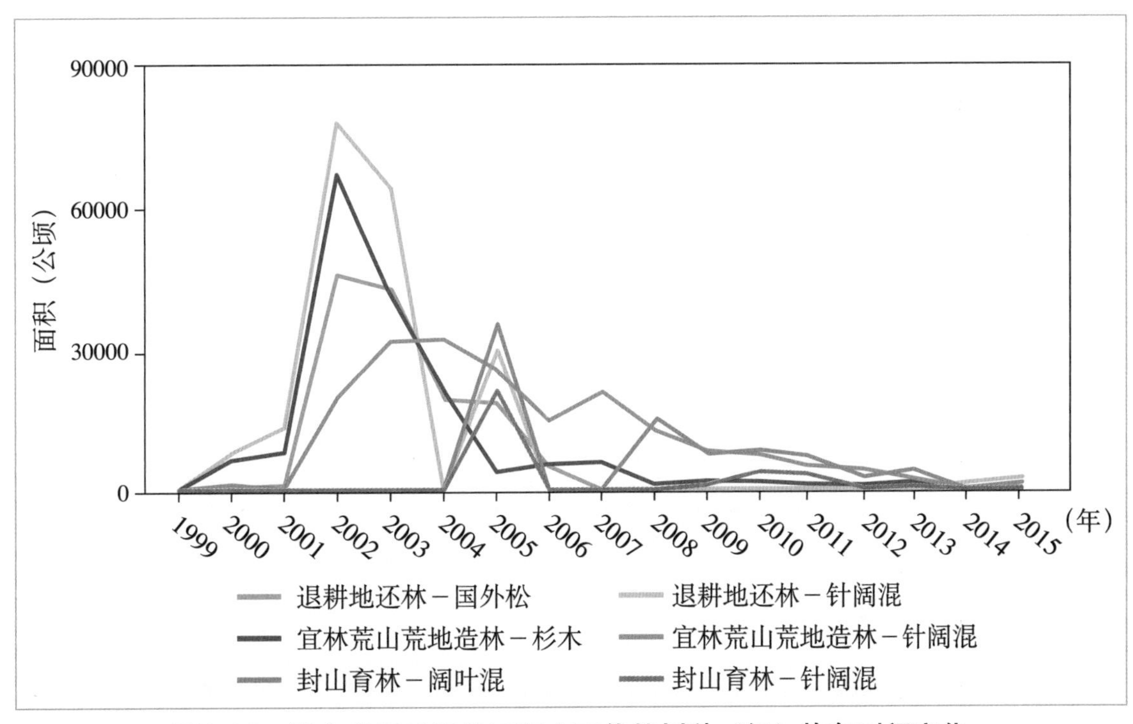

图2-14　湖南省退耕还林工程主要优势树种（组）恢复时间变化

表2-3　湖南省退耕还林工程主要优势树种（组）恢复时间变化

单位：公顷

优势树种(组)	1999	2000	2001	2002	2003	2004	2005	2006	2007	2008	2009	2010	2011	2012	2013	2014	2015	合计
退耕地还林																		
国外松	—	1336.64	1845.15	45818.13	43071.25	19568.54	18981.68	5329.89	—	—	—	—	—	—	—	800.00	1174.33	137925.61
杉木	—	1908.49	12120.24	28044.89	18437.67	1264.49	2559.95	249.30	—	—	—	—	—	—	—	1466.67	1958.14	68009.84
针阔混	—	8139.95	13752.94	78122.42	64315.40	84.93	30324.50	17.14	—	—	—	—	—	—	—	2133.33	2773.82	199664.43
宜林荒山荒地造林																		
杉木	—	6875.50	8809.22	67440.89	41482.83	21117.45	4690.43	6087.84	6502.55	1656.43	2553.39	2405.79	1745.12	1559.11	2597.35	249.20	954.67	176727.77
其他软阔类	—	1170.83	13099.29	37308.83	32089.75	18724.85	11432.97	4441.58	4432.51	5070.17	1892.55	1606.72	1153.48	984.89	2025.84	195.80	786.67	136416.73
针阔混	—	1629.57	96.28	20047.84	31939.37	32084.57	25827.59	15032.06	21171.78	12716.38	8419.71	7987.72	5377.52	4633.19	2821.53	694.20	1980.00	192459.31
封山育林																		
针叶混	—	—	—	—	—	—	1711.41	—	106.60	7812.03	6709.88	4624.19	762.41	5905.04	1638.50	—	—	29270.06
阔叶混	—	—	—	—	—	634.26	35714.07	—	226.73	15363.93	7863.08	8840.96	7482.03	2997.70	4820.23	—	—	83942.99
针阔混	—	—	—	—	—	365.74	21574.52	—	—	37.91	2093.71	4401.52	3955.56	63.89	1960.78	—	—	34453.63

其中，湖南省张家界市退耕还林工程植被恢复时间变化见表2-4、图2-15和图2-16。张家界市以退耕地还林和宜林荒山荒地造林为主，以上两种植被恢复模式的恢复趋势基本一致。该市退耕地还林以针阔混交林为主，其恢复面积变化均与该省退耕地还林趋势一致；宜林荒山荒地造林主要是杉木，其恢复面积从2008年开始趋于平稳，在10.00～130.00公顷之间；封山育林以阔叶混交林为主，其恢复面积变化均与该市封山育林趋势基本一致。

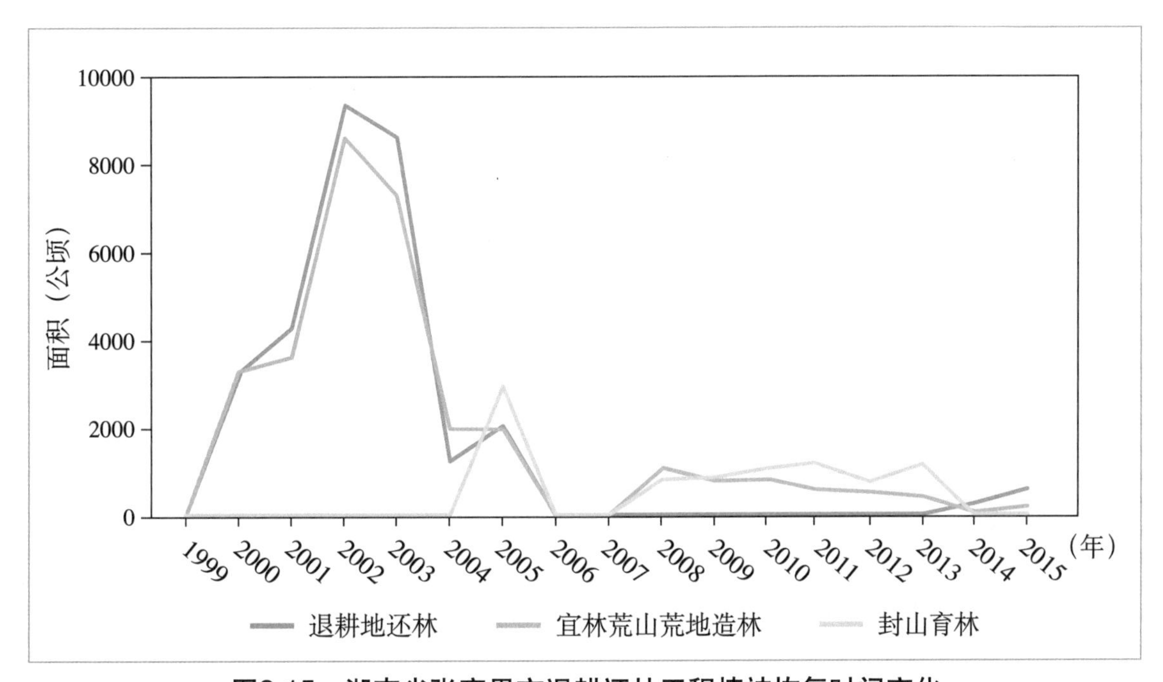

图2-15　湖南省张家界市退耕还林工程植被恢复时间变化

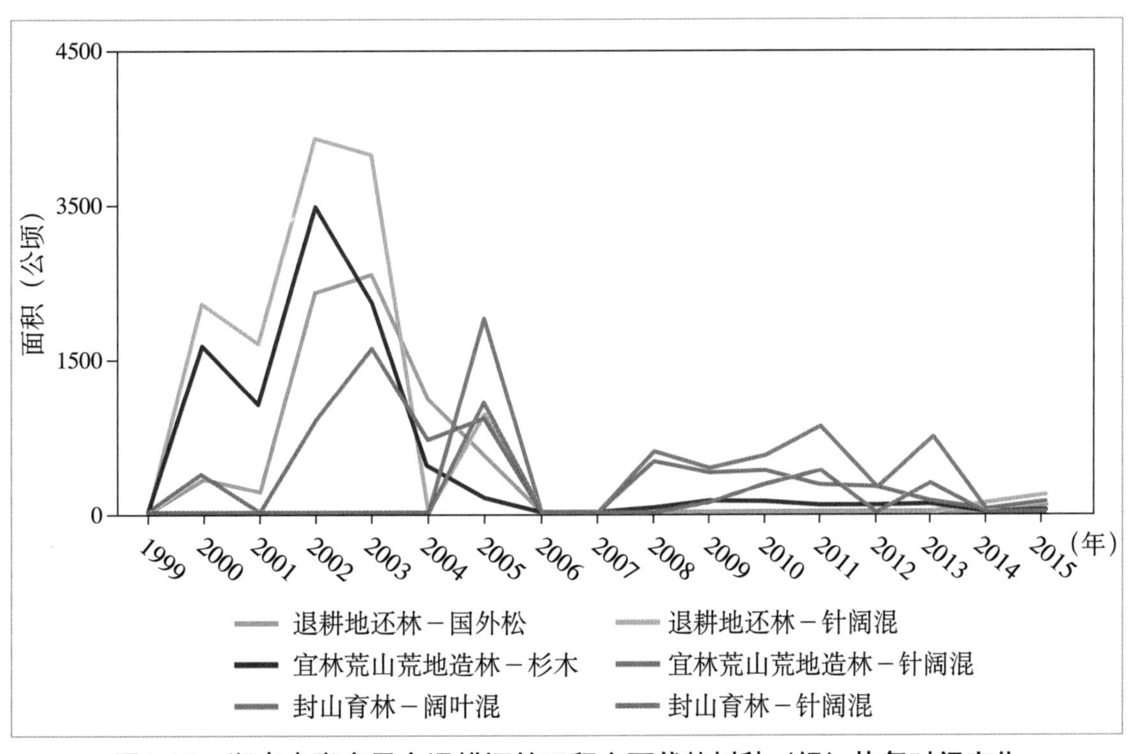

图2-16　湖南省张家界市退耕还林工程主要优势树种（组）恢复时间变化

表2-4 湖南省张家界市退耕还林工程优势树种（组）恢复时间变化

单位：公顷

优势树种（组）	1999	2000	2001	2002	2003	2004	2005	2006	2007	2008	2009	2010	2011	2012	2013	2014	2015	合计
退耕地还林																		
马尾松	—	212.56	584.16	986.67	881.96	57.19	235.98	—	—	—	—	—	—	—	—	50.00	87.73	3096.25
国外松	—	334.16	222.10	2138.18	2333.03	1118.20	606.63	—	—	—	—	—	—	—	—	40.00	81.47	6873.77
杉木	—	477.12	1458.92	1308.76	998.71	72.26	81.81	—	—	—	—	—	—	—	—	73.33	131.60	4602.51
针阔混	—	2034.99	1655.45	3645.71	3483.75	4.85	969.13	—	—	—	—	—	—	—	—	106.67	188.00	12088.55
宜林荒山荒地造林																		
杉木	—	1637.02	1053.28	2980.88	2066.01	464.21	164.54	—	—	64.30	121.90	126.31	89.54	86.05	115.10	11.20	40.00	9020.34
其他软阔类	—	278.77	1566.22	1564.56	1470.78	374.50	381.10	—	—	191.54	85.56	80.80	57.67	52.32	83.42	8.80	32.00	6228.04
针阔混	—	387.99	11.51	891.92	1610.09	707.52	922.22	—	—	501.75	405.66	423.23	277.80	258.55	126.38	31.20	104.00	6659.82
封山育林																		
针叶混	—	—	—	—	—	—	—	—	—	277.16	374.08	284.81	—	549.79	226.46	—	—	1712.30
阔叶混	—	—	—	—	—	—	1902.78	—	—	589.51	443.83	570.07	844.44	250.21	744.70	—	—	5345.54
针阔混	—	—	—	—	—	—	1097.22	—	—	—	115.43	278.46	422.22	—	295.51	—	—	2208.84

其中，湖南省张家界市慈利县退耕还林工程植被恢复时间变化见表2-5、图2-17和图2-18。该县以退耕地还林和宜林荒山荒地造林为主，以上两种植被恢复模式的恢复趋势基本一致。该县退耕地还林以针阔混交林为主，其恢复面积变化均与该市退耕地还林趋势一致；宜林荒山荒地造林主要是杉木，其恢复面积从2008年开始趋于平稳，在19.00～35.00公顷之间；封山育林以阔叶混交林为主，其恢复面积变化均与该市封山育林趋势基本一致。

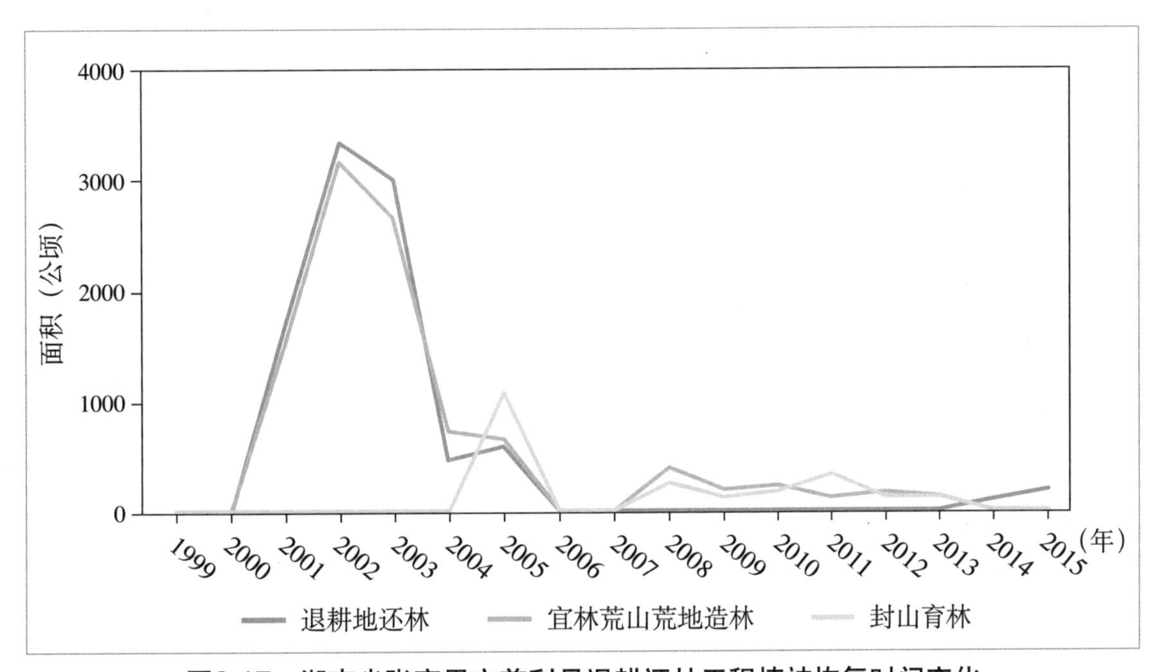

图2-17　湖南省张家界市慈利县退耕还林工程植被恢复时间变化

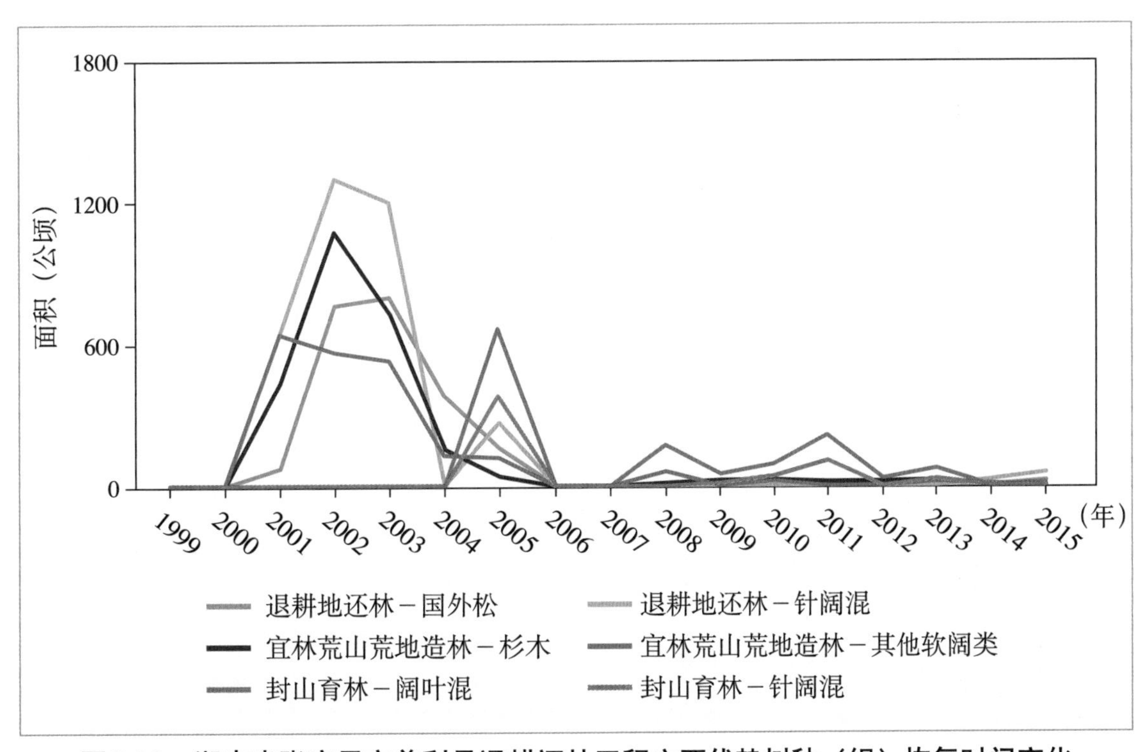

图2-18　湖南省张家界市慈利县退耕还林工程主要优势树种（组）恢复时间变化

表2-5　湖南省张家界市慈利县退耕还林工程优势树种（组）恢复时间变化

单位：公顷

优势树种（组）	1999	2000	2001	2002	2003	2004	2005	2006	2007	2008	2009	2010	2011	2012	2013	2014	2015	合计
退耕地还林																		
国外松	—	—	85.42	763.64	807.59	391.37	176.12	—	—	—	—	—	—	—	—	12.00	26.00	2262.14
针阔混	—	—	636.71	1302.04	1205.91	1.70	281.36	—	—	—	—	—	—	—	—	32.00	60.00	3519.72
宜林荒山荒地造林																		
杉木	—	—	430.89	1086.88	751.28	170.21	54.85	—	—	22.69	29.26	34.01	19.90	25.31	32.88	—	—	2658.16
其他软阔类	—	—	640.73	570.46	534.83	137.32	127.03	—	—	67.60	20.53	21.75	12.82	15.39	23.83	—	—	2172.29
针阔混	—	—	4.71	325.21	585.49	259.43	307.41	—	—	177.09	97.36	113.95	61.73	76.05	36.11	—	—	2044.54
封山育林																		
阔叶混	—	—	—	—	—	—	676.54	—	—	181.39	63.40	100.60	222.22	41.70	78.39	—	—	1364.24
针阔混	—	—	—	—	—	—	390.12	—	—	—	16.49	49.14	111.11	—	31.11	—	—	597.97

2.3.2 西北黄土区

宁夏回族自治区按地形地貌和自然条件大体分为山、沙、川三种类型，北部引黄灌区平原、中部毛乌素和腾格里沙区、南部黄土高原丘陵。土石山区主要是乔灌结合，云杉、落叶松、油松、桦类和辽东栎等乔木，沙棘、丁香、蔷薇、忍冬和山楂等灌木；黄土丘陵区主要是一些耐旱、生长较快的油松、杨树、旱柳、臭椿和刺槐等乔木，灌木主要有沙棘、紫穗槐、柠条和沙柳等；中部沙区，主要是抗逆性强的杨树、樟子松、沙枣、刺槐等，灌木主要是柠条、沙柳、花棒等，一定补水条件下可在沙地人工种植草麻黄。

宁夏回族自治区以退耕地还林和宜林荒山荒地造林为主，除2004年出现大幅降低外，退耕地还林面积变化整体为先增长后减少，宜林荒山荒地造林恢复面积变化为先增长后减少，见表2-6和图2-19。宁夏回族自治区退耕地还林以其他硬阔类和灌木林为主，该自治区的退耕地还林实施年份为1999—2006年，其恢复面积变化均与该自治区退耕地还林趋势一致；宜林荒山荒地造林主要是灌木林，其恢复总面积占该自治区宜林荒山荒地造林总面积的82.35%；封山育林以灌木林为主，其恢复面积变化均与该自治区封山育林趋势一致，见图2-20。

宁夏回族自治区固原市以退耕地还林和宜林荒山荒地造林为主，除2004年出现大幅降低外，退耕地还林面积变化整体为先增长后减少；宜林荒山荒地造林恢复面积变化为先增长后减少，见表2-7和图2-21。该市退耕地还林以灌木林为主，该市退耕地还林实施年份为2000—2006年，其恢复面积变化均与该市退耕地还林趋势一致，2003年恢复面积达到该市退耕地还林总面积的68.53%；宜林荒山荒地造林主要是灌木林，其恢复总面积占该市宜林

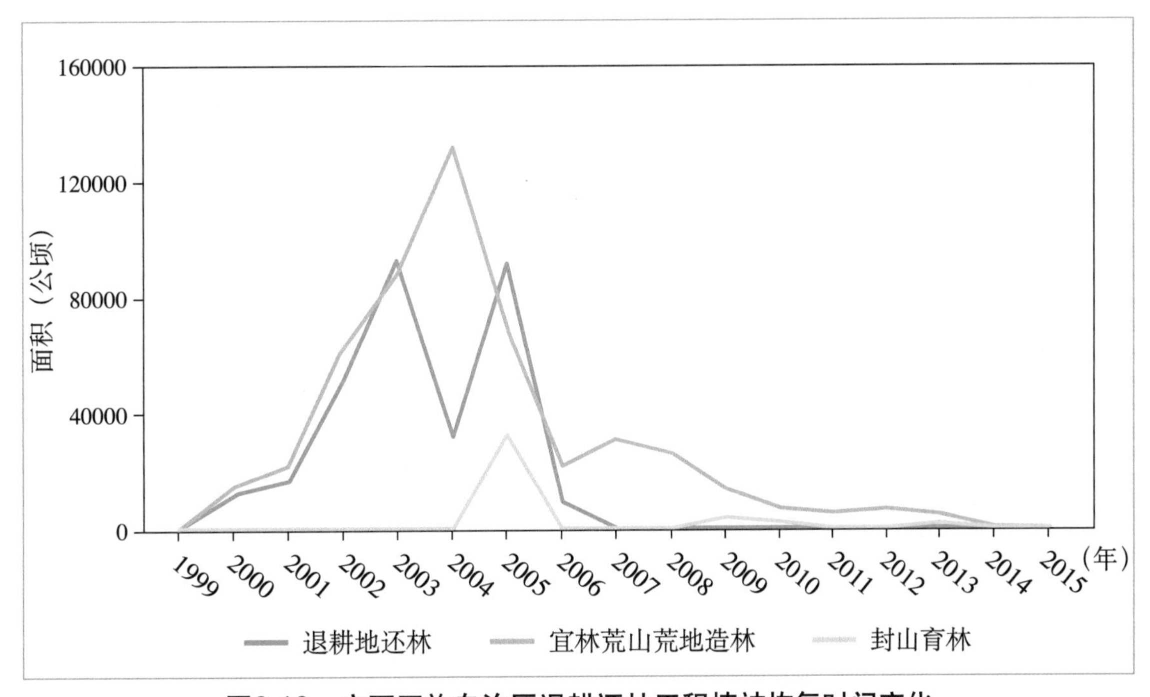

图2-19 宁夏回族自治区退耕还林工程植被恢复时间变化

表2-6 宁夏回族自治区退耕还林工程优势树种（组）恢复时间变化

单位：公顷

优势树种(组)	1999	2000	2001	2002	2003	2004	2005	2006	2007	2008	2009	2010	2011	2012	2013	2014	2015	合计
退耕地还林																		
其他硬阔类	—	5522.82	5690.95	12435.74	20231.48	6105.70	16629.60	2889.07	—	—	—	—	—	—	—	—	—	69505.36
灌木林	—	6286.72	10460.98	39771.50	69558.27	26397.08	73714.59	6271.71	—	—	—	—	—	—	—	—	—	232460.85
宜林荒山荒地造林																		
落叶松	—	1956.00	1213.40	1720.00	1745.60	5566.67	2997.13	1250.00	2753.34	1016.00	469.90	1008.80	660.00	372.00	596.00	—	—	23324.84
其他硬阔类	—	1583.33	1908.53	3787.74	3839.26	7590.54	4328.94	983.97	3253.33	3029.76	1673.35	1578.30	1185.00	1213.30	732.37	—	—	36687.72
灌木林	—	11274.07	18423.64	59706.54	77560.07	113074.58	54534.22	17889.70	23355.64	21730.95	11390.16	4278.40	3116.66	5217.30	2203.27	800.00	—	424555.20
封山育林																		
落叶松	—	—	—	—	—	—	589.67	—	—	—	150.30	465.30	—	—	128.60	—	—	1333.87
其他硬阔类	—	—	—	—	—	—	2330.00	—	—	—	—	—	—	133.33	—	—	—	2463.33
灌木林	—	—	—	—	—	—	30085.66	—	—	—	4183.00	2001.33	—	533.33	1439.86	—	—	38243.18

荒山荒地造林总面积的64.40%；封山育林以灌木林为主，其恢复面积变化均与该市封山育林趋势一致，见图2-22。

宁夏回族自治区固原市泾源县以退耕地还林和宜林荒山荒地造林为主，除2004年出现

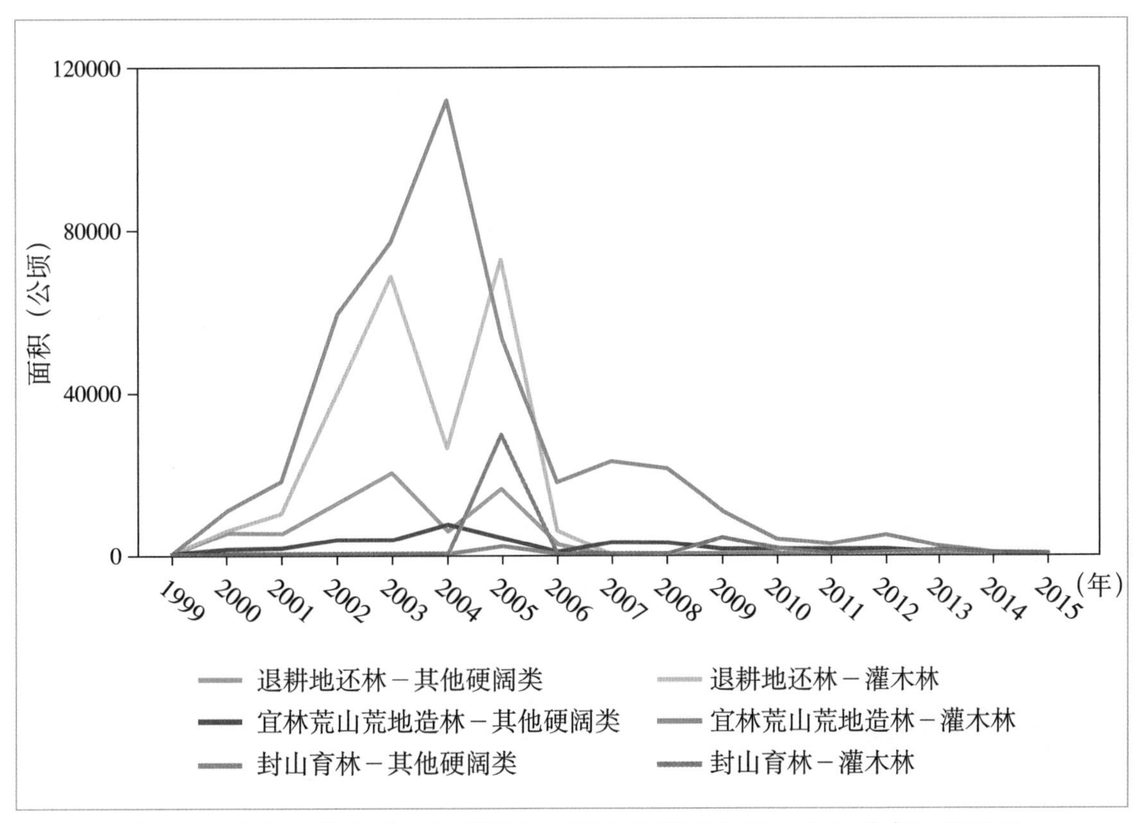

图2-20　宁夏回族自治区退耕还林工程主要优势树种（组）恢复时间变化

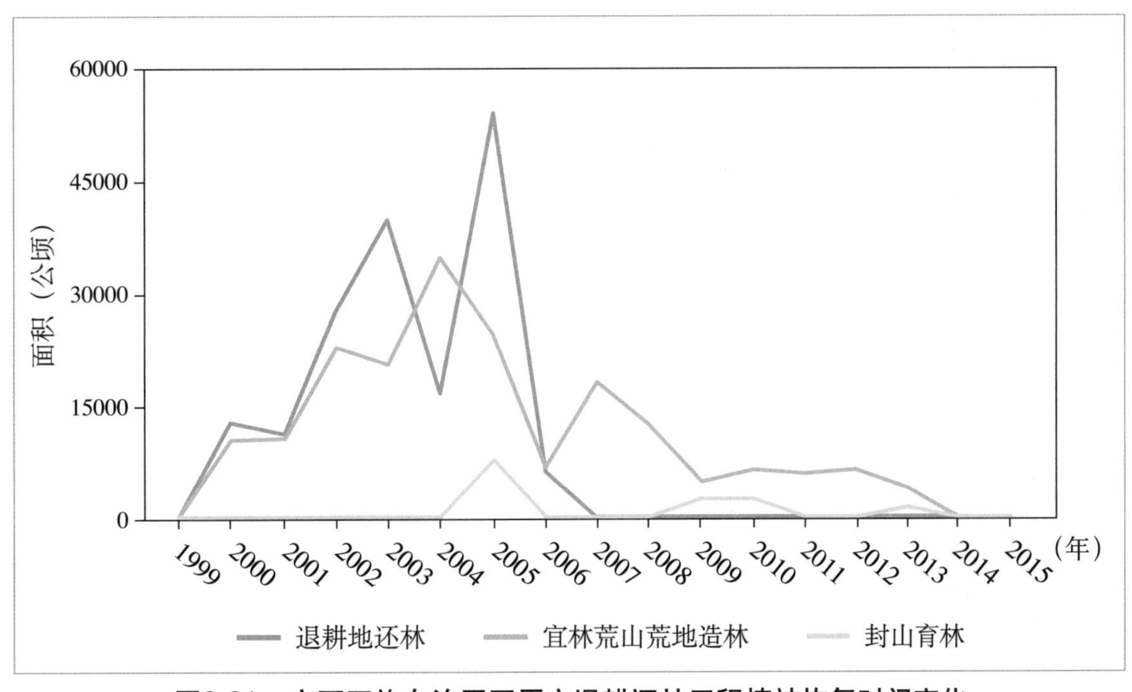

图2-21　宁夏回族自治区固原市退耕还林工程植被恢复时间变化

表2-7 宁夏回族自治区固原市退耕还林工程优势树种（组）恢复时间变化

单位：公顷

优势树种（组）	1999	2000	2001	2002	2003	2004	2005	2006	2007	2008	2009	2010	2011	2012	2013	2014	2015	合计
退耕地还林																		
其他硬阔类	—	5360.71	4966.88	9960.01	11557.16	4212.65	13192.95	2165.58	—	—	—	—	—	—	—	—	—	51415.94
灌木林	—	6124.62	5241.56	16846.49	27404.10	12063.40	38247.09	3347.49	—	—	—	—	—	—	—	—	—	109274.75
宜林荒山荒地造林																		
落叶松	—	1956.00	1213.40	1720.00	1745.60	5566.67	2997.13	1250.00	2753.34	1016.00	469.90	1008.80	660.00	372.00	596.00	—	—	23324.84
其他硬阔类	—	1583.33	1908.53	3525.34	2950.67	5076.57	2704.50	306.70	1993.33	2471.63	1006.70	1578.30	1185.00	1213.30	680.70	—	—	28184.60
灌木林	—	6544.07	7431.44	16531.10	14788.96	20525.52	16149.27	4652.81	11722.30	8864.27	3256.79	3011.73	3116.66	4417.30	2203.27	—	—	123215.49
封山育林																		
落叶松	—	—	—	—	—	—	589.67	—	—	—	150.30	465.30	—	—	128.60	—	—	1333.87
灌木林	—	—	—	—	—	—	6852.29	—	—	—	2516.33	2001.33	—	333.33	1439.86	—	—	13143.14

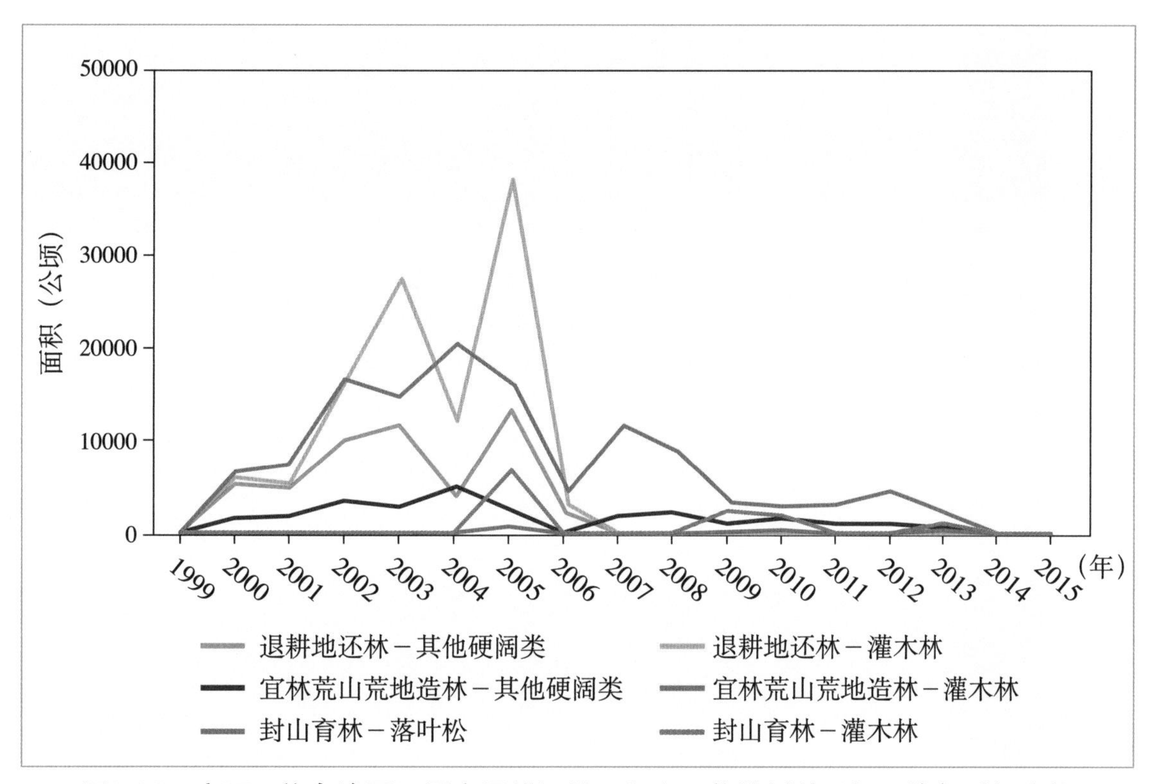

图2-22　宁夏回族自治区固原市退耕还林工程主要优势树种（组）恢复时间变化

大幅降低外，退耕地还林面积变化整体为先增长后减少；宜林荒山荒地造林恢复面积变化为先增长后减少，见表2-8和图2-23。该县退耕地还林以其他硬阔类为主，其恢复面积变化均与该县退耕地还林趋势一致；宜林荒山荒地造林主要是落叶松，其恢复总面积占该市宜林荒山荒地造林总面积的40.06%；封山育林以灌木林为主，其恢复面积变化均与该市封山育林趋势一致，见图2-24。

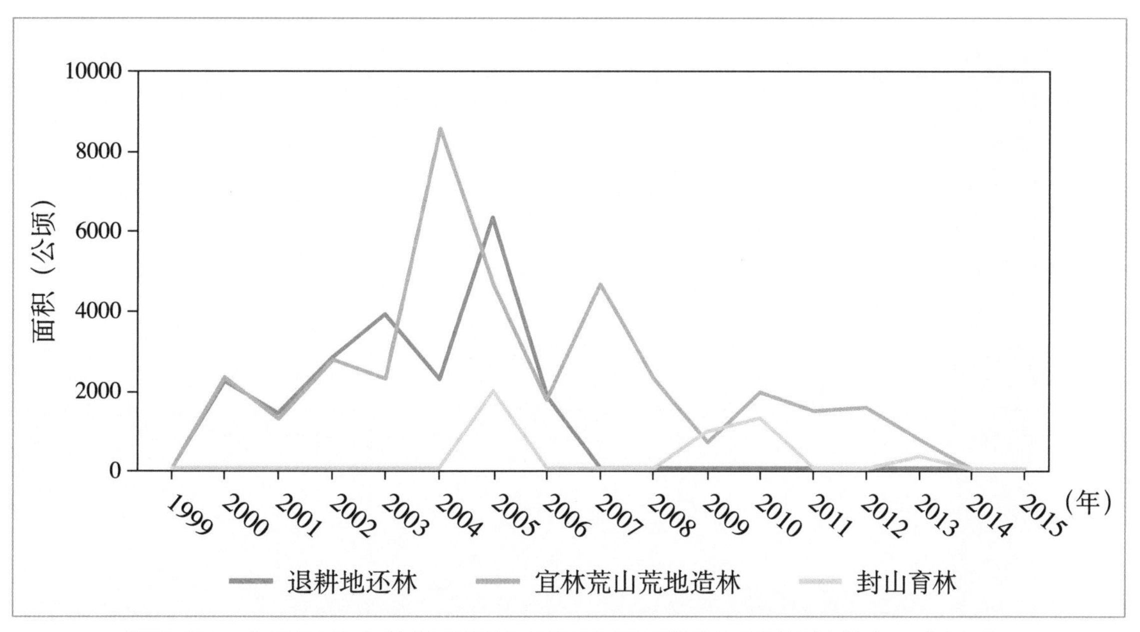

图2-23　宁夏回族自治区固原市泾源县退耕还林工程植被恢复时间变化

表2-8 宁夏回族自治区固原市泾源县退耕还林工程优势树种（组）恢复时间变化

单位：公顷

优势树种（组）	1999	2000	2001	2002	2003	2004	2005	2006	2007	2008	2009	2010	2011	2012	2013	2014	2015	合计
退耕地还林																		
落叶松	—	573.93	307.43	417.43	615.70	232.37	385.93	25.53	—	—	—	—	—	—	—	—	—	2558.32
其他硬阔类	—	1293.45	853.14	1456.50	2005.16	1400.27	4450.75	1255.90	—	—	—	—	—	—	—	—	—	12715.17
灌木林	—	299.79	195.86	868.84	1236.54	565.63	1279.17	361.51	—	—	—	—	—	—	—	—	—	4807.34
宜林荒山荒地造林																		
油杉	—	520.00	270.60	740.00	480.00	2510.00	852.00	460.00	1061.00	—	—	—	—	—	—	—	—	6893.60
落叶松	—	1150.00	670.07	1220.00	1020.00	3420.00	1865.00	920.00	2150.00	892.00	219.90	579.90	460.00	212.00	230.00	—	—	15008.87
灌木林	—	640.67	407.00	820.00	323.33	2445.00	1539.67	335.00	1237.67	656.30	146.73	328.43	73.33	794.00	190.00	—	—	9937.13
封山育林																		
落叶松	—	—	—	—	—	—	—	—	—	—	—	300.00	—	—	128.60	—	—	428.60
灌木林	—	—	—	—	—	—	2000.00	—	—	—	1000.00	833.33	—	—	106.53	—	—	3939.86

2.3.3 东北黑土区

辽宁省作为老工业基地，水资源、土地、矿产资源以及局部地区的环境承载能力等方面，都面临着相当大的压力。部分地区水土流失、土地沙化和荒漠化现象十分严重，特别是占辽宁省面积接近一半的辽西北地区，地处科尔沁沙地南缘，生态环境十分脆弱，风沙大、干旱严重，加上难以控制的水土流失等生态问题，生态形势严峻，严重制约着当地经济社会发展，是全省实现经济整体跨越的难点。辽宁省退耕还林工程的建设，使得全省整体的生态质量得到提升，森林覆盖率提高贡献近4个百分点。辽宁省退耕还林工程实施以来，在改善生态环境的同时，稳步发展以苹果、梨、枣等经济林为主的增收项目，及以林药、林菌、林畜为主的林地经济，适应农村产业结构调整和农业资源合理配置，有力推动辽宁省的区域经济发展。

辽宁省以退耕地还林和宜林荒山荒地造林为主，以上两种植被恢复模式面积变化整体均为先增长后减少，见表2-9和图2-25。辽宁省退耕地还林以杨树为主，该自治区的退耕地还林实施年份为2001—2006年，其恢复面积变化均与该省退耕地还林趋势一致；宜林荒山荒地造林主要是杨树和其他软阔类，其恢复总面积之和占该省宜林荒山荒地造林总面积的比例超过50.00%；封山育林以其他软阔类和灌木林为主，其恢复面积变化均与该省封山育林趋势一致，见图2-26。

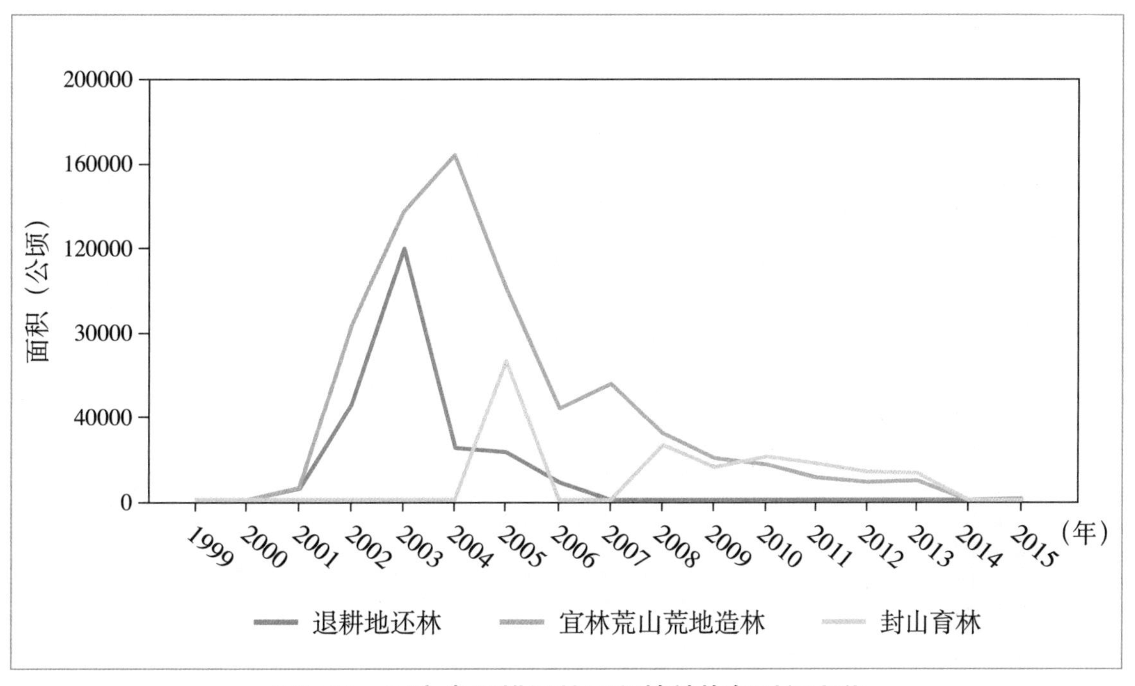

图2-25　辽宁省退耕还林工程植被恢复时间变化

表 2-9　辽宁省退耕还林工程优势树种（组）恢复时间变化

单位：公顷

优势树种（组）	1999	2000	2001	2002	2003	2004	2005	2006	2007	2008	2009	2010	2011	2012	2013	2014	2015	合计
退耕地还林																		
杨树	—	—	2585.38	29145.68	69391.07	11346.16	12326.47	2735.03	—	—	—	—	—	—	—	—	100.86	127630.65
其他软阔类	—	—	2483.02	6722.99	20561.88	5865.09	5085.99	2243.69	—	—	—	—	—	—	—	—	27.70	42990.36
经济林	—	—	1383.96	6687.99	20511.36	7260.20	4372.59	4007.98	—	—	—	—	—	—	—	—	1326.27	45550.35
宜林荒山荒地造林																		
杨树	—	—	2241.85	24043.08	38690.36	35807.70	20181.70	9172.57	9071.06	7634.90	2516.13	2887.97	1204.56	1326.39	1073.43	—	—	155851.70
其他软阔类	—	—	3876.28	28569.15	40423.19	52744.67	32427.58	16422.85	22326.07	10713.57	6759.16	5043.75	4060.74	2045.91	2032.21	—	—	227445.13
封山育林																		
其他软阔类	—	—	—	—	—	—	17035.09	—	—	7222.17	3383.33	5155.60	3180.93	2717.00	3880.70	—	—	42574.82
灌木林	—	—	—	—	—	—	14064.10	—	—	5406.47	4019.13	6161.67	6084.87	3233.33	2672.97	—	—	41642.54

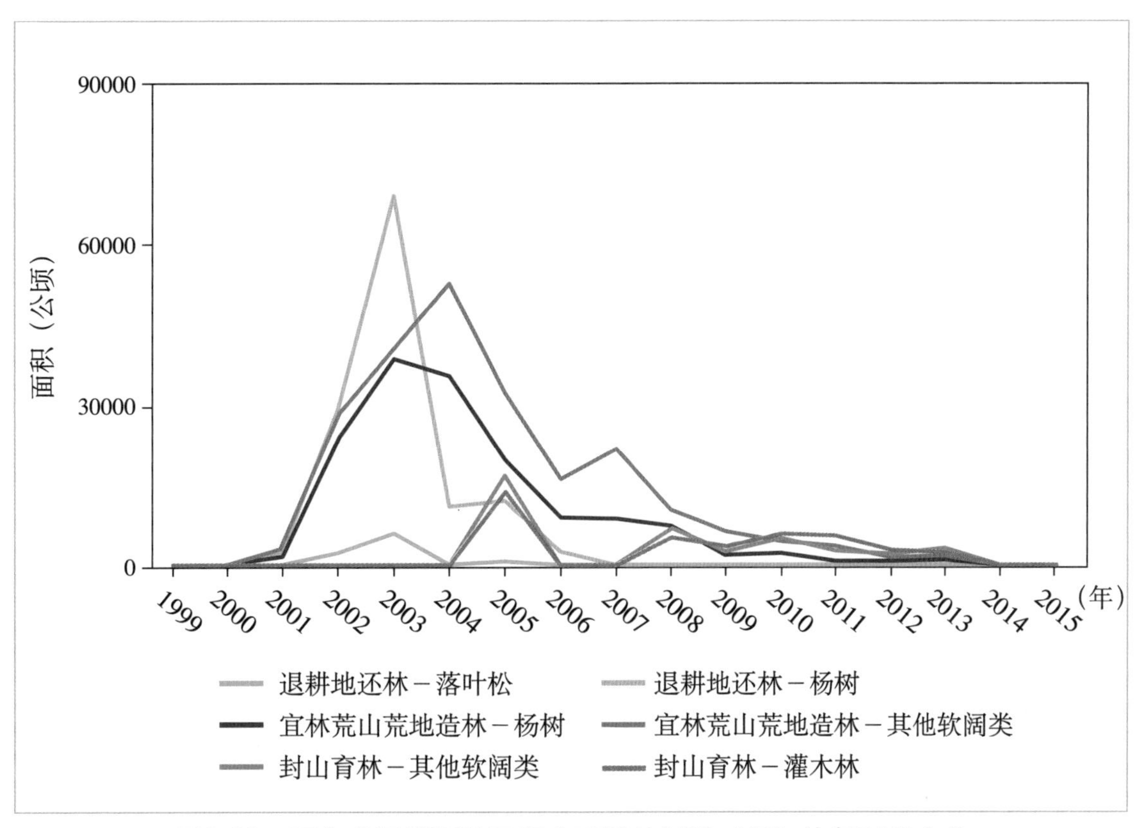

图2-26　辽宁省退耕还林工程主要优势树种（组）恢复时间变化

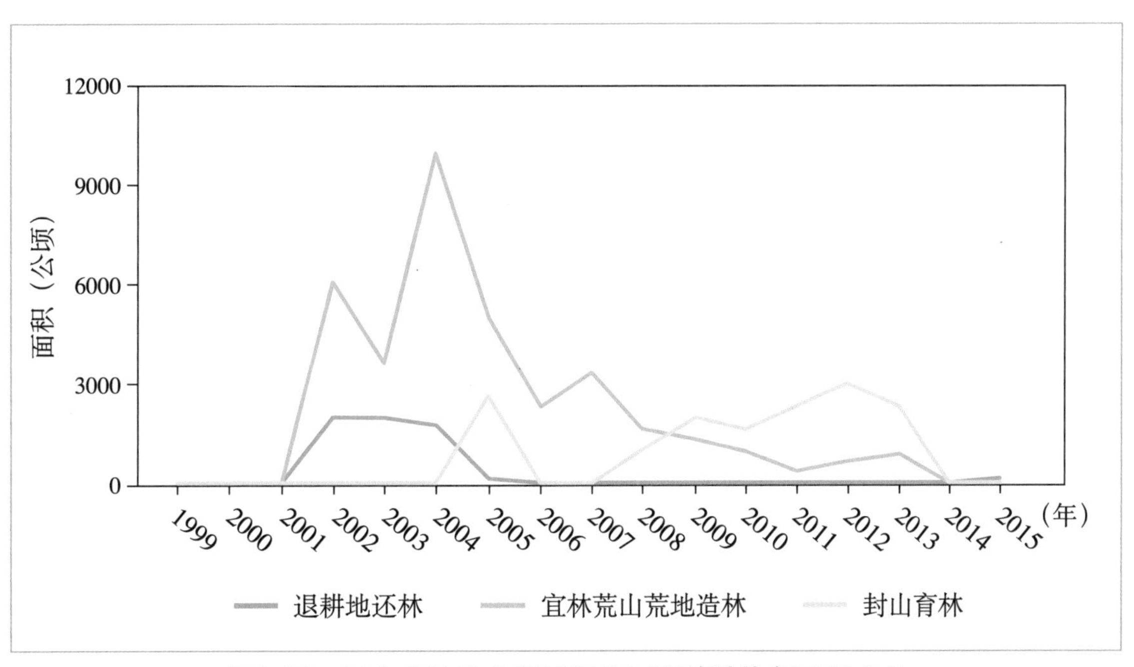

图2-27　辽宁省铁岭市退耕还林工程植被恢复时间变化

表 2-10 辽宁省铁岭市退耕还林工程优势树种（组）恢复时间变化

单位：公顷

优势树种（组）	1999	2000	2001	2002	2003	2004	2005	2006	2007	2008	2009	2010	2011	2012	2013	2014	2015	合计
退耕地还林																		
落叶松	—	—	—	389.79	437.01	681.09	81.27	—	—	—	—	—	—	—	—	—	17.37	1606.53
杨树	—	—	—	1043.05	931.07	776.44	82.38	—	—	—	—	—	—	—	—	—	—	2832.94
宜林荒山荒地造林																		
落叶松	—	—	—	1185.17	1066.36	2023.51	1561.38	1050.64	1318.87	860.01	772.73	783.20	187.00	528.37	254.82	—	—	11592.06
经济林	—	—	—	2304.58	1342.68	2769.05	1768.99	741.56	1180.11	365.05	337.53	100.87	155.20	72.63	445.70	—	—	11583.95
封山育林																		
落叶松	—	—	—	—	—	—	605.61	—	—	349.20	273.60	—	—	30.60	—	—	—	1259.01
栎类	—	—	—	—	—	—	596.40	—	—	433.27	1497.47	1666.67	2333.33	2889.07	1919.37	—	—	11335.58

辽宁省铁岭市以宜林荒山荒地造林为主，该模式恢复面积变化整体为先增长后减少见表2-10和图2-27。铁岭市退耕地还林以杨树为主，该市的退耕地还林实施年份为2002—2005年；宜林荒山荒地造林主要是落叶松和经济林，其恢复总面积之和占该市宜林荒山荒地造林总面积的比例超过60.00%；封山育林以栎类为主，其恢复面积变化与该市封山育林趋势一致，见图2-28。

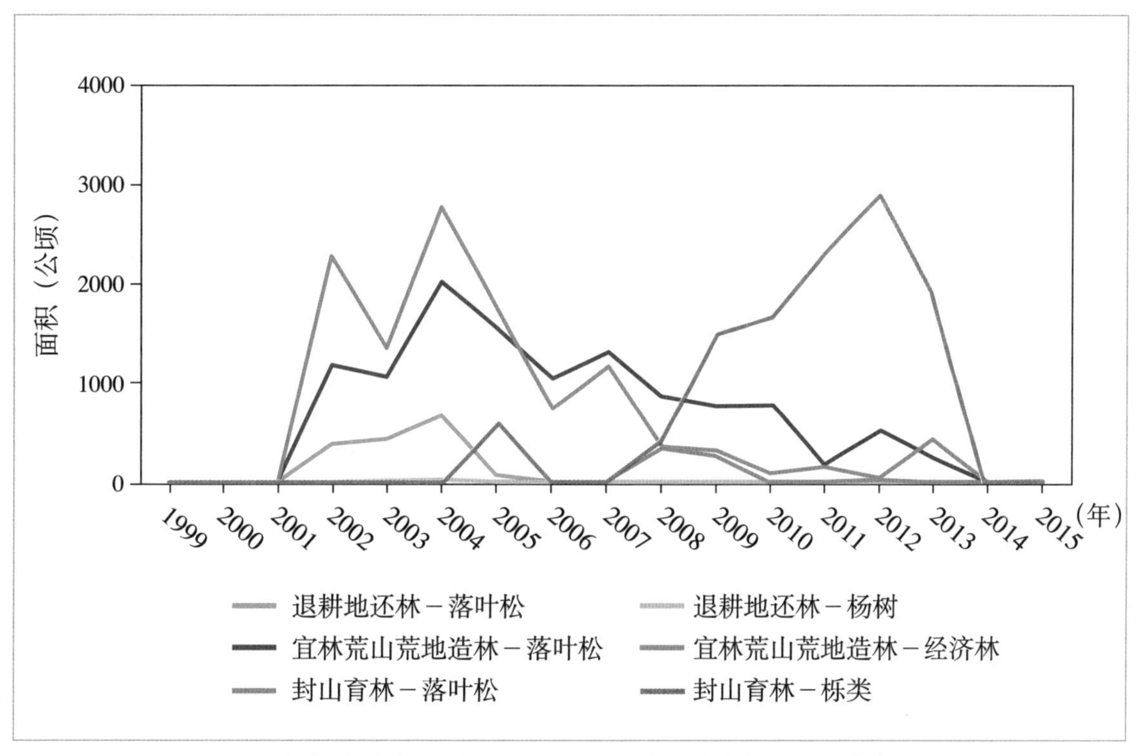

图2-28 辽宁省铁岭市退耕还林工程主要优势树种（组）恢复时间变化

辽宁省铁岭市西丰县退耕地还林以落叶松和杨树为主，见表2-11和图2-29。该县的退耕地还林实施年份为2002—2005年，其恢复面积变化除2006年外，整体为先增长后减少；宜林荒山荒地造林主要是落叶松，落叶松恢复总面积占该县宜林荒山荒地造林总面积的比例超过50.00%；封山育林以栎类为主，其恢复面积变化与该县封山育林趋势一致，该县封山育林恢复面积分别在2005年和2013年达到峰值，见图2-30。

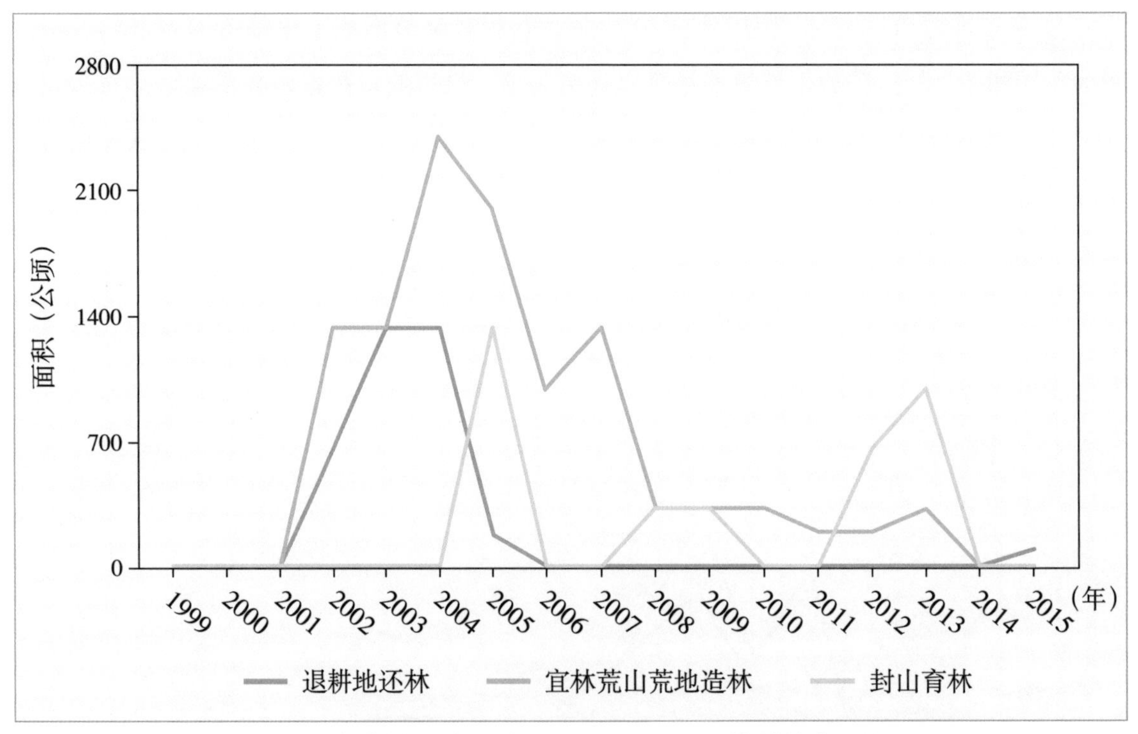

图2-29　辽宁省铁岭市西丰县退耕还林工程植被恢复时间变化

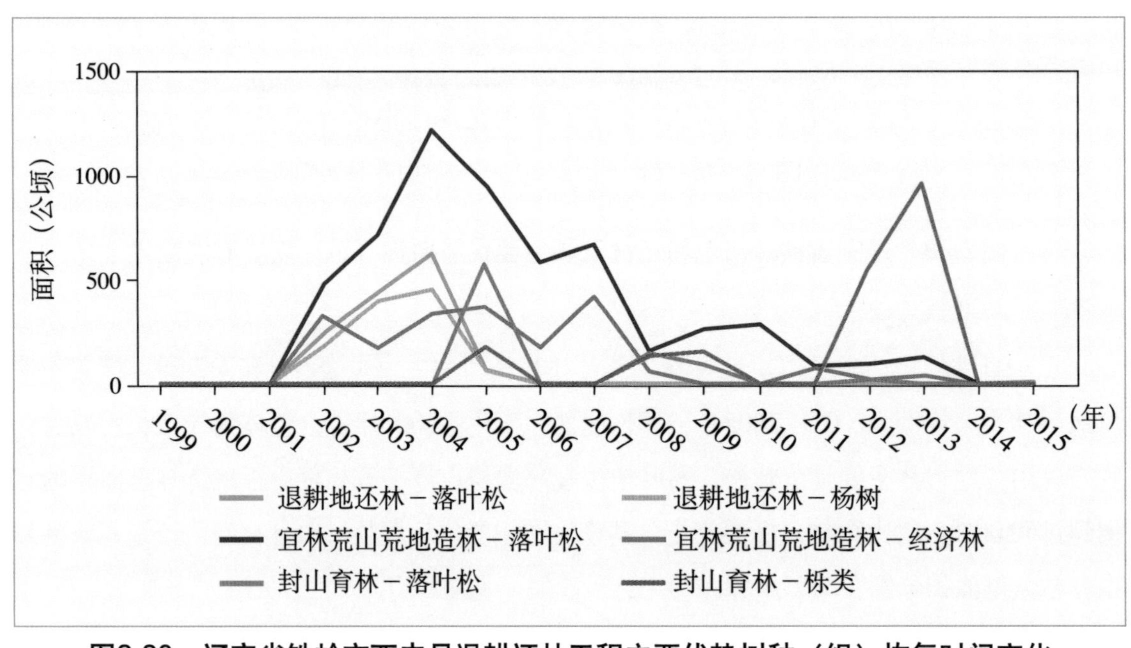

图2-30　辽宁省铁岭市西丰县退耕还林工程主要优势树种（组）恢复时间变化

表 2-11 辽宁省铁岭市西丰县退耕还林工程优势树种（组）恢复时间变化

单位：公顷

优势树种（组）	1999	2000	2001	2002	2003	2004	2005	2006	2007	2008	2009	2010	2011	2012	2013	2014	2015	合计
退耕地还林																		
落叶松	—	—	—	242.88	435.41	635.13	81.27	—	—	—	—	—	—	—	—	—	17.37	1412.06
杨树	—	—	—	189.79	400.99	462.21	82.38	—	—	—	—	—	—	—	—	—	—	1135.37
宜林荒山荒地造林																		
落叶松	—	—	—	485.82	716.96	1213.71	956.19	587.97	670.73	167.17	265.60	297.13	94.73	102.70	134.58	—	—	5693.29
杨树	—	—	—	284.11	319.77	567.87	514.11	89.34	104.47	58.03	30.33	6.53	0.67	5.93	1.07	—	—	1982.23
经济林	—	—	—	339.51	178.27	346.57	378.13	183.33	429.00	69.33	—	—	78.67	31.63	51.23	—	—	2085.67
封山育林																		
落叶松	—	—	—	—	—	—	581.95	—	—	147.13	101.20	—	—	30.60	—	—	—	860.88
栎类	—	—	—	—	—	—	178.13	—	—	142.87	164.13	—	—	555.73	965.33	—	—	2006.19

2.3.4 北部风沙区

内蒙古自治区横跨我国的东北、华北、西北三大地区，东西跨度大，是我国北方重要的生态屏障。该区大部分地域植被稀疏，自然条件恶劣，生态环境脆弱。退耕还林工程实施过程中，在退耕地上重点推广"两行一带"林草间作模式；在干旱、半干旱丘陵山区重点推广山杏、柠条水土流失治理模式；在沙区重点推广旱柳、沙柳、杨柴等防风固沙模式。内蒙古自治区属于温带干旱半干旱地区，降雨量少，不适合大面积种植高大的乔木，其灌木林面积大居首位。由于省域面积大，该区退耕地还林、荒山荒地造林和封山育林三种恢复模式的面积都较大。通过退耕还林工程的实施，该区生态状况实现了由"整体恶化"向"整体遏制、局部好转"的重大转变。

内蒙古自治区以退耕地还林和宜林荒山荒地造林为主，以上两种植被恢复模式面积变化整体均为先增长后减少，见表2-12和图2-31。内蒙古自治区退耕地还林以灌木林为主，该自治区的退耕地还林实施年份为1999—2014年，退耕地还林中灌木林的恢复面积变化与该省退耕地还林趋势一致；宜林荒山荒地造林主要是杨树和灌木林，其恢复总面积之和占该自治区宜林荒山荒地造林总面积的比例超过66.00%；封山育林以榆树和灌木林为主，其恢复面积变化均与该省封山育林趋势一致，见图2-32。

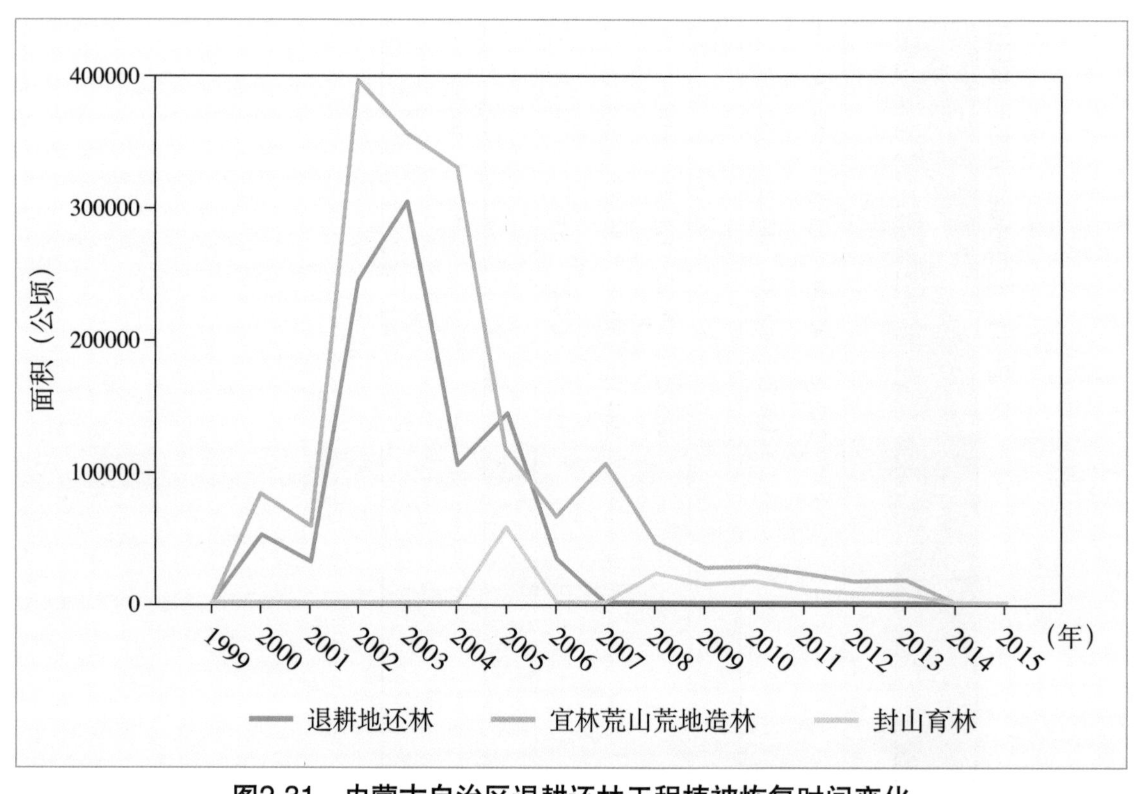

图2-31 内蒙古自治区退耕还林工程植被恢复时间变化

表 2-12　内蒙古自治区退耕还林工程优势树种（组）恢复时间变化

单位：公顷

优势树种(组)	1999	2000	2001	2002	2003	2004	2005	2006	2007	2008	2009	2010	2011	2012	2013	2014	2015	合计
退耕地还林																		
落叶松	—	1352.70	316.50	13287.30	10596.90	5141.80	7442.00	1814.80	—	—	—	—	—	—	—	—	—	39952.00
油松	—	4041.80	3950.70	8220.90	9872.40	1093.20	2845.40	1167.40	—	—	—	—	—	—	—	—	—	31191.80
榆树	—	800.70	129.20	6773.05	15347.21	6537.80	8783.54	2034.40	—	—	—	—	—	—	—	—	—	40405.90
杨树	—	1820.30	772.30	46836.30	69912.60	14138.20	27963.14	8062.06	—	—	—	—	—	—	—	—	—	169504.90
灌木林	—	43579.20	26225.30	157169.55	187011.72	76625.40	90402.33	18300.10	—	—	—	—	—	—	—	—	—	599313.60
宜林荒山荒地造林																		
落叶松	—	916.70	1250.70	16244.70	11818.20	9587.50	6191.40	4377.10	4673.40	3334.50	1697.20	—	478.20	33.00	—	—	—	60602.60
油松	—	14082.20	10305.50	19435.40	13591.70	19951.30	4348.30	2733.90	6081.00	1096.30	2046.60	1000.00	666.70	400.00	650.00	—	—	96388.90
榆树	—	190.80	487.00	5916.60	9931.20	6821.40	1197.90	1175.70	0.00	12.90	694.00	0.00	8.70	112.40	133.30	—	—	26681.90
其他硬阔类	—	2000.00	1440.00	2334.50	3886.80	2989.60	1704.80	735.00	6594.20	1579.00	641.70	600.00	0.00	182.90	369.80	—	—	25058.30
杨树	—	981.70	32.90	72280.80	76526.90	86743.10	32506.30	16110.40	33892.40	14097.30	6167.20	1364.30	3286.77	3445.90	3156.30	—	—	350592.27
灌木林	—	65412.00	45705.90	269981.20	233421.40	199527.90	71012.50	40278.90	52590.30	25257.20	15124.50	26027.00	19043.60	12000.80	12083.70	—	—	1087466.90
封山育林																		
榆树	—	—	—	—	—	—	5000.60	—	—	3266.60	0.00	666.70	—	1000.00	0.00	—	—	9933.90
灌木林	—	—	—	—	—	—	68629.03	—	666.70	30247.07	21300.20	16978.30	11619.60	6800.00	6933.20	—	—	163174.10

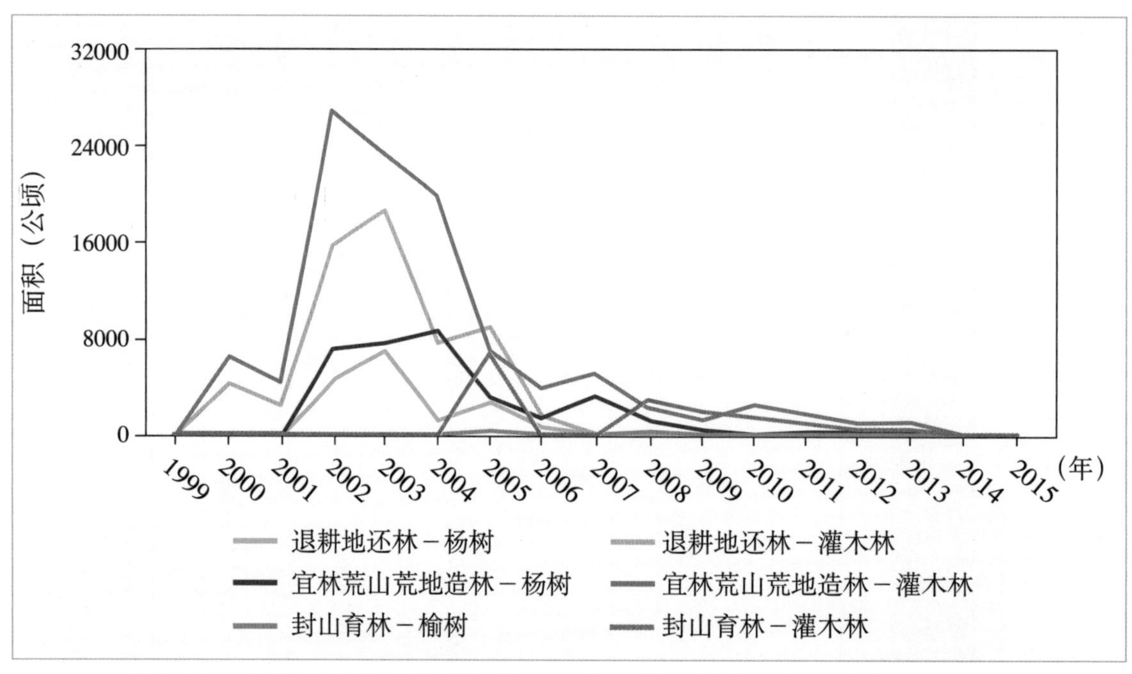

图2-32　内蒙古自治区退耕还林工程主要优势树种（组）恢复时间变化

内蒙古自治区赤峰市以退耕地还林和宜林荒山荒地造林为主，以上两种模式恢复面积变化整体均为先增长后减少，见表2-13和图2-33。赤峰市退耕地还林以灌木林为主，该市的退耕地还林实施年份为2000年以及2002—2006年；宜林荒山荒地造林主要是灌木林，其恢复总面积占该市宜林荒山荒地造林总面积的比例超过50.00%；封山育林以灌木林为主，其恢复面积变化与该市封山育林趋势一致，见图2-34。

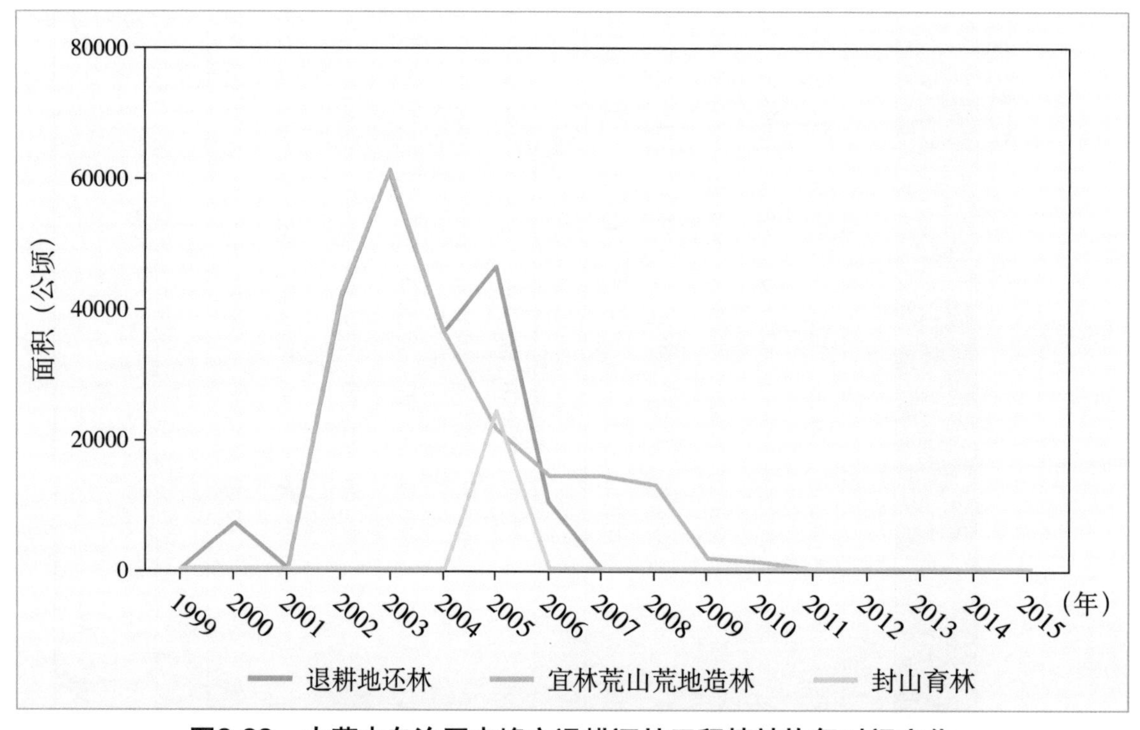

图2-33　内蒙古自治区赤峰市退耕还林工程植被恢复时间变化

表 2-13　内蒙古自治区赤峰市退耕还林工程优势树种（组）恢复时间变化

单位：公顷

优势树种（组）	1999	2000	2001	2002	2003	2004	2005	2006	2007	2008	2009	2010	2011	2012	2013	2014	2015	合计
退耕地还林																		
落叶松	—	1184.00	—	4634.20	6929.80	4280.20	5663.90	1088.20	—	—	—	—	—	—	—	—	—	23780.30
杨树	—	631.30	—	4080.50	7443.30	4575.00	8804.30	2917.30	—	—	—	—	—	—	—	—	—	28451.70
灌木林	—	5505.50	—	30614.50	43371.20	26014.5	28694.10	4935.40	—	—	—	—	—	—	—	—	—	139135.20
宜林荒山荒地造林																		
落叶松	—	—	—	5833.40	7403.60	6722.10	4524.40	3286.20	2346.60	2290.60	576.70	—	—	—	—	—	—	32983.60
其他硬阔类	—	—	—	387.20	1366.80	959.00	1197.30	387.70	6153.20	1559.00	91.00	—	—	—	—	—	—	12101.20
杨树	—	—	—	4886.50	9254.20	9147.10	6494.20	5451.80	114.20	5777.90	225.10	—	—	—	—	—	—	41351.00
灌木林	—	—	—	30083.40	40512.40	18508.20	9093.00	5151.20	5426.00	3638.20	574.70	1333.30	—	—	—	—	—	114320.40
封山育林																		
榆树	—	—	—	—	—	—	3740.60	—	—	—	—	—	—	—	—	—	—	3740.60
经济林	—	—	—	—	—	—	3316.70	—	—	—	—	—	—	—	—	—	—	3316.70
灌木林	—	—	—	—	—	—	13962.30	—	—	—	—	—	—	—	—	—	—	13962.30

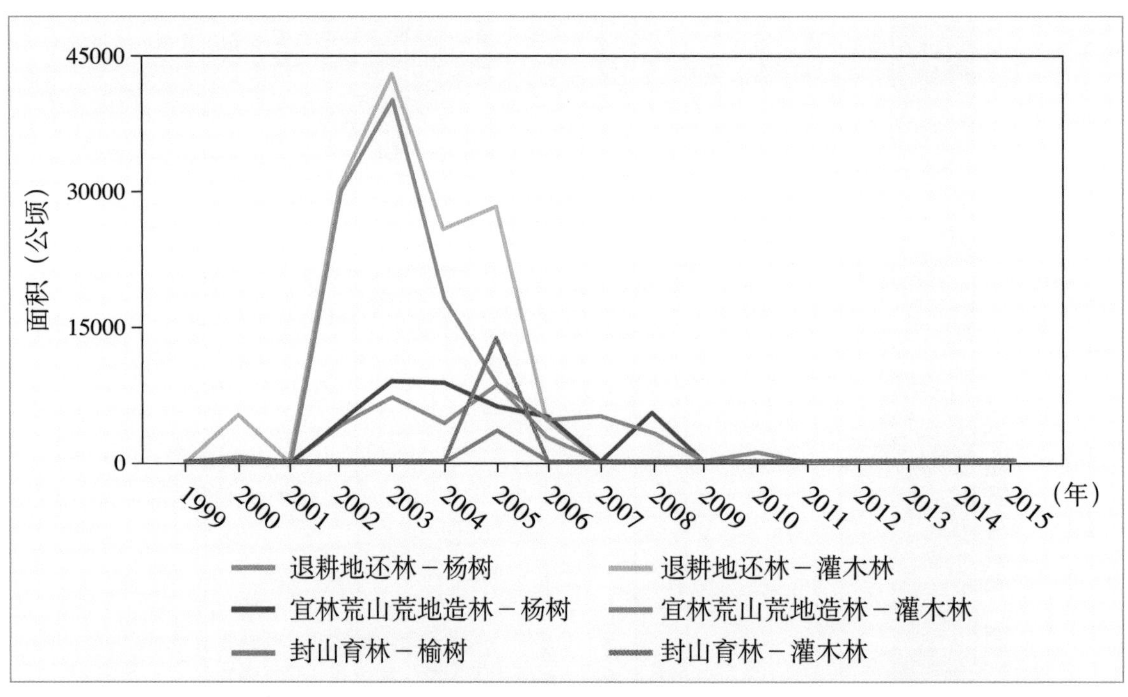

图2-34 内蒙古自治区赤峰市退耕还林工程主要优势树种（组）恢复时间变化

内蒙古自治区赤峰市巴林右旗退耕地还林以灌木林为主，见表2-14和图2-35。该县的退耕地还林实施年份为2002—2005年，其恢复面积变化除2001年和2004年外，整体为先增长后减少；宜林荒山荒地造林主要是杨树和灌木林，其恢复总面积之和占该县宜林荒山荒地造林总面积的比例达到84.00%；封山育林以灌木林为主，其恢复面积变化与该县封山育林趋势一致，该县封山育林恢复面积分别在2003年和2008年达到峰值，见图2-36。

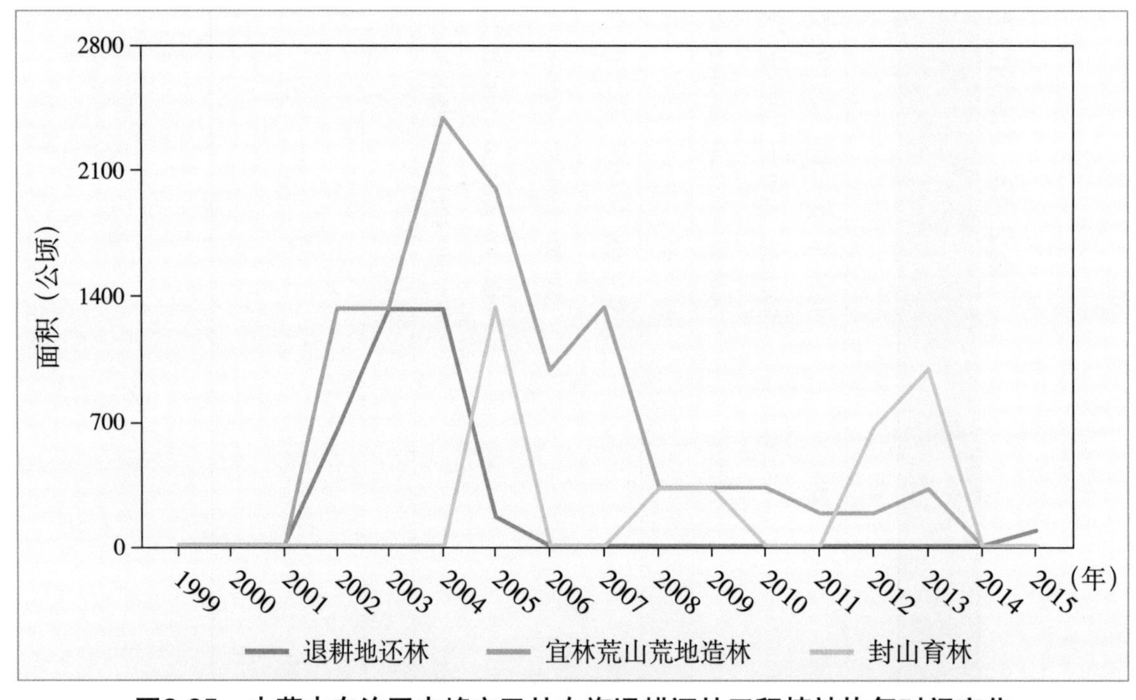

图2-35 内蒙古自治区赤峰市巴林右旗退耕还林工程植被恢复时间变化

表 2-14　内蒙古自治区赤峰市巴林右旗退耕还林工程优势树种（组）恢复时间变化

单位：公顷

优势树种（组）	1999	2000	2001	2002	2003	2004	2005	2006	2007	2008	2009	2010	2011	2012	2013	2014	2015	合计
退耕地还林																		
榆树	—	—	—	—	69.20	153.70	1069.10	49.30	—	—	—	—	—	—	—	—	—	1341.30
杨树	—	332.30	—	812.80	1042.10	754.40	1359.00	386.10	—	—	—	—	—	—	—	—	—	4686.70
灌木林	—	1001.00	—	2969.00	3177.40	1520.10	3474.60	85.30	—	—	—	—	—	—	—	—	—	12227.40
宜林荒山荒地造林																		
其他硬阔类	—	—	—	34.70	317.00	—	26.60	—	2000.00	—	—	—	—	—	—	—	—	2378.30
杨树	—	—	—	1163.40	1659.10	1189.10	1591.80	2473.40	—	639.30	—	—	—	—	—	—	—	8716.10
灌木林	—	—	—	2621.20	2148.00	1092.40	820.80	181.60	666.70	2360.70	—	—	—	—	—	—	—	9891.40
封山育林																		
灌木林	—	—	—	—	—	—	5000.00	—	—	—	—	—	—	—	—	—	—	5000.00

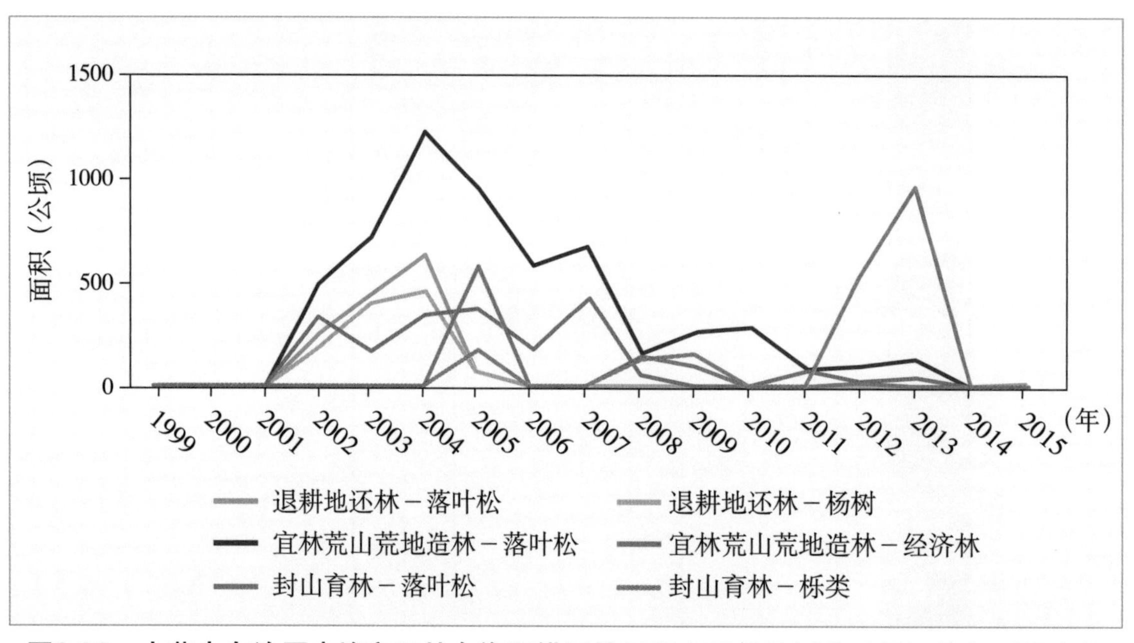

图2-36　内蒙古自治区赤峰市巴林右旗退耕还林工程主要优势树种（组）恢复时间变化

2.3.5 西南高山峡谷区

云南省是长江、珠江及流入东南亚诸国重要河流的上游或源头区，根据地形地貌可分为西部的高山峡谷区，中部的高原湖盆区，东部的中山山原区。云南省主要采用块状或行间混交造林模式，滇西北高山峡谷区，气候水平分布和垂直分布带明显，主要造林树种有冷杉、云杉、思茅松、高山松、栎类、柏木、漆树和油桐等；中山山原区，主要采用云南松、华山松云南油杉、麻栎、滇青冈、银木荷、核桃、油桐、板栗、乌桕和漆树等树种。退耕还林工程实施期间，采取科学指导农户集约经营，积极推广林木+牧草、八角+茶叶、桤木+草果、喜树+木豆等多种经营模式，通过林灌、林草、林药间作等方式对退耕还林新造幼林进行抚育管护，优化经营模式。

云南省以退耕地还林和宜林荒山荒地造林为主，退耕地还林恢复面积变化从1999—2007年为先增长后减少，2007—2013年实施面积为0，而后从2013年开始又增长，宜林荒山荒地造林恢复面积变化趋势为先增长后减少，见表2-15和图2-37。云南省退耕地还林以经济林为主，其恢复面积变化与该省退耕地还林趋势一致；宜林荒山荒地造林主要是经济林和灌木林，其恢复总面积之和占该自治区宜林荒山荒地造林总面积的比例近40.00%；封山育林以云南松为主，其恢复面积变化均与该省封山育林趋势一致，见图2-38。

表 2-15　云南省退耕还林工程优势树种（组）恢复时间变化

单位：公顷

优势树种（组）	1999	2000	2001	2002	2003	2004	2005	2006	2007	2008	2009	2010	2011	2012	2013	2014	2015	合计
退耕地还林																		
桉树	79.87	546.71	452.26	11561.40	18796.12	4539.38	2388.78	817.76	—	—	—	—	—	—	—	3066.65	33.33	42282.26
其他软阔类	799.54	1686.03	229.31	11608.16	18196.17	2772.48	5973.98	552.45	—	—	—	—	—	—	—	11733.34	6679.98	60231.44
经济林	2481.09	8222.83	1348.41	29990.59	55275.92	10362.22	12600.03	4817.43	—	—	—	—	—	—	—	4666.65	46046.67	175811.84
宜林荒山荒地造林																		
经济林	242.02	2523.87	2977.27	13830.52	22981.70	18868.57	12913.59	13035.32	31700.83	18395.04	9436.94	9488.66	6084.51	4904.96	4475.31	—	1886.66	173745.77
灌木林	600.00	15577.18	7774.75	14043.03	27186.08	17650.13	7636.58	7729.51	1699.13	263.93	1000.00	1006.00	0.00	104.40	1311.94	—	—	103582.66
封山育林																		
云南松	1500.00	500.00	—	1404.00	—	—	16652.17	547.33	47.33	5445.06	3395.21	2997.00	2046.67	3725.28	2575.94	—	—	40835.99
栎类	—	—	—	1482.53	—	—	6320.23	—	—	1867.13	1213.87	2498.66	2720.01	907.34	3362.28	—	—	20372.05
其他硬阔类	—	—	—	—	—	—	9817.04	—	—	3552.52	3941.11	2320.53	1977.07	1479.07	2200.01	—	—	25287.35
其他软阔类	—	—	—	5.50	—	—	8882.46	—	—	3154.04	543.81	4237.00	2213.59	381.67	944.40	—	—	20362.47

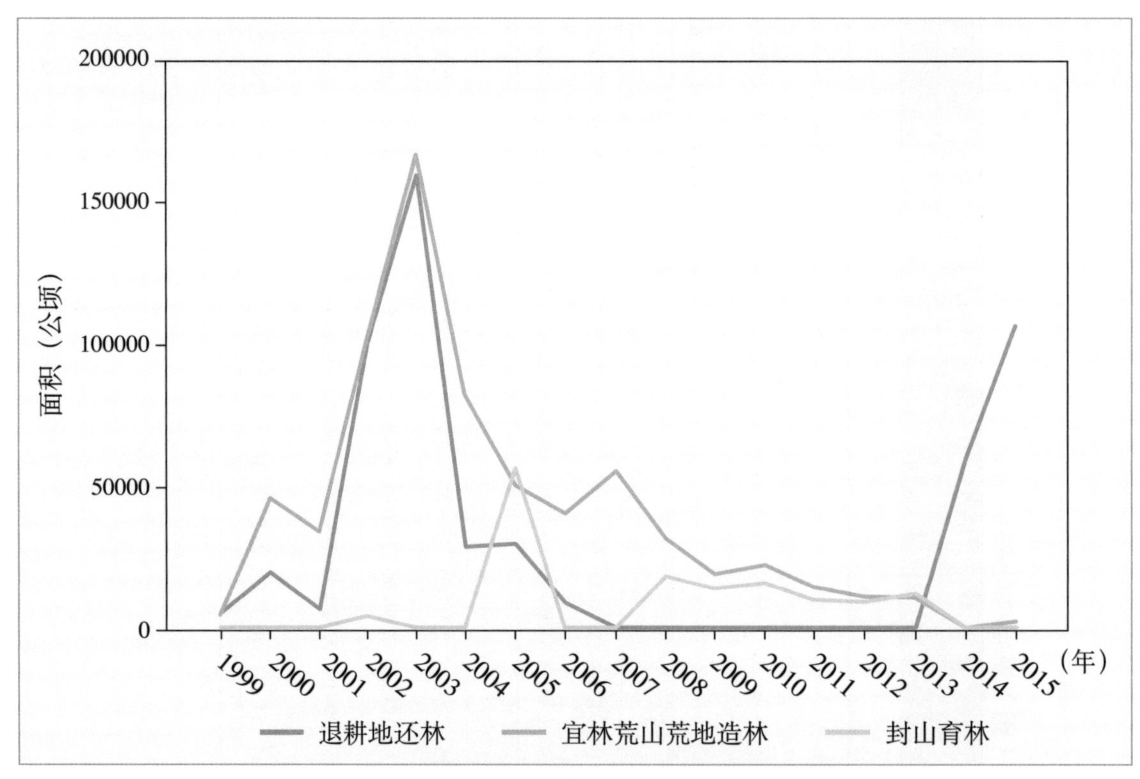

图2-37　云南省退耕还林工程植被恢复时间变化

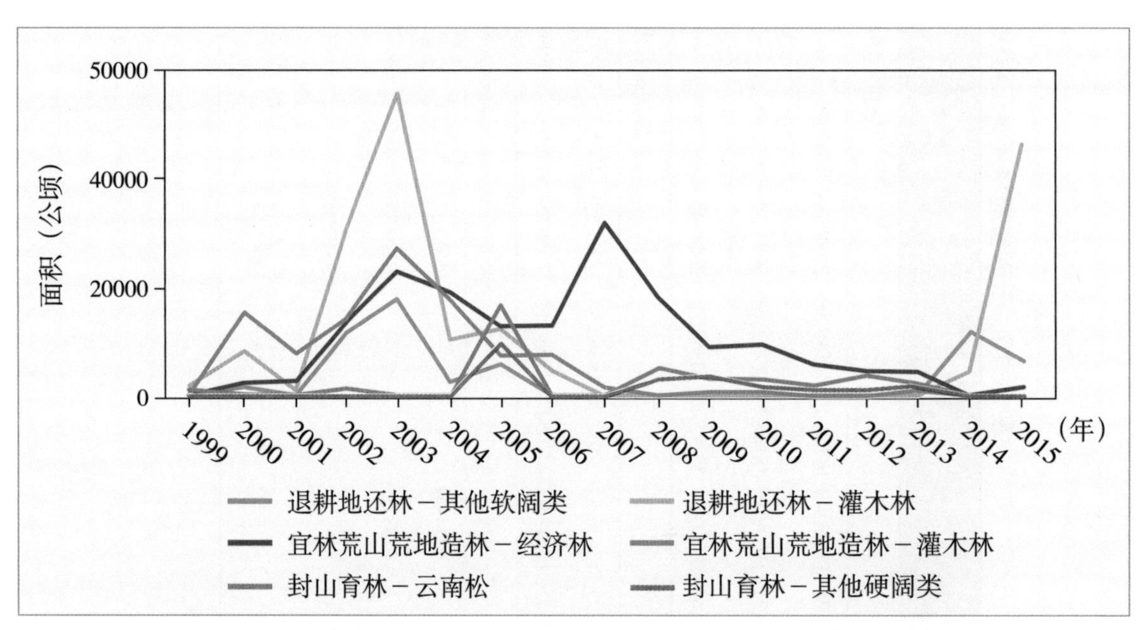

图2-38　云南省退耕还林工程主要优势树种（组）恢复时间变化

云南省普洱市以退耕地还林和宜林荒山荒地造林为主，以上两种模式恢复面积变化趋势与该省对应植被恢复模式恢复面积变化趋势相一致，见表2-16和图2-39。普洱市退耕地还林以思茅松和经济林为主，其恢复面积变化趋势均与该市退耕地还林恢复面积变化趋势相一致；宜林荒山荒地造林主要是思茅松，其恢复总面积占该市宜林荒山荒地造林总面积的比例达35.00%；封山育林以思茅松为主，其恢复面积变化与该市封山育林趋势一致，见图2-40。

表 2-16　云南省普洱市退耕还林工程优势树种（组）恢复时间变化

单位：公顷

优势树种（组）	1999	2000	2001	2002	2003	2004	2005	2006	2007	2008	2009	2010	2011	2012	2013	2014	2015	合计
退耕地还林																		
思茅松	532.81	363.41	—	2893.73	7884.47	—	1203.86	175.92	—	—	—	—	—	—	—	1266.67	1133.33	15454.20
经济林	57.93	102.97	—	3018.62	3780.69	—	768.36	349.73	—	—	—	—	—	—	—	—	2146.67	10224.97
宜林荒山荒地造林																		
思茅松	483.74	80.67	311.07	3848.31	7775.18	2166.97	4286.33	2113.45	266.27	791.26	616.47	1184.00	820.00	237.07	366.66	—	—	25347.45
桉树	—	—	121.33	149.66	6819.56	4745.67	2318.00	95.07	726.80	108.20	762.73	149.33	433.33	43.93	—	—	—	16473.61
经济林	56.51	412.67	678.60	3543.49	2582.08	1940.07	1926.32	2027.90	998.34	953.55	287.47	—	72.00	900.00	555.26	—	333.33	17267.59
封山育林																		
思茅松	—	—	—	—	—	—	1982.53	—	—	753.00	—	564.00	—	1197.74	666.67	—	—	5163.94
栎类	—	—	—	1333.33	—	—	666.67	—	—	666.67	—	—	—	—	—	—	—	2666.67
其他硬阔类	—	—	—	—	—	—	1333.33	—	—	591.33	954.67	560.00	533.33	—	—	—	—	3972.66
其他软阔类	—	—	—	—	—	—	598.33	—	—	989.00	45.33	546.00	133.33	—	—	—	—	2311.99

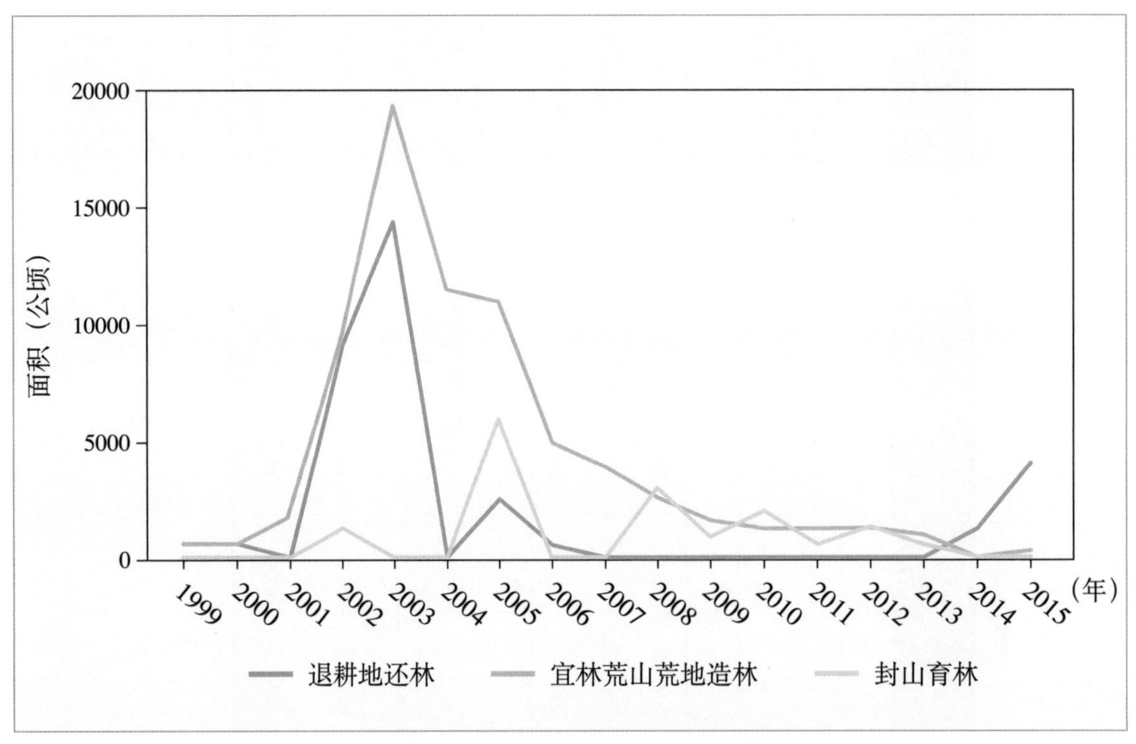

图2-39　云南省普洱市退耕还林工程植被恢复时间变化

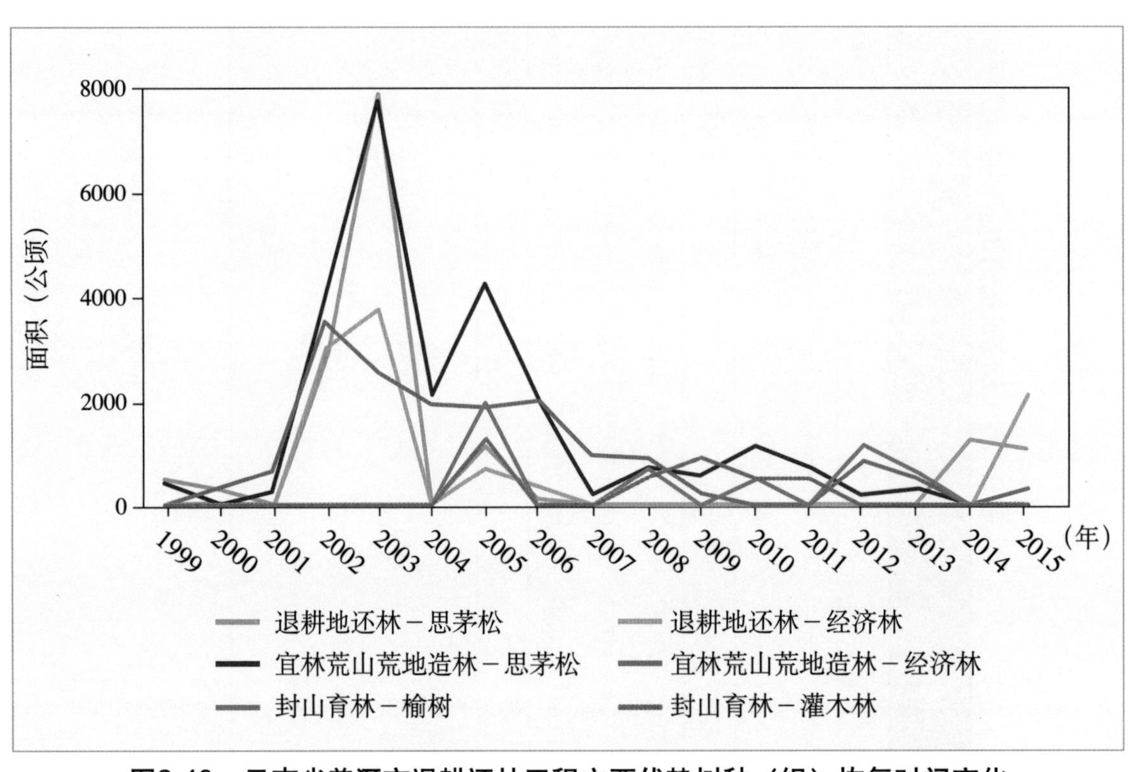

图2-40　云南省普洱市退耕还林工程主要优势树种（组）恢复时间变化

云南省普洱市景东县退耕地还林以思茅松为主，见表2-17和图2-41。该县的退耕地还林实施年份为2002年、2003年、2005年、2006年和2015年，2002年和2003年的恢复面积持平，2005年恢复面积较2003年低，2006年恢复面积较2005年减少，2015年恢复面积与2006年相近；宜林荒山荒地造林主要是思茅松和其他硬阔类，其恢复总面积之和占该县宜林荒山荒地造林总面积的比例达到57.00%；封山育林以思茅松为主，其恢复面积变化与该县封山育林趋势一致，该县封山育林恢复面积主要集中在2005年，见图2-42。

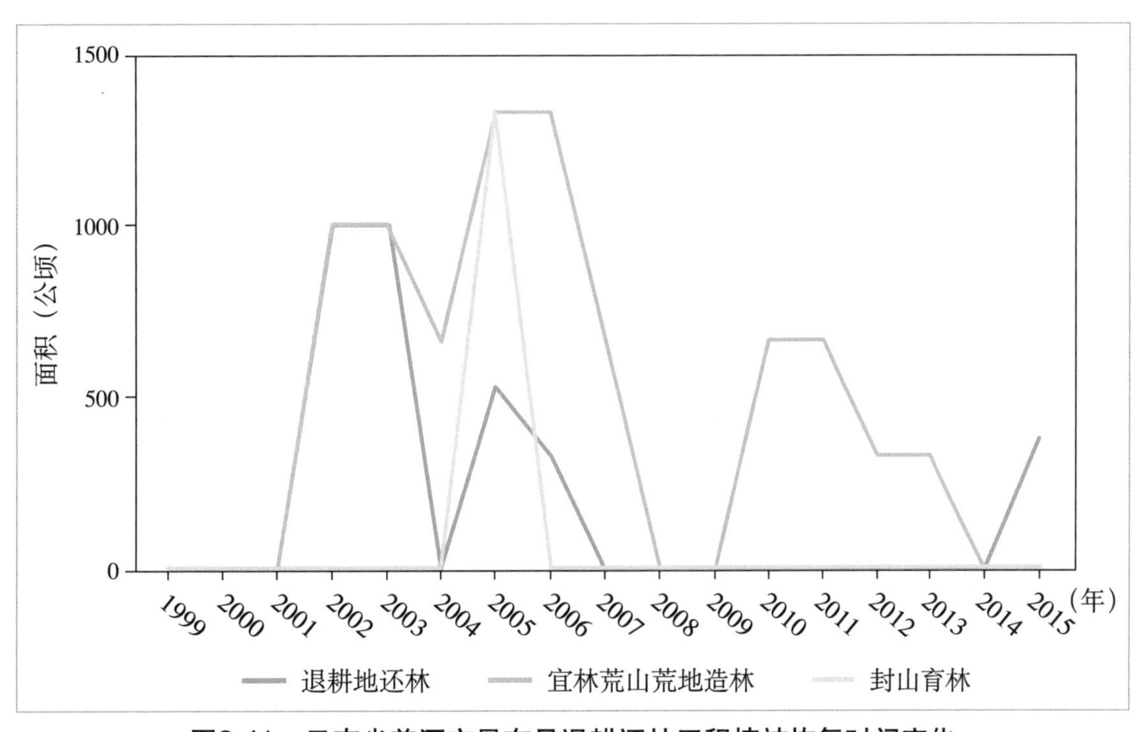

图2-41　云南省普洱市景东县退耕还林工程植被恢复时间变化

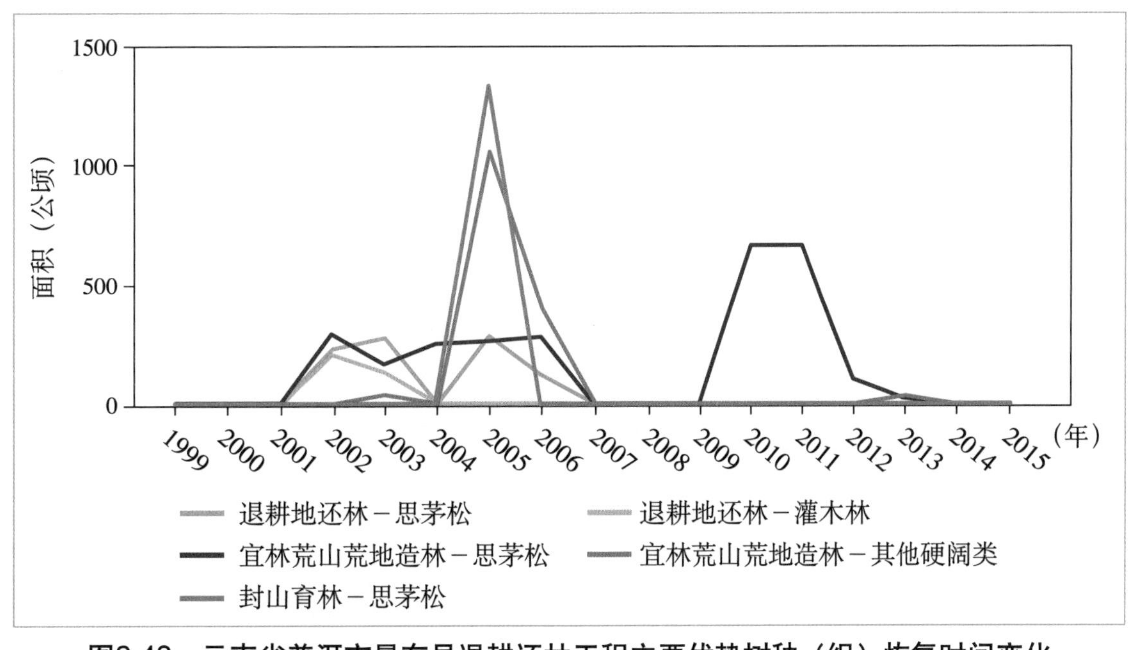

图2-42　云南省普洱市景东县退耕还林工程主要优势树种（组）恢复时间变化

表 2-17　云南省普洱市景东县退耕还林工程优势树种（组）恢复时间变化

单位：公顷

优势树种（组）	1999	2000	2001	2002	2003	2004	2005	2006	2007	2008	2009	2010	2011	2012	2013	2014	2015	合计
退耕地还林																		
华山松	—	—	—	—	—	—	38.85	74.35	—	—	—	—	—	—	—	—	—	113.20
思茅松	—	—	—	234.61	279.47	—	290.88	121.63	—	—	—	—	—	—	—	—	—	926.59
灌木林	—	—	—	215.47	144.33	—	5.85	—	—	—	—	—	—	—	—	—	—	365.65
宜林荒山荒地造林																		
思茅松	—	—	—	293.10	172.53	257.29	270.20	290.50	—	—	—	666.67	666.67	106.67	33.33	—	—	2756.96
其他硬阔类	—	—	—	—	45.89	11.57	1063.13	411.25	—	—	—	—	—	—	36.67	—	—	1568.51
灌木林	—	—	—	175.41	44.67	32.15	—	—	—	—	—	—	—	—	—	—	—	252.23
封山育林																		
思茅松	—	—	—	—	—	—	1333.33	—	—	—	—	—	—	—	—	—	—	1333.33

2.3.6 青藏高原区

西藏自治区是众多大江大河的发源地，该区热量低植被恢复以多年生禾本科人工草为主，主要推广应用“灌草铺底、乔木搭配、乔灌草立体种植结合”的造林技术模式；藏东南低海拔地区主要推广“林果、林药、林草”等造林技术模式，在优先保证生态效益的前提下发展生态经济产业。

西藏自治区以退耕地还林为主，其恢复面积变化出现3次峰值，分别在2002年、2006年和2015年，见表2-18和图2-43。内蒙古自治区退耕地还林以杨树为主，其恢复面积变化与该自治区退耕地还林趋势一致；宜林荒山荒地造林主要是杨树和阔叶混交林，其恢复总面积之和占该自治区宜林荒山荒地造林总面积的比例达到63.00%；封山育林以灌木林为主，其恢复面积变化均与该省封山育林趋势一致，见图2-44。

西藏自治区林芝市以退耕地还林为主，该植被恢复模式实施始于2002年，此后两年恢复面积小幅降低，2005年未实施退耕地还林，2006年有少量植被恢复面积，2007—2014年之间未实施退耕地还林，2015年植被恢复面积略低于2006年，见表2-19和图2-45。林芝市退耕地还林以经济林为主，其恢复面积变化与该市退耕地还林趋势一致；宜林荒山荒地造林主要是云杉，其恢复总面积占该市宜林荒山荒地造林总面积的比例达到51.00%；封山育林以灌木林为主，其恢复面积变化与该市封山育林趋势一致，见图2-46。

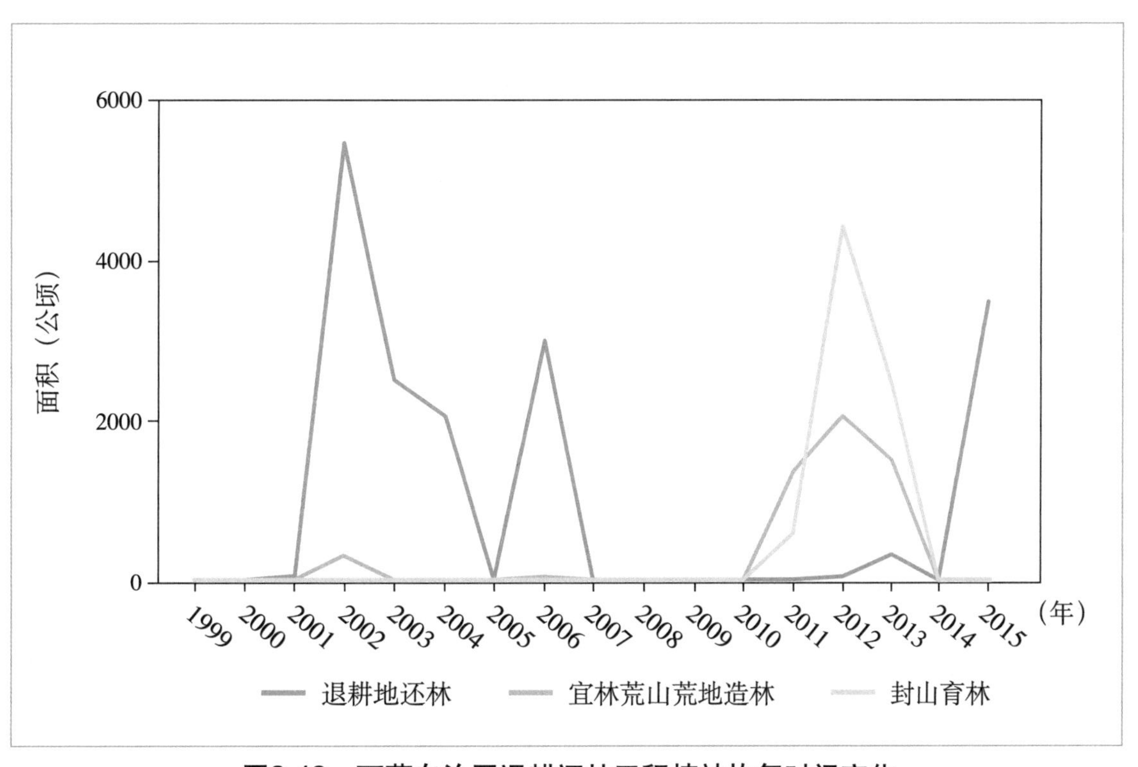

图2-43　西藏自治区退耕还林工程植被恢复时间变化

表 2-18　西藏自治区退耕还林工程优势树种（组）恢复时间变化

单位：公顷

优势树种（组）	1999	2000	2001	2002	2003	2004	2005	2006	2007	2008	2009	2010	2011	2012	2013	2014	2015	合计
退耕地还林																		
杨树	—	—	—	2024.57	1264.00	846.13	—	1155.95	—	—	—	—	—	—	—	—	541.51	5832.16
柳树	—	—	—	514.98	515.67	328.04	—	896.24	—	—	—	—	—	—	—	—	210.20	2465.13
灌木林	—	—	—	266.07	90.56	24.22	—	227.90	—	—	—	—	—	—	166.67	—	1750.98	2526.40
宜林荒山荒地造林																		
杨树	—	—	—	123.35	—	—	—	21.15	—	—	—	—	344.07	221.49	534.77	—	—	1244.83
阔叶混	—	—	—	191.18	—	—	—	—	—	—	—	—	666.66	821.84	398.16	—	—	2077.84
封山育林																		
杨树	—	—	—	—	—	—	—	—	—	—	—	—	256.53	—	—	—	—	256.53
灌木林	—	—	—	—	—	—	—	—	—	—	—	—	333.33	4333.32	2466.66	—	—	7133.31

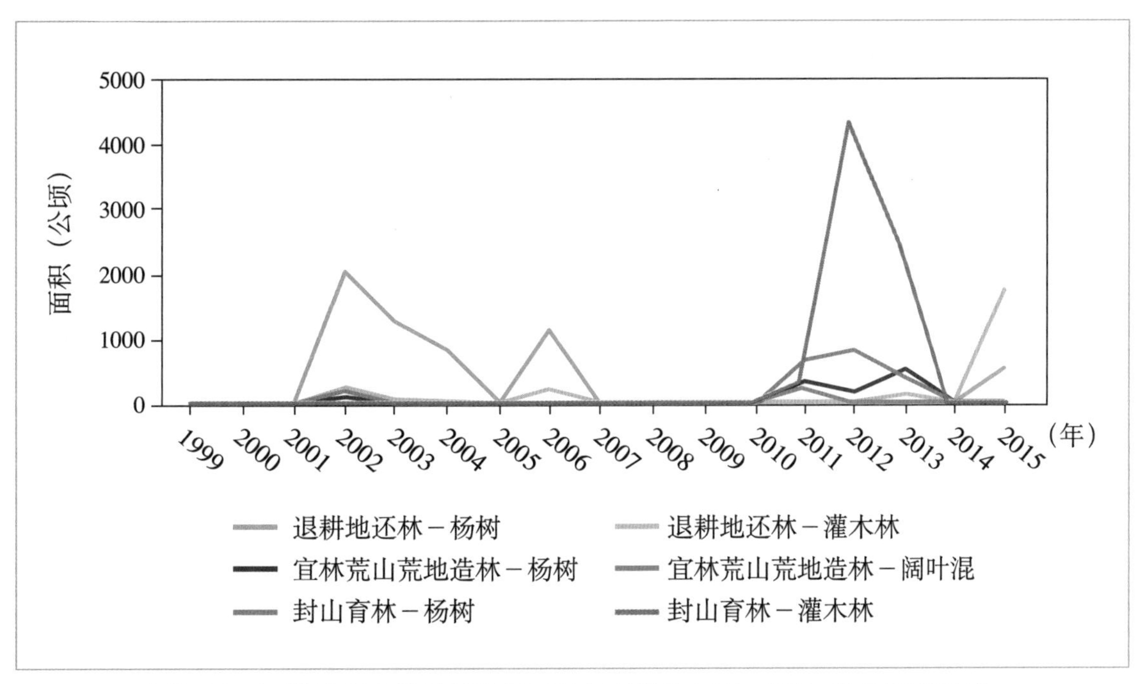

图2-44 西藏自治区退耕还林工程主要优势树种（组）恢复时间变化

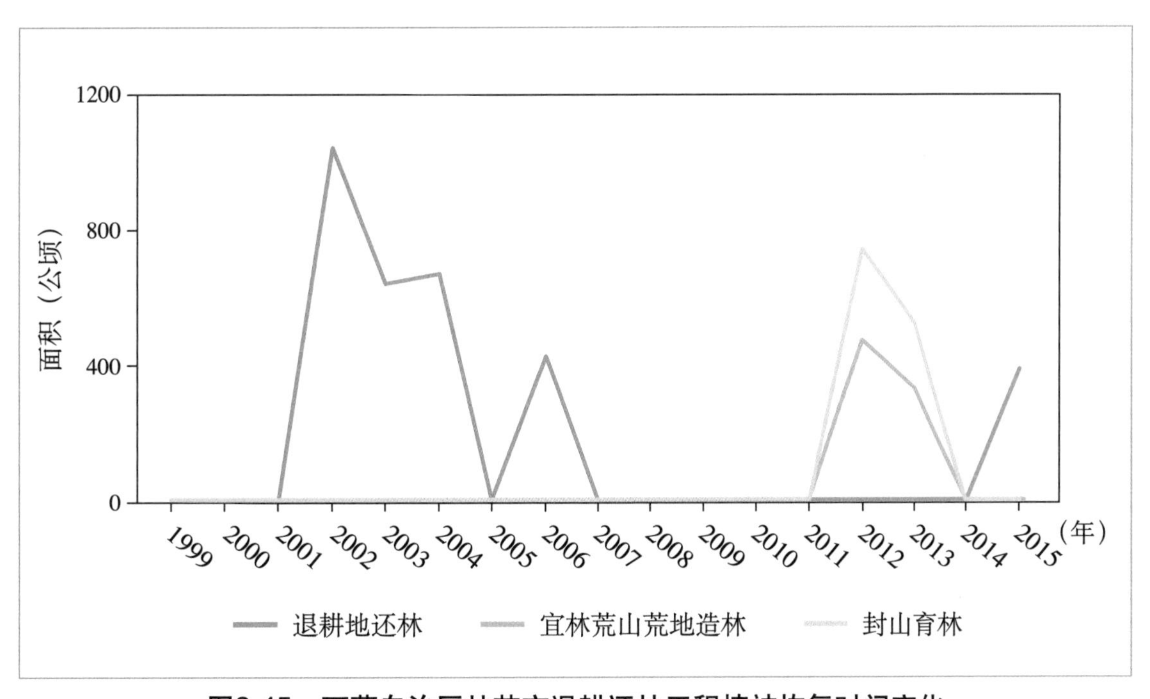

图2-45 西藏自治区林芝市退耕还林工程植被恢复时间变化

表 2-19　西藏自治区林芝市退耕还林工程优势树种（组）恢复时间变化

单位：公顷

优势树种（组）	1999	2000	2001	2002	2003	2004	2005	2006	2007	2008	2009	2010	2011	2012	2013	2014	2015	合计
退耕地还林还草																		
其他硬阔类	—	—	—	2.45	—	14.51	—	92.87	—	—	—	—	—	—	—	—	260.99	370.82
经济林	—	—	—	568.18	283.22	453.33	—	139.12	—	—	—	—	—	—	—	—	123.00	1566.85
宜林荒山荒地造林																		
云杉	—	—	—	—	—	—	—	—	—	—	—	—	—	200.00	211.93	—	—	411.93
柳树	—	—	—	—	—	—	—	—	—	—	—	—	—	133.33	32.07	—	—	165.40
封山育林																		
榆树	—	—	—	—	—	—	3740.60	—	—	—	—	—	—	—	—	—	—	3740.60
经济林	—	—	—	—	—	—	3316.70	—	—	—	—	—	—	—	—	—	—	3316.70
灌木林	—	—	—	—	—	—	13962.30	—	—	—	—	—	—	—	—	—	—	13962.30

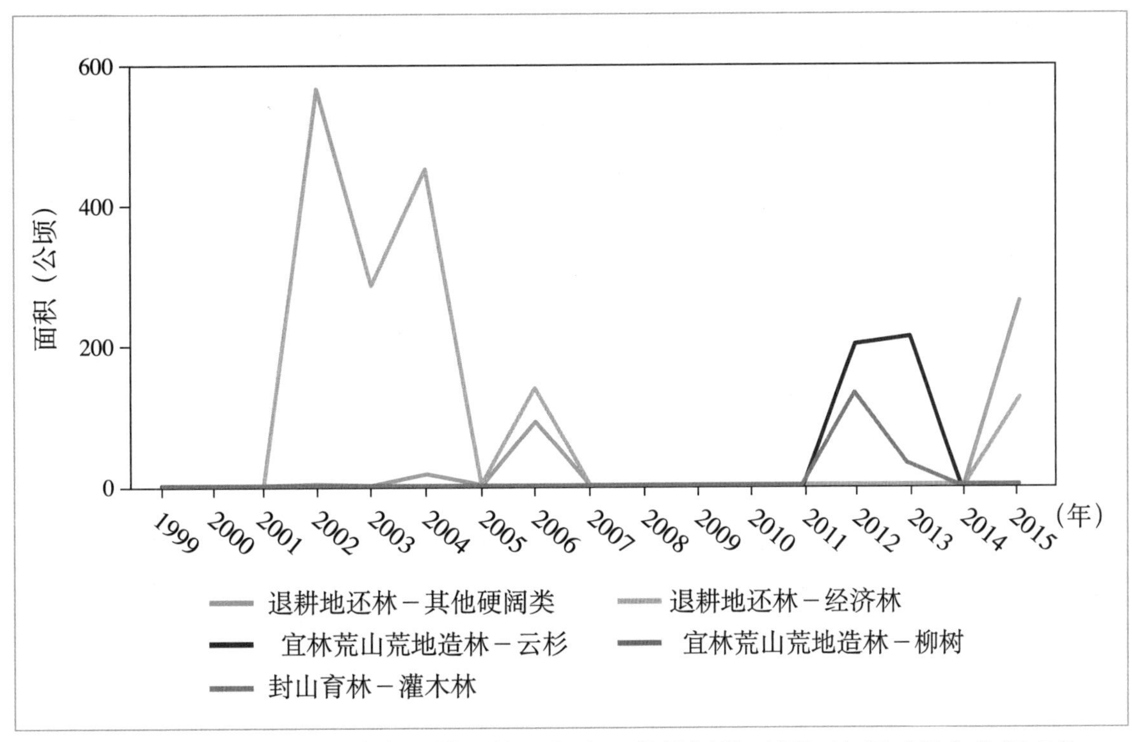

图2-46　西藏自治区林芝市退耕还林工程主要优势树种（组）恢复时间变化间变化

西藏自治区林芝市巴宜区退耕地还林以经济林为主，见表2-20和图2-47。该区的退耕地还林实施年份为2002—2004年以及2006年；宜林荒山荒地造林主要是柳树，其恢复面积变化与该区宜林荒山荒地造林趋势一致；封山育林以灌木林为主，其恢复面积变化与该区封山育林趋势一致，见图2-48。

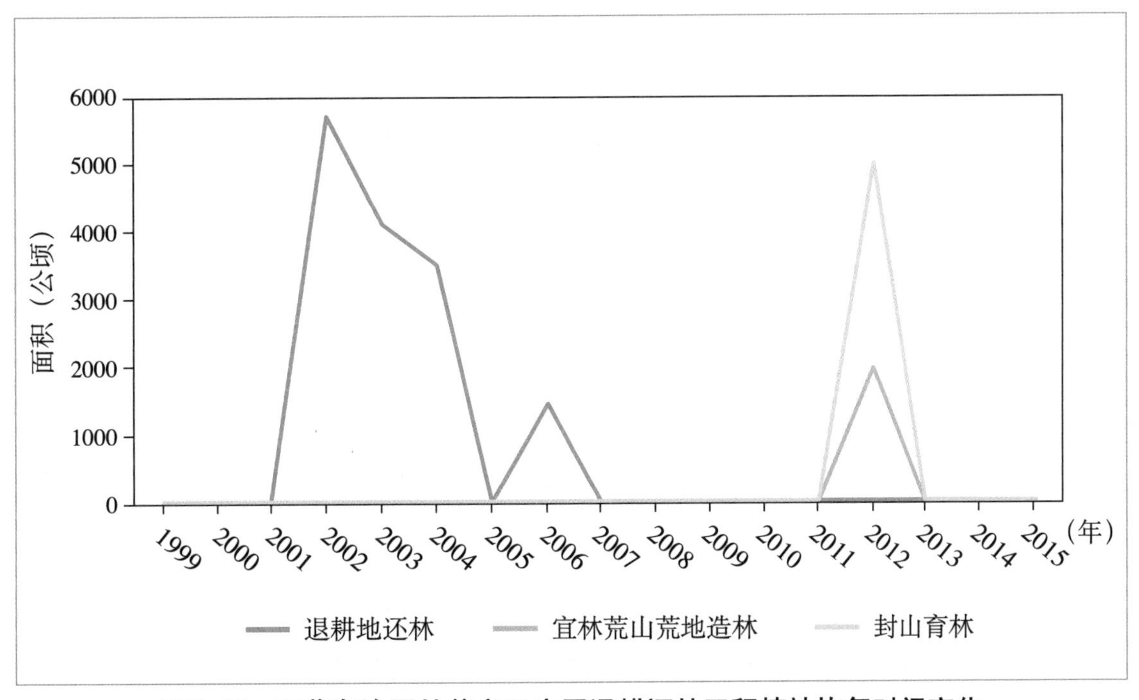

图2-47　西藏自治区林芝市巴宜区退耕还林工程植被恢复时间变化

表2-20　西藏自治区林芝市巴宜区退耕还林工程优势树种（组）恢复时间变化

单位：公顷

优势树种（组）	1999	2000	2001	2002	2003	2004	2005	2006	2007	2008	2009	2010	2011	2012	2013	2014	2015	合计
退耕地还林																		
华山松	—	—	—	3747.30	—	—	—	—	—	—	—	—	—	—	—	—	—	3747.30
针阔混	—	—	—	—	1556.30	—	—	—	—	—	—	—	—	—	—	—	—	1556.30
经济林	—	—	—	914.60	1753.90	3552.40	—	470.30	—	—	—	—	—	—	—	—	—	6691.20
宜林荒山荒地造林																		
柳树	—	—	—	—	—	—	—	—	—	—	—	—	—	2000.00	—	—	—	2000.00
封山育林																		
灌木林	—	—	—	—	—	—	—	—	—	—	—	—	—	5000.00	—	—	—	5000.00

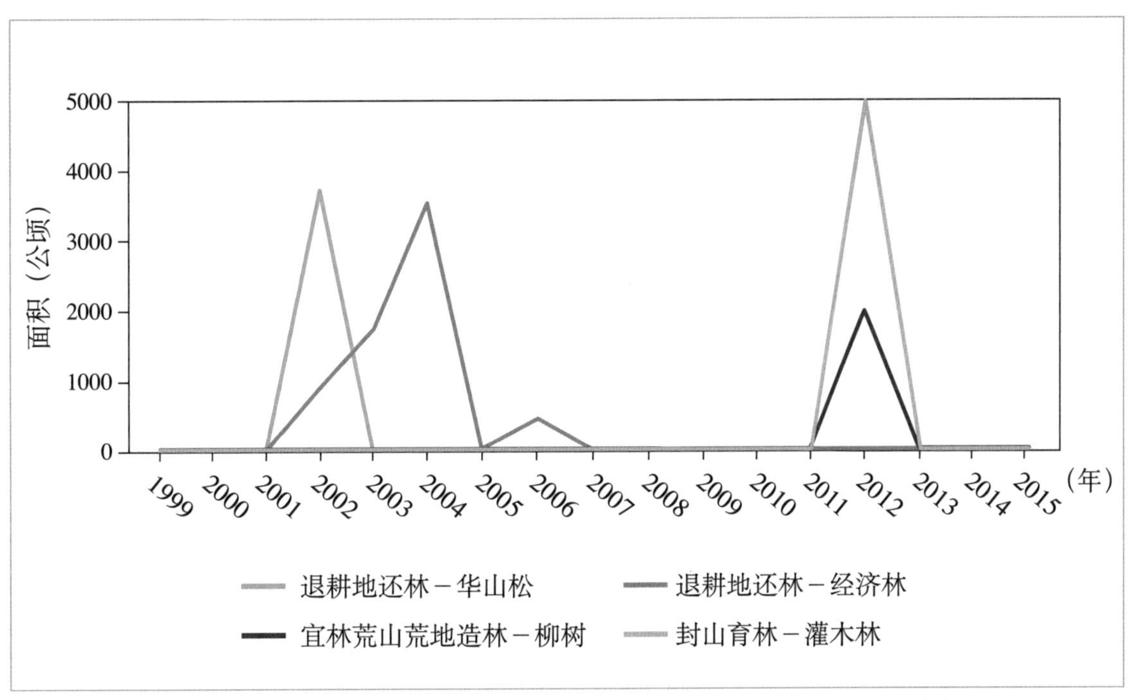

图2-48　西藏自治区林芝市巴宜区退耕还林工程主要优势树种（组）恢复时间变化

退耕还林工程是以植被恢复为主体的人工生态工程，其修复对象是人为严重干扰和破坏的脆弱生态系统，在遵循生态恢复自然规律的同时还兼顾考虑工程区域的社会经济发展条件，因地制宜恢复林草植被，达到控制和减轻重点地区的水土流失和风沙危害、优化国土利用结构、提高生产力，达到增加农民收入的目标。退耕还林工程实施以来，不仅大大加快了水土流失和土地沙化治理步伐，改善生态环境、提高农民生活质量，还带来了农村产业结构调整及地方生态经济协调发展等利民惠民的成效，由此可见退耕还林工程实施的重要性。

第三章 全国退耕还林工程生态效益物质量评估

依据国家林业局《退耕还林工程生态效益监测评估技术标准与管理规范》（办退字〔2013〕116号），本章将采用分布式测算方法，对全国25个工程省和新疆生产建设兵团开展生态效益物质量评估。

3.1 全国退耕还林工程生态效益物质量评估总结果

对全国退耕还林工程25个工程省和新疆生产建设兵团从涵养水源、保育土壤、固碳释氧、林木积累营养物质、净化大气环境和森林防护6项功能18个指标的生态效益物质量进行评估，其结果如表3-1所示。

全国退耕还林区域涵养水源总物质量为385.23亿立方米/年；固土总物质量为63355.50万吨/年；固定土壤氮、磷、钾和有机质总物质量分别为155.03万吨/年、61.86万吨/年、854.40万吨/年和1578.99万吨/年；固碳总物质量为4907.85万吨/年，释氧总物质量为11690.79万吨/年；林木积累氮、磷和钾总物质量分别为66.39万吨/年、8.79万吨/年和32.35万吨/年；提供负离子总物质量为8389.38 × 10^{22}个/年，吸收污染物总物质量为314.83万吨/年，滞尘总物质量为47616.42万吨/年（滞纳TSP总物质量为38093.16万吨/年，滞纳PM_{10}总物质量为32963515.95吨/年，滞纳$PM_{2.5}$总物质量为13183647.16吨/年）；防风固沙总物质量为71225.85万吨/年。

全国退耕还林工程25个退耕还林工程省和新疆生产建设兵团同一生态效益物质量评估指标表现出明显的地区差异，且不同省（自治区、自辖市）的生态效益主导功能不同（图3-1至图3-18）。

（1）涵养水源功能 全国退耕还林工程涵养水源物质量空间分布见图3-1。退耕还林总面积位居第二的四川省涵养水源物质量最大，为58.25亿立方米/年，比退耕还林总面积第一的内蒙古自治区高28.06亿立方米/年；重庆市、湖南省、云南省和内蒙古自治区位居

表3-1 全国退耕还林工程各工程省生态效益物质量

省级区域	涵养水源	保育土壤					固碳释氧		林木积累营养物质			净化大气环境						森林防护
		固土	固氮	固磷	固钾	固有机质	固碳	释氧	氮	磷	钾	负离子	吸收污染物	滞尘量				固沙量
	(亿立方米/年)	(万吨/年)	(万吨/年)	(万吨/年)	(万吨/年)	(万吨/年)	(万吨/年)	(万吨/年)	(万吨/年)	(万吨/年)	(万吨/年)	($\times10^{22}$个/年)	(万吨/年)	小计(万吨/年)	TSP(万吨/年)	PM_{10}(吨/年)	$PM_{2.5}$(吨/年)	(万吨/年)
内蒙古	30.19	5751.85	5.42	2.13	95.24	38.88	358.55	825.15	7.36	0.53	6.02	455.03	30.08	3560.57	2848.45	3560568.72	1424227.49	5381.02
宁夏	7.43	1218.87	3.22	0.44	22.72	23.85	89.80	193.36	1.42	0.13	0.45	268.02	10.48	1117.93	894.35	1117935.51	447172.52	1901.86
甘肃	21.28	3343.08	17.49	3.58	48.76	73.50	246.97	564.60	2.23	0.51	2.18	471.05	24.62	2972.78	2378.22	2972779.76	1189111.90	4278.62
山西	13.67	2517.09	6.77	0.98	42.09	25.52	181.79	419.52	2.95	0.15	0.71	314.39	17.55	2131.17	1704.94	2131169.97	852467.99	872.86
陕西	18.26	3203.46	4.97	1.52	54.09	64.23	308.62	723.02	7.24	0.91	4.54	732.18	24.30	2698.27	2158.62	2698273.03	1079305.21	4245.47
河南	13.70	2653.26	3.67	0.64	2.72	41.19	214.80	515.35	3.77	1.29	1.63	387.09	11.91	1410.72	1128.57	1410716.51	564286.60	874.23
四川	58.25	6908.29	7.57	3.55	101.70	182.58	535.23	1302.40	4.55	0.43	2.30	830.53	30.38	4158.55	3326.84	4158551.82	1663420.73	—
重庆	35.98	3385.29	13.01	2.69	46.70	93.71	293.65	708.96	2.45	0.93	1.69	454.89	19.02	2657.87	2126.30	2657872.43	1063148.97	—
云南	31.60	2099.94	26.18	1.87	0.42	14.34	266.71	638.19	1.62	0.32	0.82	494.15	15.33	2023.84	1619.07	2023838.25	809535.30	—
贵州	17.96	3382.82	5.00	2.07	21.86	75.11	335.33	810.63	3.05	0.39	2.25	586.93	24.57	3406.86	2725.49	3406859.99	1362744.00	—
湖北	18.91	2462.72	4.15	3.08	13.84	58.23	256.66	621.77	3.66	0.51	2.06	646.70	12.85	1650.60	1320.48	1650599.35	660239.74	—
湖南	32.53	5321.86	5.85	7.55	49.12	115.45	266.74	629.09	2.63	0.23	1.44	693.06	21.32	3490.43	2792.35	3490434.40	1396173.76	—
江西	15.45	3268.32	4.98	3.04	31.42	71.86	160.35	383.20	1.88	0.33	0.90	378.31	10.55	1662.90	1330.32	1662901.88	665160.75	—
黑龙江	11.45	2982.49	9.36	4.49	43.05	95.49	162.53	386.35	4.38	0.82	1.12	161.16	9.10	3698.57	2958.86	2873.96	885.58	3381.20

(续)

省级区域	涵养水源	保育土壤					固碳释氧		林木积累营养物质			净化大气环境						森林防护
		固土	固氮	固磷	固钾	固有机质	固碳	释氧	氮	磷	钾	负离子	吸收污染物	滞尘量				固沙量
	(亿立方米/年)	(万吨/年)	(万吨/年)	(万吨/年)	(万吨/年)	(万吨/年)	(万吨/年)	(万吨/年)	(万吨/年)	(万吨/年)	(万吨/年)	($\times10^{22}$个/年)	(万吨/年)	小计(万吨/年)	TSP(万吨/年)	PM_{10}(吨/年)	$PM_{2.5}$(吨/年)	(万吨/年)
吉林	8.68	1612.22	7.70	4.31	49.23	132.20	167.19	391.72	5.12	0.17	0.58	68.50	4.63	1561.78	1249.43	1365.87	493.13	2402.39
辽宁	10.59	1966.91	9.40	5.26	60.07	161.29	204.00	477.90	6.25	0.21	0.71	83.58	5.65	1905.38	1524.30	1666.36	601.62	1925.45
河北	7.94	2190.87	5.99	1.38	36.01	177.21	474.92	1179.97	1.01	0.19	0.49	119.89	12.61	2042.89	1634.31	2925.33	1457.00	10207.59
新疆	0.59	358.51	2.75	1.37	30.31	22.86	58.41	128.85	0.95	0.23	0.58	427.78	4.82	1019.37	815.49	2629.97	693.17	21704.18
新疆兵团	0.44	1227.98	0.83	0.90	19.60	14.62	23.39	52.20	0.51	0.10	0.29	106.81	2.65	385.95	308.76	1092.96	332.73	10759.85
安徽	9.34	1949.16	3.28	1.92	19.50	44.11	92.86	229.71	1.11	0.20	0.54	234.81	8.11	1281.00	1024.80	2612.60	738.40	—
广西	15.15	2518.44	2.68	3.50	22.74	52.10	123.16	303.38	1.21	0.11	0.68	339.61	10.44	1613.34	1290.68	4313.29	1052.20	—
青海	2.55	2368.44	3.29	4.69	34.11	0.41	50.53	119.40	0.29	0.06	0.14	44.45	2.36	859.09	687.27	820.57	220.57	1844.03
天津	0.04	46.98	0.04	0.02	0.33	0.02	0.91	2.14	0.02	<0.01	0.01	3.59	0.05	21.32	17.06	13.60	2.95	139.42
北京	0.54	132.28	0.82	0.33	2.41	0.13	6.91	16.17	0.15	0.01	0.09	33.80	0.39	93.58	74.87	191.62	56.73	1123.48
西藏	0.26	236.58	0.33	0.47	3.41	0.04	5.05	11.93	0.03	0.01	0.01	4.44	0.24	85.81	68.65	81.97	22.03	184.20
海南	2.45	247.79	0.28	0.08	2.95	0.06	22.79	55.83	0.55	0.02	0.12	48.63	0.82	105.85	84.68	426.23	96.09	—
合计	385.23	63355.50	155.03	61.86	854.40	1578.99	4907.85	11690.79	66.39	8.79	32.35	8389.38	314.83	47616.42	38093.16	32963515.95	13183647.16	71225.85

注：吸收污染物为森林吸收二氧化硫、氟化物和氮氧化物的物质量总和。

其下，其涵养水源物质量均在30.00亿～40.00亿立方米/年之间，其涵养水源物质量之和占涵养水源总物质量的48.94%；甘肃省、湖北省、陕西省、贵州省、江西省、广西壮族自治区、河南省、山西省、黑龙江省和辽宁省，其涵养水源物质量均在10.00亿～30.00亿立方米/年之间；其余11个省级区域涵养水源物质量均小于10.00亿立方米/年。

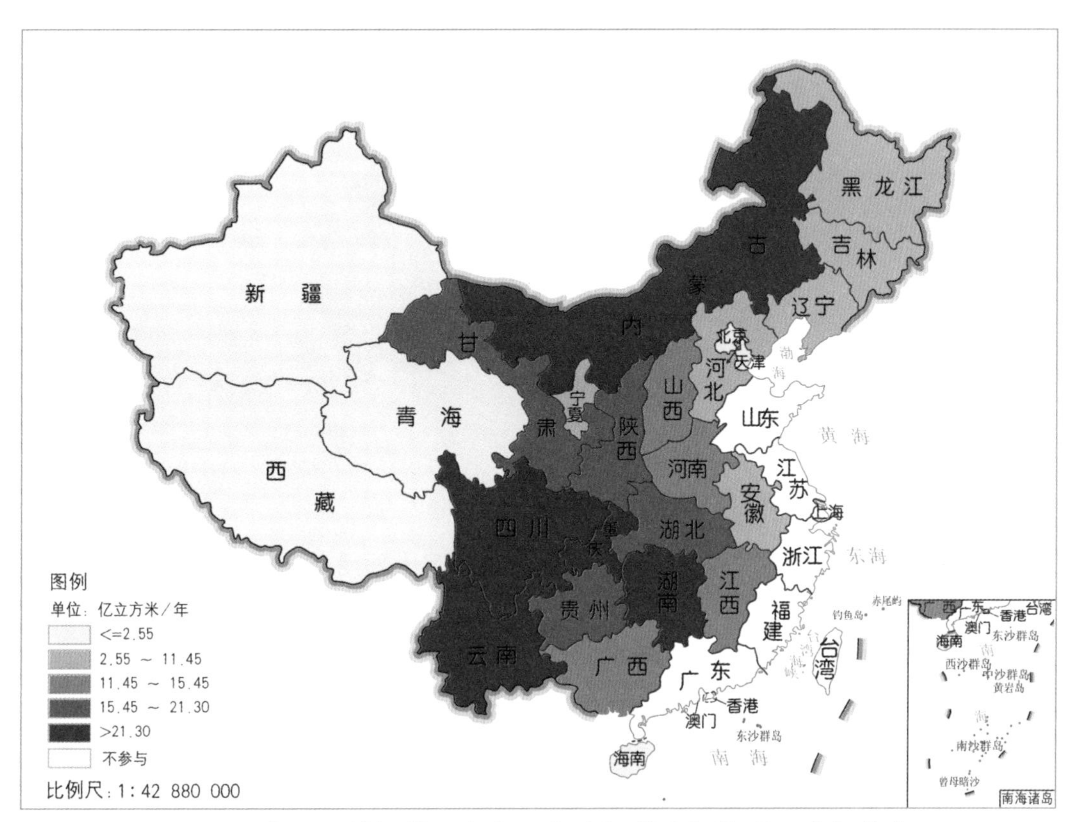

图3-1　全国退耕还林工程各工程省涵养水源物质量空间分布

注：新疆生产建设兵团退耕还林工程生态系统服务功能物质量见表3-1，图3-2至图3-18同。

（2）保育土壤功能　全国退耕还林工程保育土壤物质量空间分布见图3-2至图3-6。固土物质量最大的工程省为四川省，其固土物质量为6908.29万吨/年；内蒙古自治区和湖南省次之，固土物质量在5000.00万～6000.00万吨/年；固土物质量在2000.00万吨/年以上的工程省还有湖南省、重庆市、贵州省、甘肃省、江西省、陕西省、云南省、河北省、青海省、湖北省、山西省、广西壮族自治区、河南省和黑龙江省；其余省（自治区、直辖市）和新疆生产建设兵团固土物质量不足2000.00万吨/年；保肥物质量最大的工程省仍然为四川省，其保肥物质量为295.40万吨/年；位居其次的是辽宁省、河北省、吉林省、湖南省、重庆市、黑龙江省、甘肃省、内蒙古自治区、陕西省、江西省和贵州省，其保肥物质量均在100.00万～200.00万吨/年之间；其余各工程省保肥物质量均在100.00万吨/年以下。

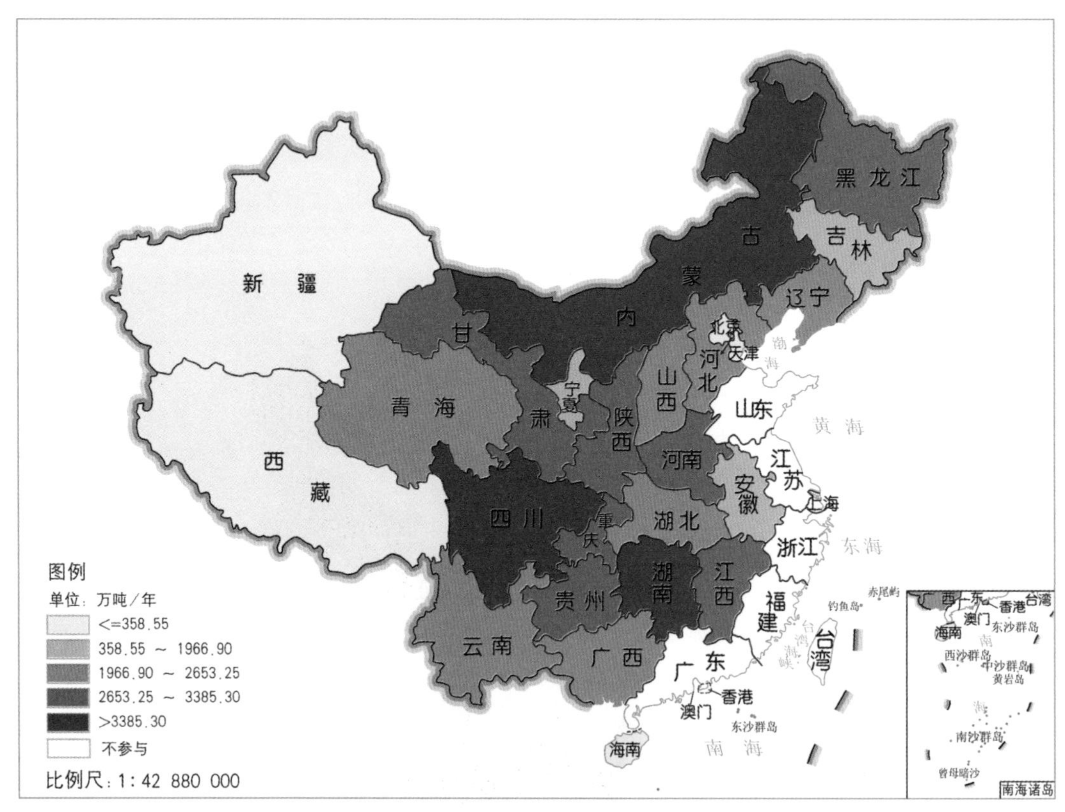

图3-2　全国退耕还林工程各工程省固土物质量空间分布

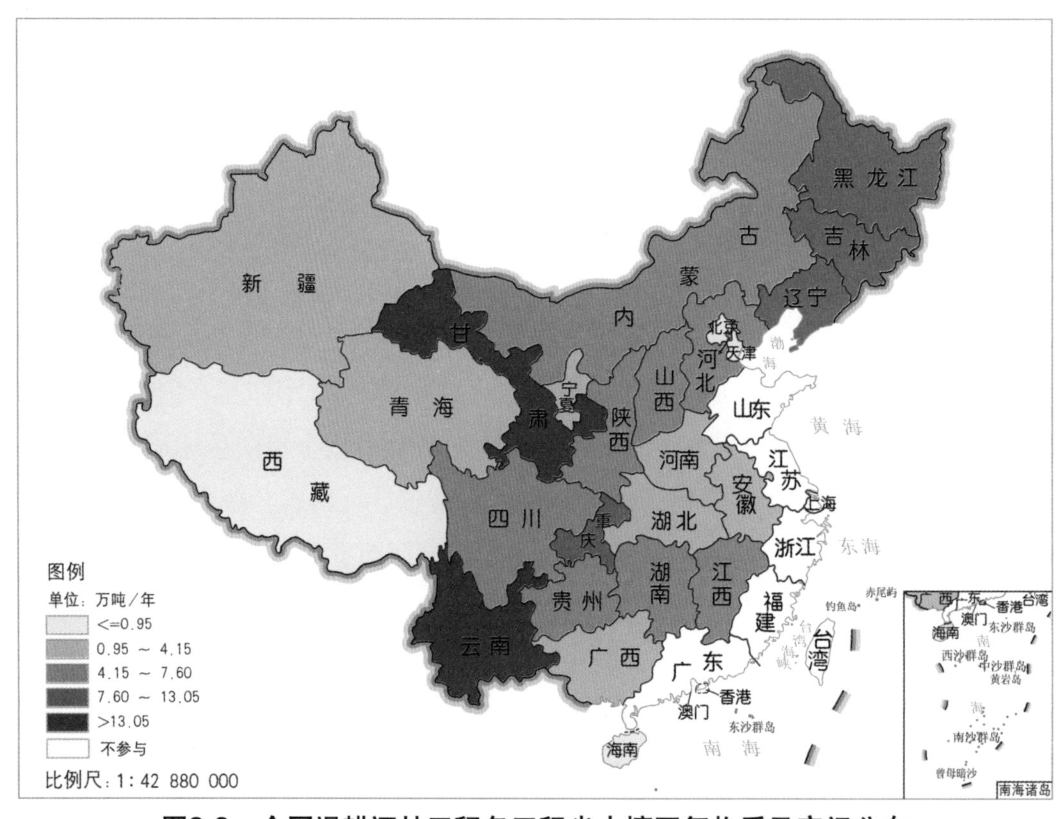

图3-3　全国退耕还林工程各工程省土壤固氮物质量空间分布

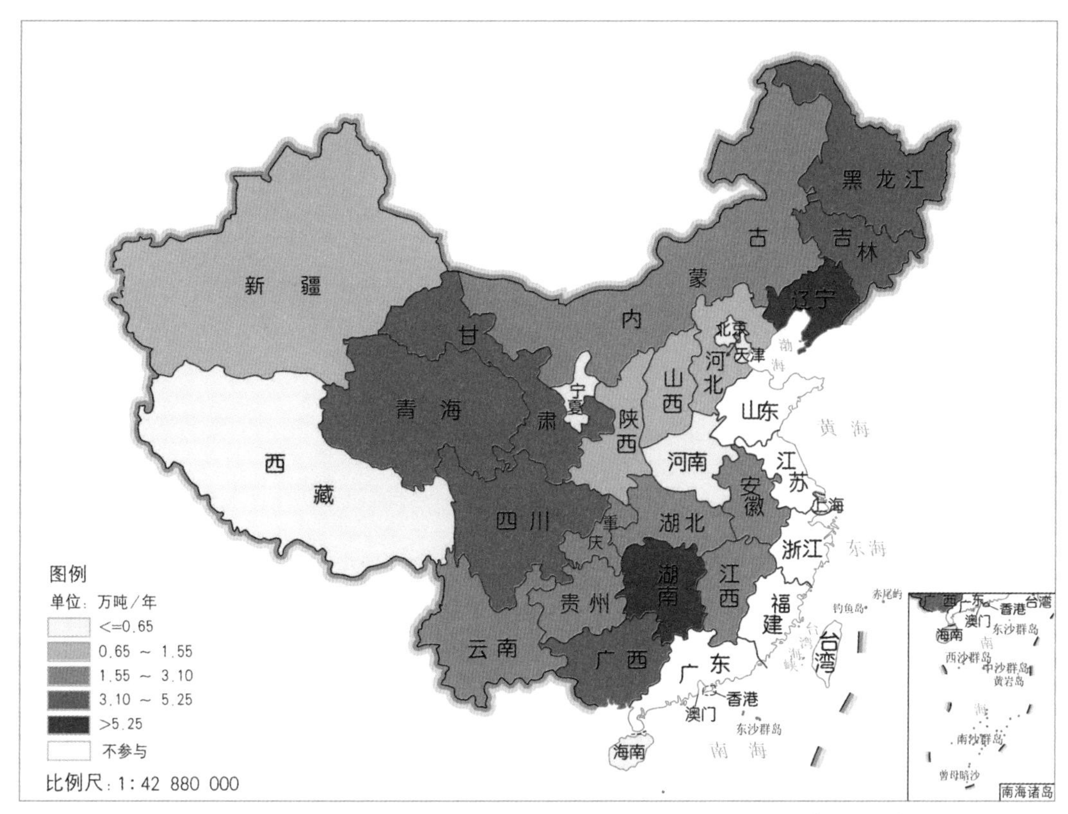

图3-4　全国退耕还林工程各工程省土壤固磷物质量空间分布

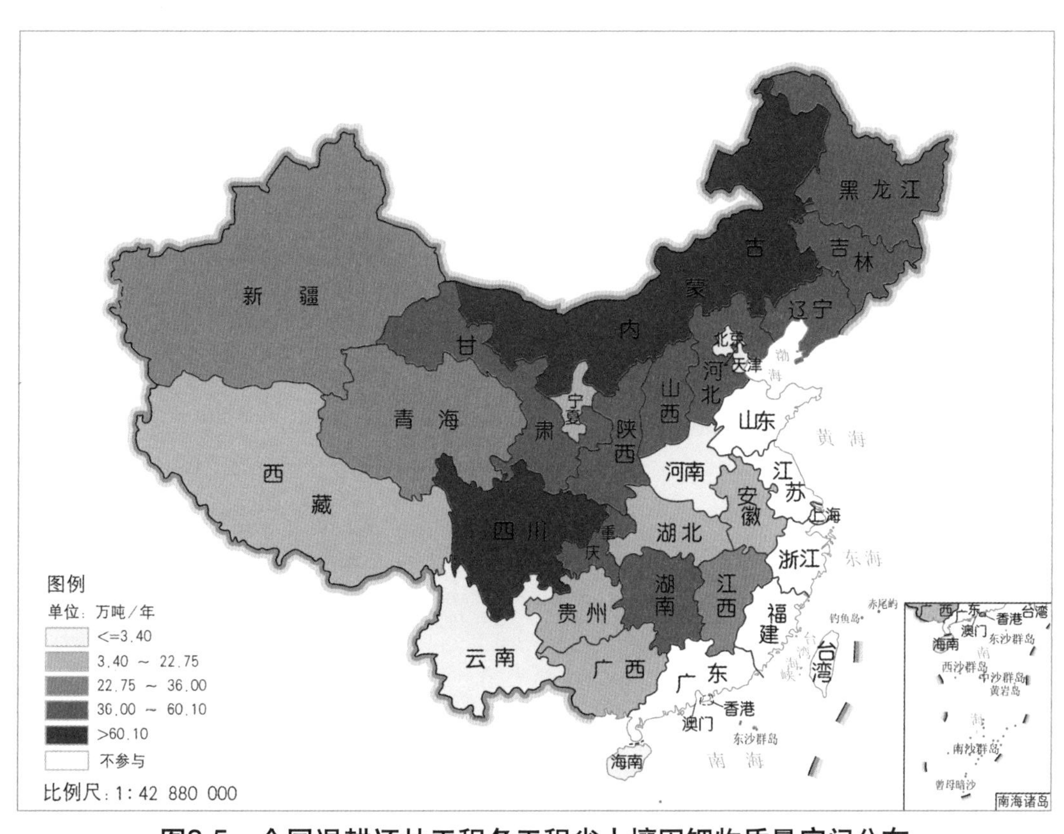

图3-5　全国退耕还林工程各工程省土壤固钾物质量空间分布

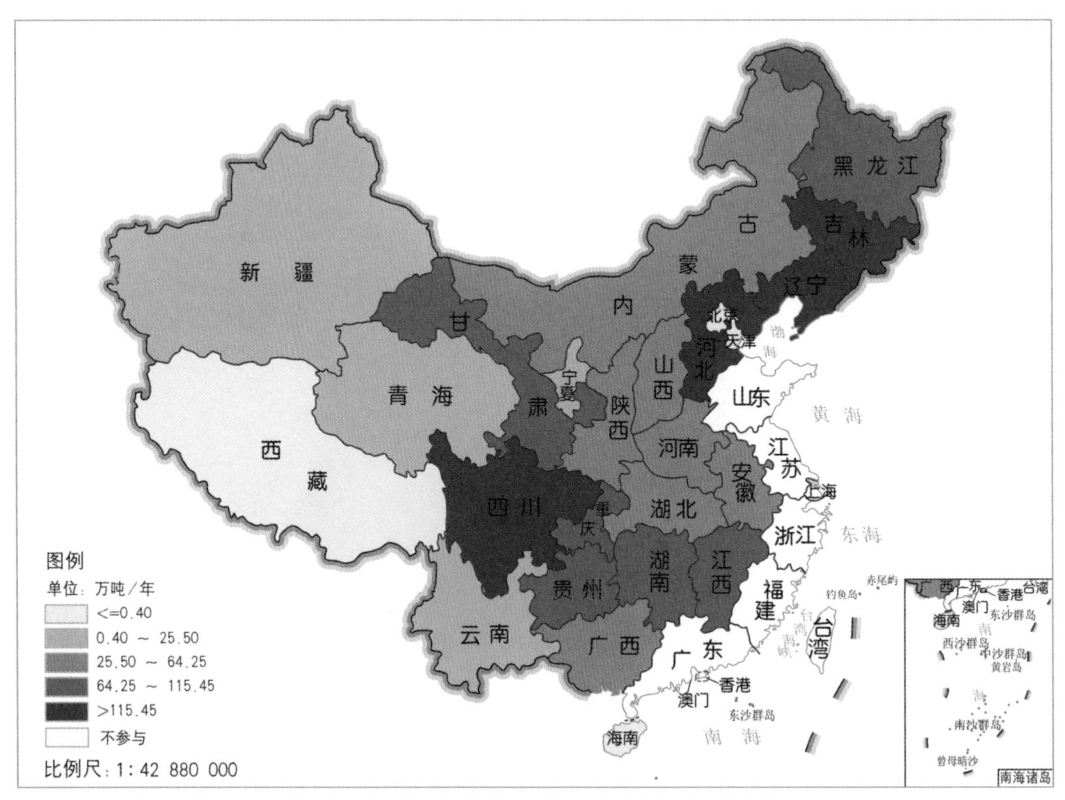

图3-6　全国退耕还林工程各工程省土壤固有机质物质量空间分布

（3）**固碳释氧功能**　全国退耕还林工程固碳和释氧物质量排序表现一致。其固碳和释氧物质量空间分布见图3-7和图3-8。固碳和释氧物质量最大的工程省均为四川省分别为

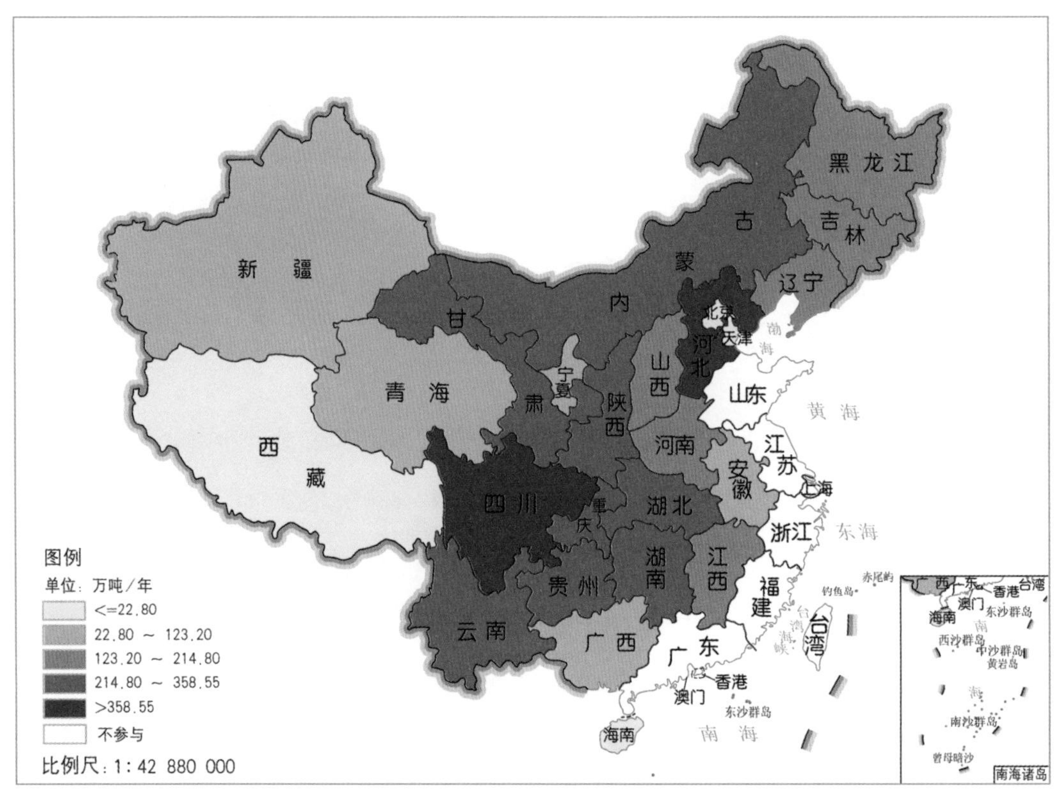

图3-7　全国退耕还林工程各工程省固碳物质量空间分布

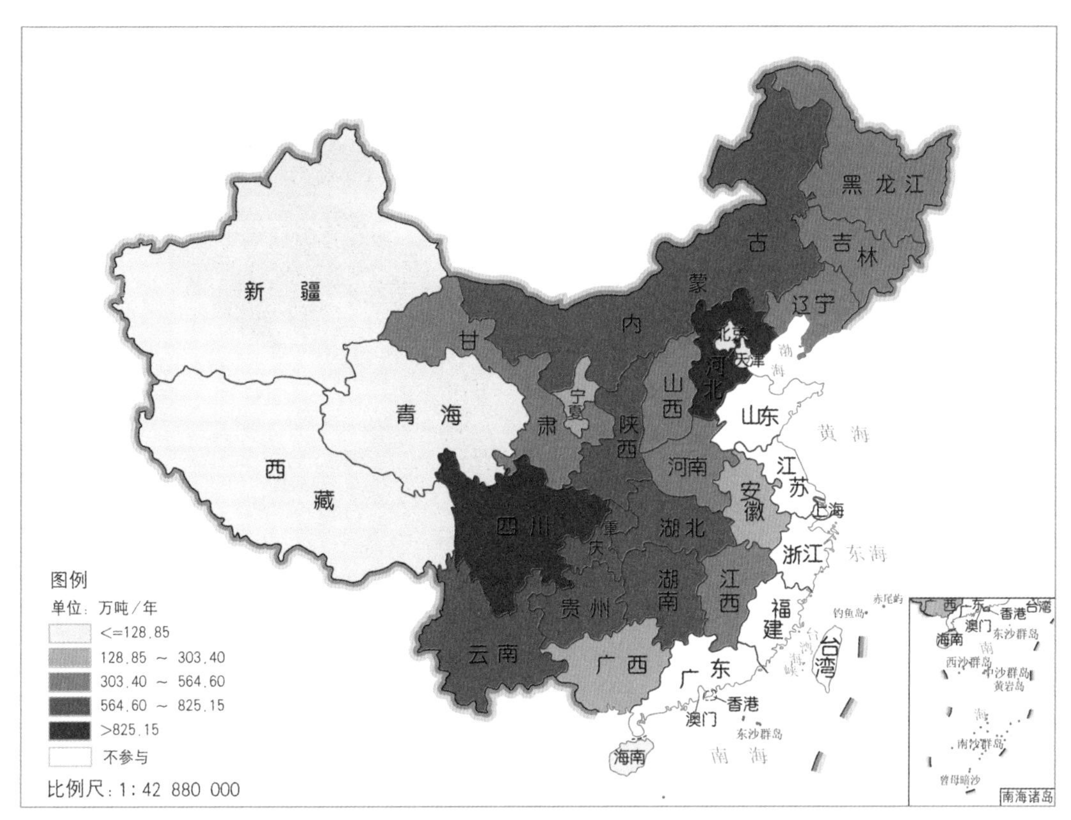

图3-8　全国退耕还林工程各工程省释氧物质量空间分布

535.23万吨/年和1302.40万吨/年；其次为河北省、内蒙古自治区、贵州省和陕西省，固碳物质量均在300.00万～500.00万吨/年之间，释氧物质量均在720.00万～1300.00万吨/年之间；其余省（自治区、直辖市）和新疆生产建设兵团固碳物质量不足300.00万吨/年，释氧量物质量不足730.00万吨/年。

（4）林木积累营养物质功能　全国退耕还林工程林木积累氮物质量空间分布见图3-9至图3-11。不同的工程省存在地区性差异，故林木积累氮、磷和钾物质量差异较大。林木积累氮物质量最大的工程省为内蒙古自治区（7.36万吨/年）和陕西省（7.24万吨/年），其次为贵州省、湖北省、河南省、黑龙江省、四川省、吉林省和辽宁省，其林木积累氮物质量在3万～6万吨/年。其余省（自治区、直辖市）和新疆生产建设兵团林木积累氮物质量较小，其林木积累氮物质量不足1.00万吨/年。林木积累磷物质量最大的工程省为河南省（1.29万吨/年），其余省（自治区、直辖市）和新疆生产建设兵团林木积累磷物质量较小，其林木积累磷物质量不足1.00万吨/年。林木积累钾物质量最大的工程省为内蒙古自治区（6.02万吨/年），其次为黑龙江省、湖南省、河南省、重庆市、湖北省、甘肃省、贵州省、四川省和陕西省，其林木积累钾物质量在1.00万～4.00万吨/年。其余省（自治区、直辖市）和新疆生产建设兵团林木积累钾物质量较小，其林木积累钾物质量不足1.00万吨/年。

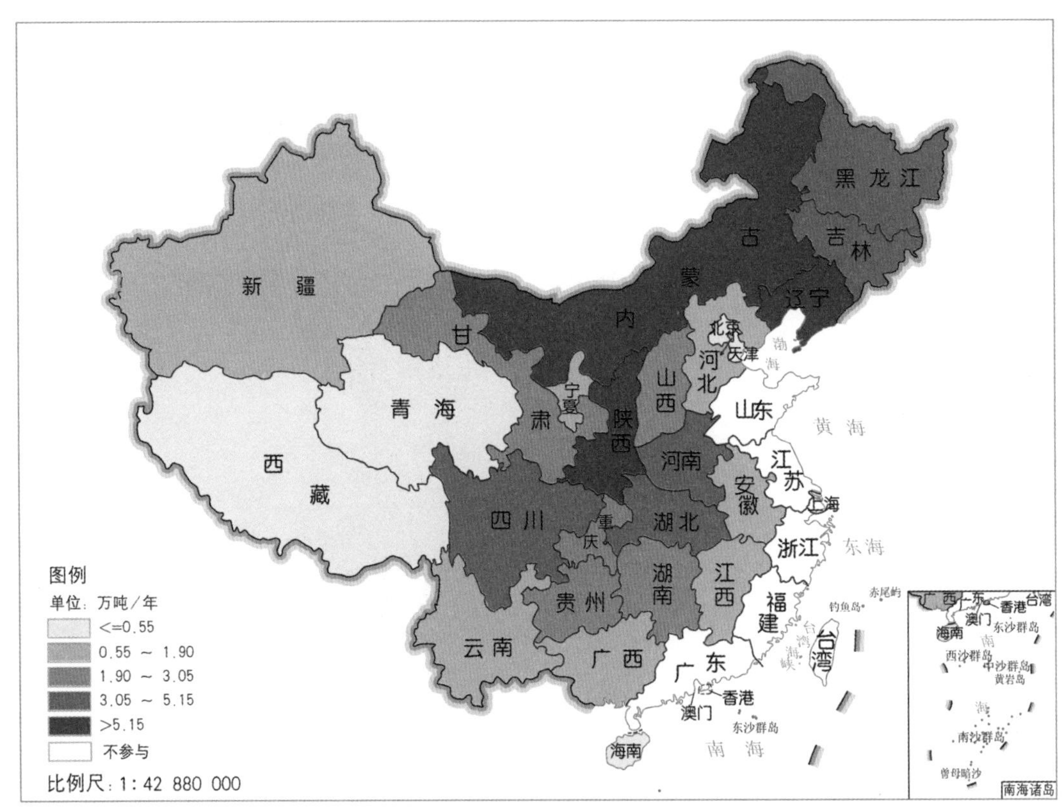

图3-9 全国退耕还林工程各工程省林木积累氮物质量空间分布

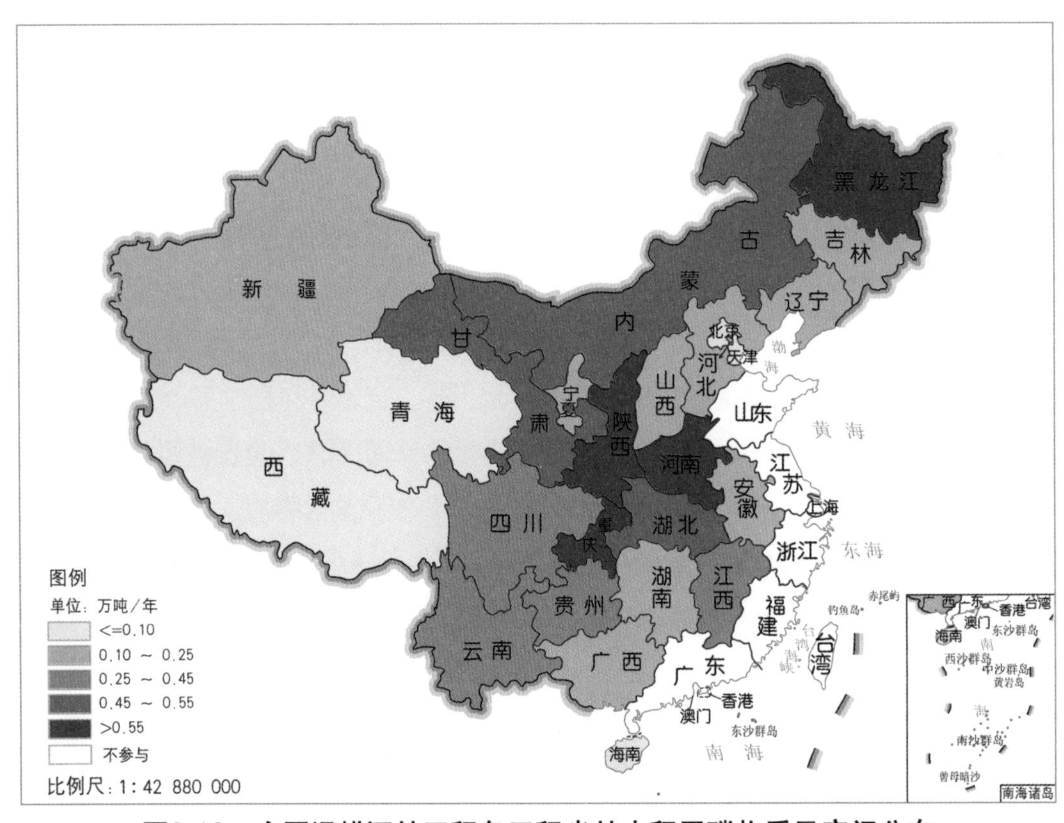

图3-10 全国退耕还林工程各工程省林木积累磷物质量空间分布

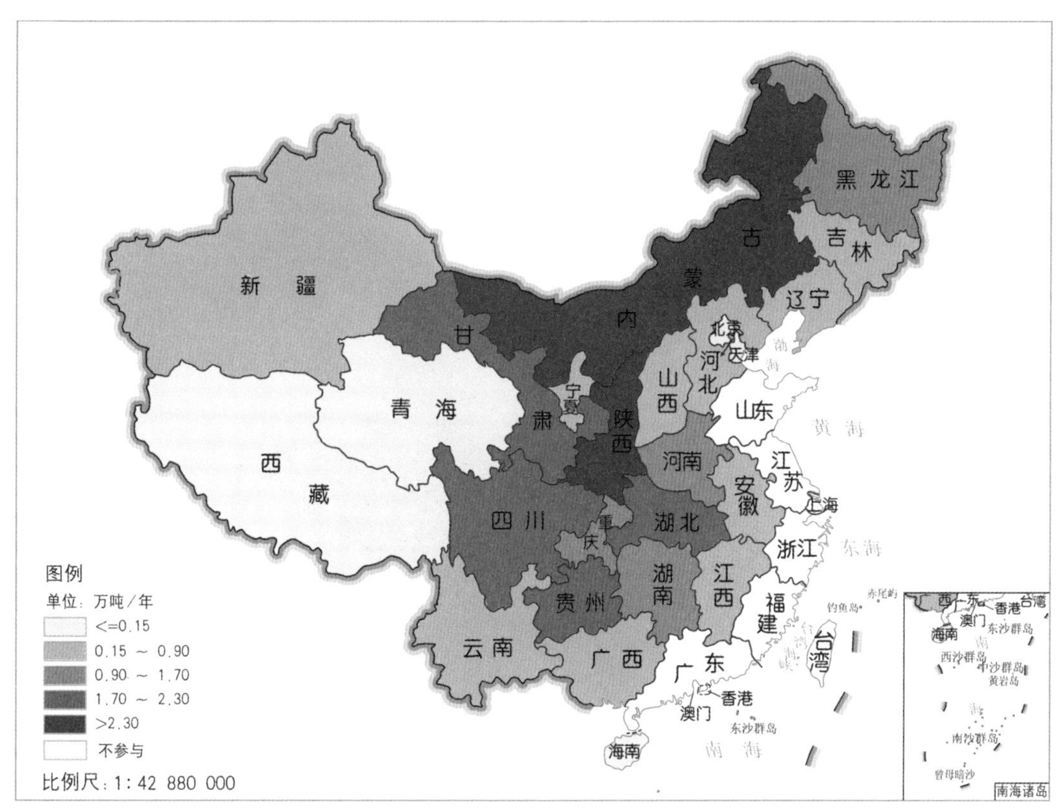

图3-11　全国退耕还林工程各工程省林木积累钾物质量空间分布

（5）净化大气环境功能　全国退耕还林工程净化大气环境物质量空间分布见图3-12至图3-17。提供负离子物质量最大的工程省为四川省（830.53×10^{22}个/年）和陕西省（732.18×10^{22}个/年）；其次为湖南省、湖北省和贵州省，提供负离子物质量均在$500.00\times10^{22}\sim600.00\times10^{22}$个/年之间；其余省（自治区、直辖市）和新疆生产建设兵团提供负离子物质量均小于500.00×10^{22}个/年。吸收污染物物质量最大的工程省为四川省（30.38万吨/年）和内蒙古自治区（30.08万吨/年）；其次为甘肃省、贵州省、陕西省和湖南省，其吸收污染物物质量均在20.00万～25.00万吨/年之间；其余各工程省吸收污染物物质量均小于20.00万吨/年。各工程省滞尘、滞纳TSP物质量排序表现一致，均为四川省、黑龙江省和内蒙古自治区最大，其余省（自治区、直辖市）和新疆生产建设兵团滞尘和滞纳TSP物质量分别小于3500.00万吨/年和2800.00万吨/年。根据2014年13个长江、黄河中上游流经省份（内蒙古自治区、宁夏回族自治区、甘肃省、山西省、陕西省、河南省、四川省、重庆市、云南省、贵州省、湖北省、湖南省和江西省）退耕还林工程生态效益物质量评估方法，各工程省滞纳PM_{10}和滞纳$PM_{2.5}$物质量排序表现一致，四川省滞纳PM_{10}和滞纳$PM_{2.5}$物质量最大，分别为4158551.82吨/年和1663420.73吨/年；其余12个工程省和新疆生产建设兵团采用新的计算方法，广西壮族自治区滞纳PM_{10}物质量最大，河北省滞纳$PM_{2.5}$物质量最大，分别为4313.29吨/年

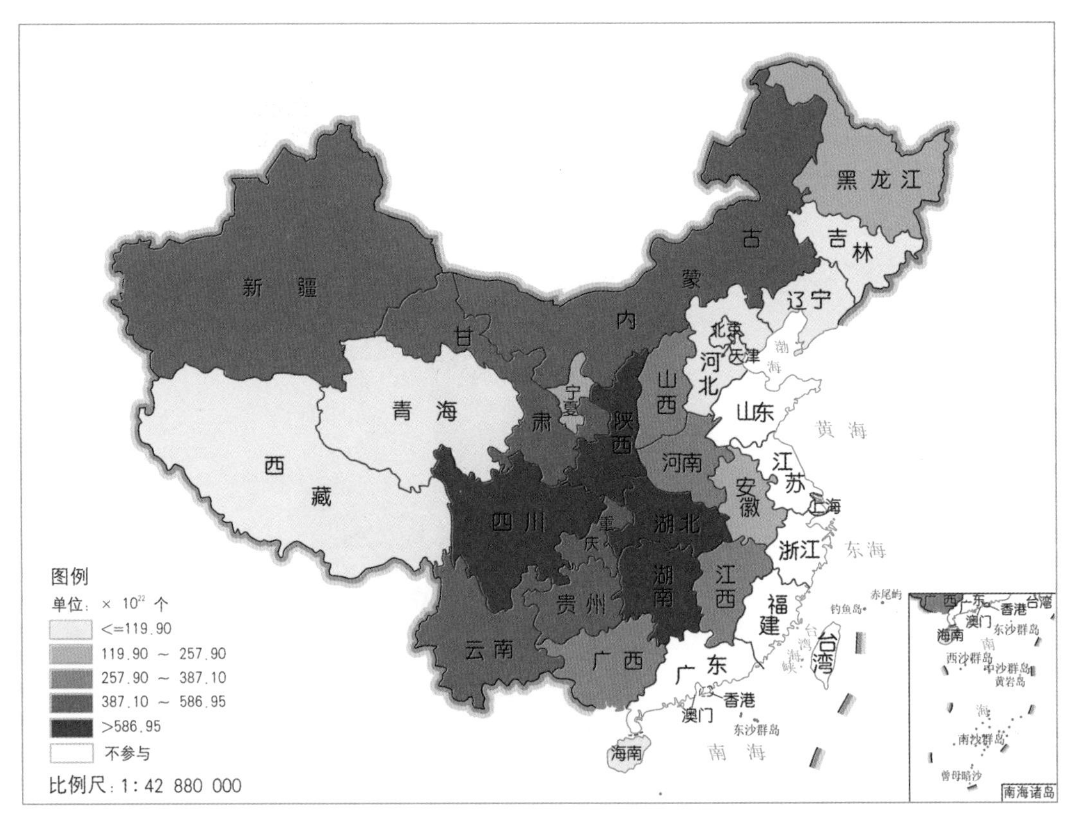

图3-12　全国退耕还林工程各工程省提供负离子物质量空间分布

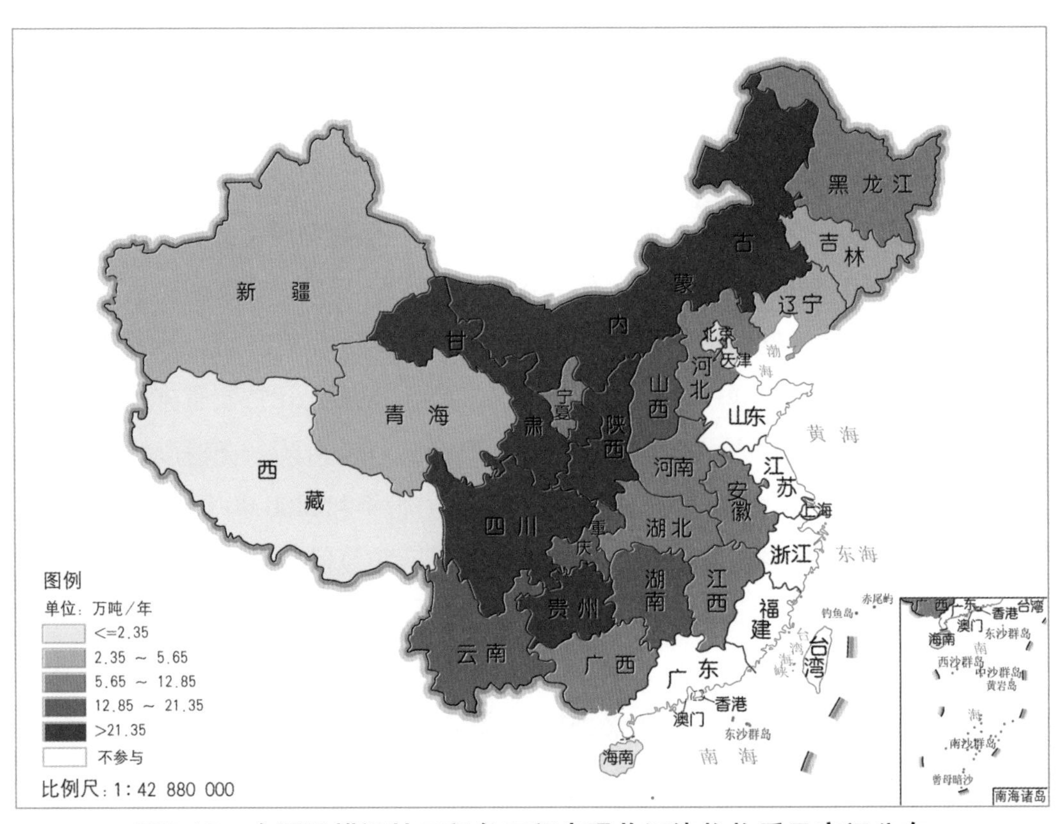

图3-13　全国退耕还林工程各工程省吸收污染物物质量空间分布

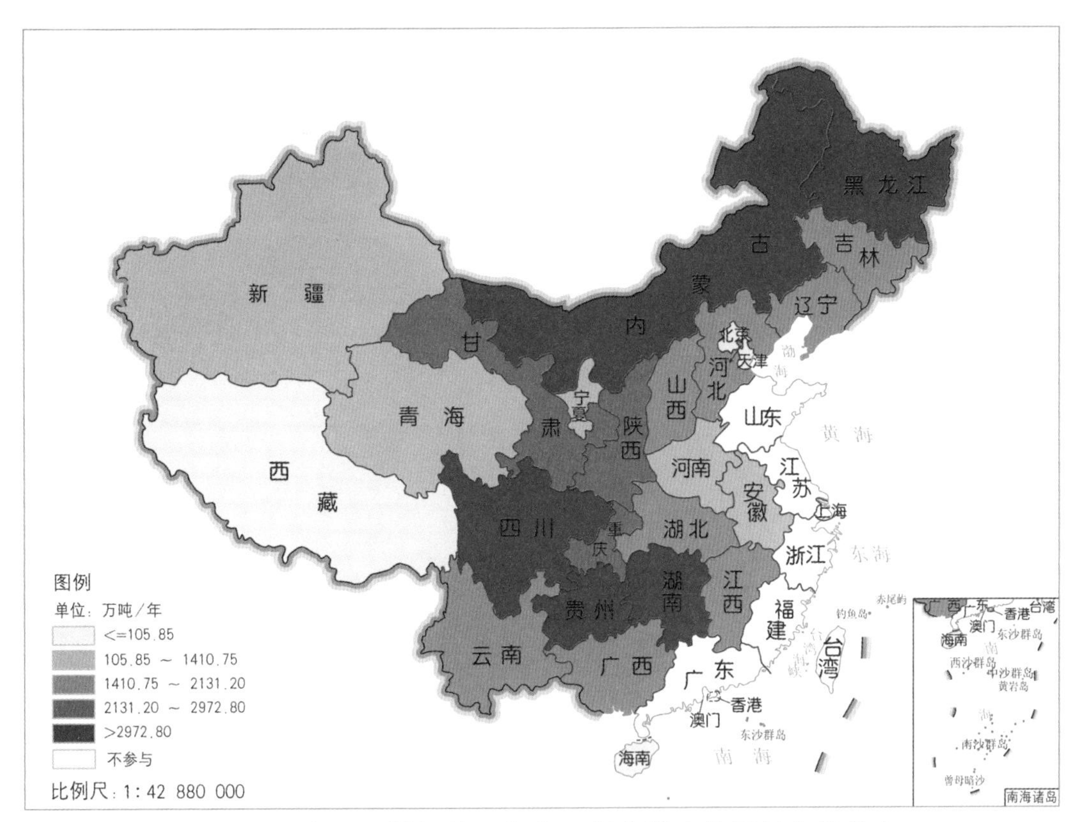

图3-14 全国退耕还林工程各工程省滞尘物质量空间分布

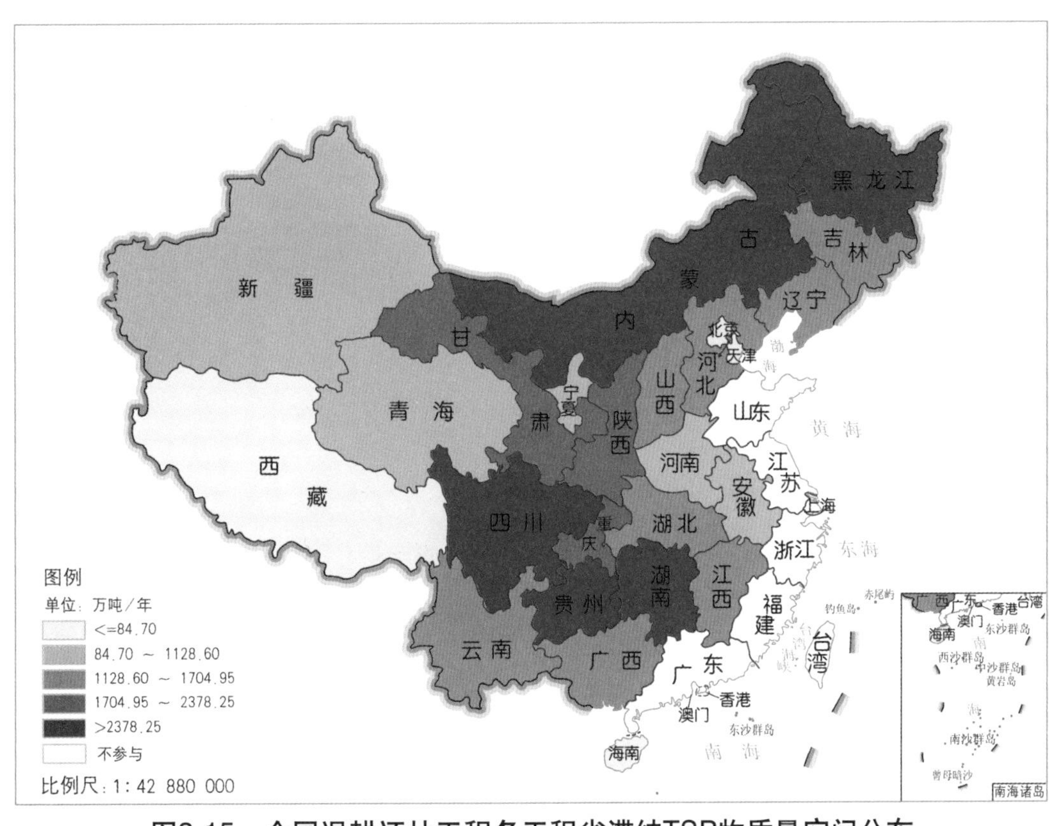

图3-15 全国退耕还林工程各工程省滞纳TSP物质量空间分布

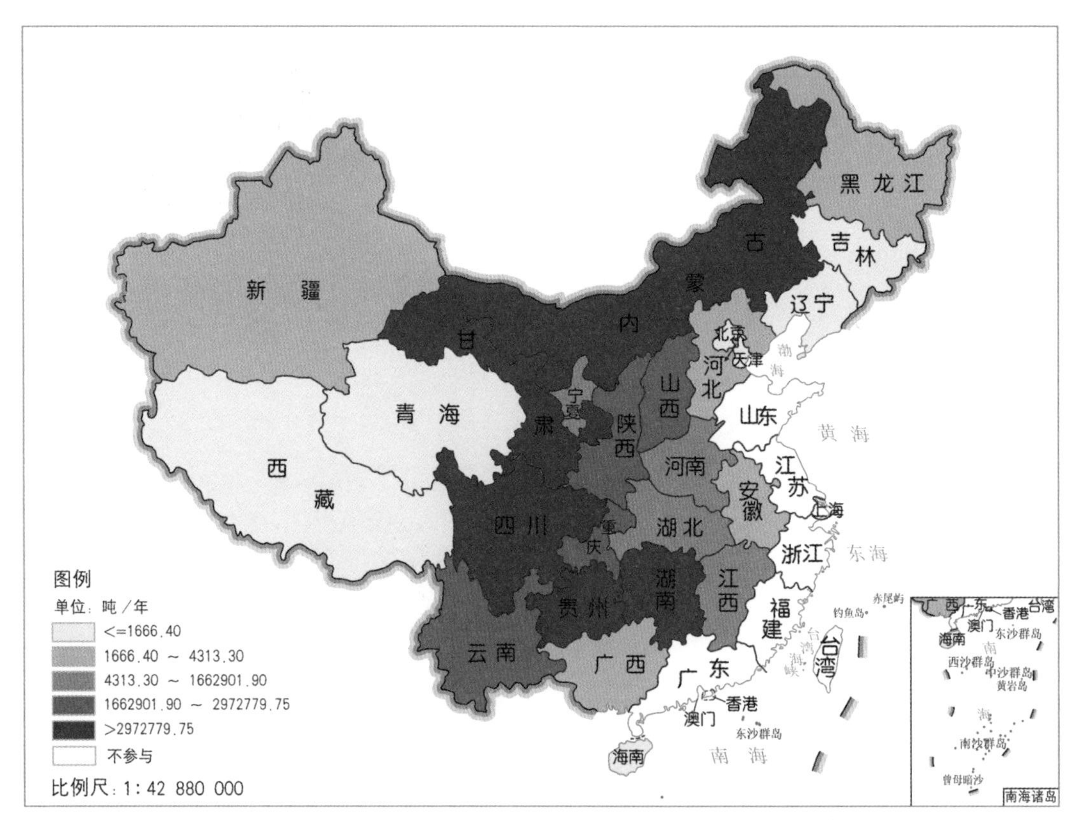

图3-16 全国退耕还林工程各工程省滞纳PM_{10}物质量空间分布

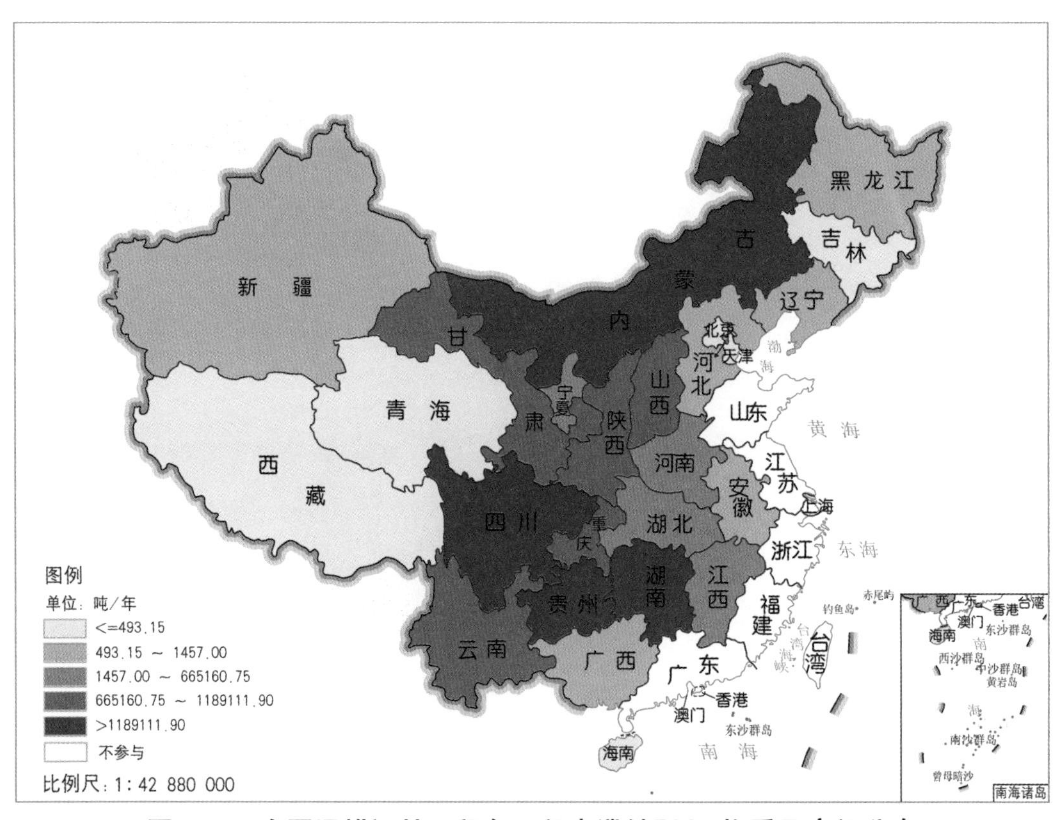

图3-17 全国退耕还林工程各工程省滞纳$PM_{2.5}$物质量空间分布

和1457.00吨/年，其余省（自治区、直辖市）和新疆生产建设兵团滞纳PM_{10}物质量小于3000.00吨/年，滞纳$PM_{2.5}$物质量小于1400.00吨/年。

（6）防风固沙功能 全国退耕还林工程森林防护生态效益物质量评估主要针对防风固沙林。其防风固沙物质量空间分布见图3-18。我国中南部地区的云南省、贵州省、四川省、重庆市、湖北省、湖南省、江西省、安徽省、广西壮族自治区和海南省的退耕还林工程中没有营造防风固沙林，故其退耕还林工程生态效益物质量评估中不包含防风固沙功能，其余15个中北部地区的工程省和新疆生产建设兵团中，防风固沙物质量最大的为新疆维吾尔自治区（21704.18万吨/年），其次是新疆生产建设兵团（10759.85万吨/年）和河北省（10207.59万吨/年），以上3个区域防风固沙物质量显著高于其余退耕还林工程工程省。一方面是由于新疆维吾尔自治区、新疆生产建设兵团和河北省防风固沙林面积大，另一方面也与当地风力侵蚀强度等因子有关。其余省（自治区、直辖市）防风固沙林的防风固沙物质量均小于6000.00万吨/年。

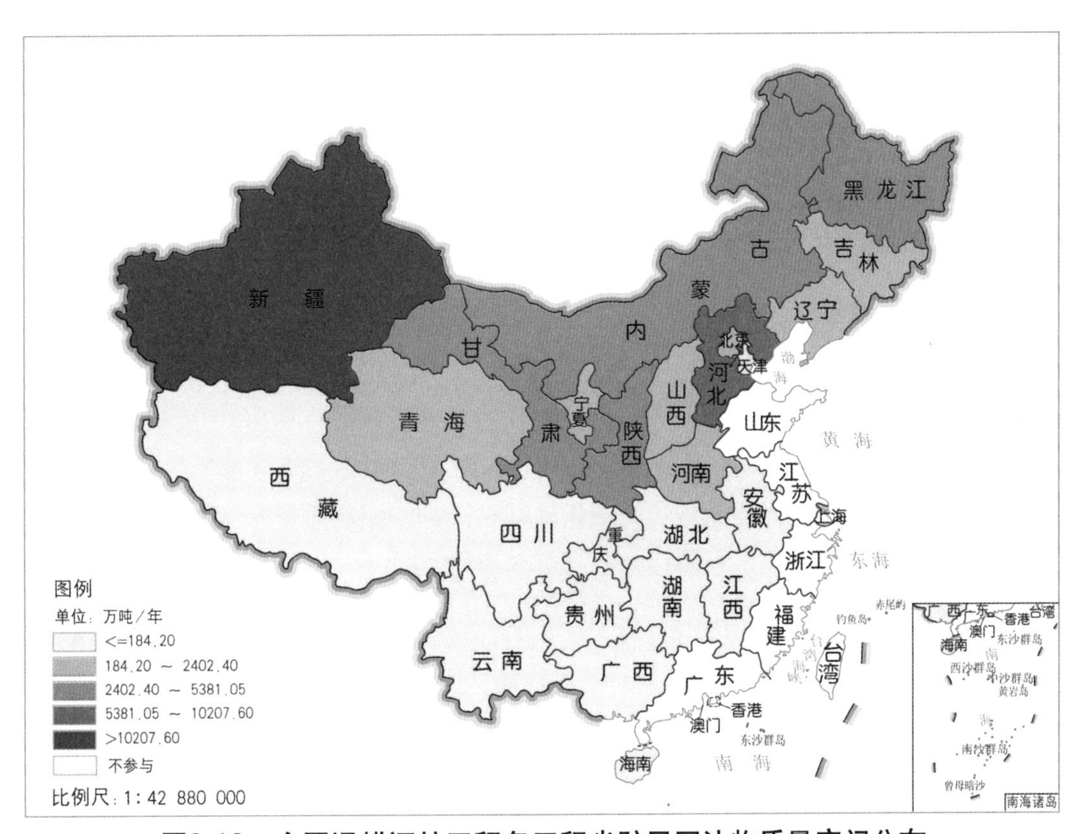

图3-18 全国退耕还林工程各工程省防风固沙物质量空间分布

3.2 三种植被恢复模式生态效益物质量评估

退耕还林工程建设内容包括退耕地还林、宜林荒山荒地造林和封山育林三种植被恢复模式。本节在退耕还林生态效益物质量评估的基础之上，分别针对这三种植被恢复模式生态效益物质量进行评估。

3.2.1 退耕地还林生态效益物质量评估

为了全面掌握退耕地还林建设成果的巩固情况，对全国25个工程省和新疆生产建设兵团开展退耕地还林生态效益物质量评估，其结果如表3-2所示。

全国退耕地还林区域涵养水源总物质量为135.95亿立方米/年；固土总物质量为21588.44万吨/年；固定土壤氮、磷、钾和有机质总物质量分别为53.35万吨/年、20.05万吨/年、291.97万吨/年和542.72万吨/年；固碳总物质量为1702.40万吨/年，释氧总物质量为4085.03万吨/年；林木积累氮、磷、钾总物质量分别为22.50万吨/年、2.68万吨/年和10.66万吨/年；提供负离子总物质量为2892.76×10^{22}个/年；吸收污染物总物质量为109.31万吨/年；滞尘总物质量为14811.27万吨/年（滞纳TSP总物质量为11849.26万吨/年，滞纳PM_{10}总物质量为11017553.10吨/年，滞纳$PM_{2.5}$总物质量为4406573.59吨/年）；防风固沙总物质量为21017.20万吨/年。

（1）涵养水源功能　全国退耕还林工程退耕地还林涵养水源物质量空间分布见图3-19，涵养水源物质量最高为四川省，重庆和湖南次之，其退耕地还林涵养水源物质量均大于10亿立方米/年；涵养水源物质量较大的地区为华中地区、华北地区、西北地区东部和西南地区东部，涵养水源物质量达到退耕地还林涵养水源物质量76.35%；其余省（自治区、直辖市）和新疆生产建设兵团涵养水源物质量不足0.20亿立方米/年。

（2）保育土壤功能　全国退耕还林工程退耕地还林固土物质量空间分布见图3-20，固土物质量最大为四川省和湖南省，其退耕地还林固土物质量均大于2000.00万吨/年，贵州省、甘肃省、重庆市、陕西省和内蒙古自治区次之，其退耕地还林固土物质量均大于1000.00万吨/年；固土物质量较大的地区为华中地区、华北地区、西北地区东部和西南地区东部，固土物质量达到退耕地还林固土物质量的55.54%；退耕地还林保肥物质量包括氮、磷、钾和有机质物质量，空间分布见图3-21至3-24，保肥物质量最大为四川省，其退耕地还林保肥物质量为142.95万吨/年，其次为辽宁省、湖南省、河北省、吉林省、重庆市和陕西省，退耕地还林保肥物质量均大于50.00万吨/年，保肥物质量之和达到退耕地还林保肥总物质量的60.00%，保肥物质量较大的地区为东北地区、华北地区、西北地区东部和西南地区东部。

表3-2 全国退耕还林工程退耕地还林各工程省生态效益物质量

省级区域	涵养水源	保育土壤					固碳释氧		林木积累营养物质			净化大气环境						森林防护
		固土	固氮	固磷	固钾	固有机质	固碳	释氧	氮	磷	钾	负离子	吸收污染物	滞尘量				固沙量
	(亿立方米/年)	(万吨/年)	(万吨/年)	(万吨/年)	(万吨/年)	(万吨/年)	(万吨/年)	(万吨/年)	(万吨/年)	(万吨/年)	(万吨/年)	($\times10^{22}$个/年)	(万吨/年)	小计(万吨/年)	TSP(万吨/年)	PM_{10}(吨/年)	$PM_{2.5}$(吨/年)	(万吨/年)
内蒙古	9.91	1814.05	1.73	0.68	30.08	12.21	111.82	256.95	2.29	0.17	1.88	131.24	9.54	1134.62	907.69	1134620.32	453848.13	1794.40
宁夏	3.46	580.63	1.53	0.21	10.77	11.30	42.93	92.52	0.68	0.06	0.21	128.13	5.00	533.41	426.73	533409.66	213363.52	906.78
甘肃	7.46	1214.00	6.22	1.43	16.61	25.63	84.44	191.39	0.76	0.16	0.70	168.90	8.18	950.67	760.53	950663.52	380265.40	1659.20
山西	4.67	877.50	2.47	0.35	16.31	8.99	63.44	146.04	0.98	0.05	0.19	105.03	5.34	585.19	468.16	585191.68	234076.67	325.77
陕西	7.92	1354.02	2.18	0.74	23.16	27.03	129.23	302.26	3.13	0.37	1.78	280.60	9.14	968.45	774.76	968457.88	387381.14	1609.94
河南	3.04	654.37	1.10	0.24	0.95	10.61	51.55	123.78	0.99	0.31	0.36	119.09	2.51	262.40	209.92	262401.57	104961.60	179.67
四川	27.04	3214.51	3.63	1.76	49.37	88.19	243.71	592.21	2.16	0.19	1.08	395.02	13.67	1853.24	1482.60	1853247.53	741298.93	—
重庆	12.93	1247.61	4.89	1.02	17.91	33.30	98.93	237.62	0.83	0.31	0.59	154.37	5.15	691.22	552.98	691219.65	276487.86	—
云南	9.61	677.86	8.69	0.57	0.14	4.72	85.11	203.36	0.58	0.10	0.27	164.34	4.90	627.49	502.00	627491.33	250992.00	—
贵州	5.88	1138.12	1.69	0.71	7.19	25.01	112.65	272.38	1.13	0.14	0.73	200.68	7.73	1054.30	843.43	1054291.82	421717.13	—
湖北	5.91	811.41	1.43	1.08	14.82	19.89	76.87	185.01	1.17	0.15	0.58	195.46	3.87	470.43	376.36	470432.38	188172.52	—
湖南	11.97	2008.04	2.35	2.64	17.41	43.94	90.87	211.64	0.97	0.08	0.49	266.21	9.01	1552.51	1242.02	1552518.68	621007.47	—
江西	4.14	845.67	1.22	0.74	8.03	18.95	43.27	103.64	0.74	0.10	0.25	99.39	2.28	326.56	261.25	326563.21	130625.05	—
黑龙江	2.98	741.04	2.58	1.03	10.88	25.97	39.96	94.85	1.06	0.16	0.22	35.29	1.94	825.73	660.58	644.78	179.27	845.30

（续）

省级区域	涵养水源	保育土壤					固碳释氧		林木积累营养物质			净化大气环境						森林防护
		固土	固氮	固磷	固钾	固有机质	固碳	释氧	氮	磷	钾	负离子	吸收污染物	滞尘量				固沙量
	（亿立方米/年）	（万吨/年）	（万吨/年）	（万吨/年）	（万吨/年）	（万吨/年）	（万吨/年）	（万吨/年）	（万吨/年）	（万吨/年）	（万吨/年）	（$\times10^{22}$个/年）	（万吨/年）	小计（万吨/年）	TSP（万吨/年）	PM_{10}（吨/年）	$PM_{2.5}$（吨/年）	（万吨/年）
吉林	2.40	483.92	2.40	1.17	13.85	41.73	50.78	120.80	1.43	0.05	0.15	18.46	1.32	411.63	329.31	372.30	135.07	624.62
辽宁	2.92	590.39	2.92	1.43	16.89	50.91	61.96	147.38	1.75	0.06	0.18	22.53	1.62	502.19	401.75	454.21	164.79	404.34
河北	3.98	606.28	1.99	0.41	10.95	53.00	206.81	544.95	0.41	0.02	0.24	43.53	4.65	697.05	557.64	1245.49	732.23	3572.66
新疆	0.14	86.04	0.65	0.33	7.27	5.49	14.02	30.92	0.23	0.06	0.14	102.67	1.15	244.65	195.72	631.20	166.36	5209.00
新疆兵团	0.11	296.37	0.20	0.21	4.67	3.48	5.59	12.42	0.12	0.02	0.08	25.41	0.63	92.87	74.50	262.86	80.70	2587.89
安徽	2.75	560.10	0.87	0.53	4.27	12.84	25.37	62.93	0.31	0.05	0.15	62.03	6.28	251.95	201.56	1007.63	306.91	—
广西	5.17	917.96	1.05	1.18	7.71	19.28	42.86	105.18	0.44	0.04	0.23	126.84	4.29	561.51	449.21	1862.61	447.38	—
青海	0.62	593.91	0.82	1.06	8.70	0.11	8.70	19.30	0.11	0.02	0.05	17.27	0.59	108.54	86.83	305.41	87.83	524.60
天津	0.02	21.66	0.02	0.01	0.15	0.01	0.44	1.03	0.01	<0.01	0.01	1.01	0.02	11.45	9.16	3.47	0.93	67.55
北京	0.17	73.25	0.48	0.25	1.66	0.10	3.64	8.52	0.08	<0.01	0.06	15.99	0.19	25.53	20.43	121.76	42.76	607.85
西藏	0.14	125.39	0.17	0.25	1.81	0.02	2.68	6.32	0.02	0.01	0.01	2.35	0.13	45.48	36.38	43.44	11.68	97.63
海南	0.61	54.34	0.07	0.02	0.41	0.01	4.77	11.63	0.12	<0.01	0.03	10.92	0.18	22.20	17.76	88.71	20.26	—
合计	135.95	21588.44	53.35	20.05	291.97	542.72	1702.40	4085.03	22.50	2.68	10.66	2892.76	109.31	14811.27	11849.26	11017553.10	4406573.59	21017.20

注：吸收污染物为森林吸收二氧化硫、氟化物和氮氧化物的物质量总和。

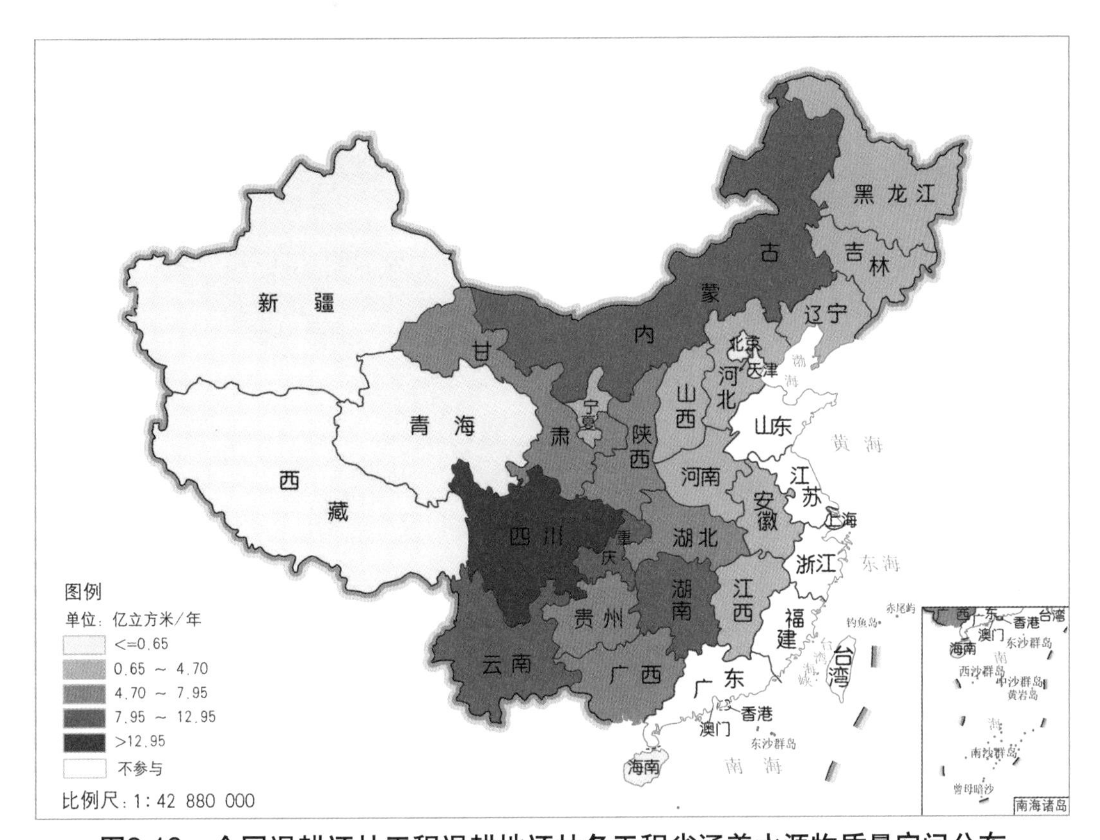

图3-19　全国退耕还林工程退耕地还林各工程省涵养水源物质量空间分布

注：新疆生产建设兵团退耕还林工程退耕地还林生态系统服务功能物质量见表3-2，图3-20至图3-36同。

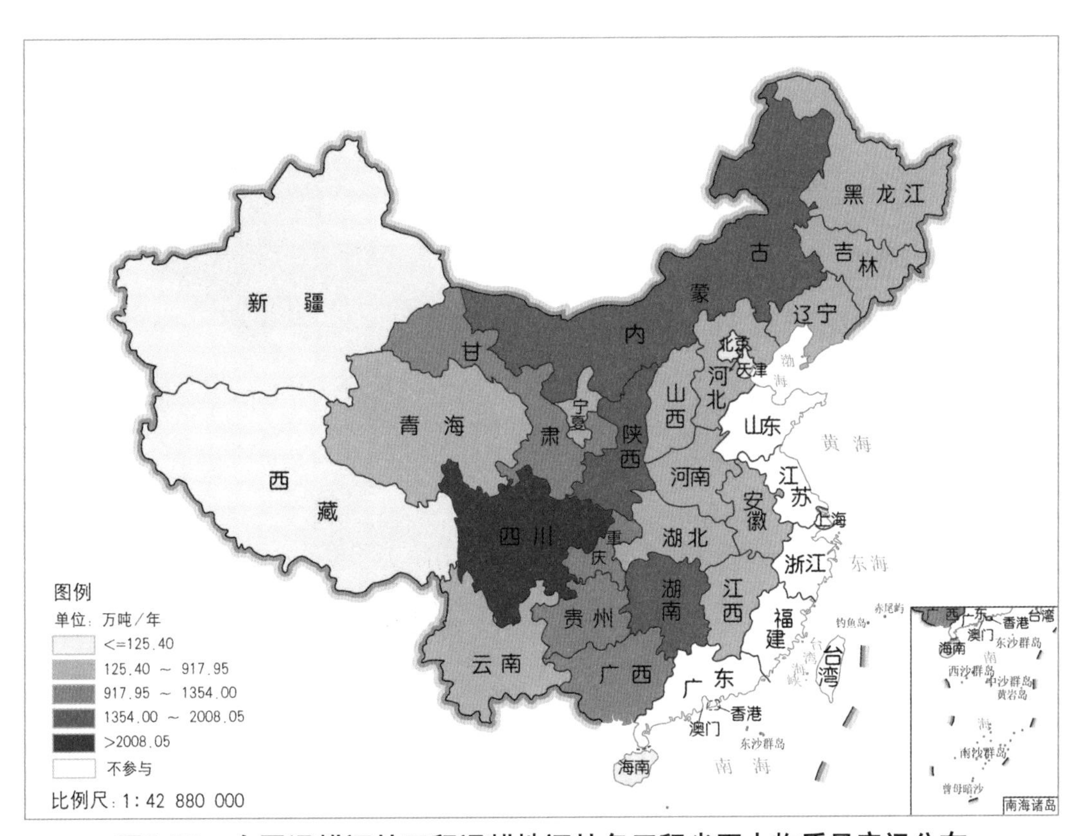

图3-20　全国退耕还林工程退耕地还林各工程省固土物质量空间分布

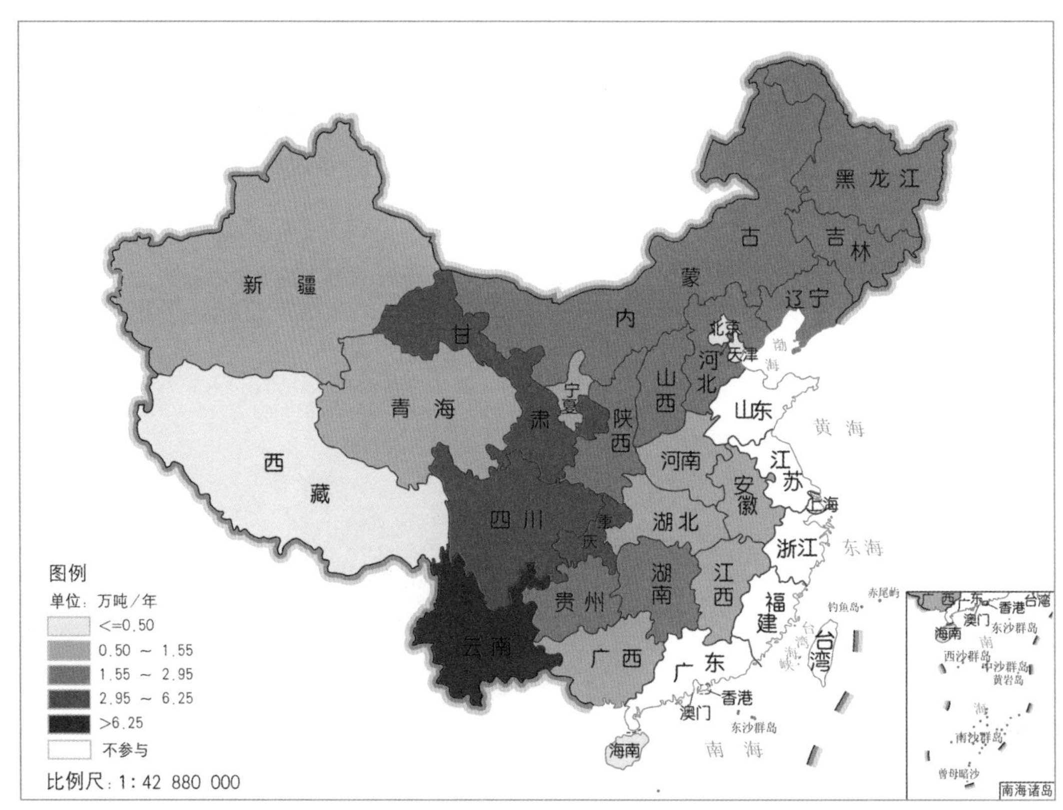

图3-21　全国退耕还林工程退耕地还林各工程省土壤固氮物质量空间分布

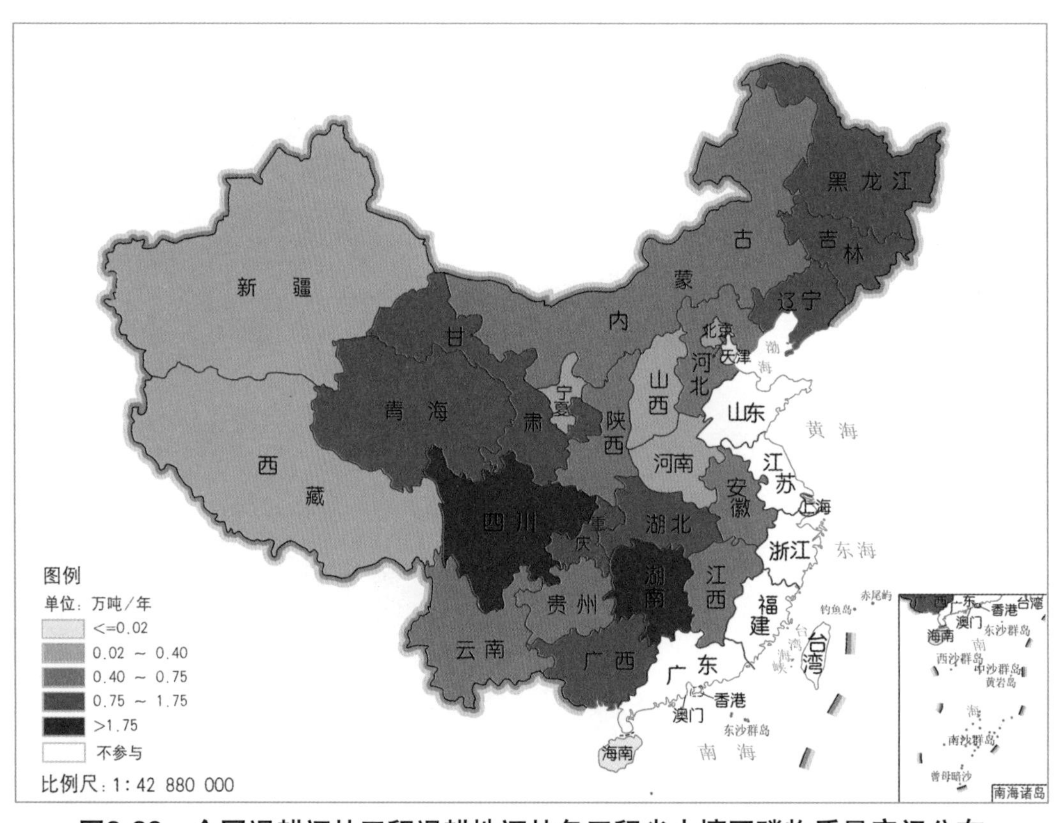

图3-22　全国退耕还林工程退耕地还林各工程省土壤固磷物质量空间分布

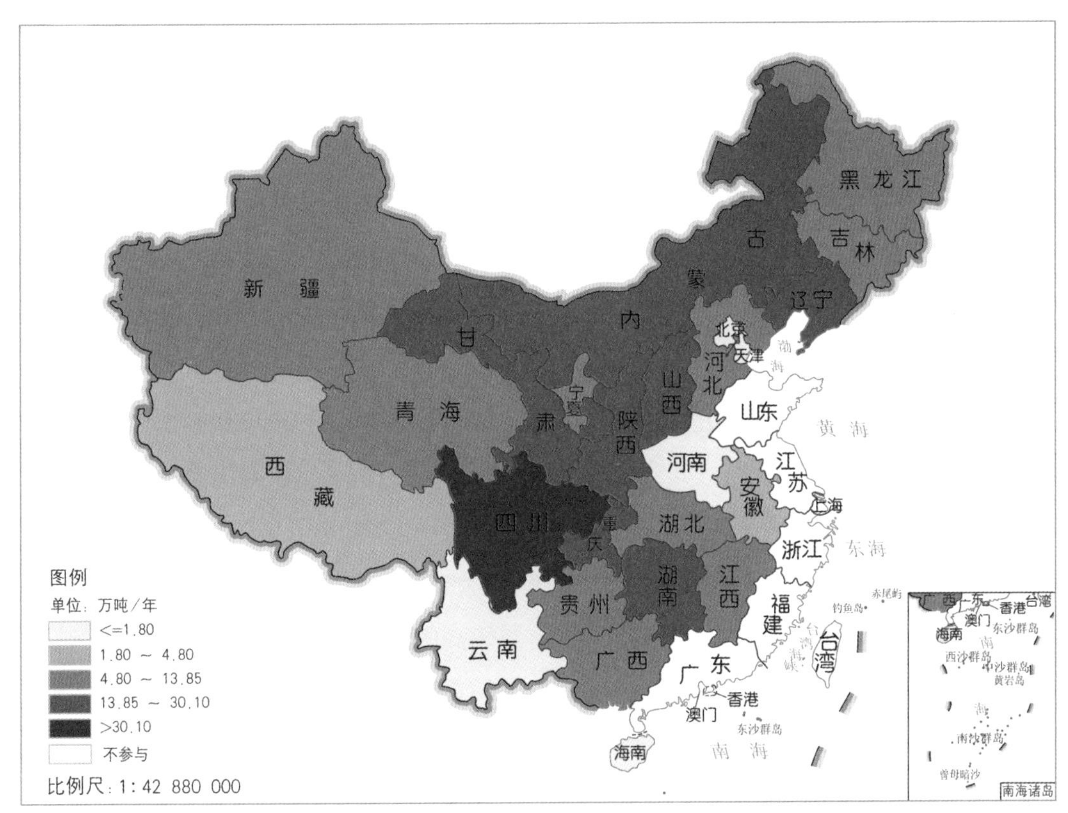

图3-23　全国退耕还林工程退耕地还林各工程省土壤固钾物质量空间分布

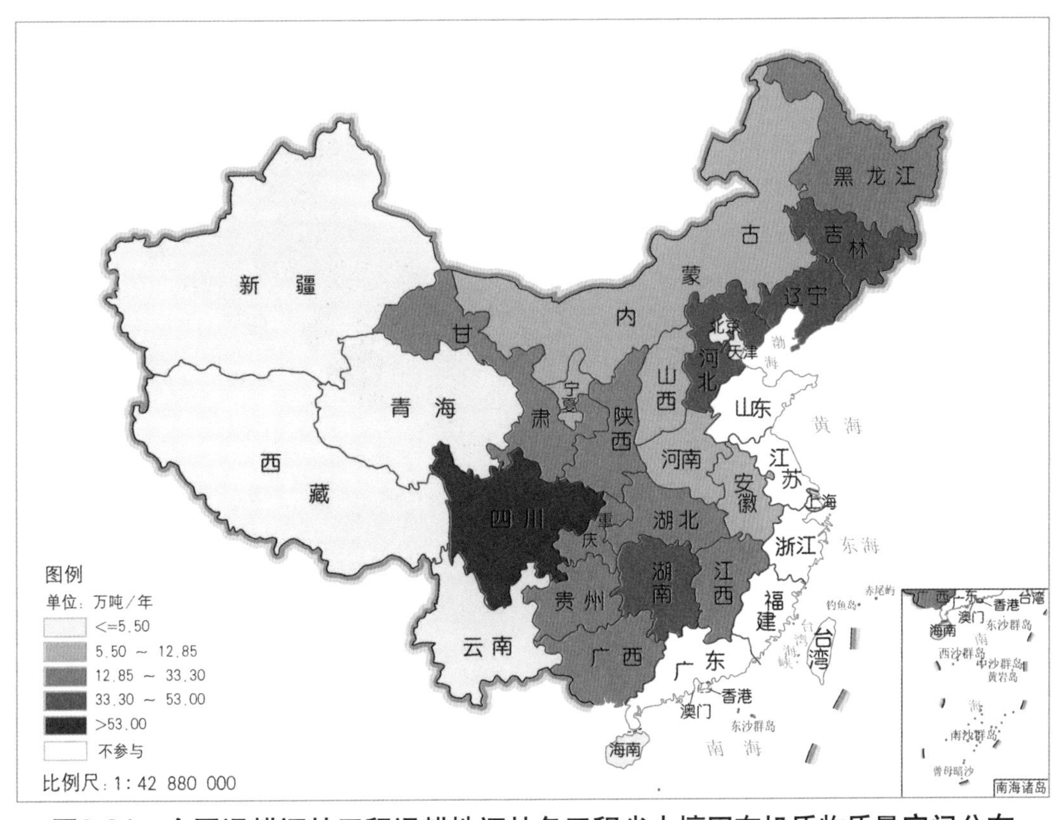

图3-24　全国退耕还林工程退耕地还林各工程省土壤固有机质物质量空间分布

（3）固碳释氧功能 全国退耕还林工程退耕地还林固碳和释氧物质量各工程省排序一致，其空间分布见图3-25和图3-26，固碳和释氧物质量最大为四川省和河北省，其退耕地还林固碳物质量大于200.00万吨/年，释氧物质量大于500.00万吨/年；陕西省、贵州省和内蒙古自治区次之，其退耕地还林固碳和释氧物质量均大于100.00万吨/年和250.00万吨/年；固碳和释氧物质量较大的地区为华中地区、华北地区、西北地区东部和西南地区东部，固碳和释氧物质量之和分别达到退耕地还林固碳和释氧总物质量的76.59%和80.57%。

（4）林木积累营养物质功能 全国退耕还林工程退耕地还林的林木积累氮、磷和钾物质量各工程省排序差异较大，其空间分布见图3-27至图3-29，林木积累氮物质量最高为陕西省，林木积累氮物质量较高的地区为华北地区、西北地区东部和西南地区东部，林木积累氮物质量之和达到退耕地还林林木积累氮总物质量的62.76%；林木积累磷物质量最高为陕西省、重庆市和河南省，林木积累磷物质量较高的地区为华中地区、华北地区、东北地区北部、西北地区东部和西南地区东部，林木积累磷物质量之和达到退耕地还林林木积累磷总物质量的67.91%；林木积累钾物质量最高为内蒙古自治区和陕西省，林木积累钾物质量较高的地区为华中地区西部、华北地区、西北地区东部和西南地区东部，林木积累钾物质量之和达到退耕地还林林木积累钾总物质量的76.82%。

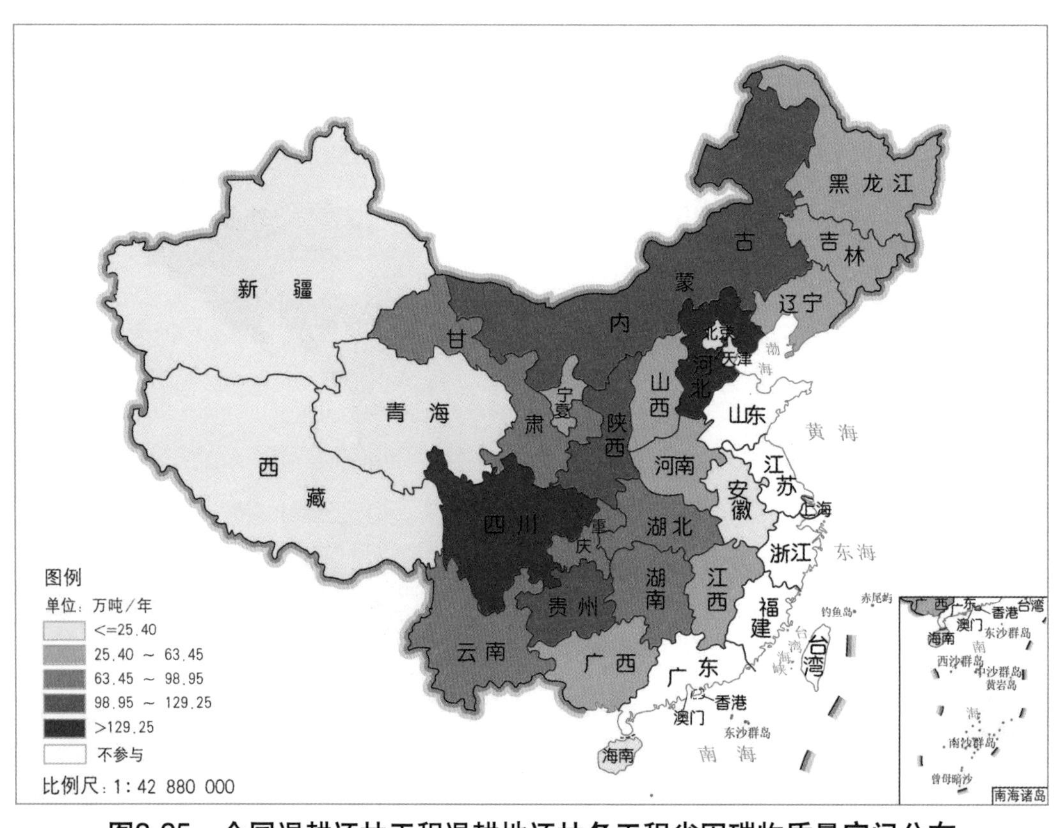

图3-25 全国退耕还林工程退耕地还林各工程省固碳物质量空间分布

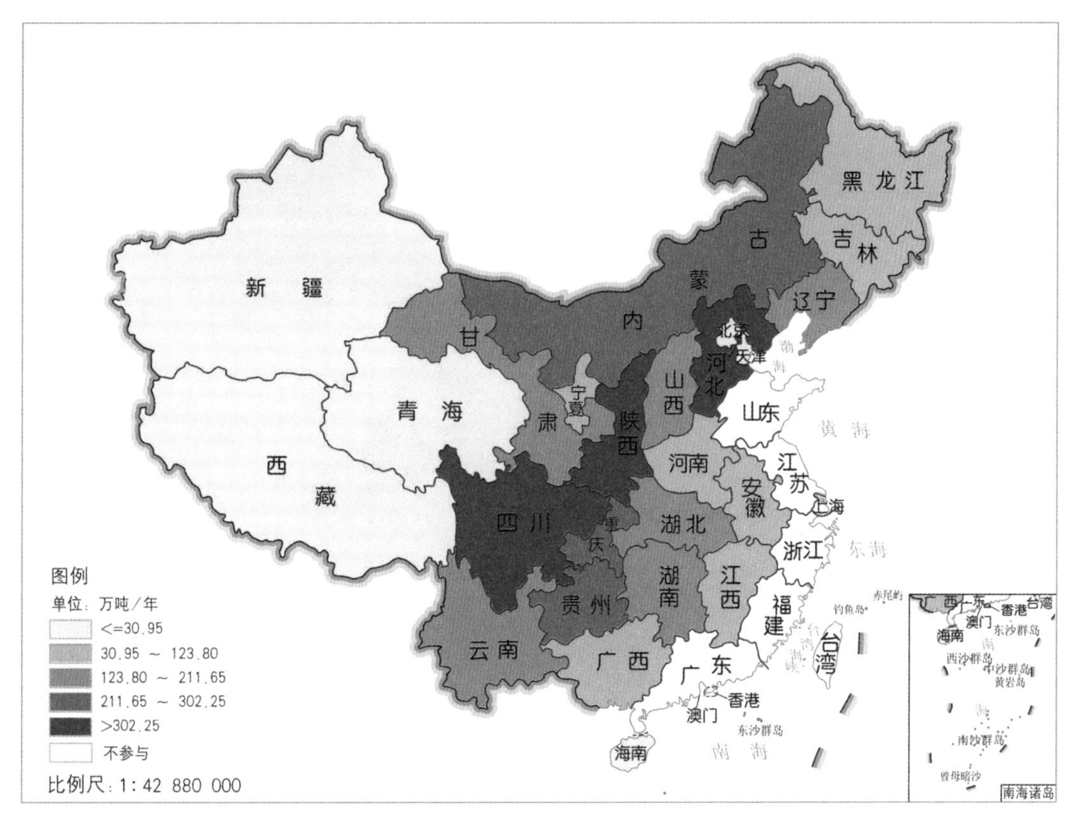

图3-26　全国退耕还林工程退耕地还林各工程省释氧物质量空间分布

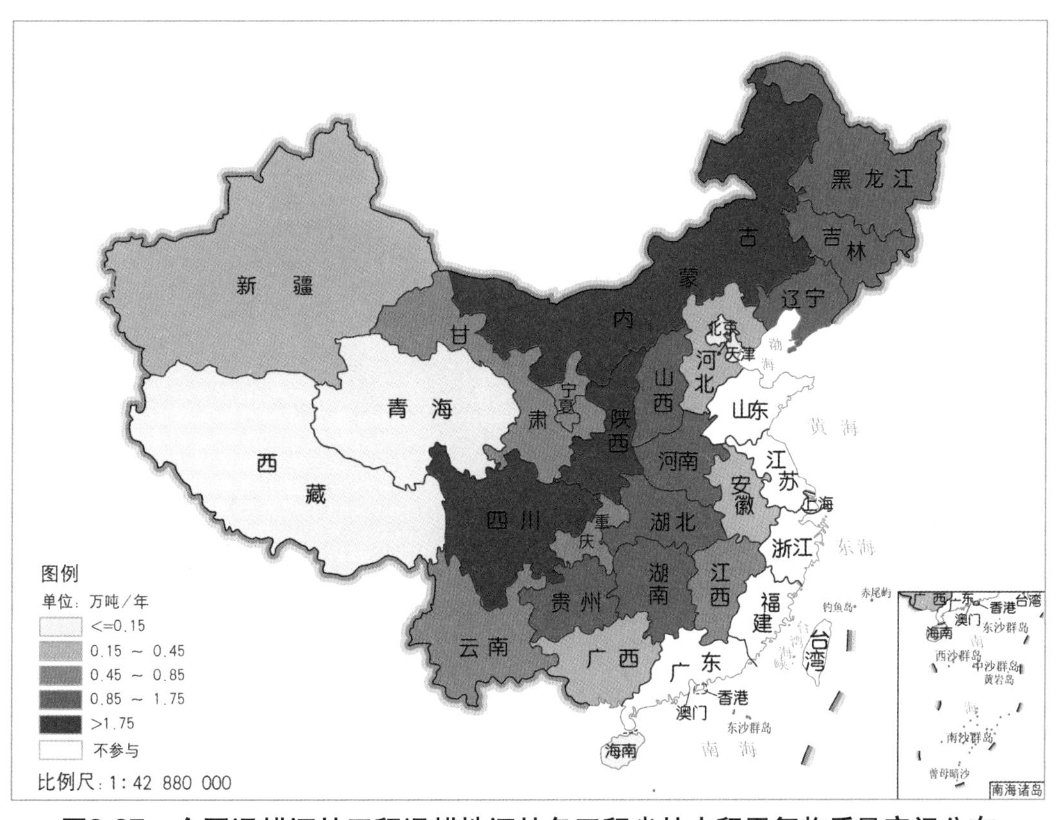

图3-27　全国退耕还林工程退耕地还林各工程省林木积累氮物质量空间分布

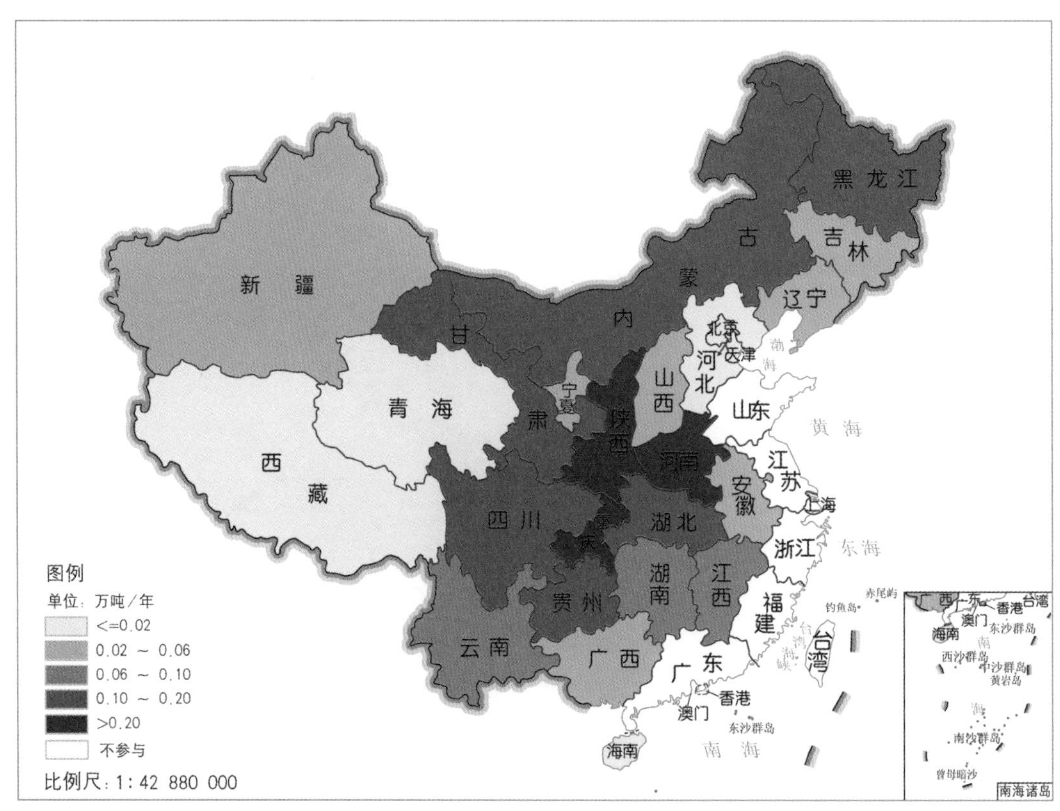

图3-28　全国退耕还林工程退耕地还林各工程省林木积累磷物质量空间分布

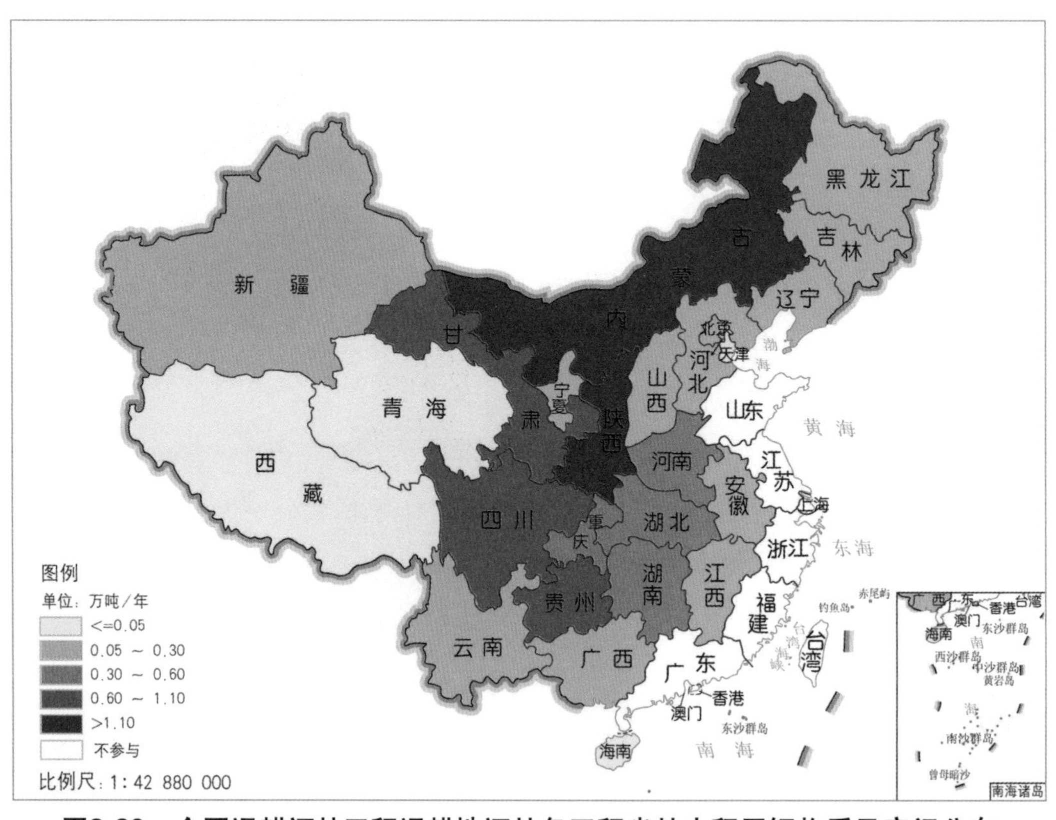

图3-29　全国退耕还林工程退耕地还林各工程省林木积累钾物质量空间分布

（5）**净化大气环境功能** 全国退耕还林工程退耕地还林提供负离子物质量空间分布见图3-30，提供负离子物质量最高为四川省和陕西省，提供负离子物质量较高的地区为华北地区、华中地区、西北地区和西南地区东部，提供负离子物质量达到退耕地还林提供负离子物质量的68.83%。退耕地还林吸收污染物物质量空间分布见图3-31，吸收污染物物质量最高为四川省，吸收污染物物质量较高的地区为华北地区、华中地区、西北地区东部和西南地区东部，吸收污染物物质量之和达到退耕地还林吸收污染物总物质量的72.31%。退耕地还林滞尘和滞纳TSP物质量各工程省排序一样，其空间分布见图3-32和图3-33，滞尘和滞纳TSP物质量最高为四川省，滞尘和滞纳TSP物质量较高的地区为华中地区西部、华北地区、东北地区北部、西北地区东部和西南地区东部，滞尘和滞纳TSP物质量之和分别占退耕地还林滞尘和滞纳TSP总物质量的69.91%和69.96%。根据2014年13个长江、黄河中上游流经省份退耕还林工程生态效益物质量评估方法，各工程省滞纳PM_{10}和$PM_{2.5}$物质量排序表现一致，其空间分布见图3-34和图3-35，四川省滞纳PM_{10}和$PM_{2.5}$物质量最高。其余12个工程省和新疆生产建设兵团采用新的计算方法，河北省滞纳PM_{10}和$PM_{2.5}$总物质量最高，其余省（自治区、直辖市）和新疆生产建设兵团滞纳PM_{10}物质量小于1100.00吨/年，滞纳$PM_{2.5}$物质量小于500.00吨/年。

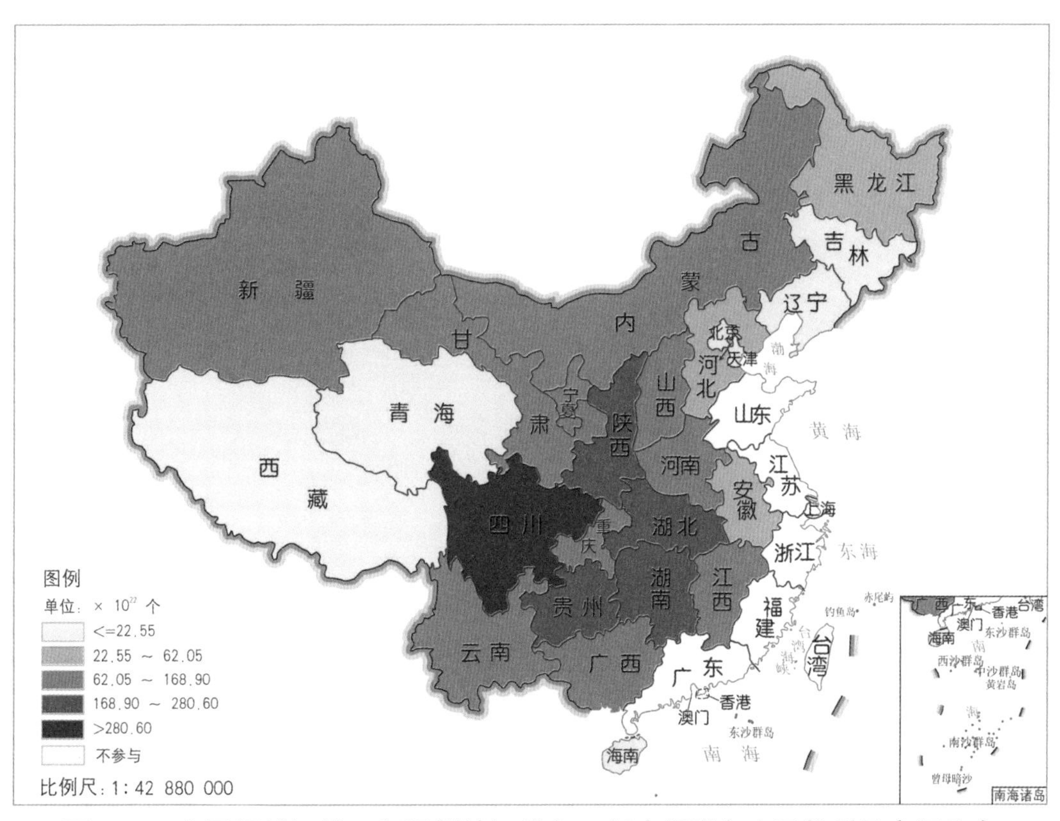

图3-30 全国退耕还林工程退耕地还林各工程省提供负离子物质量空间分布

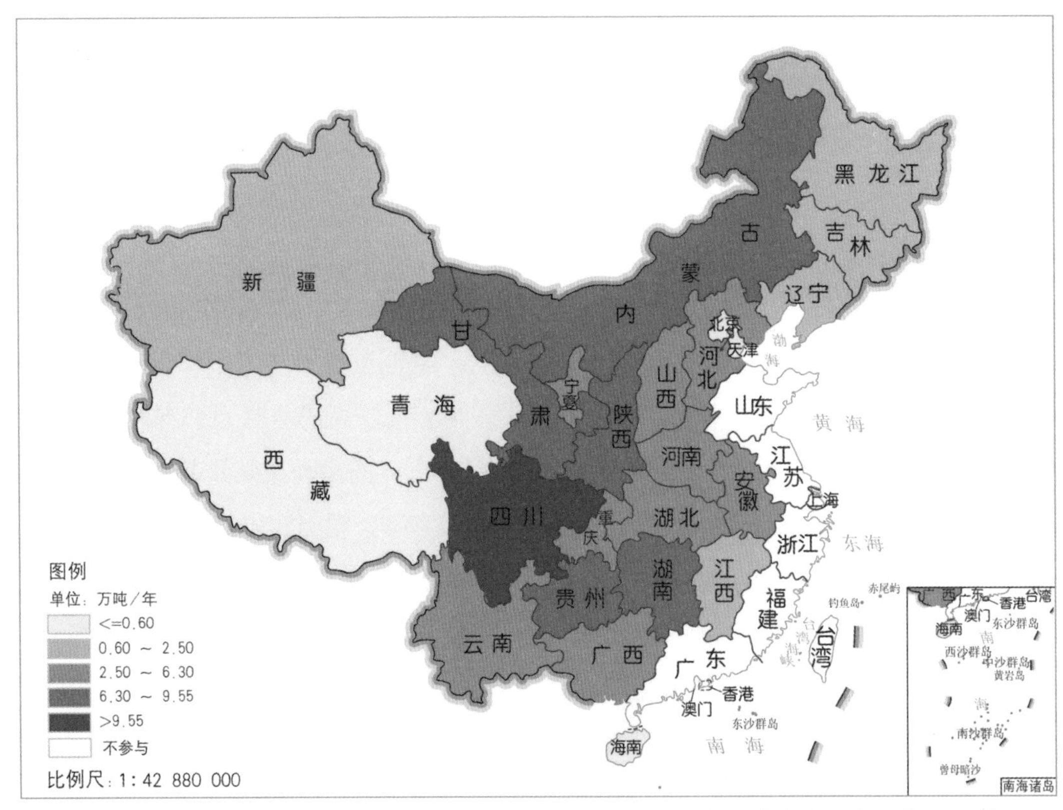

图3-31　全国退耕还林工程退耕地还林各工程省吸收污染物物质量空间分布

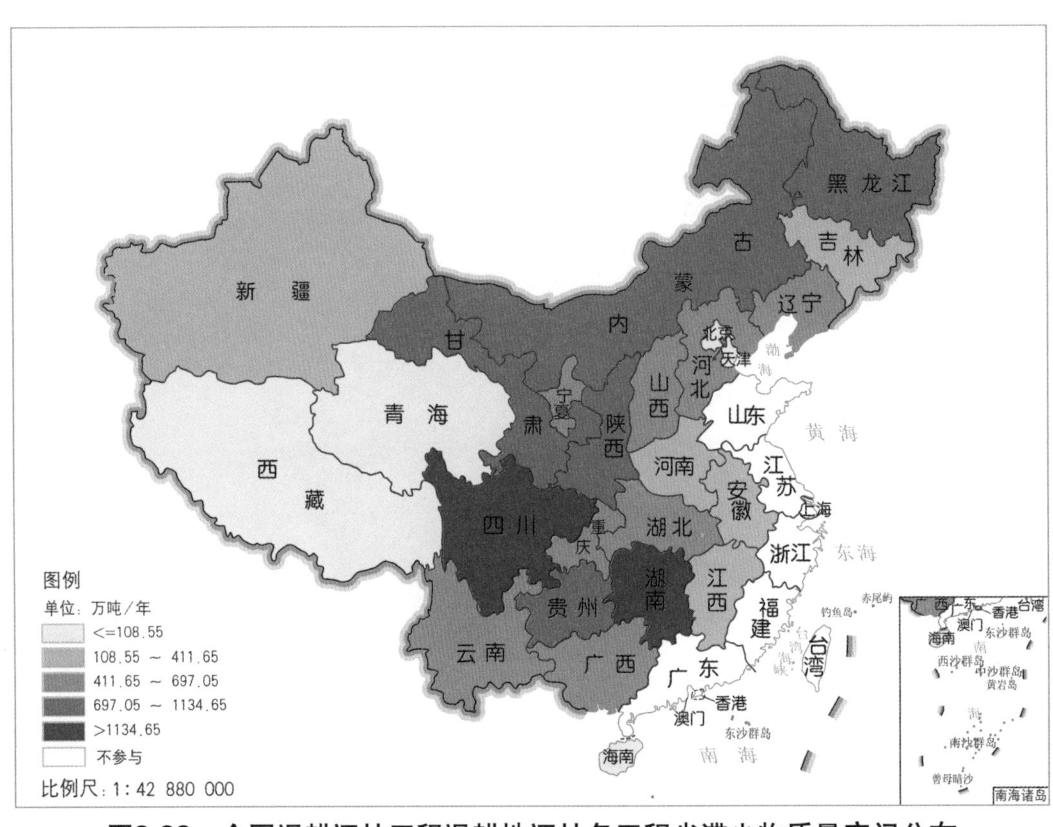

图3-32　全国退耕还林工程退耕地还林各工程省滞尘物质量空间分布

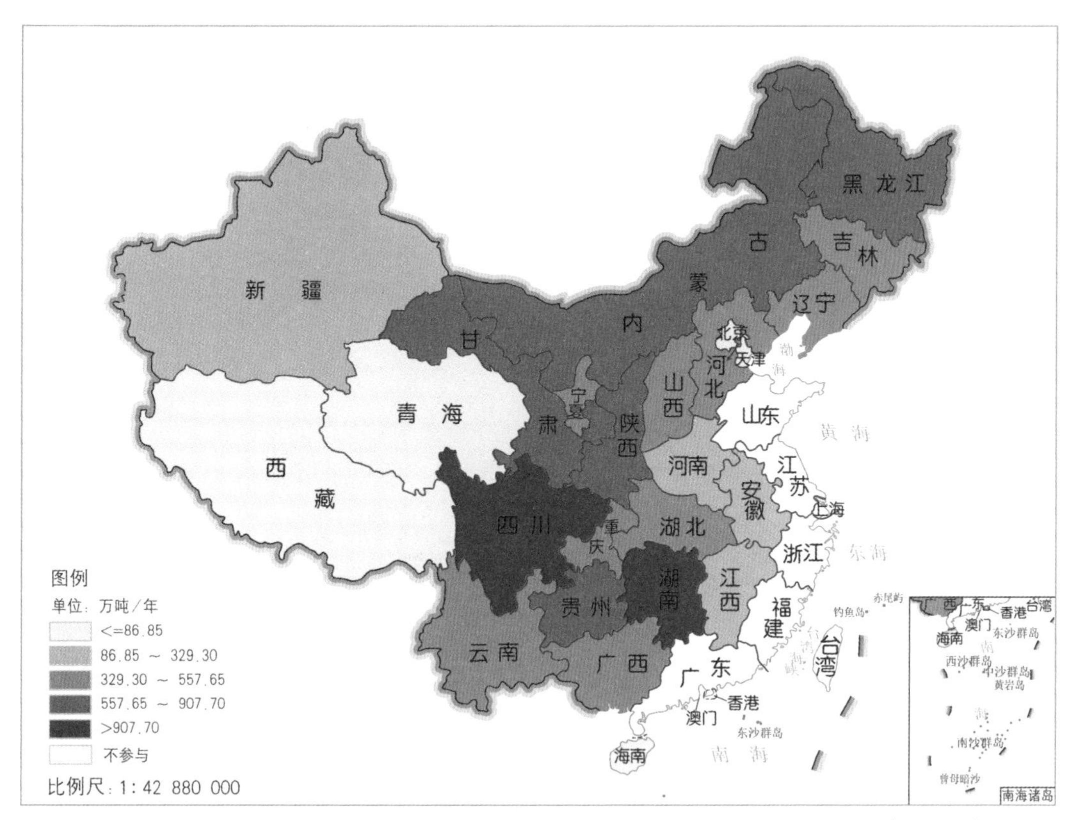

图3-33　全国退耕还林工程退耕地还林各工程省滞纳TSP物质量空间分布

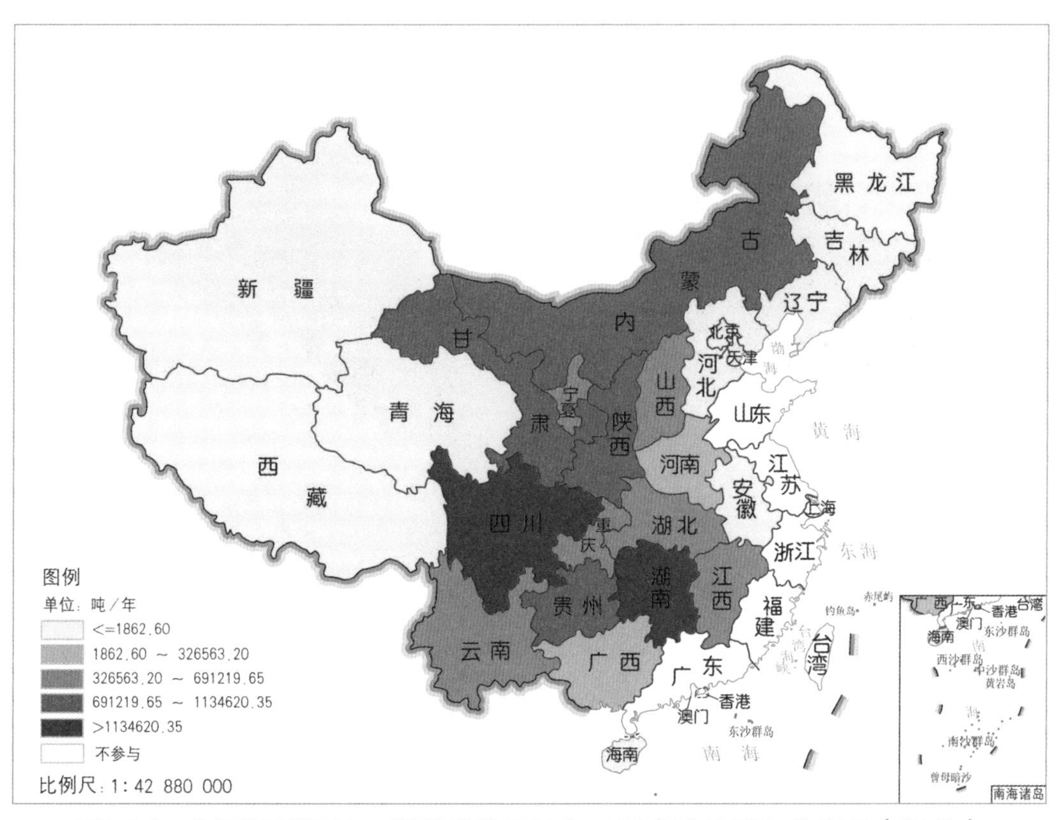

图3-34　全国退耕还林工程退耕地还林各工程省滞纳PM_{10}物质量空间分布

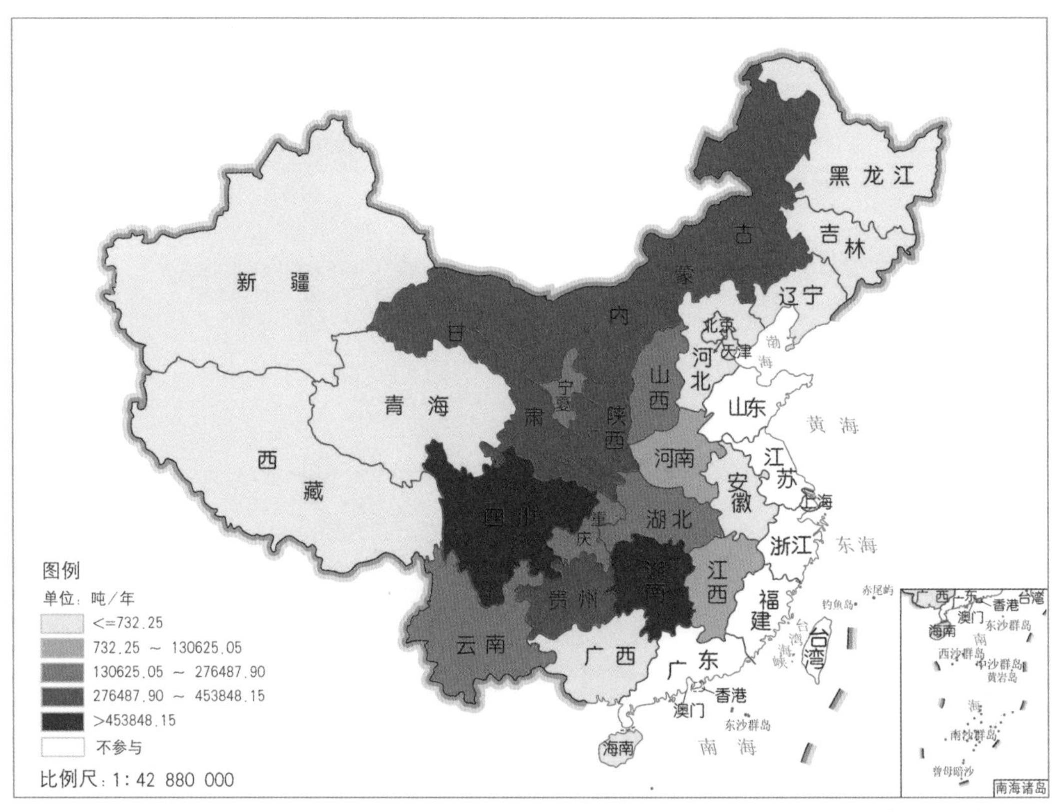

图3-35 全国退耕还林工程退耕地还林各工程省滞纳$PM_{2.5}$物质量空间分布

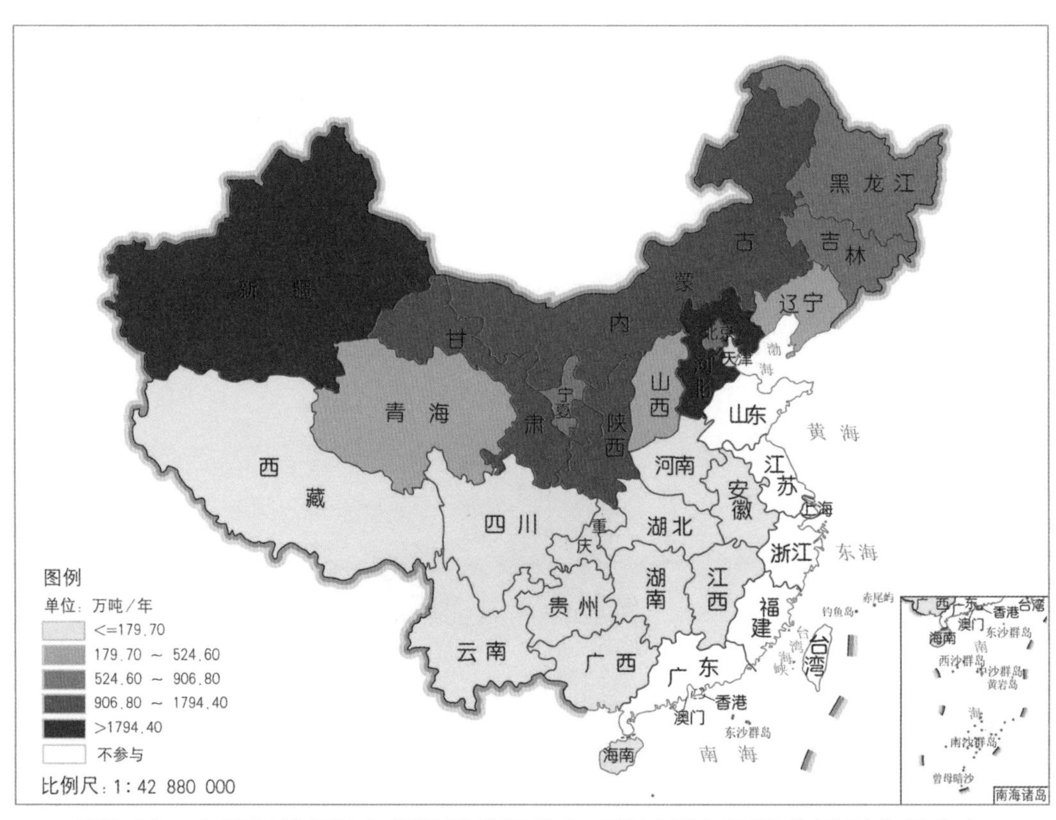

图3-36 全国退耕还林工程退耕地还林各工程省防风固沙物质量空间分布

（6）防风固沙功能 全国退耕还林工程退耕地还林防风固沙物质量空间分布见图3-36，防风固沙物质量最高的为新疆维吾尔自治区，其次是新疆生产建设兵团和河北省，以上3个区域防风固沙物质量显著高于其余退耕地还林工程工程省。防风固沙物质量较高地区为西北地区、华北地区和东北地区，防风固沙物质量占退耕地还林防风固沙物质量的62.63%；其余省（自治区、直辖市）防风固沙林的防风固沙物质量均小于1700.00万吨/年。

3.2.2 宜林荒山荒地造林生态效益物质量评估

为了全面掌握宜林荒山荒地造林建设成果的巩固情况，对全国24个工程省和新疆生产建设兵团（天津市未涉及宜林荒山荒地造林）开展宜林荒山荒地造林生态效益物质量评估，其结果如表3-3所示。

全国宜林荒山荒地造林区域涵养水源总物质量为206.08亿立方米/年；固土总物质量为34114.09万吨/年；固定土壤氮、磷、钾和有机质总物质量分别为81.50万吨/年、32.89万吨/年、448.51万吨/年和840.11万吨/年；固碳总物质量为2660.31万吨/年，释氧总物质量为6328.87万吨/年；林木积累氮、磷和钾总物质量分别为35.76万吨/年、5.04万吨/年和18.20万吨/年；提供负离子总物质量为4569.36×10^{22}个/年，吸收污染物总物质量为171.09万吨/年，滞尘总物质量为26393.34万吨/年（滞纳TSP总物质量为21114.08万吨/年，滞纳PM_{10}总物质量为18645388.97吨/年，滞纳$PM_{2.5}$总物质量为7457224.18吨/年）；防风固沙总物质量为39531.23万吨/年。

（1）涵养水源功能 全国退耕还林工程宜林荒山荒地造林涵养水源物质量空间分布见图3-37，宜林荒山荒地造林涵养水源物质量最高为四川省，其物质量为26.94亿立方米/年；重庆市、内蒙古自治区、云南省、湖南省、湖北省和甘肃省位居其下，其涵养水源物质量均在10.00亿～20.00亿立方米/年之间，占涵养水源总物质量的46.23%；青海省、海南省、河北省、宁夏回族自治区、吉林省、安徽省、辽宁省、黑龙江省、山西省、广西壮族自治区、河南省、江西省、陕西省和贵州省，其涵养水源物质量均在1.00亿～10.00亿立方米/年之间；其余4个工程省涵养水源物质量均小于1.00亿立方米/年。

（2）保育土壤功能 全国退耕还林工程宜林荒山荒地造林固土物质量空间分布见图3-38，固土物质量最高的工程省为内蒙古自治区，其固土物质量为3468.06万吨/年；四川省和湖南省次之，固土物质量均在2000.00万～3000.00万吨/年之间；固土物质量在1500.00万吨/年以上的工程省还有湖北省、陕西省、河南省、黑龙江省、重庆市、贵州省、甘肃省和江西省；其余省（自治区、直辖市）和新疆生产建设兵团固土物质量不足500.00万吨/年。保肥物质量空间分布见图3-39至图3-42，保肥物质量最大的工程省仍然为四川省，其保肥物质量为130.86万吨/年；位居其次的是辽宁省、河北省、吉林省、湖南省、重庆市、黑龙江省、甘肃省、内蒙古自治区、陕西省、江西省和贵州省，其保肥物质量均在50.00万～130.00万吨/年之间；其余各工程省保肥物质量均在50.00万吨/年以下。

表3-3 全国退耕还林工程宜林荒山荒地造林各工程省生态效益物质量

省级区域	涵养水源	保育土壤					固碳释氧		林木积累营养物质			净化大气环境						森林防护
		固土	固氮	固磷	固钾	固有机质	固碳	释氧	氮	磷	钾	负离子	吸收污染物	滞尘量				固沙量
	(亿立方米/年)	(万吨/年)	(万吨/年)	(万吨/年)	(万吨/年)	(万吨/年)	(万吨/年)	(万吨/年)	(万吨/年)	(万吨/年)	(万吨/年)	($\times 10^{22}$个/年)	(万吨/年)	小计(万吨/年)	TSP(万吨/年)	PM_{10}(吨/年)	$PM_{2.5}$(吨/年)	(万吨/年)
内蒙古	17.76	3468.06	3.20	1.24	57.22	23.38	219.81	507.23	4.49	0.32	3.62	295.00	18.19	2150.11	1720.10	2150109.91	860043.97	3196.94
宁夏	3.46	580.63	1.53	0.21	10.77	11.30	42.93	92.52	0.68	0.06	0.21	128.13	5.00	533.41	426.73	533409.66	213363.52	906.78
甘肃	12.35	1822.16	9.71	1.82	27.09	40.48	144.95	334.80	1.23	0.32	1.32	256.01	14.52	1808.76	1447.01	1808761.50	723504.60	2186.93
山西	7.71	1404.39	3.69	0.53	22.10	14.06	101.28	234.00	1.63	0.08	0.43	178.14	10.26	1293.71	1034.97	1293706.90	517482.76	519.54
陕西	8.93	1604.41	2.40	0.67	26.48	31.47	156.19	365.78	3.61	0.48	2.42	379.58	12.97	1507.40	1205.92	1507396.73	602958.31	2377.00
河南	8.51	1646.58	2.10	0.32	1.39	24.91	141.37	340.56	2.43	0.87	1.05	257.97	8.14	977.65	782.12	977649.38	391059.76	672.20
四川	26.94	3160.34	3.35	1.51	44.50	81.50	250.51	610.71	2.07	0.20	1.05	369.65	13.82	1884.73	1507.77	1884719.81	753886.42	—
重庆	18.74	1770.35	6.63	1.36	23.51	48.95	158.30	382.81	1.31	0.49	0.87	244.77	11.26	1596.00	1276.80	1596004.67	638401.87	—
云南	17.08	1118.74	13.48	1.00	0.21	7.32	140.93	336.51	0.85	0.17	0.42	247.58	8.12	1070.88	856.70	1070873.66	428350.00	—
贵州	9.53	1808.86	2.70	1.12	11.85	39.76	183.32	444.39	1.57	0.21	1.25	317.34	13.80	1936.66	1549.34	1936665.58	774666.03	—
湖北	12.52	1575.19	2.57	1.91	8.69	36.35	174.00	422.94	2.39	0.34	1.43	433.53	8.62	1133.74	906.98	1133735.15	453494.74	—
湖南	16.82	2769.93	3.05	4.02	24.65	59.84	153.22	366.37	1.48	0.13	0.84	351.26	10.57	1705.20	1364.16	1705199.74	682079.90	—
江西	8.53	1826.29	2.71	1.85	14.18	38.43	86.95	207.26	0.78	0.17	0.46	198.31	6.33	1036.69	829.35	1036686.42	414674.28	—
黑龙江	6.18	1712.38	5.22	2.51	24.15	54.54	89.97	212.88	2.41	0.47	0.61	94.24	5.15	1785.72	1428.58	1734.03	548.88	1927.28

（续）

省级区域	涵养水源	保育土壤					固碳释氧		林木积累营养物质			净化大气环境						森林防护
		固土	固氮	固磷	固钾	固有机质	固碳	释氧	氮	磷	钾	负离子	吸收污染物	滞尘量				固沙量
	(亿立方米/年)	(万吨/年)	(万吨/年)	(万吨/年)	(万吨/年)	(万吨/年)	(万吨/年)	(万吨/年)	(万吨/年)	(万吨/年)	(万吨/年)	($\times10^{22}$个/年)	(万吨/年)	小计(万吨/年)	TSP(万吨/年)	PM_{10}(吨/年)	$PM_{2.5}$(吨/年)	(万吨/年)
吉林	4.82	876.93	3.96	2.41	27.68	71.05	88.87	209.63	2.54	0.08	0.32	32.48	2.52	861.08	688.86	696.07	255.81	1345.34
辽宁	5.88	1069.85	4.84	2.94	33.78	86.69	108.44	255.75	3.10	0.10	0.39	39.63	3.07	1050.52	840.41	849.21	312.09	1213.03
河北	2.97	1211.08	2.93	0.68	18.85	96.42	205.00	490.51	0.44	0.13	0.15	58.34	5.79	895.50	716.40	1177.27	627.78	4899.64
新疆	0.34	207.94	1.60	0.79	17.58	13.26	33.88	74.74	0.55	0.13	0.34	248.11	2.80	591.23	472.98	1525.38	402.04	12588.43
新疆兵团	0.25	708.39	0.48	0.53	11.38	8.45	13.52	30.06	0.30	0.06	0.16	61.54	1.55	223.12	177.91	631.78	191.43	6208.58
安徽	5.11	1072.43	1.83	1.16	11.50	24.14	50.65	124.65	0.62	0.12	0.30	133.02	1.46	829.12	663.29	1106.34	253.25	—
广西	8.25	1348.77	1.43	1.91	11.85	27.55	66.98	165.28	0.69	0.06	0.40	174.59	5.24	880.13	704.11	2043.50	500.61	—
青海	1.27	1052.53	1.47	2.15	15.11	0.18	27.68	67.06	0.10	0.02	0.05	16.25	1.05	476.46	381.16	303.91	78.52	929.70
天津	—	—	—	—	—	—	—	—	—	—	—	—	—	—	—	—	—	—
北京	0.37	59.03	0.34	0.08	0.75	0.03	3.27	7.65	0.07	0.01	0.03	17.81	0.20	68.05	54.44	69.86	13.97	515.63
西藏	0.06	56.78	0.08	0.11	0.82	0.01	1.21	2.86	0.01	<0.01	<0.01	1.07	0.06	20.59	16.48	19.68	5.28	44.21
海南	1.70	182.05	0.20	0.06	2.42	0.04	17.08	41.92	0.41	0.02	0.08	35.01	0.60	76.88	61.51	312.83	68.36	—
合计	206.08	34114.09	81.50	32.89	448.51	840.11	2660.31	6328.87	35.76	5.04	18.20	4569.36	171.09	26393.34	21114.08	18645388.97	7457224.18	39531.23

注：吸收污染物为森林吸收二氧化硫、氟化物和氮氧化物的物质量总和。

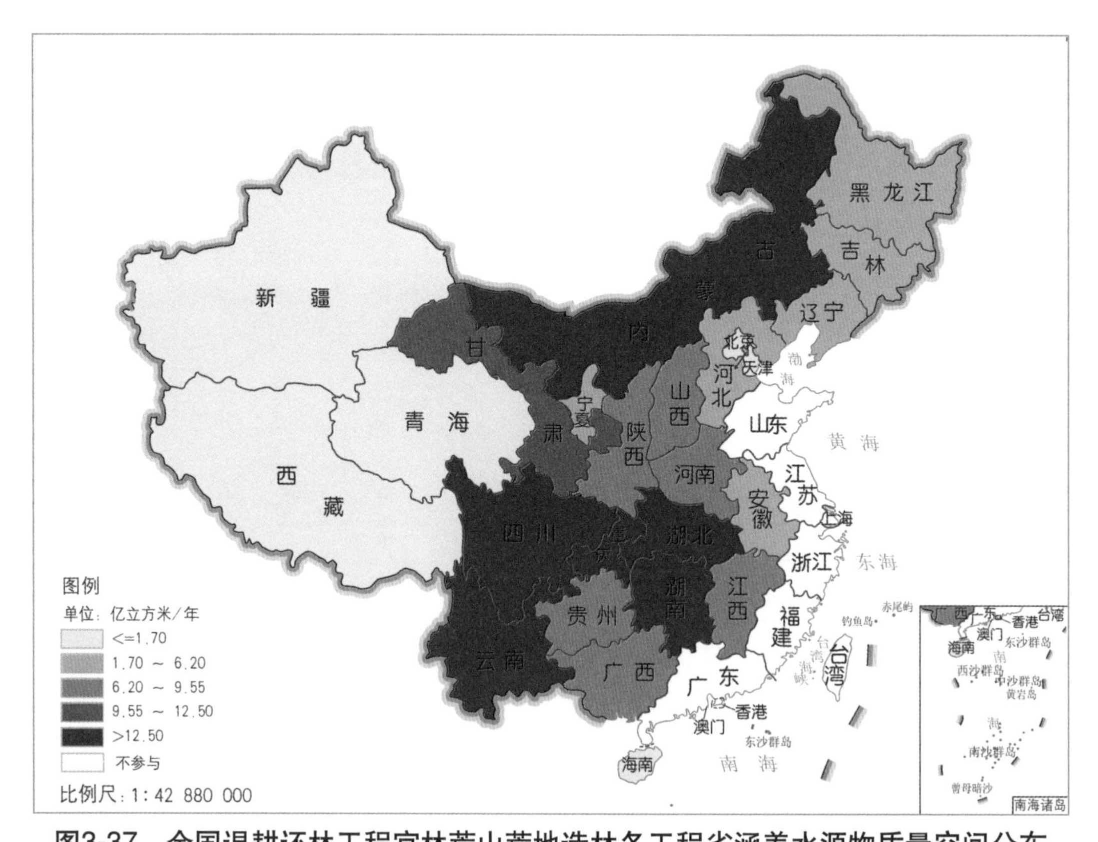

图3-37　全国退耕还林工程宜林荒山荒地造林各工程省涵养水源物质量空间分布

注：新疆生产建设兵团退耕还林工程宜林荒山荒地造林生态系统服务功能物质量见表3-3，图3-38至图3-54同。

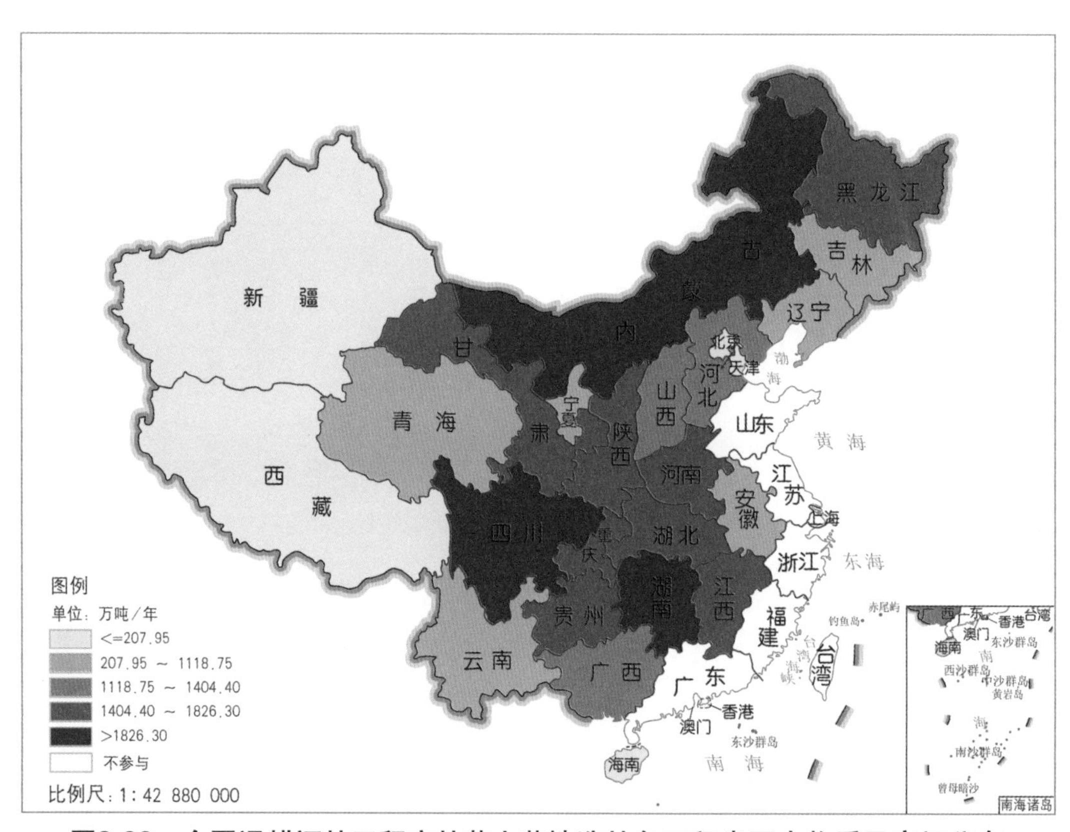

图3-38　全国退耕还林工程宜林荒山荒地造林各工程省固土物质量空间分布

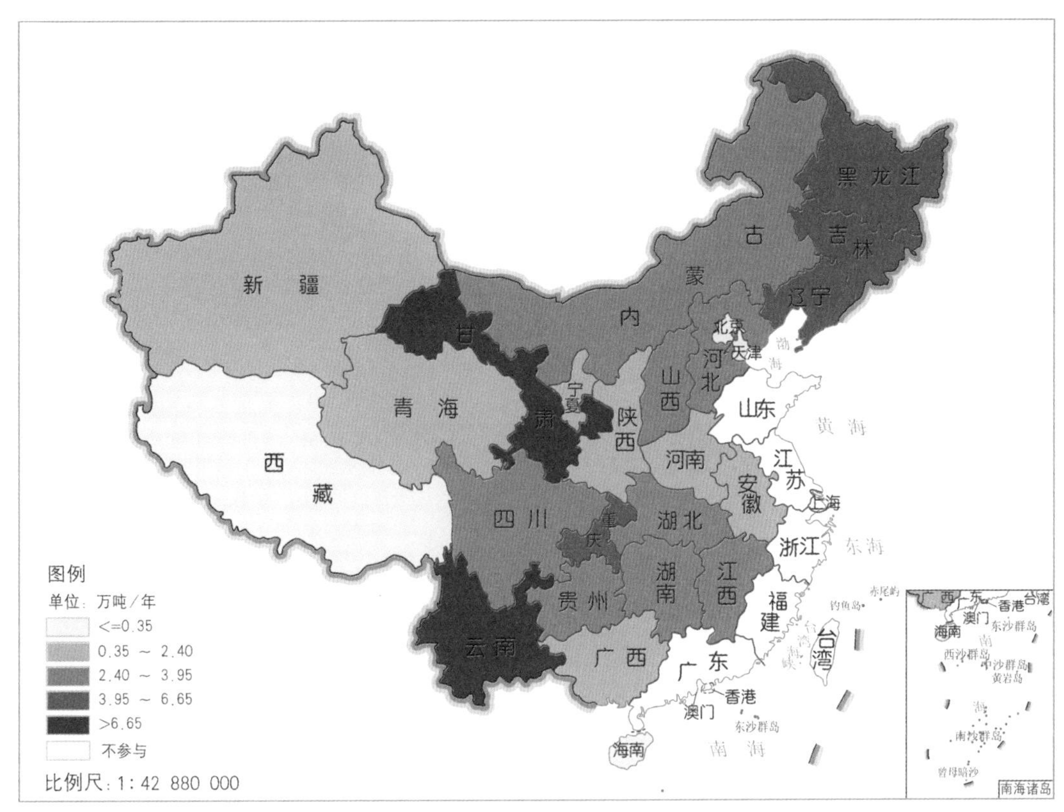

图3-39 全国退耕还林工程宜林荒山荒地造林各工程省土壤固氮物质量空间分布

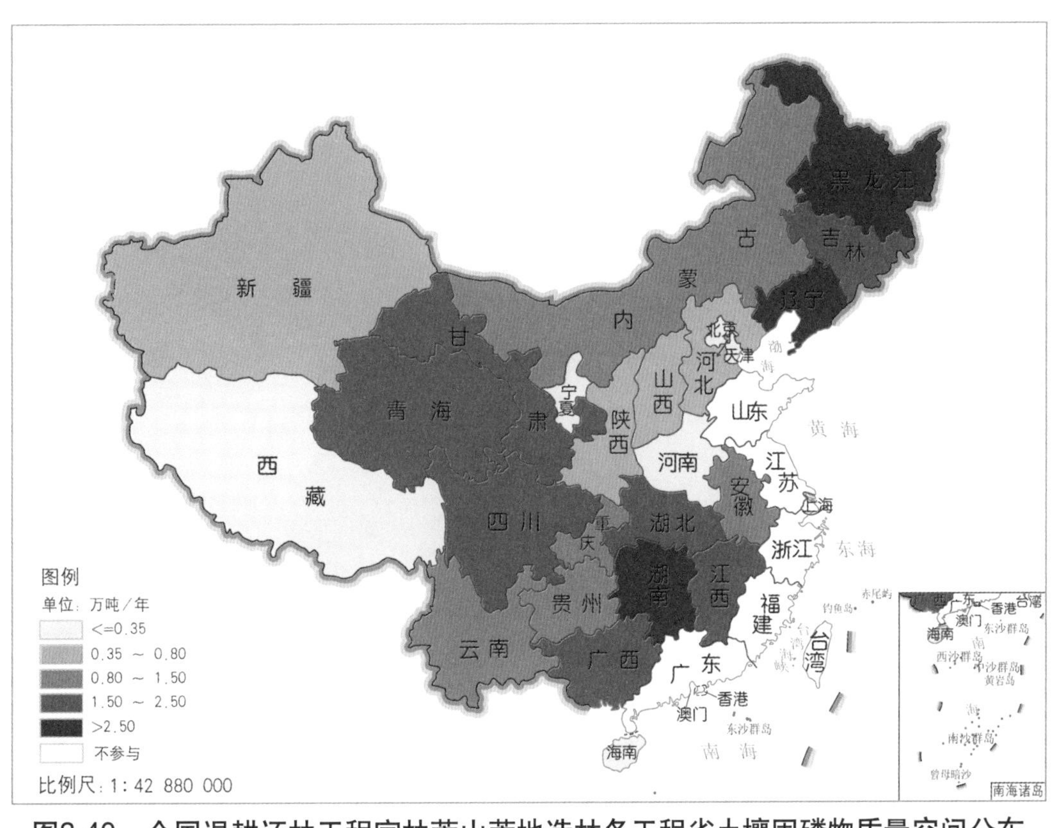

图3-40 全国退耕还林工程宜林荒山荒地造林各工程省土壤固磷物质量空间分布

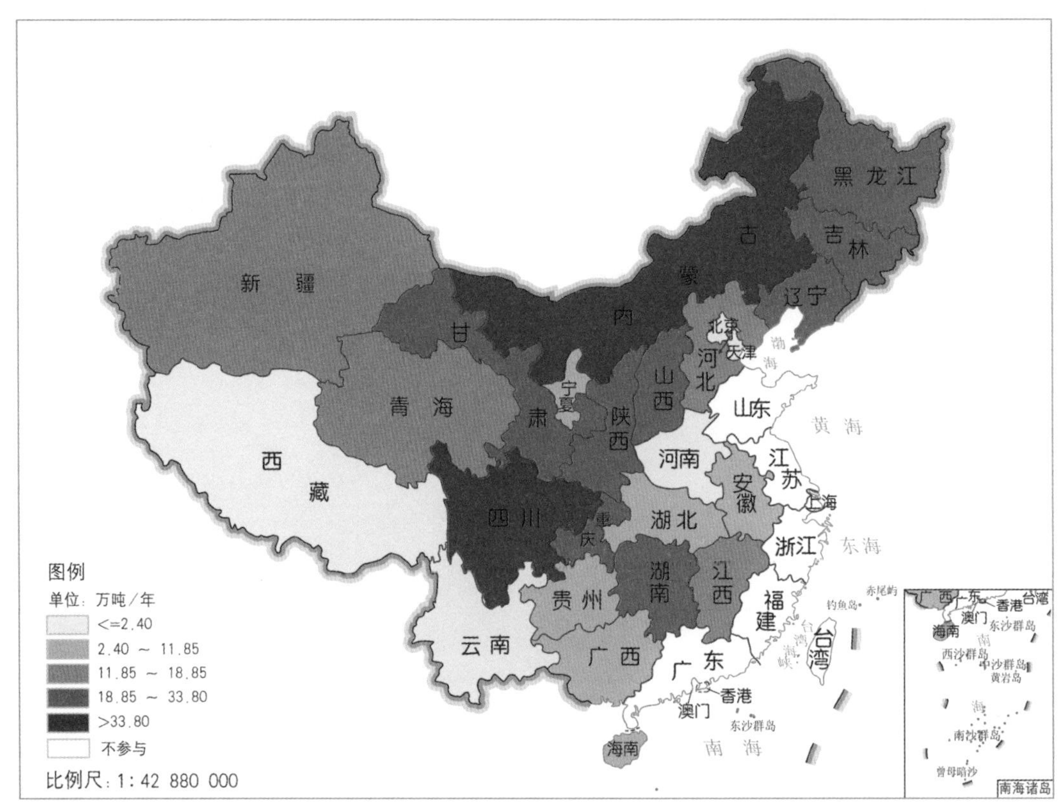

图3-41　全国退耕还林工程宜林荒山荒地造林各工程省土壤固钾物质量空间分布

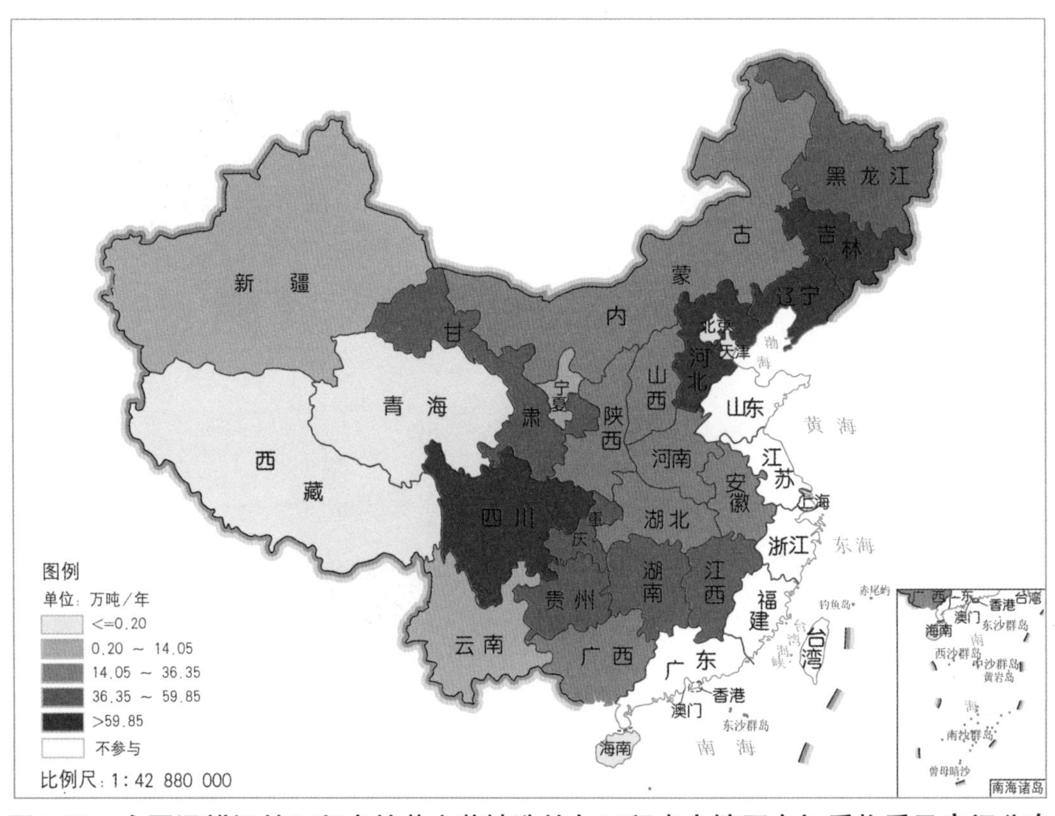

图3-42　全国退耕还林工程宜林荒山荒地造林各工程省土壤固有机质物质量空间分布

（3）**固碳释氧功能**　全国退耕还林工程宜林荒山荒地造林的固碳和释氧物质量排序表现一致，其空间分布见图3-43和图3-44，固碳和释氧物质量最高的工程省均为四川省分别为250.51万吨/年和610.71万吨/年；其次为内蒙古自治区、河北省和湖北省，固碳物质量在170.00万～220.00万吨/年，释氧物质量均在400.00万～500.00万吨/年之间；其余省（自治区、直辖市）和新疆生产建设兵团固碳物质量均不足100.00万吨/年，释氧物质量均不足400.00万吨/年。

（4）**林木积累营养物质功能**　全国退耕还林工程宜林荒山荒地造林林木积累营养物质空间分布见图3-45至图3-47。林木积累氮物质量最高的工程省为内蒙古自治区（4.49万吨/年）、陕西省（3.61万吨/年）和辽宁省（3.10万吨/年），其余省（自治区、直辖市）和新疆生产建设兵团林木积累氮物质量不足3.00万吨/年；林木积累磷物质量最高的工程省为河南省（0.87万吨/年），其余省（自治区、直辖市）和新疆生产建设兵团林木积累磷物质量不足0.50万吨/年；林木积累钾物质量最高的工程省为内蒙古自治区（3.62万吨/年），其余省（自治区、直辖市）和新疆生产建设兵团林木积累钾物质量不足2.50万吨/年。

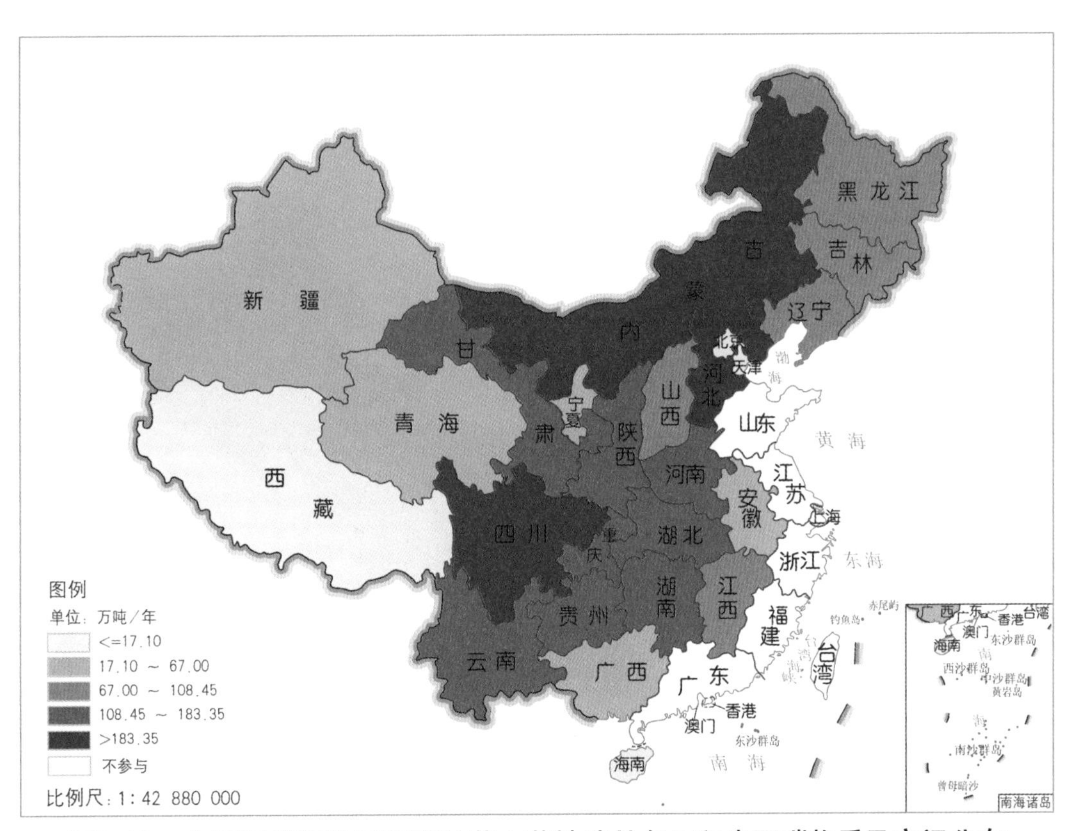

图3-43　全国退耕还林工程宜林荒山荒地造林各工程省固碳物质量空间分布

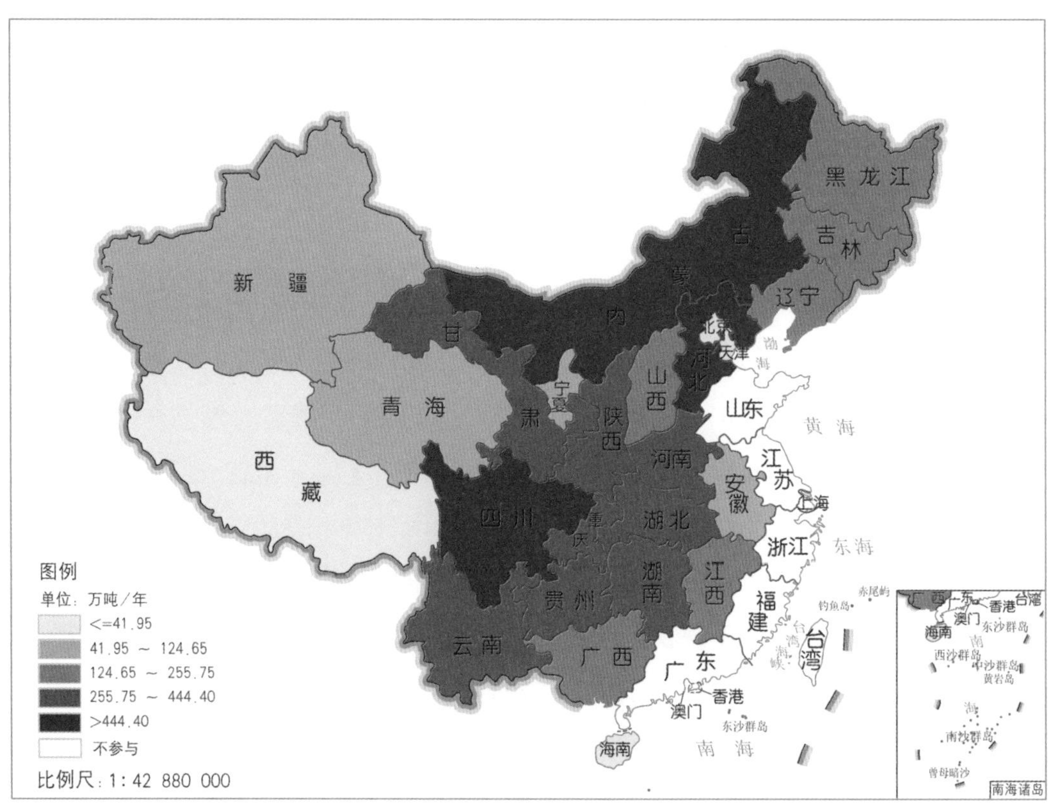

图3-44　全国退耕还林工程宜林荒山荒地造林各工程省释氧物质量空间分布

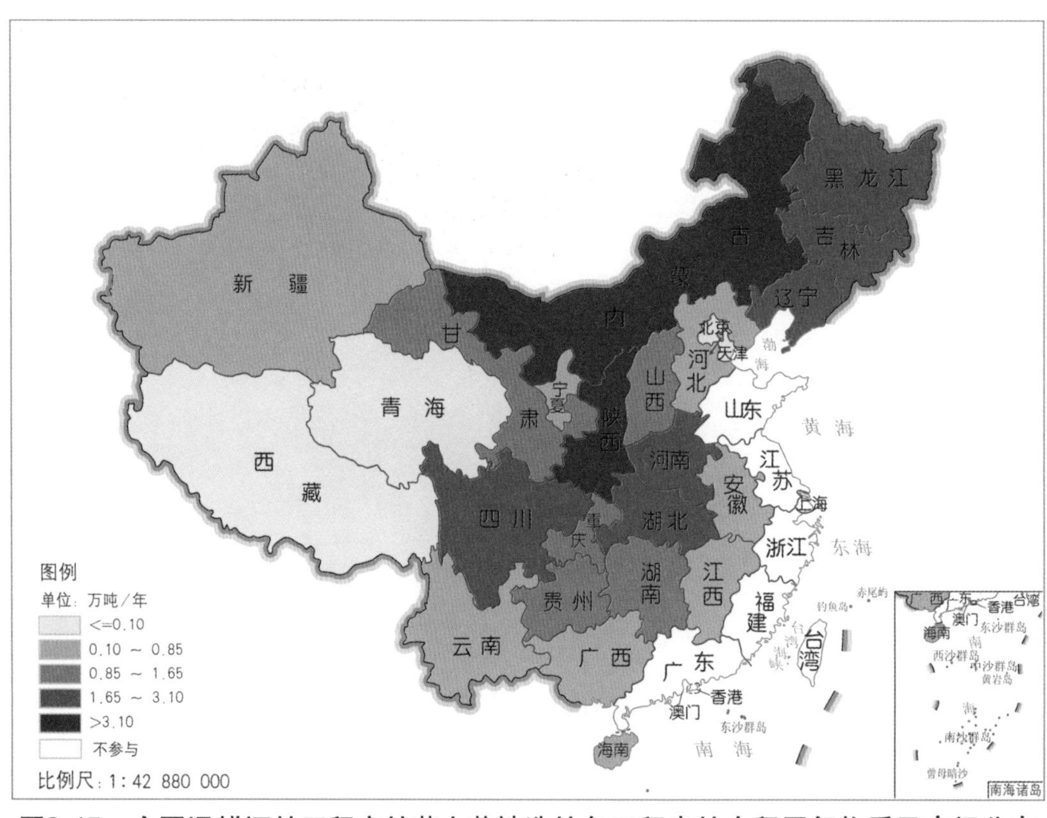

图3-45　全国退耕还林工程宜林荒山荒地造林各工程省林木积累氮物质量空间分布

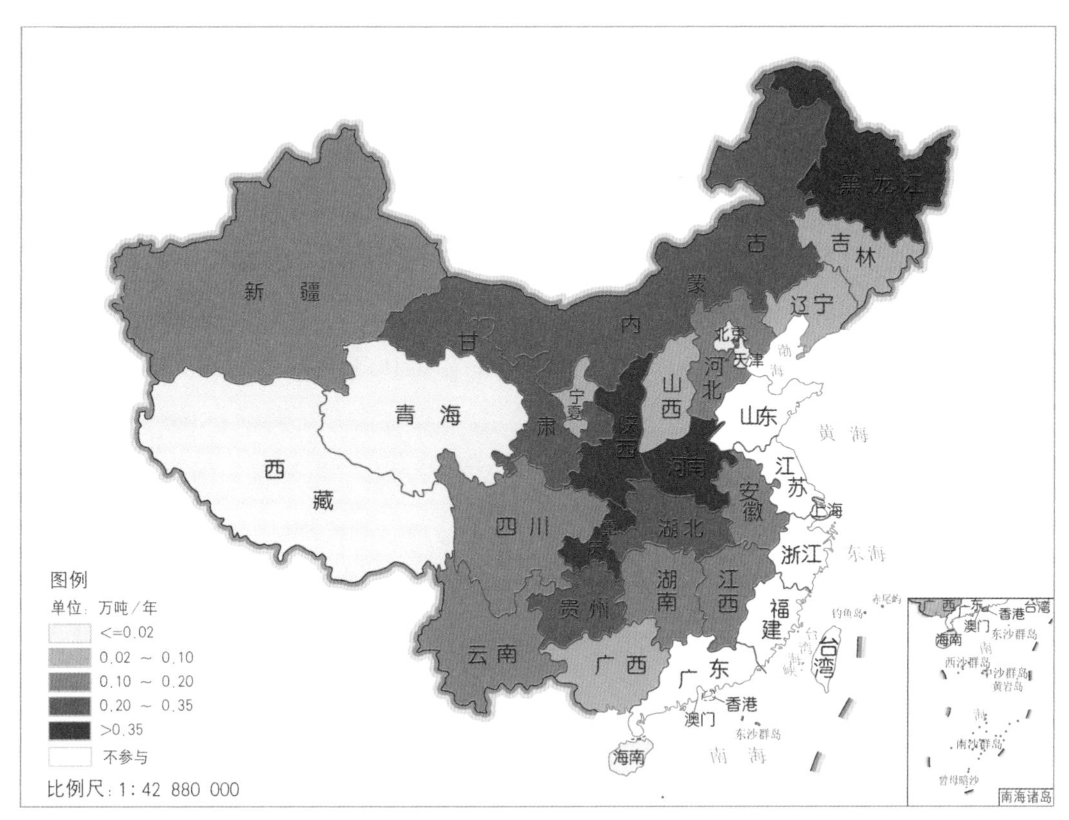

图3-46　全国退耕还林工程宜林荒山荒地造林各工程省林木积累磷物质量空间分布

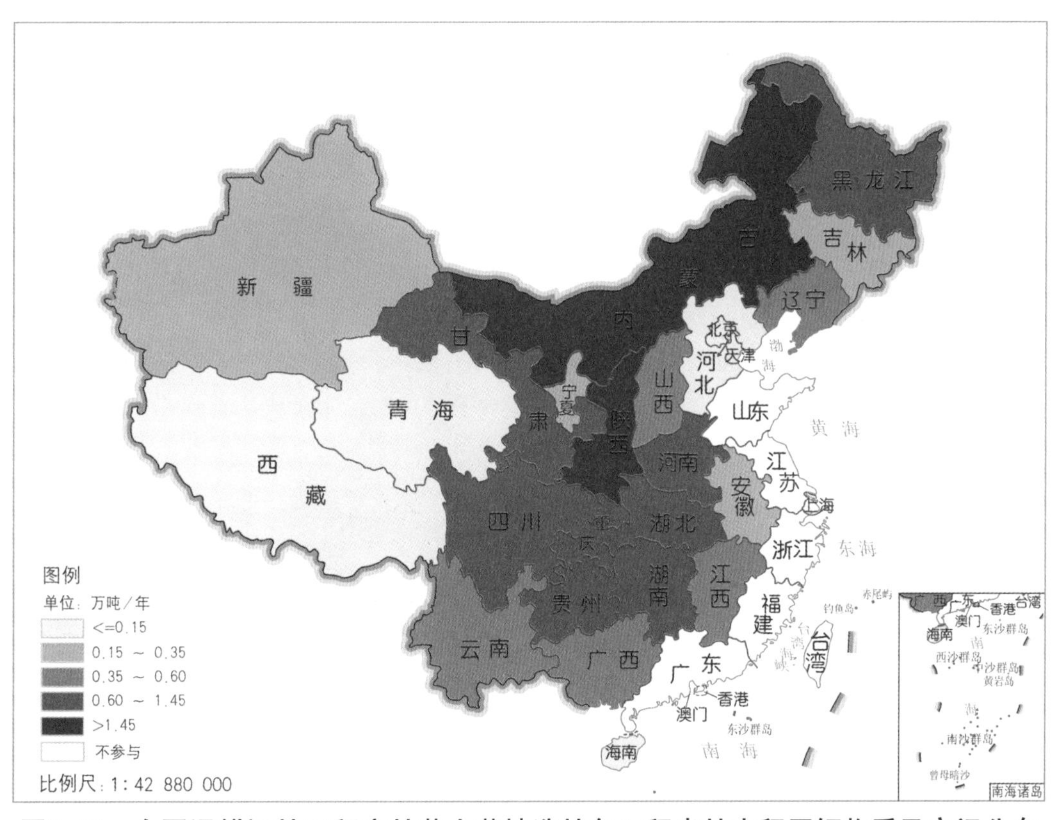

图3-47　全国退耕还林工程宜林荒山荒地造林各工程省林木积累钾物质量空间分布

（5）净化大气环境功能 全国退耕还林工程宜林荒山荒地造林净化大气环境各项物质量空间分布见图3-48至图3-53。提供负离子物质量最高的工程省为湖北省（433.53×10^{22}个/年），其次为陕西省、四川省、湖南省和贵州省，提供负离子物质量均在300.00×10^{22}～450.00×10^{22}个/年之间，其余省（自治区、直辖市）和新疆生产建设兵团提供负离子物质量均小于300.00×10^{22}个/年；吸收污染物物质量最高的工程省为内蒙古自治区（18.19万吨/年）和甘肃省（14.52万吨/年），其次为山西省、湖南省、重庆市、陕西省、贵州省和四川省，其吸收污染物物质量均在10.00万～14.00万吨/年之间，其余各工程省吸收污染物物质量均小于10.00万吨/年。各工程省滞尘、滞纳TSP物质量排序表现一致，均为内蒙古自治区、贵州省和四川省最高，其余省（自治区、直辖市）和新疆生产建设兵团滞尘和滞纳TSP物质量分别小于1880.00万吨/年和1500.00万吨/年；根据2014年13个长江、黄河中上游流经省份退耕还林工程生态效益物质量评估方法，各工程省滞纳PM_{10}和滞纳$PM_{2.5}$物质量排序表现一致，内蒙古自治区滞纳PM_{10}和$PM_{2.5}$物质量最高分别为2150109.91吨/年和860043.97吨/年。其余12个工程省和新疆生产建设兵团采用新的计算方法，广西壮族自治区滞纳PM_{10}物质量和河北省$PM_{2.5}$物质量最高分别为2043.5吨/年和627.78吨/年，其余省（自治区、直辖市）和新疆生产建设兵团滞纳PM_{10}物质量小于2000.00吨/年，滞纳$PM_{2.5}$物质量小于600.00吨/年。

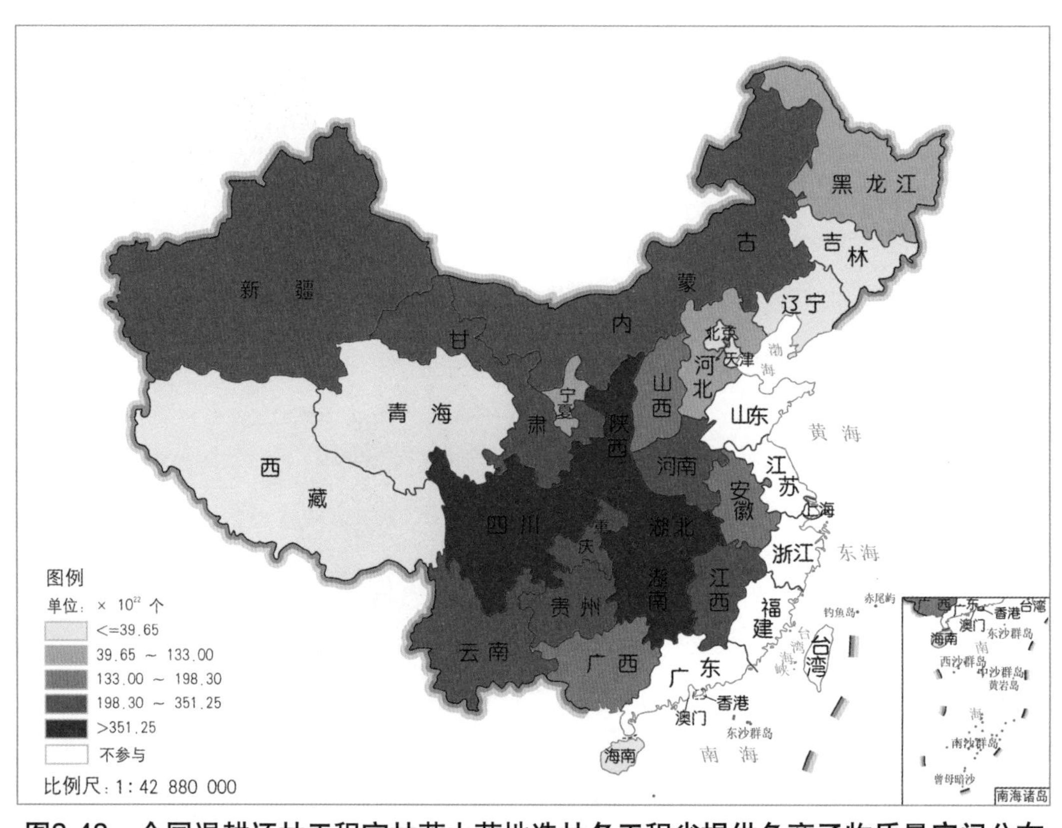

图3-48 全国退耕还林工程宜林荒山荒地造林各工程省提供负离子物质量空间分布

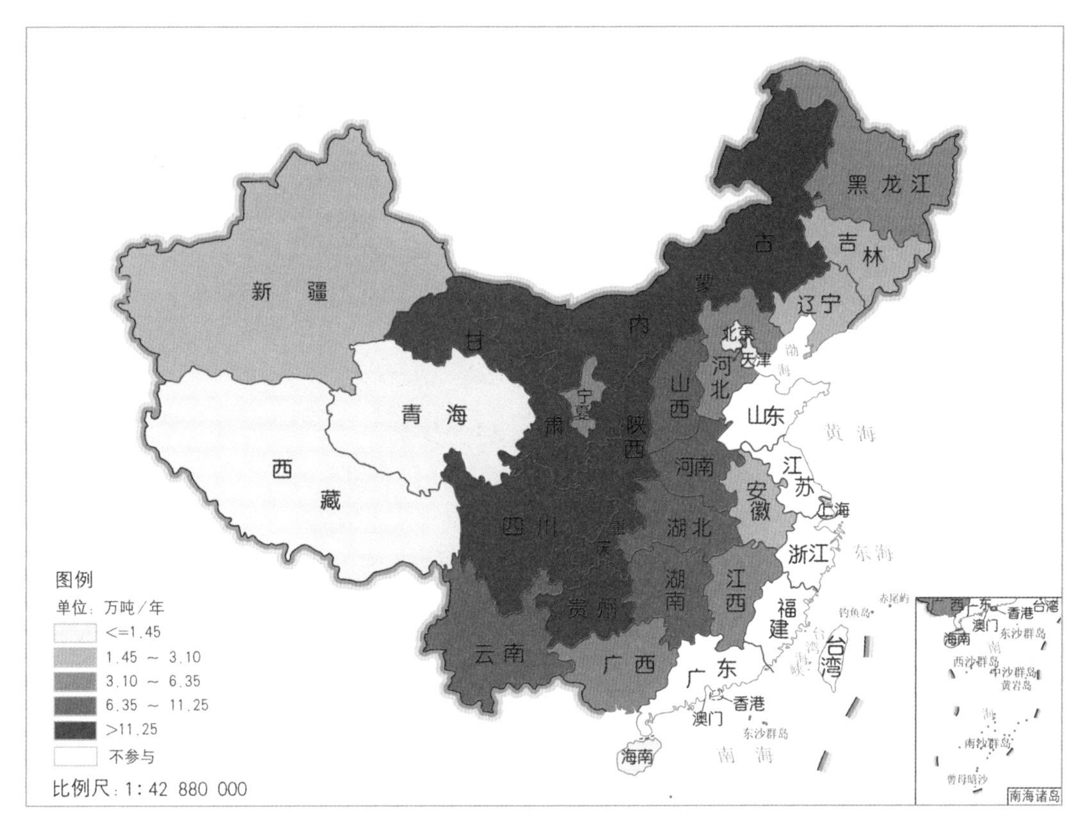

图3-49　全国退耕还林工程宜林荒山荒地造林各工程省吸收污染物物质量空间分布

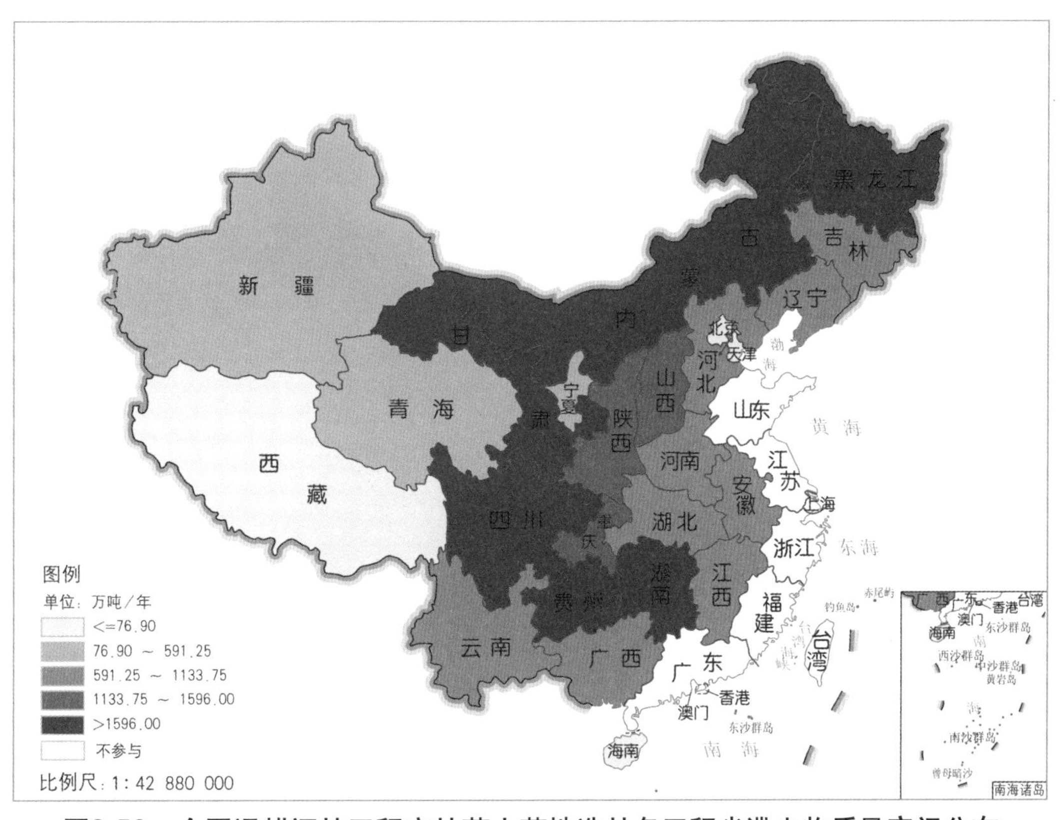

图3-50　全国退耕还林工程宜林荒山荒地造林各工程省滞尘物质量空间分布

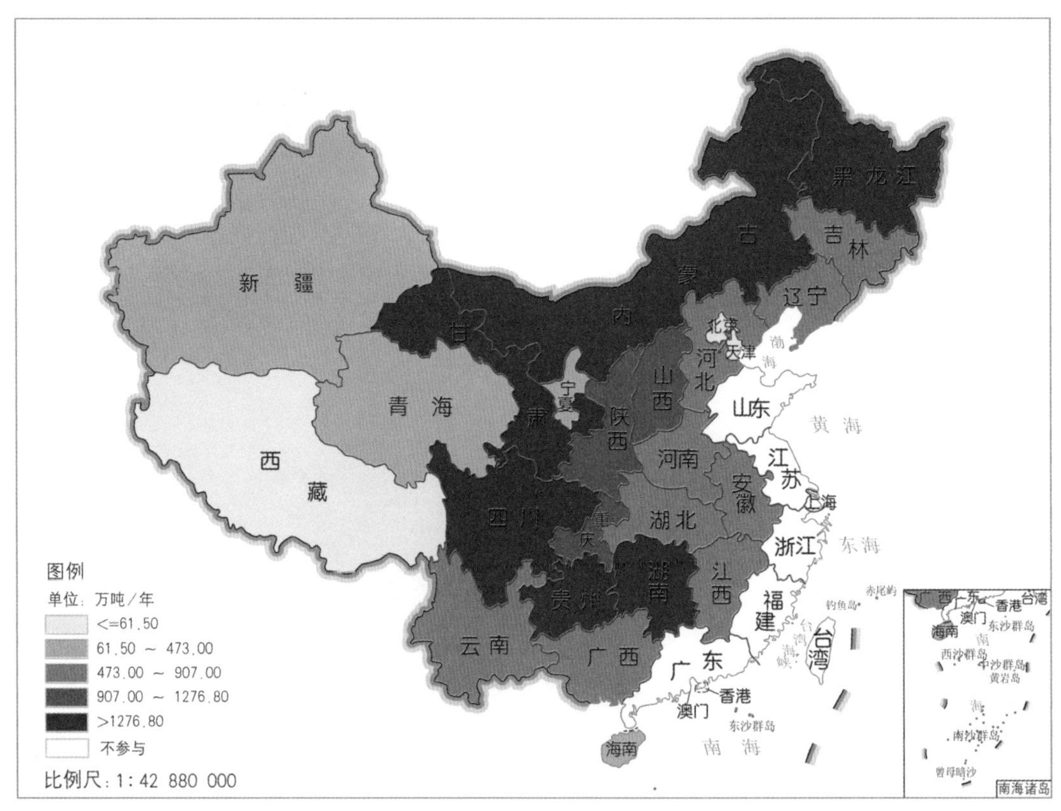

图3-51　全国退耕还林工程宜林荒山荒地造林各工程省滞纳TSP物质量空间分布

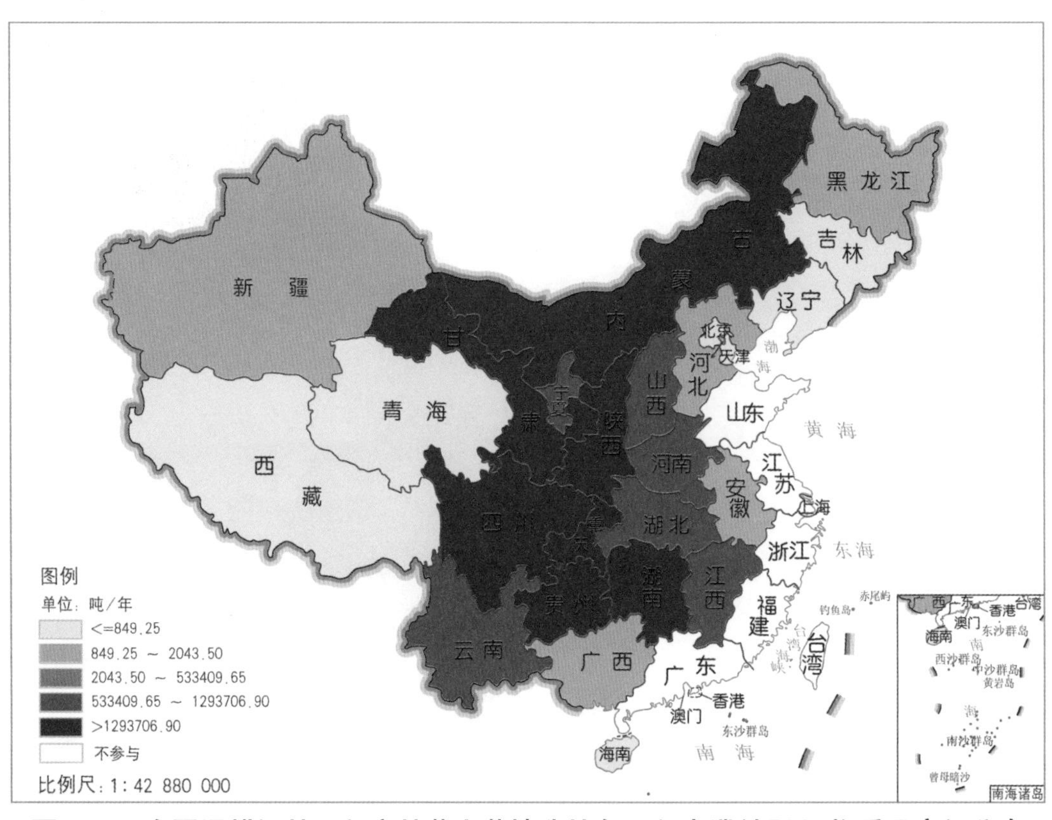

图3-52　全国退耕还林工程宜林荒山荒地造林各工程省滞纳PM_{10}物质量空间分布

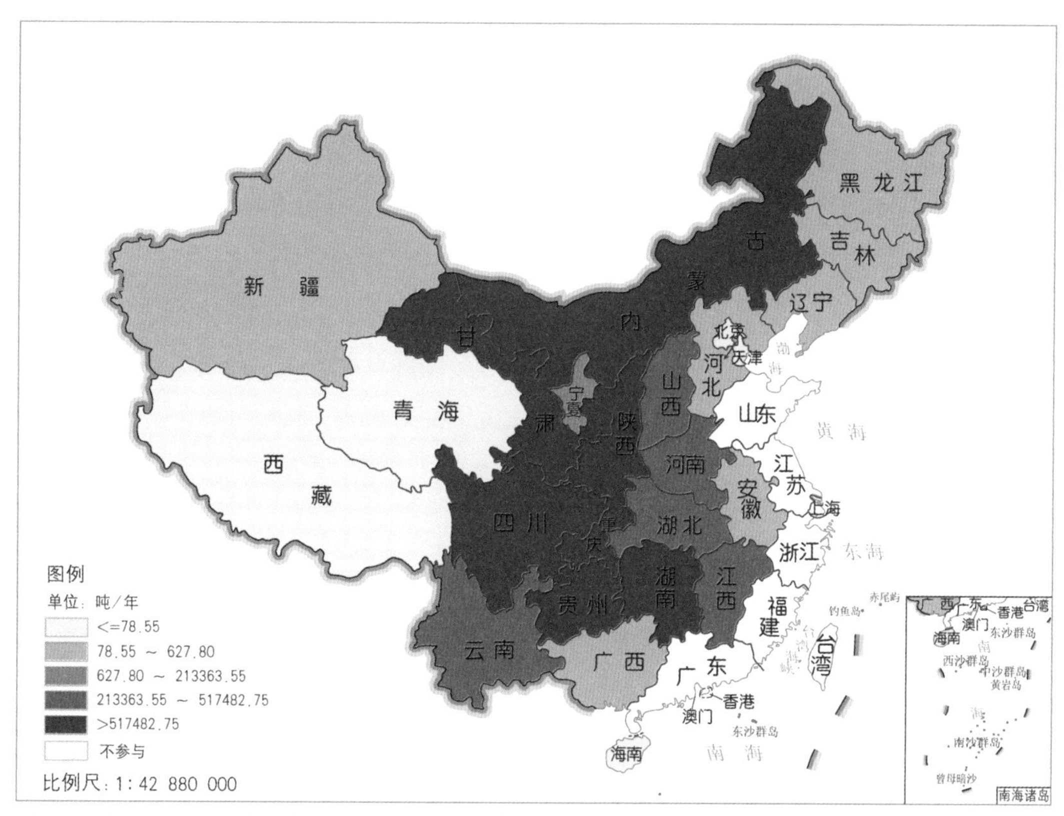

图3-53　全国退耕还林工程宜林荒山荒地造林各工程省滞纳$PM_{2.5}$物质量空间分布

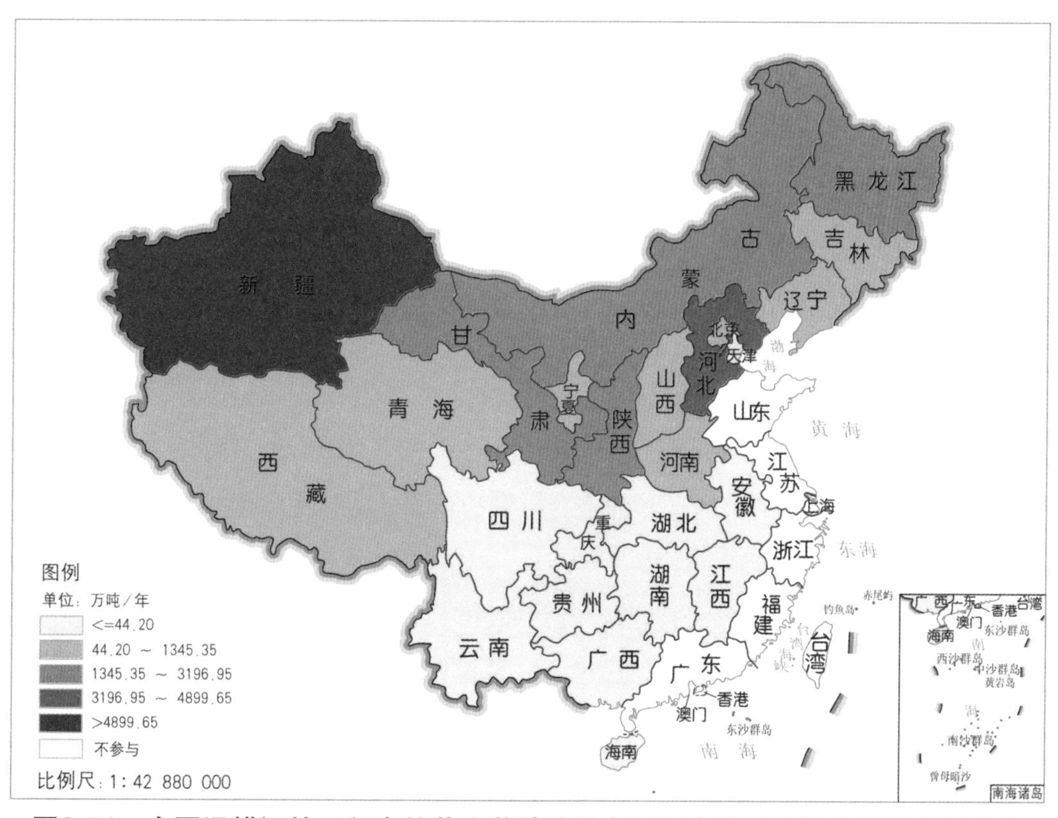

图3-54　全国退耕还林工程宜林荒山荒地造林各工程省防风固沙物质量空间分布

(6) 防风固沙功能 全国退耕还林工程宜林荒山荒地造林防风固沙物质量空间分布见图3-54，退耕还林工程森林防护生态效益物质量评估是针对防风固沙林进行的。我国中南部地区的云南省、贵州省、四川省、重庆市、湖北省、湖南省、江西省、安徽省、天津市、广西壮族自治区和海南省的退耕还林工程中由于没有营造防风固沙林，故其退耕还林工程生态效益物质量评估中未涉及防风固沙功能。对于中北部地区，另外14个工程省和新疆生产建设兵团中，防风固沙物质量最高的为新疆维吾尔自治区（12588.43万吨/年），其次是新疆生产建设兵团（6208.58万吨/年）和河北省（4899.64万吨/年），这三个区域防风固沙物质量显著高于其余退耕还林工程工程省。

3.2.3 封山育林生态效益物质量评估

为了全面掌握封山育林建设成果的巩固情况，对全国24个工程省和新疆生产建设兵团（北京市未涉及封山育林）开展宜林荒山荒地造林生态效益物质量评估，其结果如表3-4所示。

封山育林区域涵养水源总物质量43.20亿立方米/年；固土总物质量为7652.97万吨/年；固定土壤氮、磷、钾和有机质总物质量分别为20.18万吨/年、8.92万吨/年、113.92万吨/年和196.16万吨/年；固碳和释氧总物质量分别为545.14万吨/年和1276.89万吨/年；林木积累氮、磷、钾总物质量分别为8.13万吨/年、1.07万吨/年和3.49万吨/年；提供负离子总物质量为927.26×10^{22}个/年，吸收污染物总物质量为34.43万吨/年，滞尘总物质量为6411.81万吨/年（滞纳TSP总物质量为5129.82万吨/年，滞纳PM_{10}总物质量为3300573.88吨/年，滞纳$PM_{2.5}$总物质量为1319850.39吨/年）；防风固沙总物质量为10677.42万吨/年。

(1) 涵养水源功能 全国退耕还林工程封山育林涵养水源物质量空间分布见图3-55，封山育林涵养水源物质量最大为云南省、重庆市和四川省，其物质量大于4.00亿立方米/年；河南省、黑龙江省、内蒙古自治区、贵州省、江西省和湖南省位居其下，其涵养水源物质量在2.00亿～4.00亿立方米/年；山西省、陕西省、吉林省、甘肃省、安徽省、广西壮族自治区和辽宁省其涵养水源物质量均在1.00亿～2.00亿立方米/年之间；其余9个工程省涵养水源物质量均小于1.00亿立方米/年。

(2) 保育土壤功能 全国退耕还林工程封山育林固土物质量空间分布见图3-56，固土物质量最高的工程省为青海省，其固土物质量为722.00万吨/年；江西省、湖南省、四川省和黑龙江省次之，固土物质量均在500.00万～600.00万吨/年之间；固土物质量在400.00万吨/年以上的工程省还有贵州省和内蒙古自治区；其余省（自治区、直辖市）和新疆生产建设兵团固土物质量不足450.00万吨/年。保肥物质量空间分布见图3-57至图3-60，保肥物质量最大的工程省为辽宁省和河北省，其保肥物质量为35.63万吨/年和35.36万吨/年；位居其次的是湖南省、四川省、江西省、黑龙江省和吉林省，其保肥物质量均在20.00万～30.00万吨/年之间；其余各工程省保肥物质量均在20.00万吨/年以下。

表3-4 退耕还林工程封山育林各工程省生态效益物质量

省级区域	涵养水源	保育土壤					固碳释氧		林木积累营养物质			净化大气环境						森林防护
		固土	固氮	固磷	固钾	固有机质	固碳	释氧	氮	磷	钾	负离子	吸收污染物	滞尘量				固沙量
														小计	TSP	PM_{10}	$PM_{2.5}$	
	(亿立方米/年)	(万吨/年)	(万吨/年)	(万吨/年)	(万吨/年)	(万吨/年)	(万吨/年)	(万吨/年)	(万吨/年)	(万吨/年)	(万吨/年)	($\times 10^{22}$个/年)	(万吨/年)	(万吨/年)	(万吨/年)	(吨/年)	(吨/年)	(万吨/年)
内蒙古	2.52	469.74	0.49	0.21	7.94	3.29	26.92	60.97	0.58	0.04	0.52	28.79	2.35	275.84	220.66	275838.49	110335.39	389.68
宁夏	0.51	57.61	0.16	0.02	1.18	1.25	3.94	8.32	0.06	0.01	0.03	11.76	0.48	51.11	40.89	51116.19	20445.48	88.30
甘肃	1.47	306.92	1.56	0.33	5.06	7.39	17.58	38.41	0.24	0.03	0.16	46.14	1.92	213.35	170.68	213354.74	85341.90	432.49
山西	1.29	235.20	0.61	0.10	3.68	2.47	17.07	39.48	0.34	0.02	0.09	31.22	1.95	252.27	201.81	252271.39	100908.56	27.55
陕西	1.41	245.03	0.39	0.11	4.45	5.73	23.20	54.98	0.50	0.06	0.34	72.00	2.19	222.42	177.94	222418.42	88965.76	258.53
河南	2.15	352.31	0.47	0.08	0.38	5.67	21.88	51.01	0.35	0.11	0.22	10.03	1.26	170.67	136.53	170665.56	68266.24	22.36
四川	4.27	533.44	0.59	0.28	7.83	12.89	41.01	99.48	0.32	0.04	0.17	65.86	2.89	420.58	336.47	420584.48	168235.38	—
重庆	4.31	367.33	1.49	0.31	5.28	11.46	36.42	88.53	0.31	0.13	0.23	55.75	2.61	370.65	296.52	370648.11	148259.24	—
云南	4.91	303.34	4.01	0.30	0.07	2.30	40.67	98.32	0.19	0.05	0.13	82.23	2.31	325.47	260.37	325473.26	130193.30	—
贵州	2.55	435.84	0.61	0.24	2.82	10.34	39.36	93.86	0.35	0.04	0.27	68.91	3.04	415.90	332.72	415902.59	166360.84	—
湖北	0.48	76.12	0.15	0.09	0.33	1.99	5.79	13.82	0.10	0.02	0.05	17.71	0.36	46.43	37.14	46431.82	18572.48	—
湖南	3.74	543.89	0.45	0.89	7.06	11.67	22.65	51.08	0.18	0.02	0.11	75.59	1.74	232.72	186.17	232715.98	93086.39	—
江西	2.78	596.36	1.05	0.45	9.21	14.48	30.13	72.30	0.36	0.06	0.19	80.61	1.94	299.65	239.72	299652.25	119861.42	—
黑龙江	2.29	529.07	1.56	0.95	8.02	14.98	32.60	78.62	0.91	0.19	0.29	31.63	2.01	1087.12	869.70	495.15	157.43	608.62

（续）

省级区域	涵养水源	保育土壤					固碳释氧		林木积累营养物质			净化大气环境						森林防护
		固土	固氮	固磷	固钾	固有机质	固碳	释氧	氮	磷	钾	负离子	吸收污染物	滞尘量				固沙量
	（亿立方米/年）	（万吨/年）	（万吨/年）	（万吨/年）	（万吨/年）	（万吨/年）	（万吨/年）	（万吨/年）	（万吨/年）	（万吨/年）	（万吨/年）	（$\times 10^{22}$个/年）	（万吨/年）	小计（万吨/年）	TSP（万吨/年）	PM_{10}（吨/年）	$PM_{2.5}$（吨/年）	（万吨/年）
吉林	1.46	251.37	1.34	0.73	7.70	19.42	27.54	61.29	1.15	0.04	0.11	17.56	0.79	289.07	231.26	297.50	102.25	432.43
辽宁	1.79	306.67	1.64	0.89	9.40	23.69	33.60	74.77	1.40	0.05	0.14	21.42	0.96	352.67	282.14	362.94	124.74	308.08
河北	0.99	373.51	1.07	0.29	6.21	27.79	63.11	144.51	0.16	0.04	0.10	18.02	2.17	450.34	360.27	502.57	96.99	1735.29
新疆	0.11	64.53	0.50	0.25	5.46	4.11	10.51	23.19	0.17	0.04	0.10	77.00	0.87	183.49	146.79	473.39	124.77	3906.75
新疆兵团	0.08	223.22	0.15	0.16	3.55	2.69	4.28	9.72	0.09	0.02	0.05	19.86	0.47	69.96	56.35	198.32	60.60	1963.38
安徽	1.48	316.63	0.58	0.23	3.73	7.13	16.84	42.13	0.18	0.03	0.09	39.76	0.37	199.93	159.95	498.63	178.24	—
广西	1.73	251.71	0.20	0.41	3.18	5.27	13.32	32.92	0.08	0.01	0.05	38.18	0.91	171.70	137.36	407.18	104.21	—
青海	0.66	722.00	1.00	1.48	10.30	0.12	14.15	33.04	0.08	0.02	0.04	10.93	0.72	274.09	219.28	211.25	54.22	389.73
天津	0.02	25.32	0.02	0.01	0.18	0.01	0.47	1.11	0.01	<0.01	<0.01	2.58	0.03	9.87	7.90	10.13	2.02	71.87
北京	—	—	—	—	—	—	—	—	—	—	—	—	—	—	—	—	—	—
西藏	0.06	54.41	0.08	0.11	0.78	0.01	1.16	2.75	<0.01	<0.01	<0.01	1.02	0.05	19.74	15.79	18.85	5.07	42.36
海南	0.14	11.40	0.01	<0.01	0.12	0.01	0.94	2.28	0.02	<0.01	0.01	2.70	0.04	6.77	5.41	24.69	7.47	—
合计	43.20	7652.97	20.18	8.92	113.92	196.16	545.14	1276.89	8.13	1.07	3.49	927.26	34.43	6411.81	5129.82	3300573.88	1319850.39	10677.42

注：吸收污染物为森林吸收二氧化硫、氟化物和氮氧化物的物质量总和。

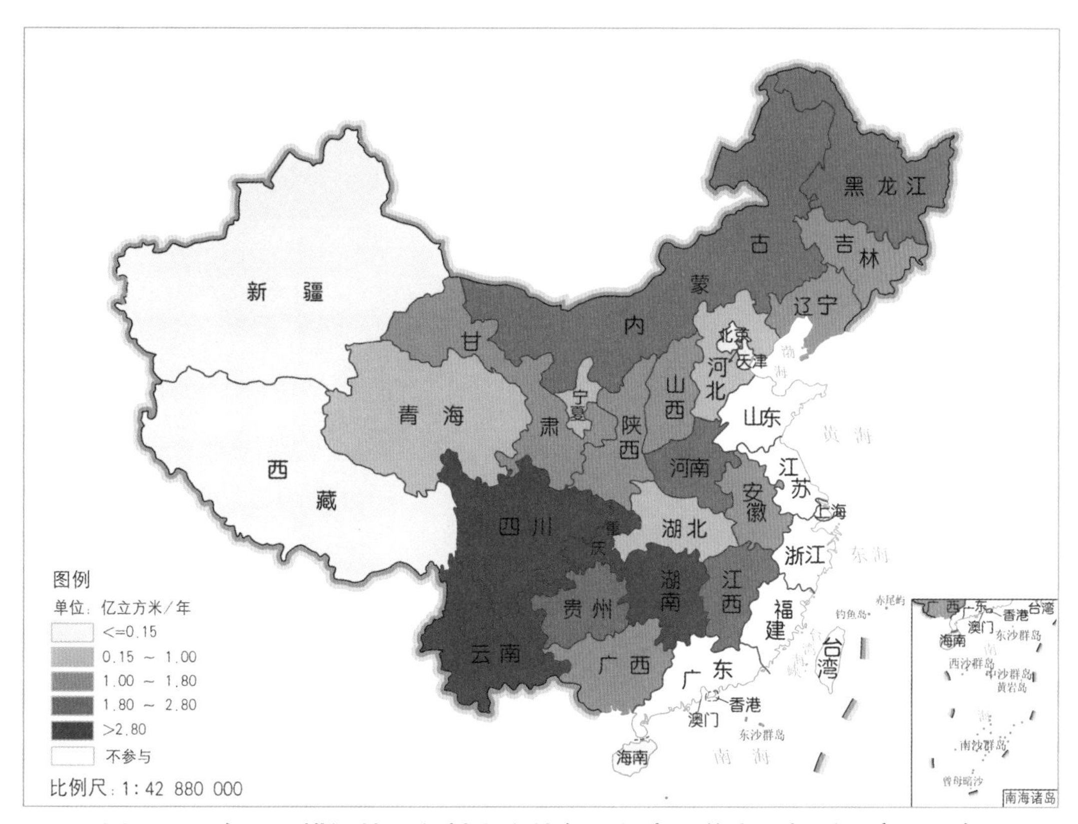

图3-55　全国退耕还林工程封山育林各工程省涵养水源物质量空间分布

注：新疆生产建设兵团退耕还林工程封山育林生态系统服务功能物质量见表3-4，图3-56至图3-72同。

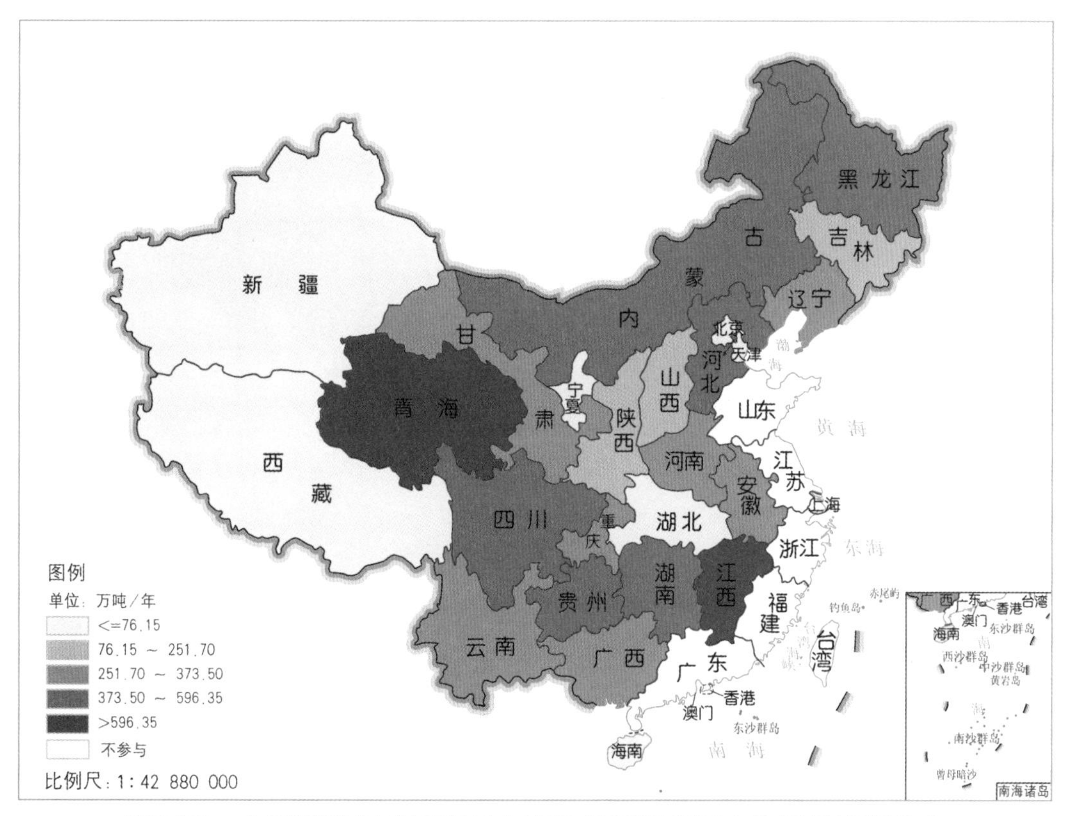

图3-56　全国退耕还林工程封山育林各工程省固土物质量空间分布

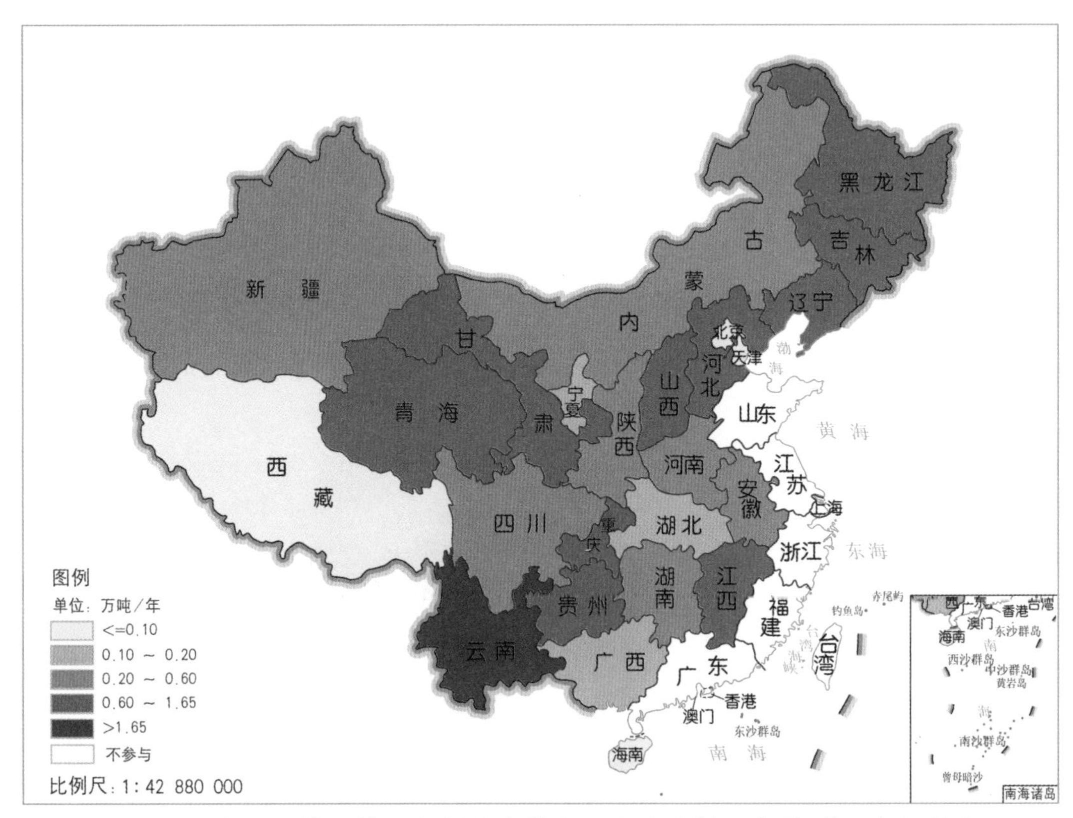

图3-57　全国退耕还林工程封山育林各工程省土壤固氮物质量空间分布

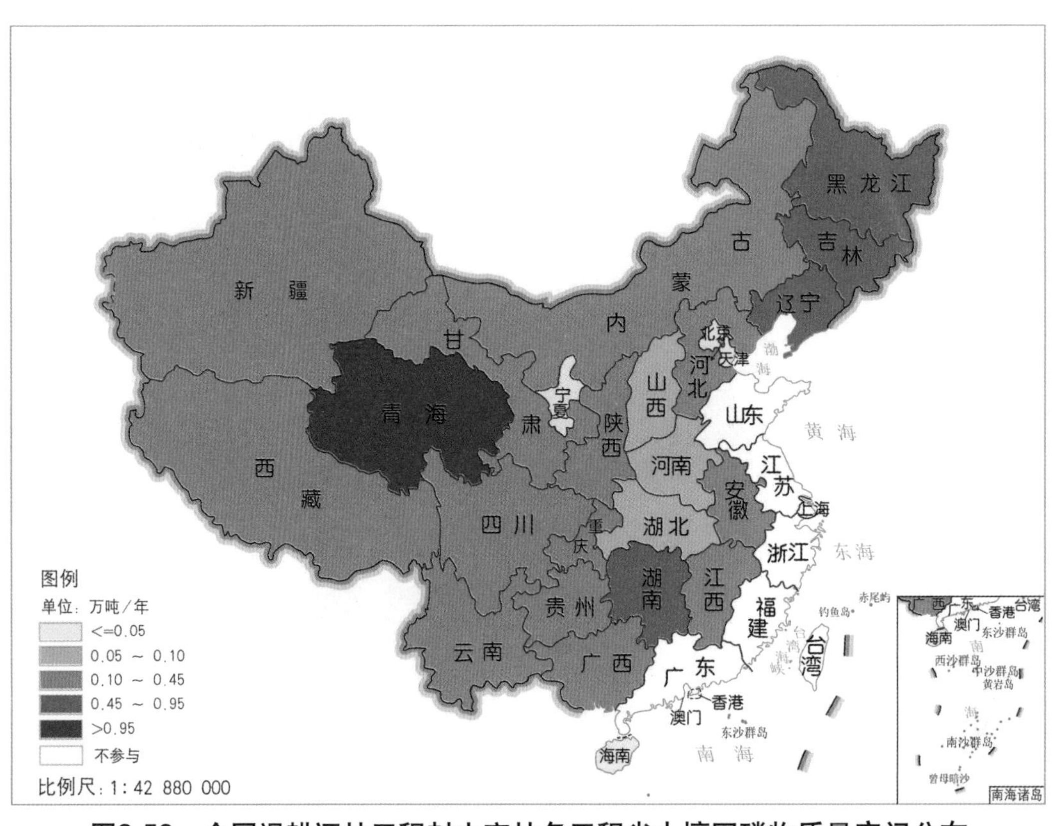

图3-58　全国退耕还林工程封山育林各工程省土壤固磷物质量空间分布

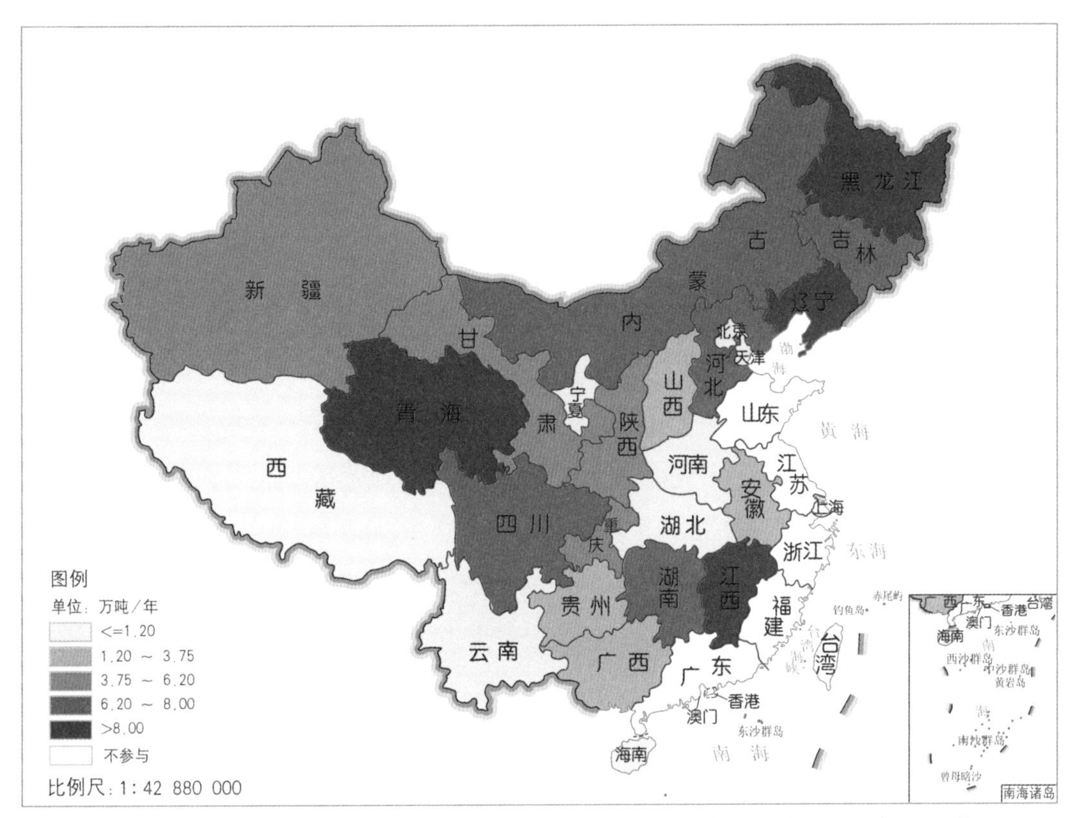

图3-59　全国退耕还林工程封山育林各工程省土壤固钾物质量空间分布

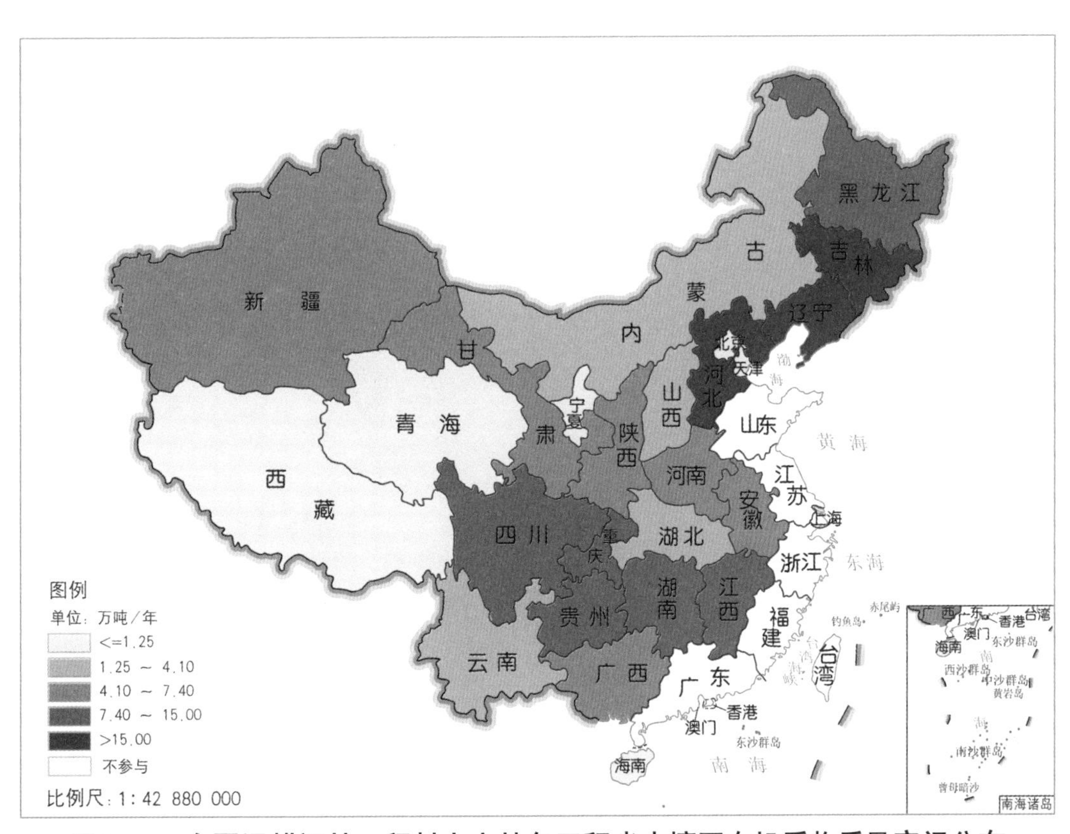

图3-60　全国退耕还林工程封山育林各工程省土壤固有机质物质量空间分布

（3）固碳释氧功能 全国退耕还林工程封山育林的固碳和释氧物质量排序表现一致，其空间分布见图3-61和图3-62，固碳和释氧物质量最高的工程省均为河北省，固碳物质量为63.11万吨/年，释氧物质量为144.51万吨/年；其次为江西省、黑龙江省、辽宁省、重庆市、贵州省、云南省和四川省，固碳物质量均在30.00万～40.00万吨/年之间，释氧物质量均在70.00万～100.00万吨/年之间；其余省（自治区、直辖市）和新疆生产建设兵团固碳物质量不足30.00万吨/年，且释氧物质量不足70.00万吨/年。

（4）林木积累营养物质功能 全国退耕还林工程封山育林林木积累营养物质空间分布见图3-63至图3-65。林木积累氮物质量最高的工程省为辽宁省（1.40万吨/年），其余省（自治区、直辖市）和新疆生产建设兵团林木积累氮物质量较小，其林木积累氮物质量不足0.60万吨/年；林木积累磷物质量最大的工程省为黑龙江省（0.19万吨/年），其余省（自治区、直辖市）和新疆生产建设兵团林木积累磷物质量较小，其林木积累磷物质量不足0.10万吨/年；林木积累钾物质量最大的工程省为内蒙古自治区（0.52万吨/年），其余省（自治区、直辖市）和新疆生产建设兵团林木积累钾物质量较小，其林木积累钾物质量不足0.35万吨/年。

（5）净化大气环境功能 全国退耕还林工程封山育林净化大气环境各项物质量空间分布见图3-66至图3-71。提供负离子物质量最高的工程省为云南省（82.23×10^{22}个/年），

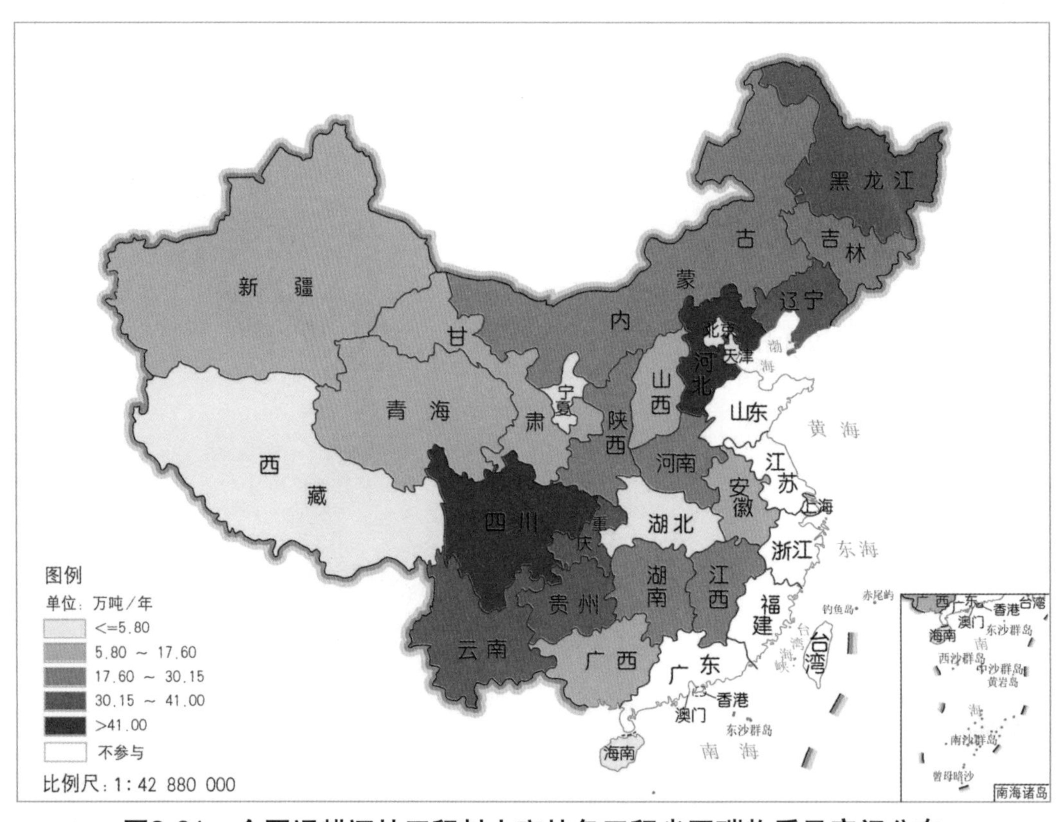

图3-61 全国退耕还林工程封山育林各工程省固碳物质量空间分布

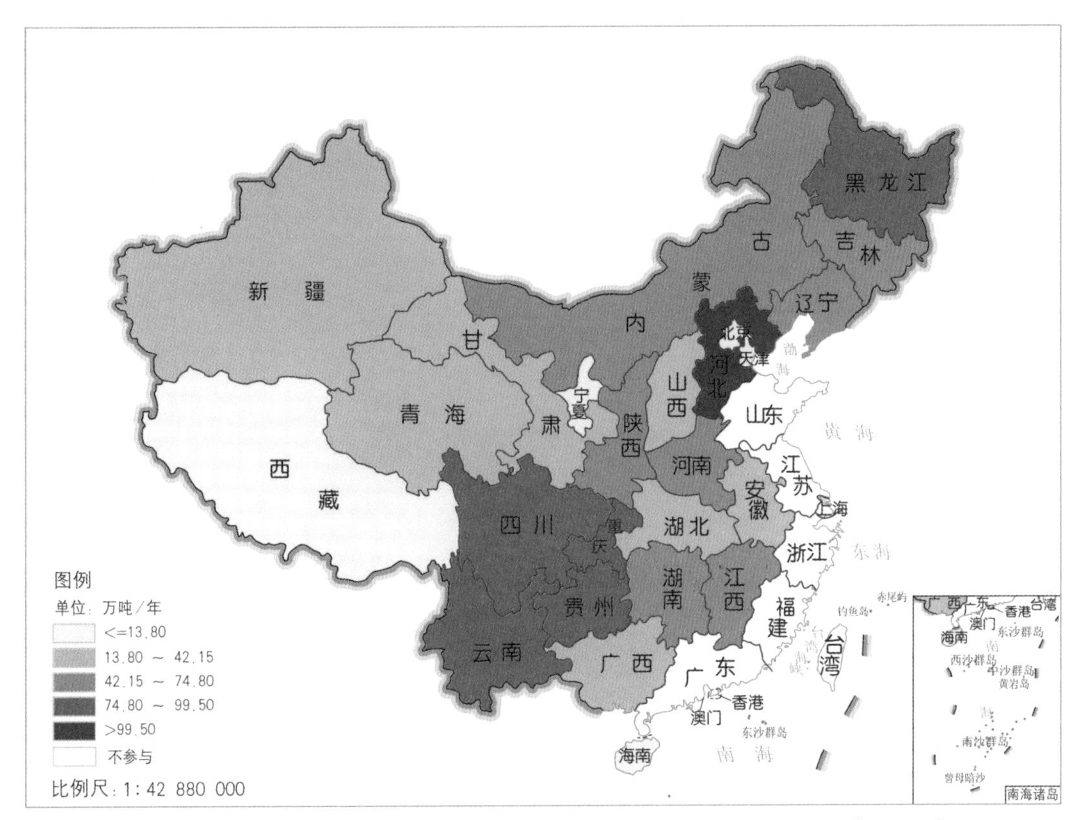

图3-62　全国退耕还林工程封山育林各工程省释氧物质量空间分布

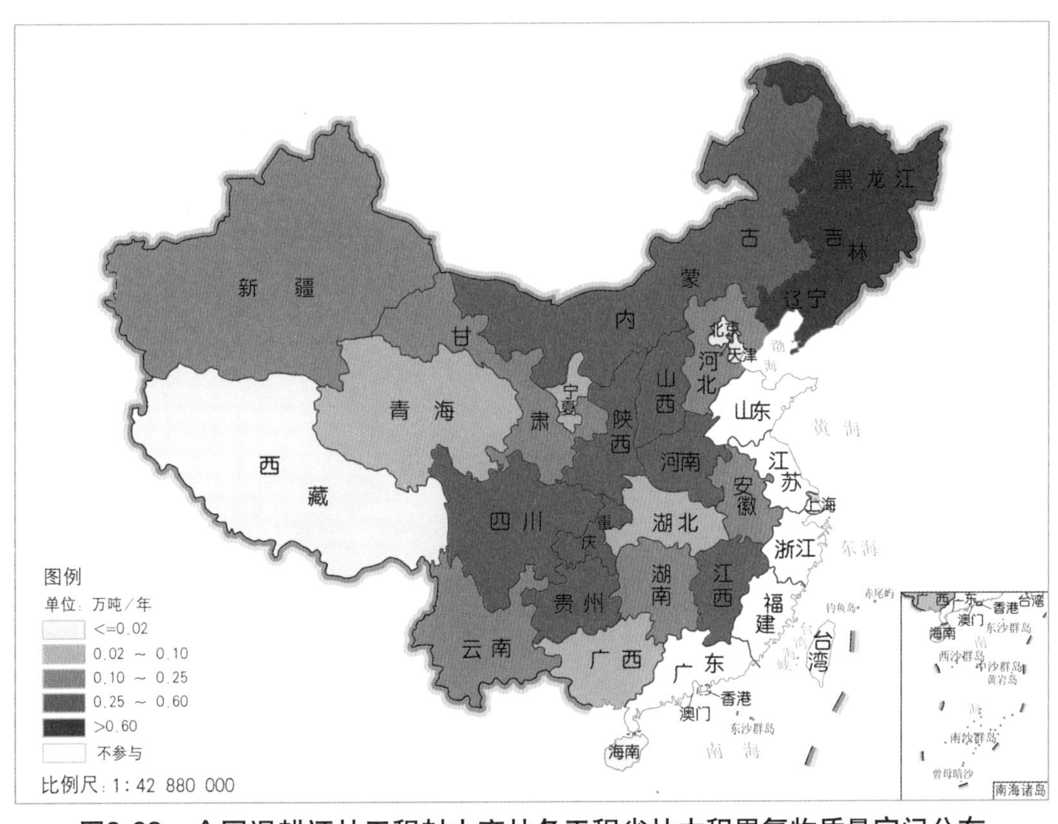

图3-63　全国退耕还林工程封山育林各工程省林木积累氮物质量空间分布

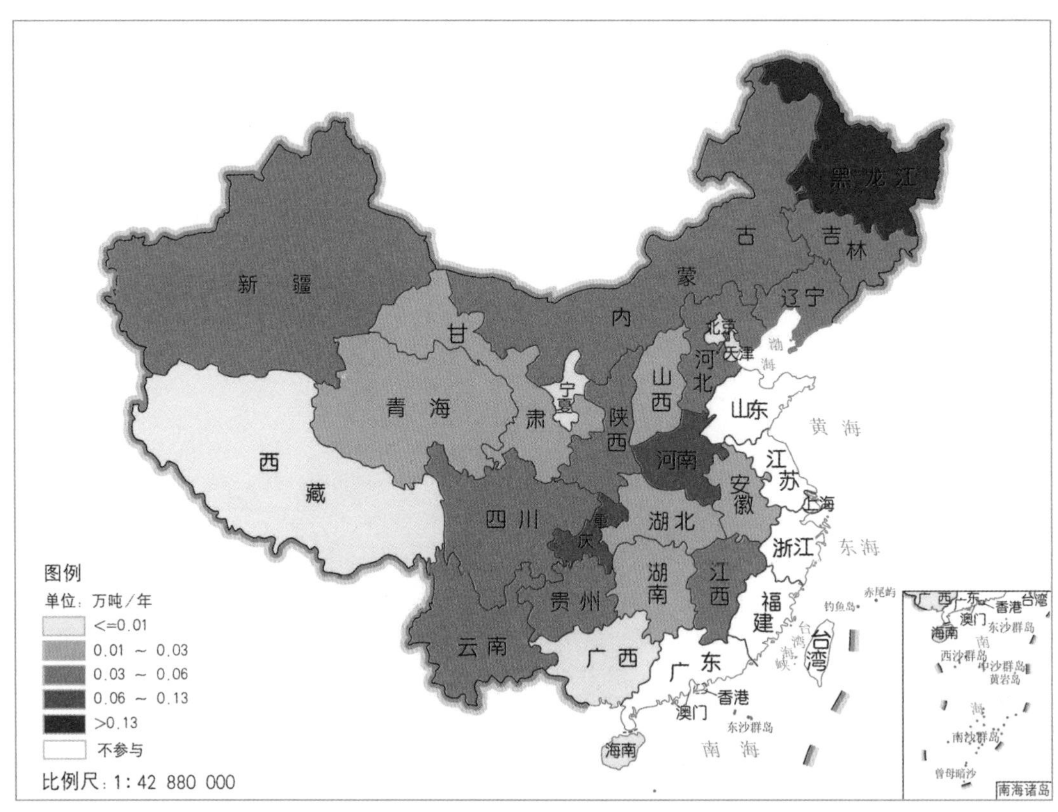

图3-64　全国退耕还林工程封山育林各工程省林木积累磷物质量空间分布

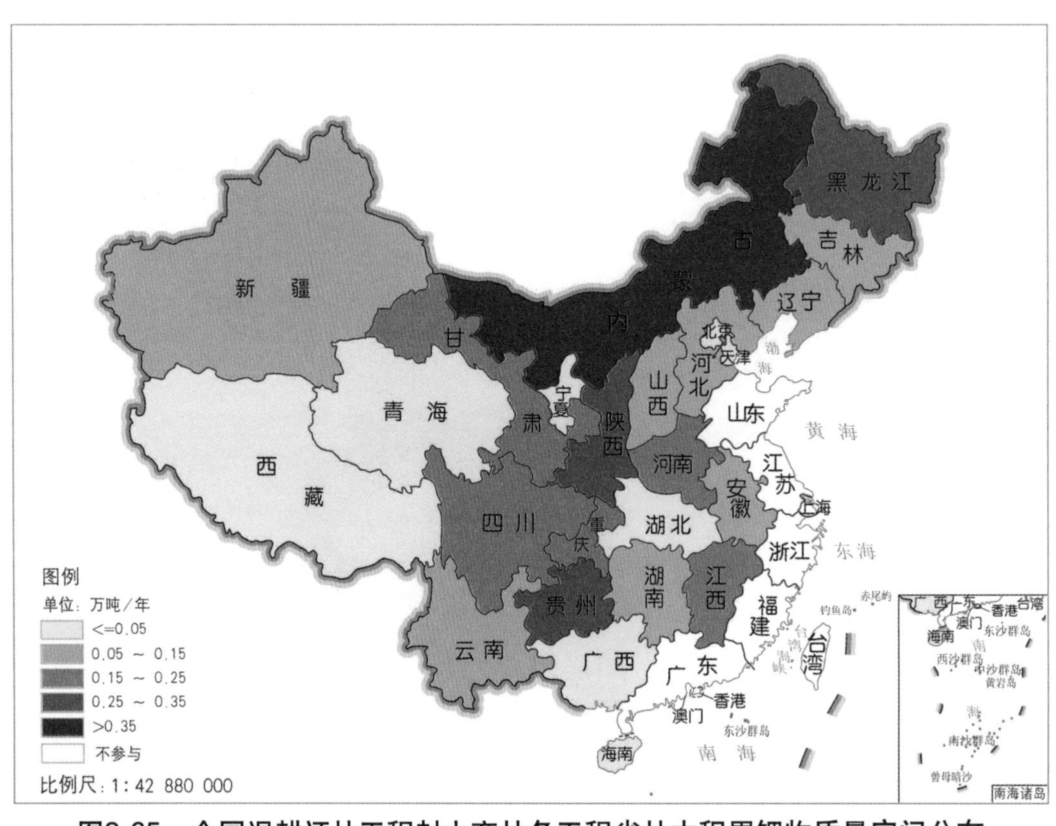

图3-65　全国退耕还林工程封山育林各工程省林木积累钾物质量空间分布

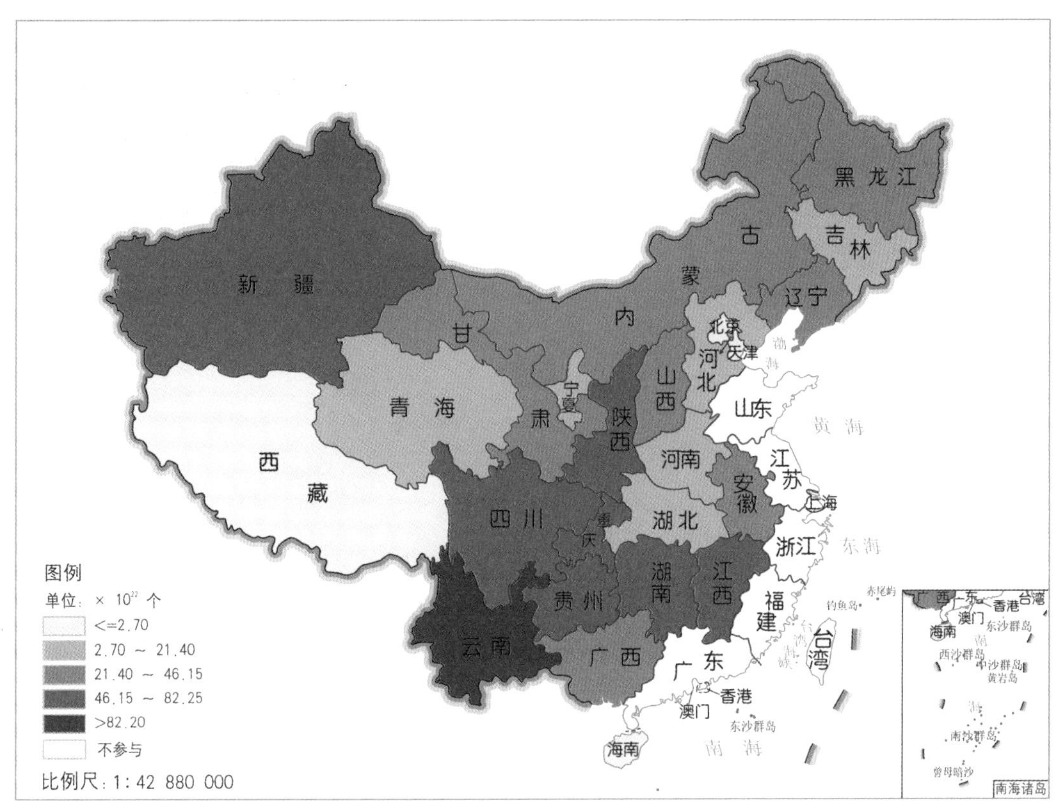

图3-66　全国退耕还林工程封山育林各工程省提供负离子物质量空间分布

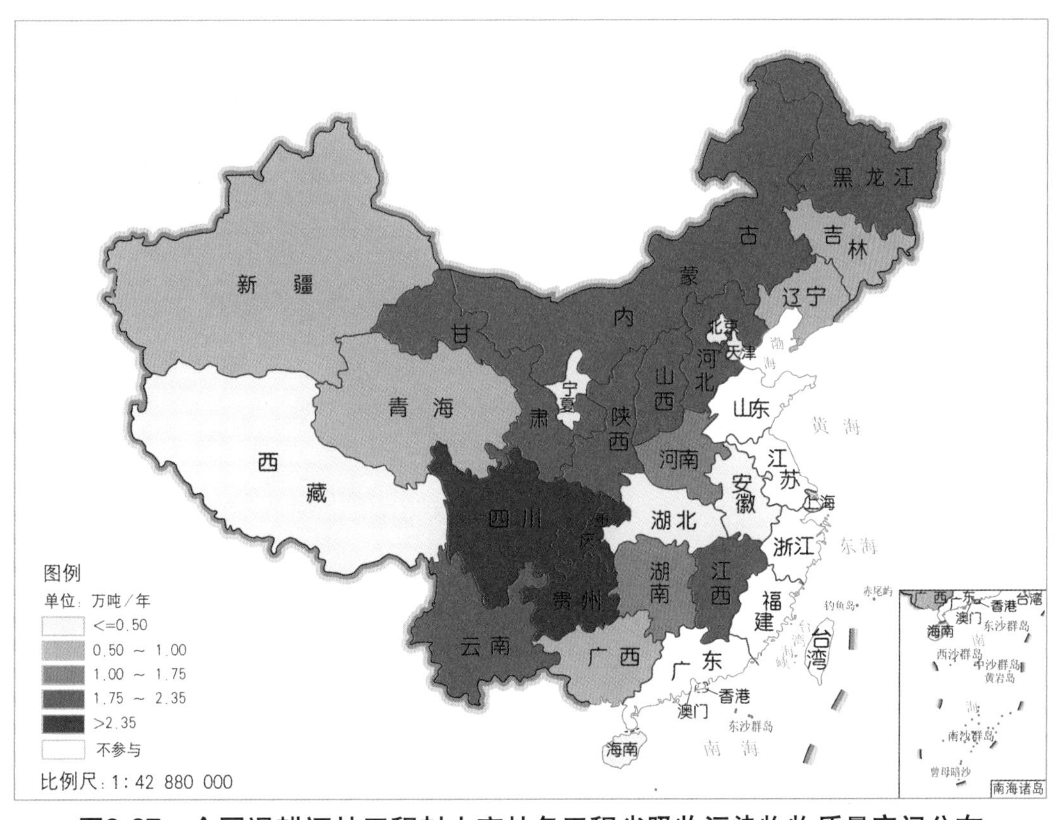

图3-67　全国退耕还林工程封山育林各工程省吸收污染物物质量空间分布

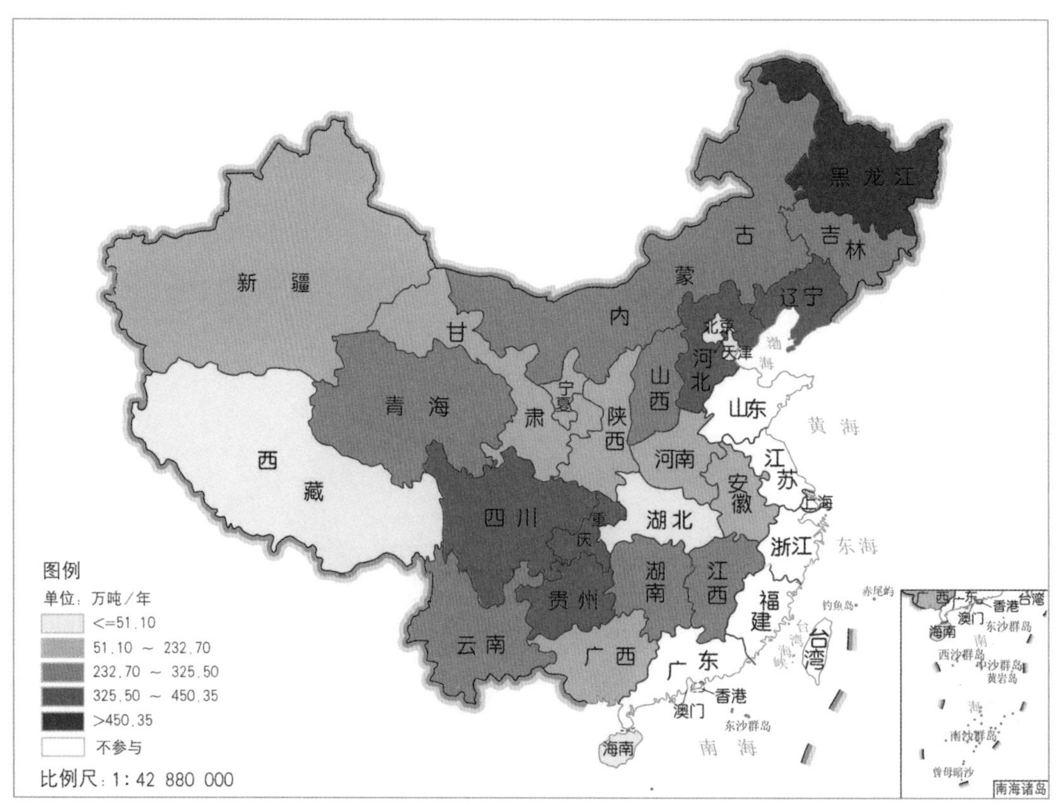

图3-68　全国退耕还林工程封山育林各工程省滞尘物质量空间分布

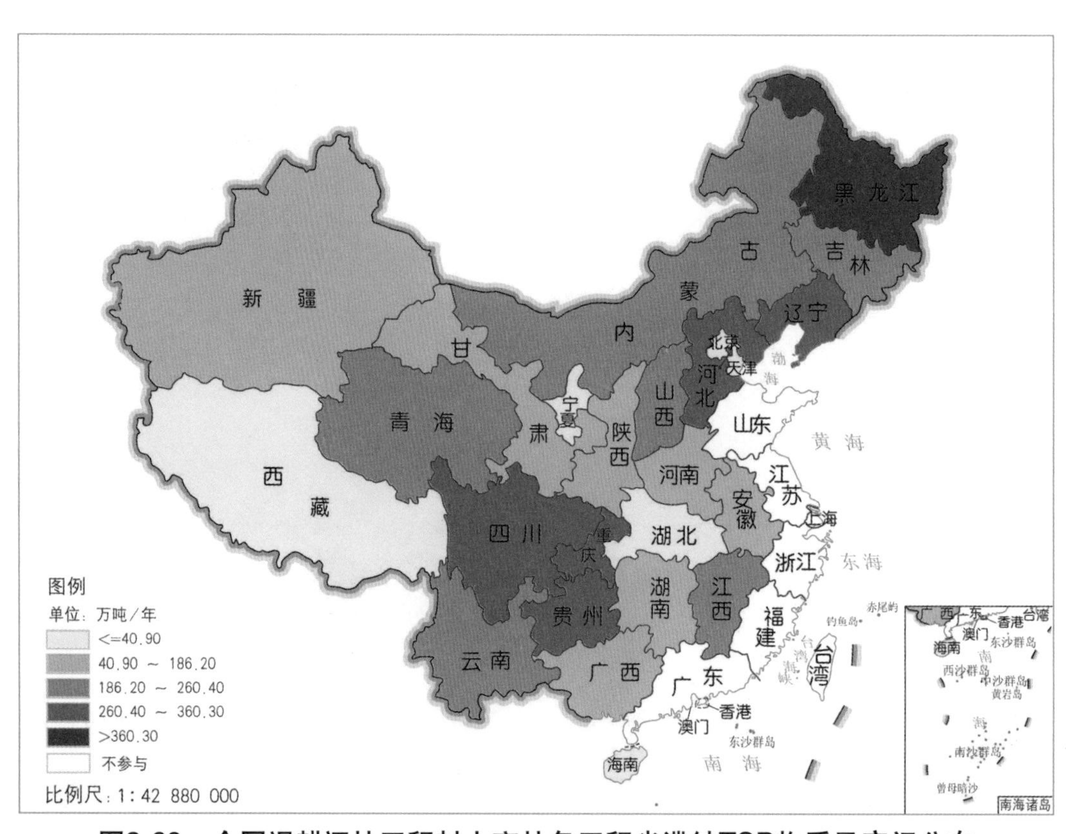

图3-69　全国退耕还林工程封山育林各工程省滞纳TSP物质量空间分布

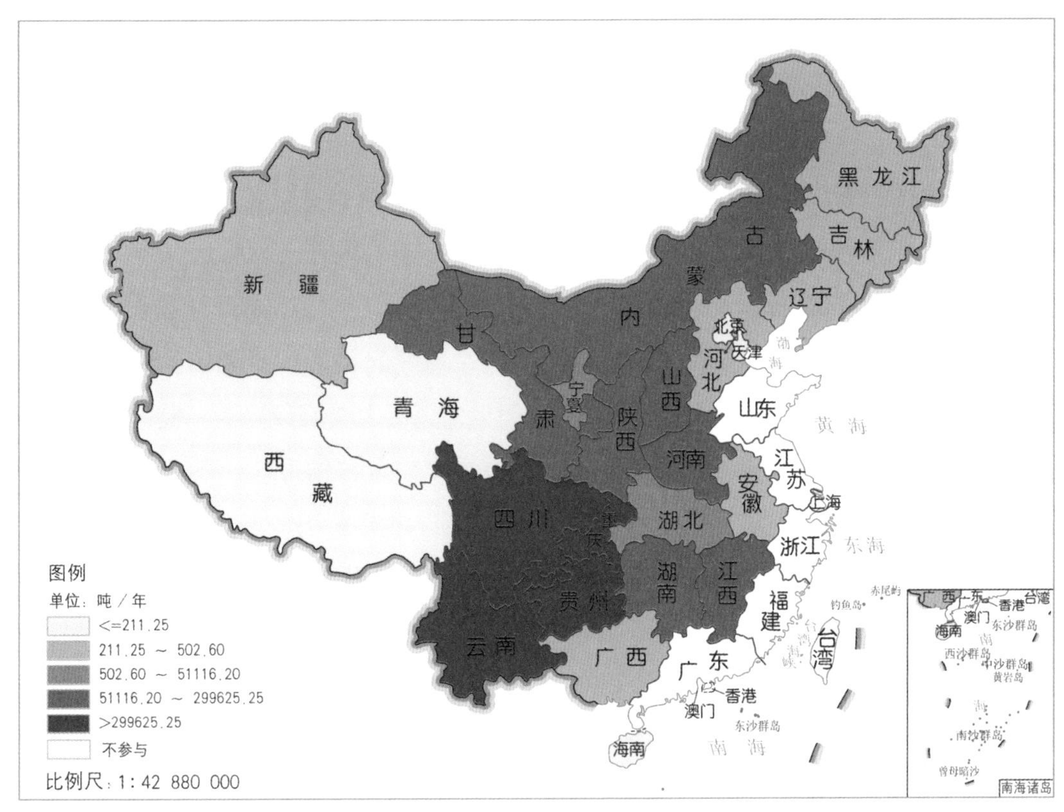

图3-70　全国退耕还林工程封山育林各工程省滞纳PM_{10}物质量空间分布

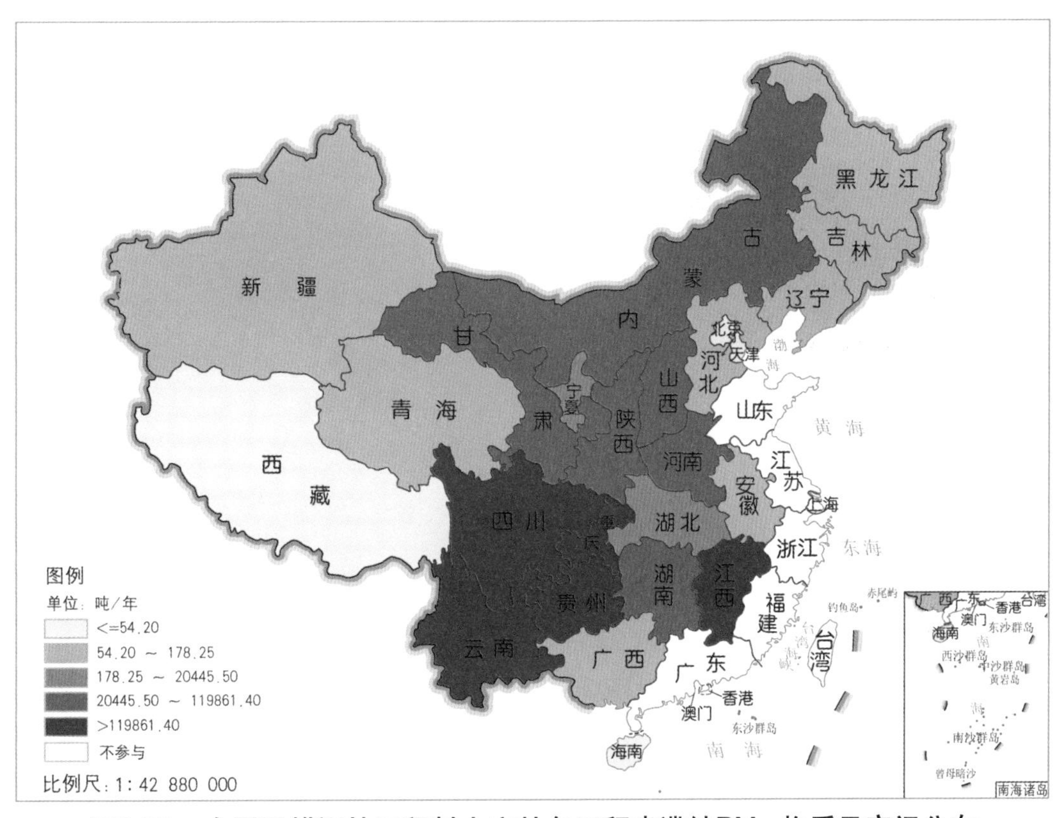

图3-71　全国退耕还林工程封山育林各工程省滞纳$PM_{2.5}$物质量空间分布

其次为江西省、新疆维吾尔自治区、湖南省、陕西省、贵州省、四川省、重庆市和甘肃省，提供负离子物质量均在45.00×10^{22}～100.00×10^{22}个/年之间，其余省（自治区、直辖市）和新疆生产建设兵团提供负离子物质量小于100.00×10^{22}个/年；吸收污染物物质量最大的工程省为贵州省（3.04万吨/年），其次为黑龙江省、河北省、陕西省、云南省、内蒙古自治区、重庆市和四川省，其吸收污染物物质量均在2.00万～3.00万吨/年之间，其余各工程省吸收污染物物质量均小于2.00万吨/年。各工程省滞尘、滞纳TSP物质量排序表现一致，均为黑龙江省、河北省和四川省最高，其余省（自治区、直辖市）和新疆生产建设兵团滞尘和滞纳TSP物质量分别小于420.00万吨/年和335.00万吨/年；根据2014年13个长江、黄河中上游流经省份退耕还林工程生态效益物质量评估方法，各工程省滞纳PM_{10}和$PM_{2.5}$物质量排序表现一致，四川省滞纳PM_{10}和$PM_{2.5}$物质量最大分别为420584.48吨/年和168235.38吨/年。其余12个工程省和新疆生产建设兵团采用新的计算方法，河北省滞纳PM_{10}物质量和安徽省$PM_{2.5}$物质量最高分别为502.57吨/年和178.24吨/年，其余省（自治区、直辖市）和新疆生产建设兵团滞纳PM_{10}物质量小于500.00吨/年，滞纳$PM_{2.5}$物质量小于160.00吨/年。

（6）防风固沙功能 全国退耕还林工程封山育林防风固沙物质量空间分布见图3-72，退耕还林工程森林防护生态效益物质量评估是针对防风固沙林进行的。我国中南部地区的

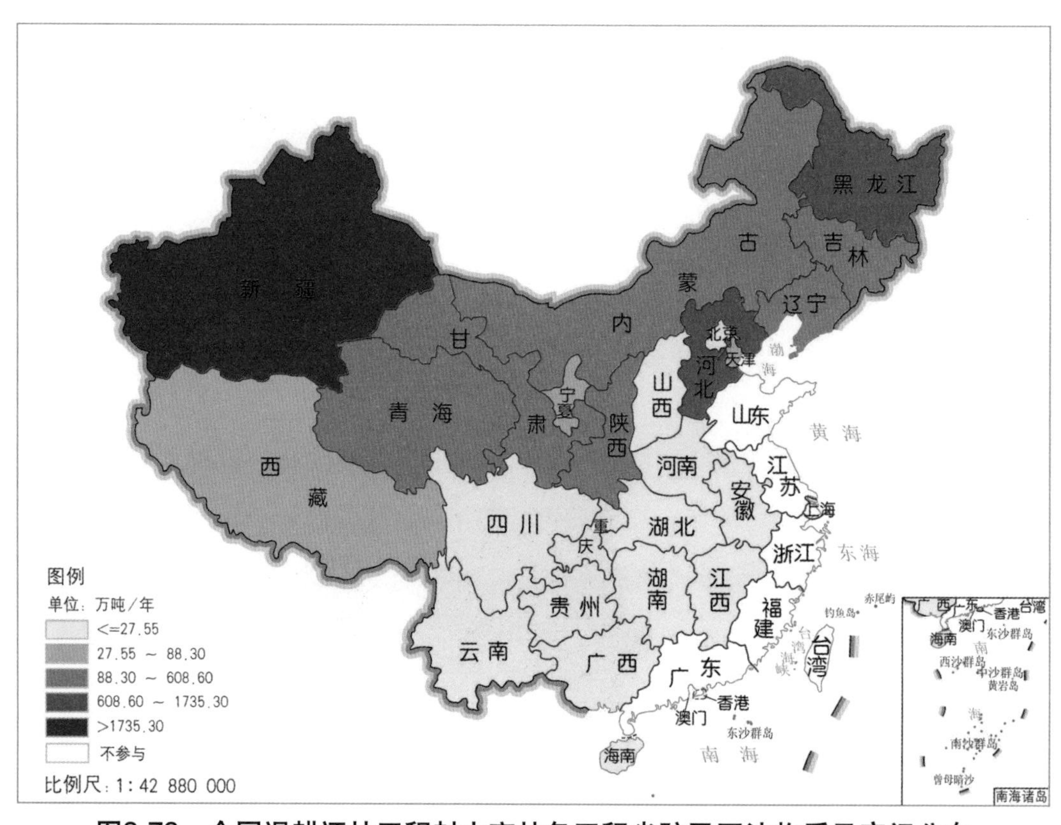

图3-72 全国退耕还林工程封山育林各工程省防风固沙物质量空间分布

云南省、贵州省、四川省、重庆市、湖北省、湖南省、江西省、安徽省、北京市、广西壮族自治区和海南省的退耕还林工程中由于没有营造防风固沙林。故其退耕还林工程生态效益物质量评估中未涉及防风固沙功能。中北部地区14个工程省和新疆生产建设兵团中，防风固沙物质量最高的为新疆维吾尔自治区（3906.75万吨/年），其次是新疆生产建设兵团（1963.38万吨/年）和河北省（1735.29万吨/年），以上3个区域防风固沙物质量显著高于其余退耕还林工程工程省。其余省（自治区、直辖市）防风固沙物质量均小于600.00万吨/年。

3.3　三种林种生态效益物质量评估

本报告中林种分类依据《国家森林资源连续清查技术规定》，结合退耕还林工程实际情况分为生态林、经济林和灌木林三种林种。三种林种中，生态林和经济林的划定以国家林业局《退耕还林工程生态林与经济林认定标准》（林退发〔2001〕550号）为依据。

3.3.1 生态林生态效益物质量评估

生态林是指在退耕还林工程中，营造以减少水土流失和风沙危害等生态效益为主要目的的林木，主要包括水土保持林、水源涵养林和防风固沙林等（国家林业局，2001）。全国退耕还林工程25个工程省和新疆生产建设兵团生态林生态效益物质量评估结果如表3-5所示。由于涵养水源和净化大气环境功能突出，以这两项功能为例分析中国退耕还林工程生态林生态效益物质量特征。

（1）涵养水源功能　全国退耕还林工程生态林涵养水源总物质量为280.45亿立方米/年。其中四川省涵养水源物质量最高，为43.69亿立方米/年，湖南省、重庆市、云南省和湖北省涵养水源物质量次之，其涵养水源物质量之和占全国退耕还林工程25个工程省和新疆生产建设兵团生态林涵养水源总物质量的50.75%（图3-73）。

（2）净化大气环境功能　全国退耕还林工程生态林滞纳TSP总物质量为27216.37万吨/年。其中，滞纳PM_{10}和$PM_{2.5}$的物质量分别为22653191.12吨/年和9060037.44吨/年。黑龙江省滞纳TSP物质量最高，为2899.68万吨/年；其中，滞纳PM_{10}物质量为2816.48吨/年，滞纳$PM_{2.5}$物质量为867.87吨/年。其次是湖南省、四川省和贵州省，生态林滞纳TSP物质量均大于2000.00万吨/年；其中，滞纳PM_{10}物质量均大于2000000.00吨/年，滞纳$PM_{2.5}$物质量均大于1000000.00吨/年（图3-74）。

表3-5　全国退耕还林工程各工程省生态林生态效益物质量

省级区域	涵养水源	保育土壤					固碳释氧		林木积累营养物质			净化大气环境						森林防护
		固土	固氮	固磷	固钾	固有机质	固碳	释氧	氮	磷	钾	负离子	吸收污染物	滞尘量				固沙量
														小计	TSP	PM_{10}	$PM_{2.5}$	
	(亿立方米/年)	(万吨/年)	(万吨/年)	(万吨/年)	(万吨/年)	(万吨/年)	(万吨/年)	(万吨/年)	(万吨/年)	(万吨/年)	(万吨/年)	($\times10^{22}$个/年)	(万吨/年)	(万吨/年)	(万吨/年)	(吨/年)	(吨/年)	(万吨/年)
内蒙古	10.26	1955.63	1.84	0.72	32.38	13.22	121.91	280.55	2.51	0.18	2.05	154.71	10.23	1210.73	968.48	1210593.36	484237.35	1829.55
宁夏	1.49	243.77	0.64	0.09	4.54	4.77	17.96	38.67	0.28	0.03	0.09	53.60	2.10	223.59	178.87	223587.10	89434.50	380.37
甘肃	11.28	1771.83	9.27	1.90	25.84	38.97	130.89	299.24	1.18	0.27	1.13	249.66	13.05	1575.57	1260.46	1575573.27	630229.31	2267.67
山西	8.07	1485.09	3.99	0.58	24.84	15.05	107.26	247.51	1.74	0.09	0.42	185.49	10.35	1257.39	1005.91	1257390.28	502956.11	514.99
陕西	10.04	1761.90	2.73	0.83	29.75	35.33	169.74	397.66	3.98	0.50	2.50	402.70	13.37	1484.05	1187.24	1484050.17	593616.07	2335.01
河南	10.69	2069.54	2.86	0.50	2.12	32.13	167.54	401.97	2.94	1.01	1.27	301.93	9.29	1100.36	880.28	1100358.88	440143.55	681.90
四川	43.69	5181.22	5.68	2.66	76.28	135.94	401.42	976.80	3.42	0.32	1.71	622.90	22.79	3118.91	2495.13	3118913.87	1247565.55	—
重庆	31.30	2945.21	11.32	2.34	40.63	81.53	255.48	616.80	2.13	0.81	1.47	395.75	16.55	2312.35	1849.88	2312349.01	924939.60	—
云南	19.91	1322.97	16.49	1.18	0.26	9.03	168.03	402.06	1.02	0.20	0.52	311.31	9.66	1275.02	1020.01	1275018.10	510007.24	—
贵州	14.91	2807.74	4.15	1.72	18.14	62.34	278.32	672.82	2.53	0.32	1.87	487.15	20.39	2827.69	2262.16	2827693.79	1131077.52	—
湖北	15.88	2068.68	3.49	2.59	11.63	48.91	215.59	522.29	3.07	0.43	1.73	543.23	10.79	1386.50	1109.21	1386503.45	554601.38	—
湖南	31.55	5162.19	5.67	7.32	47.65	111.99	258.74	610.22	2.55	0.22	1.40	672.27	20.68	3385.71	2708.57	3385710.63	1354284.25	—
江西	13.75	2908.80	4.43	2.71	27.96	63.96	142.71	341.05	1.67	0.29	0.80	336.70	9.39	1479.98	1183.98	1479982.67	591993.07	—
黑龙江	11.22	2922.84	9.16	4.40	42.19	93.58	159.28	378.62	4.29	0.80	1.10	157.94	8.92	3624.53	2899.68	2816.48	867.87	3313.58

（续）

省级区域	涵养水源	保育土壤					固碳释氧		林木积累营养物质			净化大气环境						森林防护
		固土	固氮	固磷	固钾	固有机质	固碳	释氧	氮	磷	钾	负离子	吸收污染物	滞尘量				固沙量
	（亿立方米/年）	（万吨/年）	（万吨/年）	（万吨/年）	（万吨/年）	（万吨/年）	（万吨/年）	（万吨/年）	（万吨/年）	（万吨/年）	（万吨/年）	（$\times10^{22}$个/年）	（万吨/年）	小计（万吨/年）	TSP（万吨/年）	PM_{10}（吨/年）	$PM_{2.5}$（吨/年）	（万吨/年）
吉林	7.38	1370.39	6.55	3.66	41.85	112.37	142.11	332.96	4.35	0.14	0.49	58.23	3.94	1327.51	1062.02	1160.99	419.16	2042.04
辽宁	8.79	1632.54	7.81	4.37	49.86	133.87	169.32	396.66	5.19	0.17	0.59	69.37	4.69	1581.47	1265.17	1383.08	499.34	1598.12
河北	6.03	1665.06	4.55	1.05	27.37	134.68	360.94	896.77	0.77	0.14	0.37	91.12	9.58	1552.60	1242.08	2223.25	1107.32	7757.77
新疆	0.24	146.99	1.13	0.56	12.43	9.37	23.95	52.83	0.39	0.09	0.24	175.39	1.98	417.94	334.35	1078.29	284.20	8898.71
新疆兵团	0.10	270.15	0.19	0.20	4.31	3.22	5.15	11.58	0.11	0.02	0.06	23.50	0.58	84.91	67.93	240.45	73.20	2367.17
安徽	8.78	1832.21	3.08	1.80	18.33	41.46	87.29	215.93	1.04	0.19	0.50	220.72	7.62	1204.14	963.31	2455.84	694.10	—
广西	12.12	2014.75	2.14	2.80	18.19	41.68	98.53	242.70	0.97	0.09	0.54	271.69	8.35	1290.67	1032.54	3450.63	841.76	0.00
青海	0.15	142.11	0.20	0.29	2.05	0.03	3.03	7.17	0.02	0.01	0.01	2.67	0.14	51.55	41.23	49.23	13.23	110.64
天津	0.03	37.11	0.03	0.02	0.26	0.02	0.72	1.69	0.02	<0.01	0.01	2.90	0.04	16.84	13.48	10.74	2.33	110.14
北京	0.50	122.93	0.76	0.31	2.24	0.12	6.42	15.03	0.14	0.01	0.08	31.41	0.36	86.96	69.58	178.07	52.72	1044.06
西藏	0.16	142.22	0.20	0.28	2.05	0.02	3.04	7.17	0.02	0.01	0.01	2.67	0.14	51.58	41.27	49.27	13.24	110.73
海南	2.13	215.22	0.24	0.07	2.56	0.05	19.79	48.49	0.48	0.02	0.10	42.24	0.71	91.94	73.55	370.21	83.46	—
合计	280.45	44199.08	108.61	44.95	565.71	1223.64	3515.16	8415.24	46.81	6.35	21.06	5867.24	215.69	34020.49	27216.37	22653191.12	9060037.44	35362.45

注：吸收污染物为森林吸收二氧化硫、氟化物和氮氧化物的物质量总和。

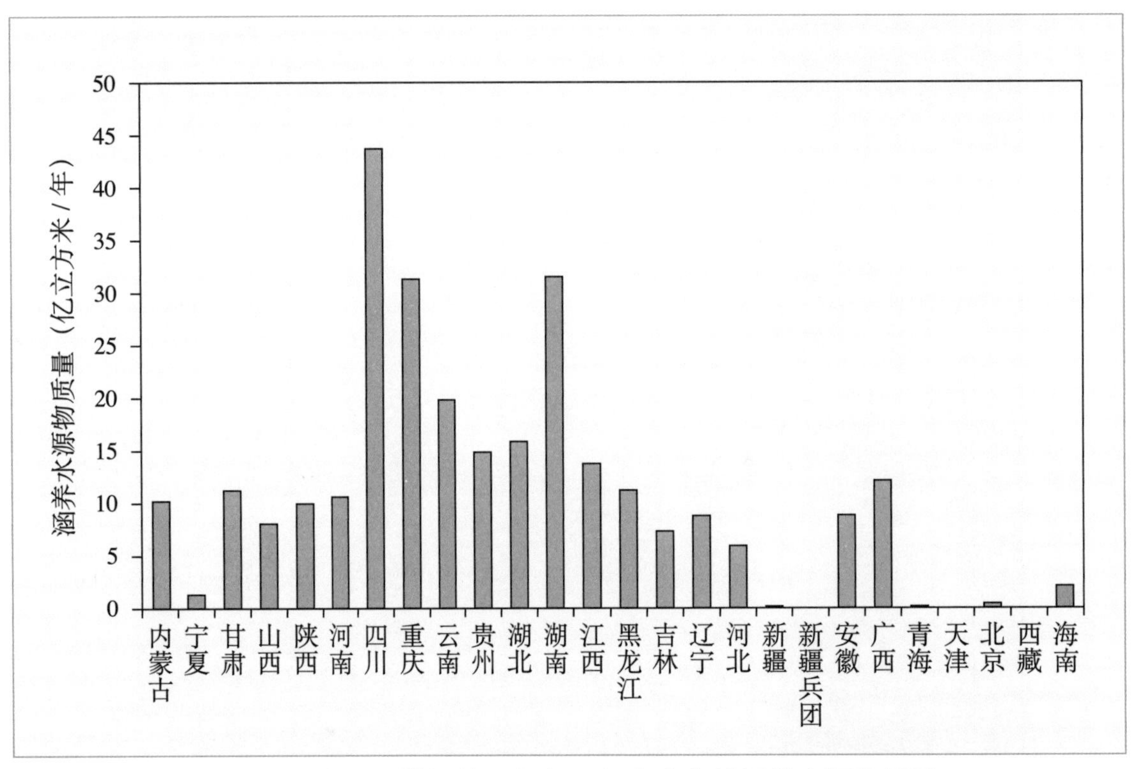

图3-73　全国退耕还林工程各工程省生态林涵养水源物质量

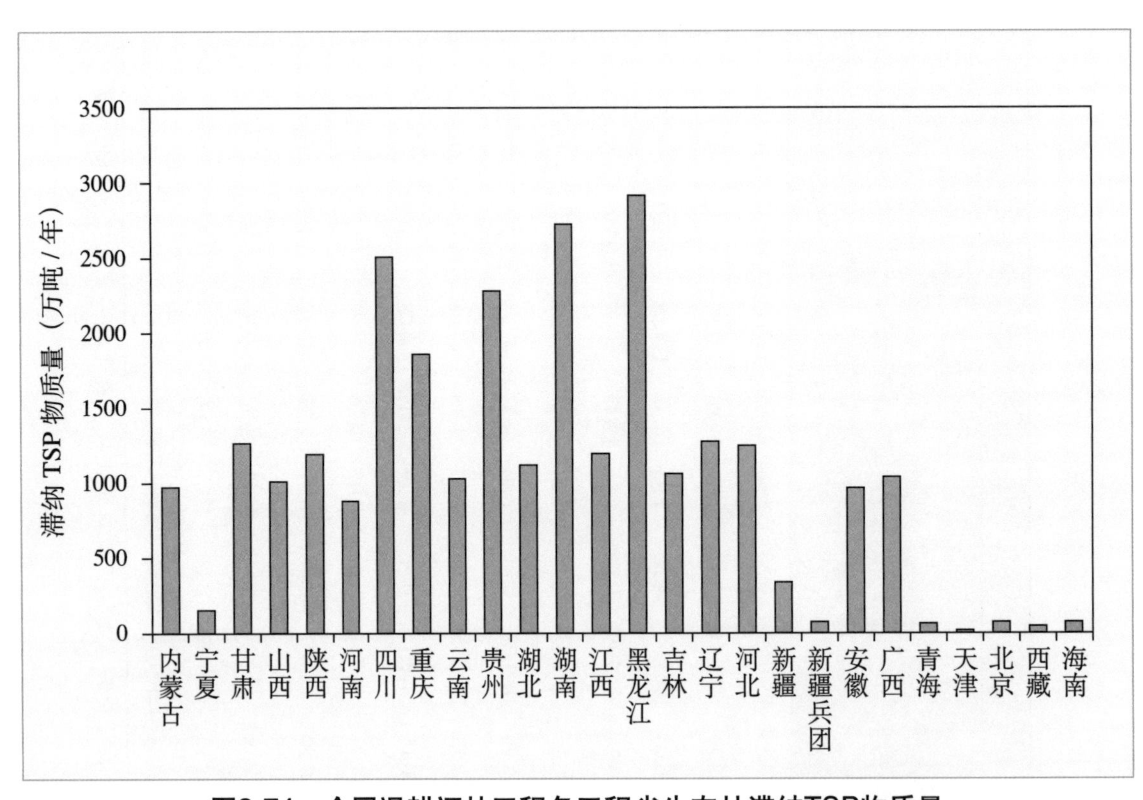

图3-74　全国退耕还林工程各工程省生态林滞纳TSP物质量

3.3.2 经济林生态效益物质量评估

全国退耕还林工程25个工程省和新疆生产建设兵团经济林生态效益物质量评估结果如表3-6所示。以涵养水源和净化大气环境两项优势功能为例，分析退耕还林工程25个工程省和新疆生产建设兵团经济林生态效益物质量特征。

（1）涵养水源功能　全国退耕还林工程经济林涵养水源总物质量为45.60亿立方米/年。其中，四川省涵养水源物质量最高，为11.06亿立方米/年；贵州省、湖北省、河南省、重庆省、甘肃省、陕西省和云南省涵养水源物质量次之，其涵养水源物质量之和占全国退耕还林工程25个工程省和新疆生产建设兵团经济林涵养水源总物质量的81.95%（图3-75）。

（2）净化大气环境功能　全国退耕还林工程经济林滞纳TSP总物质量为3903.83万吨/年。其中，滞纳PM_{10}和$PM_{2.5}$的物质量分别为3947944.29吨/年和1579035.40吨/年。四川省滞纳TSP物质量最高，为632.10万吨/年；其中，滞纳PM_{10}物质量为790124.84吨/年，滞纳$PM_{2.5}$物质量为316049.94吨/年。其次是陕西省、甘肃省、云南省和贵州省，经济林滞纳TSP物质量均大于300.00万吨/年，其中，滞纳PM_{10}物质量均大于400000.00吨/年，滞纳$PM_{2.5}$物质量均大于150000.00吨/年（图3-76）。

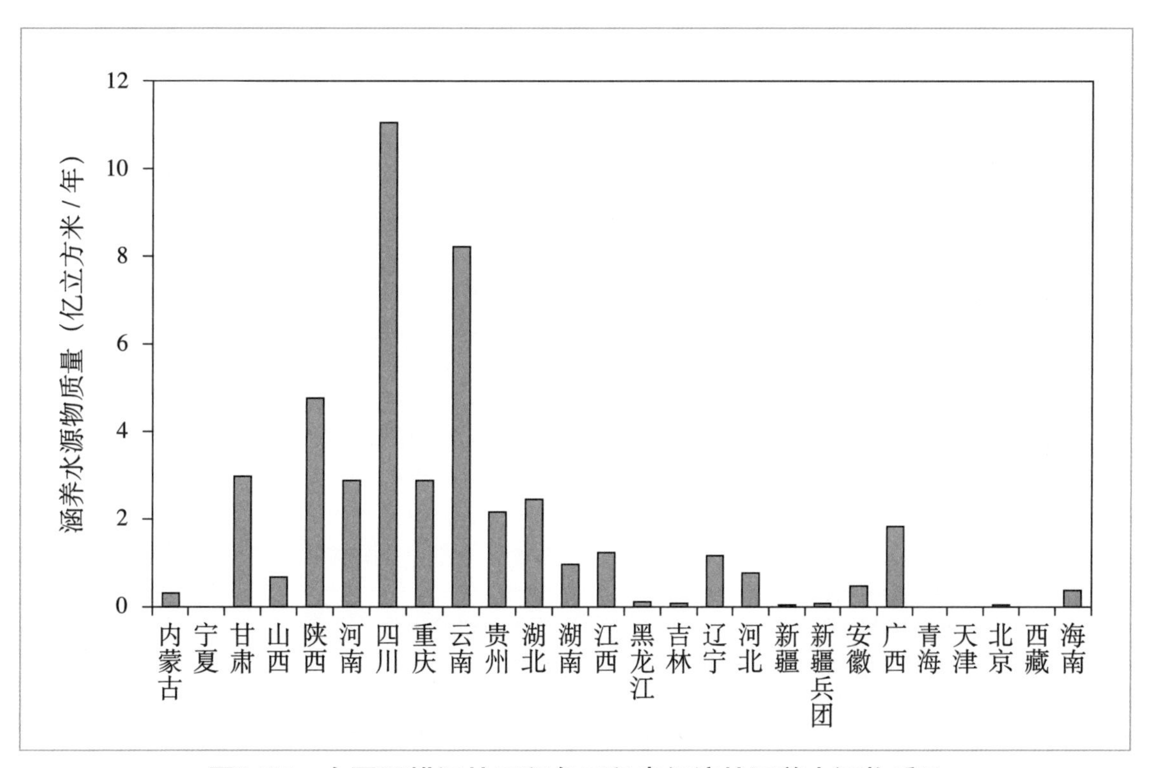

图3-75　全国退耕还林工程各工程省经济林涵养水源物质量

表3-6　全国退耕还林工程各工程省经济林生态效益物质量

省级区域	涵养水源	保育土壤					固碳释氧		林木积累营养物质			净化大气环境						森林防护
		固土	固氮	固磷	固钾	固有机质	固碳	释氧	氮	磷	钾	负离子	吸收污染物	滞尘量				固沙量
	(亿立方米/年)	(万吨/年)	(万吨/年)	(万吨/年)	(万吨/年)	(万吨/年)	(万吨/年)	(万吨/年)	(万吨/年)	(万吨/年)	(万吨/年)	($\times10^{22}$个/年)	(万吨/年)	小计(万吨/年)	TSP(万吨/年)	PM_{10}(吨/年)	$PM_{2.5}$(吨/年)	(万吨/年)
内蒙古	0.31	57.52	0.05	0.03	0.95	0.39	3.58	8.25	0.07	0.01	0.06	4.55	0.30	35.61	28.48	35605.69	14242.27	53.81
宁夏	—	—	—	—	—	—	—	—	—	—	—	—	—	—	—	—	—	—
甘肃	2.98	468.03	2.45	0.50	6.83	10.27	34.58	79.04	0.31	0.07	0.33	65.94	3.45	416.19	332.95	416189.17	166475.66	599.01
山西	0.68	125.85	0.34	0.05	2.10	1.28	9.09	20.98	0.15	0.01	0.03	15.72	0.88	106.56	85.25	106558.50	42623.40	43.64
陕西	4.75	832.90	1.29	0.40	14.06	16.70	80.24	187.99	1.88	0.24	1.18	190.37	6.31	701.55	561.24	701550.98	280620.39	1103.82
河南	2.87	557.18	0.77	0.13	0.57	8.65	45.11	108.22	0.79	0.27	0.34	81.29	2.50	296.25	237.00	296250.46	118500.18	183.59
四川	11.06	1312.57	1.44	0.67	19.32	34.69	101.69	247.46	0.86	0.08	0.45	157.80	5.77	790.13	632.10	790124.84	316049.94	—
重庆	2.88	270.82	1.04	0.22	3.73	7.50	23.49	56.71	0.20	0.07	0.14	36.39	1.52	212.63	170.10	212629.79	85051.92	—
云南	8.22	545.98	6.81	0.48	0.11	3.73	69.34	165.93	0.42	0.08	0.21	128.48	3.98	526.20	420.96	526197.94	210479.18	—
贵州	2.15	405.94	0.60	0.25	2.63	9.01	40.24	97.28	0.37	0.05	0.27	70.43	2.95	408.83	327.06	408823.20	163529.28	—
湖北	2.46	320.16	0.54	0.40	1.80	7.57	33.37	80.83	0.48	0.06	0.27	84.07	1.67	214.58	171.66	214577.92	85831.17	—
湖南	0.98	159.67	0.18	0.23	1.47	3.46	8.00	18.87	0.08	0.01	0.04	20.79	0.64	104.72	83.78	104723.77	41889.51	—
江西	1.24	261.47	0.40	0.24	2.52	5.74	12.83	30.65	0.15	0.03	0.07	30.26	0.84	133.03	106.43	133032.15	53212.86	—
黑龙江	0.12	29.82	0.10	0.05	0.43	0.96	1.63	3.87	0.04	0.01	0.01	1.61	0.09	37.02	29.59	28.74	8.86	33.81

（续）

省级区域	涵养水源	保育土壤					固碳释氧		林木积累营养物质			净化大气环境						森林防护
		固土	固氮	固磷	固钾	固有机质	固碳	释氧	氮	磷	钾	负离子	吸收污染物	滞尘量				固沙量
	(亿立方米/年)	(万吨/年)	(万吨/年)	(万吨/年)	(万吨/年)	(万吨/年)	(万吨/年)	(万吨/年)	(万吨/年)	(万吨/年)	(万吨/年)	($\times10^{22}$个/年)	(万吨/年)	小计(万吨/年)	TSP(万吨/年)	PM_{10}(吨/年)	$PM_{2.5}$(吨/年)	(万吨/年)
吉林	0.08	16.12	0.08	0.04	0.49	1.32	1.67	3.92	0.05	0.01	0.01	0.68	0.05	15.62	12.49	13.66	4.93	24.02
辽宁	1.16	216.36	1.03	0.57	6.61	17.74	22.44	52.57	0.68	0.03	0.08	9.19	0.62	209.59	167.67	183.30	66.18	211.80
河北	0.79	219.09	0.60	0.14	3.60	17.72	47.49	118.00	0.10	0.02	0.05	11.99	1.26	204.29	163.43	292.53	145.70	1020.76
新疆	0.05	32.26	0.25	0.12	2.73	2.06	5.25	11.60	0.09	0.02	0.05	38.50	0.43	91.74	73.39	236.70	62.38	1953.38
新疆兵团	0.07	196.48	0.13	0.14	3.14	2.34	3.74	8.36	0.08	0.02	0.05	17.09	0.43	61.75	49.40	174.87	53.24	1721.57
安徽	0.47	97.46	0.16	0.10	0.97	2.21	4.64	11.48	0.06	0.01	0.03	11.74	0.41	64.05	51.24	130.63	36.92	—
广西	1.82	302.21	0.32	0.42	2.73	6.25	14.78	36.41	0.14	0.01	0.08	40.75	1.25	193.60	154.88	517.59	126.26	—
青海	0.08	71.05	0.10	0.14	1.02	0.01	1.52	3.58	0.01	<0.01	<0.01	1.33	0.07	25.77	20.62	24.62	6.62	55.32
天津	0.01	9.87	0.01	<0.01	0.07	<0.01	0.19	0.45	<0.01	<0.01	<0.01	0.69	0.01	4.48	3.58	2.86	0.62	29.28
北京	0.04	9.35	0.06	0.02	0.17	0.01	0.49	1.14	0.01	<0.01	0.01	2.39	0.03	6.62	5.29	13.55	4.01	79.42
西藏	0.02	14.27	0.02	0.03	0.21	<0.01	0.30	0.72	<0.01	<0.01	<0.01	0.27	0.01	5.17	4.14	4.94	1.33	11.11
海南	0.32	32.49	0.04	0.01	0.39	0.01	2.99	7.32	0.07	<0.01	0.02	6.38	0.11	13.88	11.10	55.89	12.60	—
合计	45.60	6564.92	18.80	5.38	78.65	160.63	568.69	1361.64	7.09	1.11	3.78	1028.70	35.58	4879.86	3903.83	3947944.29	1579035.40	7124.34

注：吸收污染物为森林吸收二氧化硫、氟化物和氮氧化物的物质量总和。

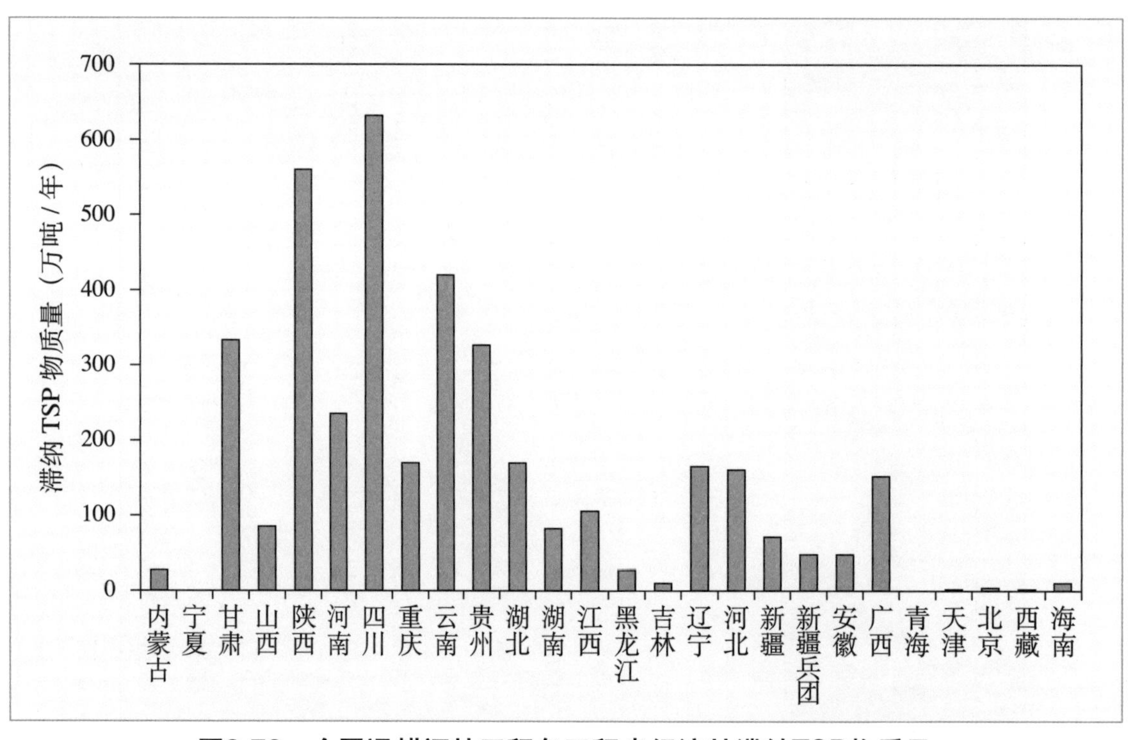

图3-76　全国退耕还林工程各工程省经济林滞纳TSP物质量

3.3.3 灌木林生态效益物质量评估

全国退耕还林工程25个工程省和新疆生产建设兵团灌木林生态效益物质量评估结果如表3-7所示。以涵养水源和净化大气环境两项优势功能为例，分析退耕还林工程25个工程省和新疆生产建设兵团灌木林生态效益物质量特征。

(1) 涵养水源功能　全国退耕还林工程灌木林涵养水源总物质量为59.18亿立方米/年。其中内蒙古自治区涵养水源物质量最高，为19.62亿立方米/年；陕西省、云南省、四川

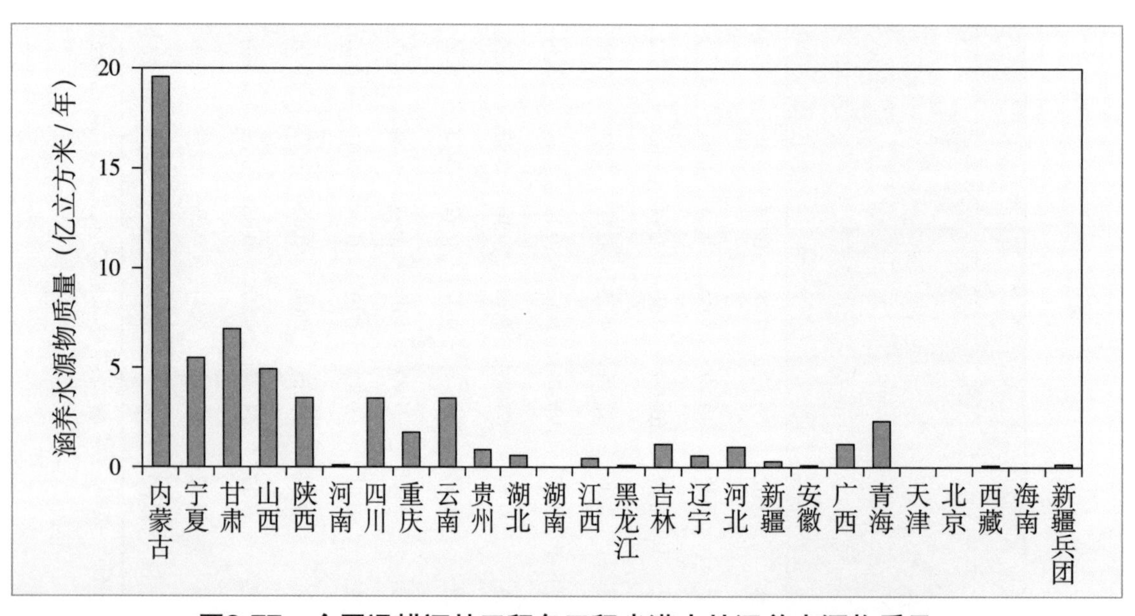

图3-77　全国退耕还林工程各工程省灌木林涵养水源物质量

表3-7　全国退耕还林工程各工程省灌木林生态效益物质量

省级区域	涵养水源	保育土壤					固碳释氧		林木积累营养物质			净化大气环境						森林防护
		固土	固氮	固磷	固钾	固有机质	固碳	释氧	氮	磷	钾	负离子	吸收污染物	滞尘量				固沙量
	(亿立方米/年)	(万吨/年)	(万吨/年)	(万吨/年)	(万吨/年)	(万吨/年)	(万吨/年)	(万吨/年)	(万吨/年)	(万吨/年)	(万吨/年)	($\times10^{22}$个/年)	(万吨/年)	小计(万吨/年)	TSP(万吨/年)	PM_{10}(吨/年)	$PM_{2.5}$(吨/年)	(万吨/年)
内蒙古	19.62	3738.70	3.53	1.38	61.91	25.27	233.06	536.35	4.78	0.34	3.91	295.77	19.55	2314.23	1851.49	2314369.67	925747.87	3497.66
宁夏	5.94	975.10	2.58	0.35	18.18	19.08	71.84	154.69	1.14	0.10	0.36	214.42	8.38	894.34	715.48	894348.41	357738.02	1521.49
甘肃	7.02	1103.22	5.77	1.18	16.09	24.26	81.50	186.32	0.74	0.17	0.72	155.45	8.12	981.02	784.81	981017.32	392406.93	1411.94
山西	4.92	906.15	2.44	0.35	15.15	9.19	65.44	151.03	1.06	0.05	0.26	113.18	6.32	767.22	613.78	767221.19	306888.48	314.23
陕西	3.47	608.66	0.95	0.29	10.28	12.20	58.64	137.37	1.38	0.17	0.86	139.11	4.62	512.67	410.14	512671.88	205068.75	806.64
河南	0.14	26.54	0.04	0.01	0.03	0.41	2.15	5.16	0.04	0.01	0.02	3.87	0.12	14.11	11.29	14107.17	5642.87	8.74
四川	3.50	414.50	0.45	0.22	6.10	10.95	32.12	78.14	0.27	0.03	0.14	49.83	1.82	249.51	199.61	249513.11	99805.24	—
重庆	1.80	169.26	0.65	0.13	2.34	4.68	14.68	35.45	0.12	0.05	0.08	22.75	0.95	132.89	106.32	132893.63	53157.45	—
云南	3.47	230.99	2.88	0.21	0.05	1.58	29.34	70.20	0.18	0.04	0.09	54.36	1.69	222.62	178.10	222622.21	89048.88	—
贵州	0.90	169.14	0.25	0.10	1.09	3.76	16.77	40.53	0.15	0.02	0.11	29.35	1.23	170.34	136.27	170343.00	68137.20	—
湖北	0.57	73.88	0.12	0.09	0.41	1.75	7.70	18.65	0.11	0.02	0.06	19.40	0.39	49.52	39.61	49517.98	19807.19	—
湖南	—	—	—	—	—	—	—	—	—	—	—	—	—	—	—	—	—	—
江西	0.46	98.05	0.15	0.09	0.94	2.16	4.81	11.50	0.06	0.01	0.03	11.35	0.32	49.89	39.91	49887.06	19954.82	—
黑龙江	0.11	29.83	0.01	0.04	0.43	0.95	1.62	3.86	0.05	0.01	0.01	1.61	0.09	37.02	29.59	28.74	8.85	33.81

（续）

省级区域	涵养水源	保育土壤					固碳释氧		林木积累营养物质			净化大气环境						森林防护
		固土	固氮	固磷	固钾	固有机质	固碳	释氧	氮	磷	钾	负离子	吸收污染物	滞尘量				固沙量
	（亿立方米/年）	（万吨/年）	（万吨/年）	（万吨/年）	（万吨/年）	（万吨/年）	（万吨/年）	（万吨/年）	（万吨/年）	（万吨/年）	（万吨/年）	（$\times10^{22}$个/年）	（万吨/年）	小计（万吨/年）	TSP（万吨/年）	PM_{10}（吨/年）	$PM_{2.5}$（吨/年）	（万吨/年）
吉林	1.22	225.71	1.07	0.61	6.89	18.51	23.41	54.84	0.72	0.02	0.08	9.59	0.64	218.65	174.92	191.22	69.04	336.33
辽宁	0.64	118.01	0.56	0.32	3.60	9.68	12.24	28.67	0.38	0.01	0.04	5.02	0.34	114.32	91.46	99.98	36.10	115.53
河北	1.12	306.72	0.84	0.19	5.04	24.81	66.49	165.20	0.14	0.03	0.07	16.78	1.77	286.00	228.80	409.55	203.98	1429.06
新疆	0.30	179.26	1.37	0.69	15.15	11.43	29.21	64.42	0.47	0.12	0.29	213.89	2.41	509.69	407.75	1314.98	346.59	10852.09
新疆兵团	0.27	761.35	0.51	0.56	12.15	9.06	14.50	32.36	0.32	0.06	0.18	66.22	1.64	239.29	191.43	677.64	206.29	6671.11
安徽	0.09	19.49	0.04	0.02	0.20	0.44	0.93	2.30	0.01	<0.01	0.01	2.35	0.08	12.81	10.25	26.13	7.38	—
广西	1.21	201.48	0.22	0.28	1.82	4.17	9.85	24.27	0.10	0.01	0.06	27.17	0.84	129.07	103.26	345.07	84.18	—
青海	2.32	2155.28	2.99	4.26	31.04	0.37	45.98	108.65	0.26	0.05	0.13	40.45	2.15	781.77	625.42	746.72	200.72	1678.07
天津	—	—	—	—	—	—	—	—	—	—	—	—	—	—	—	—	—	—
北京	—	—	—	—	—	—	—	—	—	—	—	—	—	—	—	—	—	—
西藏	0.09	80.10	0.11	0.16	1.15	0.01	1.71	4.04	0.01	<0.01	<0.01	1.50	0.08	29.05	23.24	27.75	7.46	62.37
海南	<0.01	0.08	<0.01	<0.01	<0.01	<0.01	0.01	0.02	<0.01	<0.01	<0.01	0.02	<0.01	0.03	0.03	0.13	0.03	—
合计	59.18	12591.49	27.62	11.53	210.04	194.72	824.00	1913.91	12.49	1.33	7.51	1493.43	63.56	8716.07	6972.96	6362380.55	2544574.32	28739.06

注：吸收污染物为森林吸收二氧化硫、氟化物和氮氧化物的物质量总和。

省、山西省、宁夏省和甘肃省涵养水源物质量次之，占全国退耕还林工程25个工程省和新疆生产建设兵团灌木林涵养水源总物质量的81.01%（图3-77）。

（2）净化大气环境功能　全国退耕还林工程生态林滞纳TSP总物质量为6972.96万吨/年。其中，滞纳PM_{10}和$PM_{2.5}$的物质量分别为6362380.55吨/年和2544574.32吨/年。内蒙古自治区滞纳TSP物质量最高，为1851.49万吨/年；其中，滞纳PM_{10}物质量为2314369.67吨/年，滞纳$PM_{2.5}$物质量为925747.87吨/年。其次是宁夏回族自治区、甘肃省和山西省，灌木林滞纳TSP物质量均大于600.00万吨/年；其中，滞纳PM_{10}物质量均大于700000.00吨/年，滞纳$PM_{2.5}$物质量均大于300000.00吨/年（图3-78）。

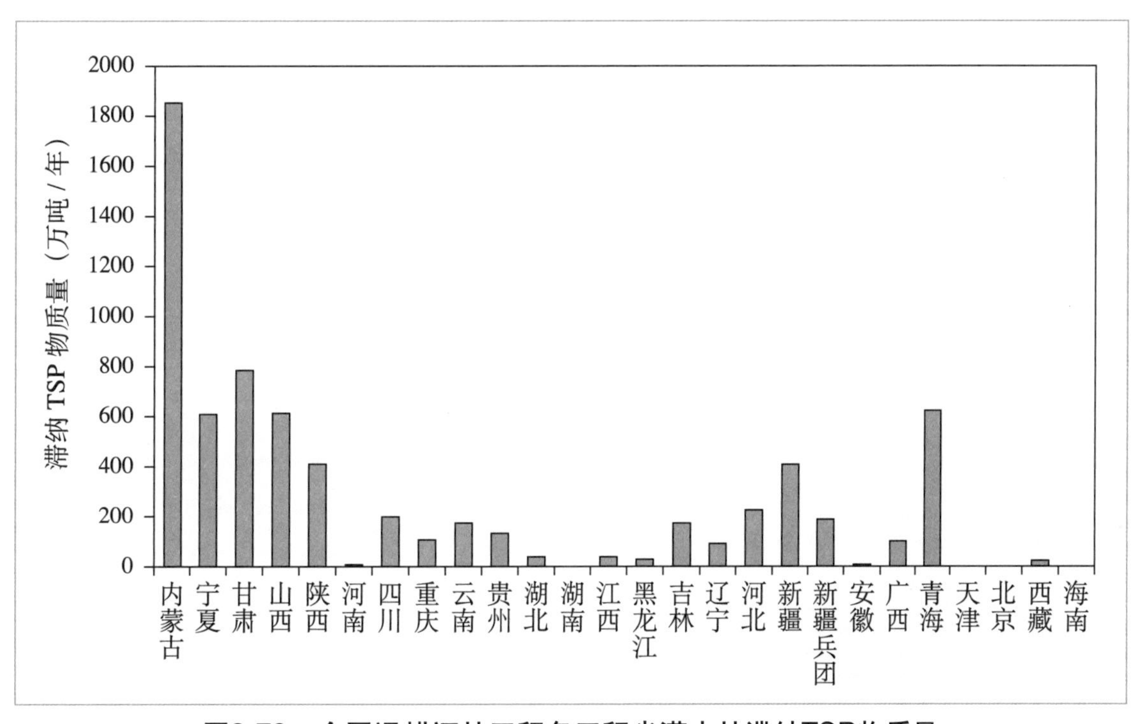

图3-78　全国退耕还林工程各工程省灌木林滞纳TSP物质量

第四章

全国退耕还林工程生态效益价值量评估

依据国家林业局《退耕还林工程生态效益监测评估技术标准与管理规范》（办退字〔2013〕16号），本章将在省级行政区尺度，采用全国退耕还林工程生态效益评估分布式测算方法，对全国25个工程省和新疆生产建设兵团的退耕还林工程开展生态效益价值量评估工作，探讨各工程省的退耕还林工程生态效益特征。

4.1　全国退耕还林工程生态效益价值量评估总结果

价值量评估主要是利用一些经济学方法对生态系统提供的服务进行评价。价值量评估的特点是评价结果用货币量体现，既能将不同生态系统与一项生态系统服务进行比较，也能将某一生态系统的各单项服务综合起来。运用价值量评价方法得出的货币结果能引起人们对区域生态系统服务足够的重视。

退耕还林工程生态效益价值量评估是指从货币价值量的角度对退耕还林工程提供的服务进行定量评估，其评估结果都是货币值，可以将不同生态系统的同一项生态系统服务进行比较，也可以将退耕还林工程生态效益的各单项服务综合起来，就使得价值量更具有直观性。本节将从价值量方面对25个工程省和新疆生产建设兵团的退耕还林工程生态效益进行评估。

全国25个工程省和新疆生产建设兵团退耕还林工程生态效益价值量及其分布如表4-1和图4-1所示。全国退耕还林工程每年产生的生态效益总价值量为13824.49亿元，相当于2015年该评估区林业总产值的3.12倍（国家统计局，2016），也相当于第一轮全国退耕还林工程总投资的3.41倍。其中，涵养水源4489.98亿元，保育土壤1145.98亿元，固碳释氧2198.93亿元，林木积累营养物质143.48亿元，净化大气环境3438.06亿元（其中，滞纳TSP 367.75亿元，滞纳PM_{10} 933.95亿元，滞纳$PM_{2.5}$ 1387.84亿元），生物多样性保护1802.44亿元，森林防护605.62亿元。

表4-1　全国退耕还林工程各工程省生态效益价值量

省级区域	涵养水源	保育土壤	固碳释氧	林木积累营养物质	净化大气环境							森林防护	生物多样性	总计
					负离子	吸收污染物	滞尘				合计			
							TSP	PM_{10}	$PM_{2.5}$	小计				
	(亿元/年)	(亿元/年)	(亿元/年)	(亿元/年)	(亿元/年)	(亿元/年)	(亿元/年)	(亿元/年)	(亿元/年)	(亿元/年)	(亿元/年)	(亿元/年)	(亿元/年)	(亿元/年)
内蒙古	361.99	101.18	159.52	22.79	0.38	5.96	6.83	100.76	116.07	290.33	296.67	129.33	131.89	1203.37
宁夏	82.77	28.04	33.80	3.77	0.42	0.03	1.81	26.76	30.83	77.11	77.56	35.12	35.87	296.93
甘肃	255.16	103.76	109.37	7.95	0.51	5.38	5.70	84.13	96.91	242.40	248.29	102.83	101.8	929.16
山西	163.87	58.85	80.94	7.98	0.34	3.95	4.09	60.31	69.48	173.77	178.06	20.95	69.28	579.93
陕西	218.55	71.08	138.71	22.54	0.55	5.23	5.18	76.36	87.96	220.02	225.80	63.68	99.08	839.44
河南	164.28	28.49	94.04	13.17	0.43	3.11	2.71	39.92	45.99	115.03	118.57	21.01	45.37	484.93
四川	698.56	142.95	247.68	13.49	0.40	6.72	7.98	117.69	135.57	339.09	346.21	—	252.76	1701.65
重庆	431.49	93.18	135.13	9.77	0.44	4.01	5.10	75.22	86.65	216.73	221.18	—	193.78	1084.53
云南	378.91	80.99	121.96	5.22	0.62	4.00	3.89	57.27	65.98	165.02	169.64	—	139.86	896.58
贵州	215.44	52.38	154.11	9.70	0.69	5.48	6.54	96.41	111.06	277.80	283.97	—	111.59	827.19
湖北	222.70	42.06	117.20	11.37	0.34	<0.01	3.16	46.71	53.81	134.60	134.94	—	80.91	609.18
湖南	389.96	97.26	120.73	7.81	0.71	4.60	6.70	98.78	113.79	284.62	289.93	—	145.66	1051.35
江西	185.08	59.40	73.12	5.88	0.39	2.01	2.79	47.06	54.21	135.60	138.00	—	68.90	530.38
黑龙江	117.89	23.71	70.73	0.44	0.15	1.30	76.93	0.90	42.52	138.28	139.73	17.12	29.65	399.27

（续）

省级区域	涵养水源	保育土壤	固碳释氧	林木积累营养物质	净化大气环境							森林防护	生物多样性	总计
					负离子	吸收污染物	滞尘				合计			
							TSP	PM_{10}	$PM_{2.5}$	小计				
	（亿元/年）	（亿元/年）	（亿元/年）	（亿元/年）	（亿元/年）	（亿元/年）	（亿元/年）	（亿元/年）	（亿元/年）	（亿元/年）	（亿元/年）	（亿元/年）	（亿元/年）	（亿元/年）
吉林	89.37	31.26	71.94	0.36	0.07	0.66	32.49	0.43	23.68	64.04	64.77	12.40	12.41	282.51
辽宁	109.04	38.14	87.77	0.44	0.08	0.81	39.63	0.52	28.89	78.13	79.02	9.71	60.51	384.63
河北	81.81	29.46	214.00	0.14	0.11	1.80	42.49	0.91	69.96	122.18	124.09	24.87	17.33	491.70
新疆	6.05	12.88	23.99	0.15	0.41	0.69	21.20	0.82	33.28	59.91	61.01	116.00	26.13	246.21
新疆兵团	4.59	8.04	9.77	0.08	0.10	0.38	8.09	0.34	16.11	26.19	26.67	44.81	10.09	104.05
安徽	96.25	11.81	41.70	0.15	0.22	1.16	26.64	0.82	35.45	68.41	69.79	—	62.49	282.19
广西	156.00	13.88	55.12	0.17	0.32	1.49	33.56	1.35	50.52	92.32	94.13	—	94.13	413.43
青海	26.31	13.48	21.89	0.04	0.04	0.34	17.87	0.26	10.59	32.84	33.22	4.36	2.41	101.71
天津	0.45	0.12	0.39	<0.01	<0.01	0.01	0.44	<0.01	0.14	0.69	0.70	0.33	0.22	2.21
北京	5.58	1.18	2.97	0.02	0.03	0.06	1.95	0.06	2.72	5.16	5.25	2.66	0.74	18.40
西藏	2.63	1.35	2.19	<0.01	<0.01	0.03	1.78	0.03	1.06	3.29	3.32	0.44	0.24	10.17
海南	25.25	1.05	10.16	0.05	0.05	0.12	2.20	0.13	4.61	7.37	7.54	—	9.34	53.39
总计	4489.98	1145.98	2198.93	143.48	7.80	59.33	367.75	933.95	1387.84	3370.93	3438.06	605.62	1802.44	13824.49

所有工程省中，四川省退耕还林工程生态效益总价值量最大，为1701.65亿元/年，相当于2015年四川省生产总值的5.67%（国家统计局，2016）；内蒙古自治区、重庆市、湖南省和甘肃省次之，每年退耕还林工程生态效益总价值量均在920.00亿～1300.00亿元/年之间；云南省、陕西省、贵州省、湖北省、山西省、江西省、河北省、河南省和广西壮族自治区的退耕还林工程生态效益总价值量均在400.00亿～900.00亿元/年之间；黑龙江省、辽宁省、宁夏回族自治区、吉林省、安徽省、新疆维吾尔自治区、新疆生产建设兵团和青海省退耕还林工程生态效益总价值量在100.00亿～400.00亿元/年之间；其余省份退耕还林工程生态效益总价值量低于100.00亿元/年。

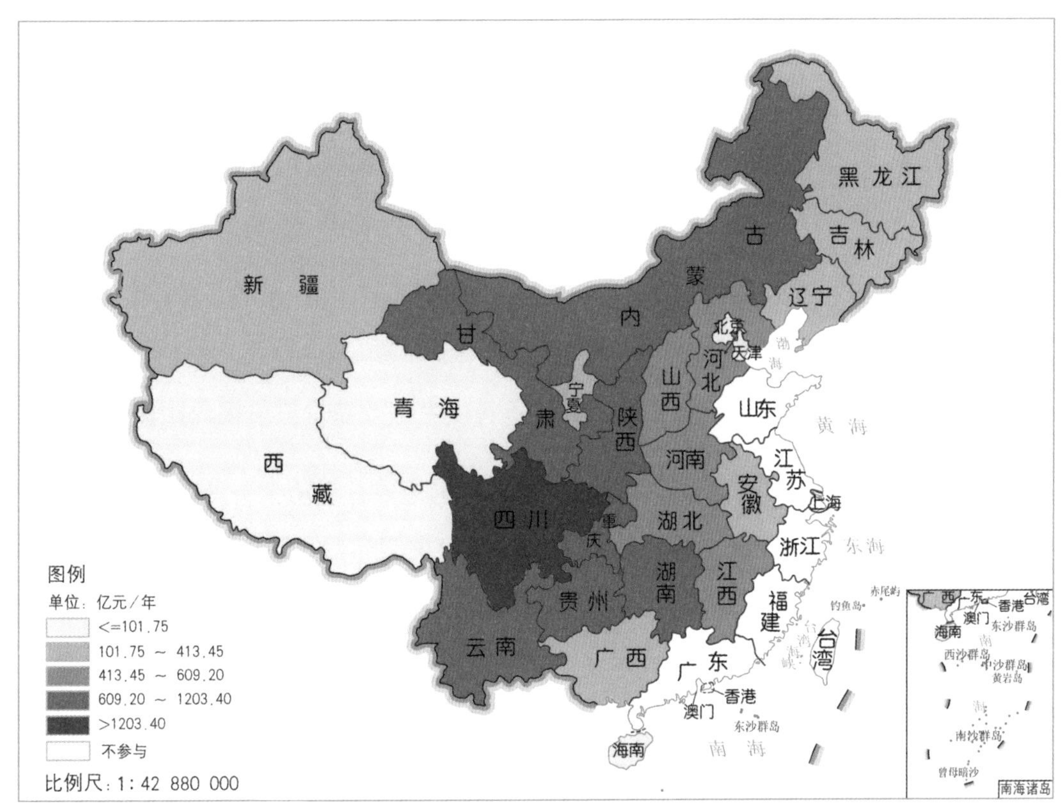

图4-1　全国退耕还林工程各工程省生态效益总价值量空间分布

注：新疆生产建设兵团退耕还林工程生态效益价值量见表4-1，图4-2至图4-15同。

25个工程省和新疆生产建设兵团退耕还林工程各生态效益价值量所占相对比例分布如图4-2所示。全国退耕还林工程生态效益的各分项价值量分配中，地区差异较为明显。除森林防护功能和涵养水源功能外，其余评估指标价值量所占相对比例差异相对较小。森林防护功能和涵养水源功能在空间上表现为西部工程省（新疆生产建设兵团、新疆维吾尔自治区、甘肃省、宁夏回族自治区等）森林防护价值量所占比例相对较高，所占比例在11.07%～47.11%之间；相对的西部工程省（新疆维吾尔自治区、青海省和西藏自治区等）和新疆生产建设兵团涵养水源功能较其他省份该项功能占比较低，所占比例在

2.46%～25.87%之间。四川省、重庆市、贵州省、江西省、云南省、湖北省、广西壮族自治区、安徽省、海南省和湖南省在退耕还林工程中由于没有营造防风固沙林，因此其生态效益评估中不包括森林防护功能。

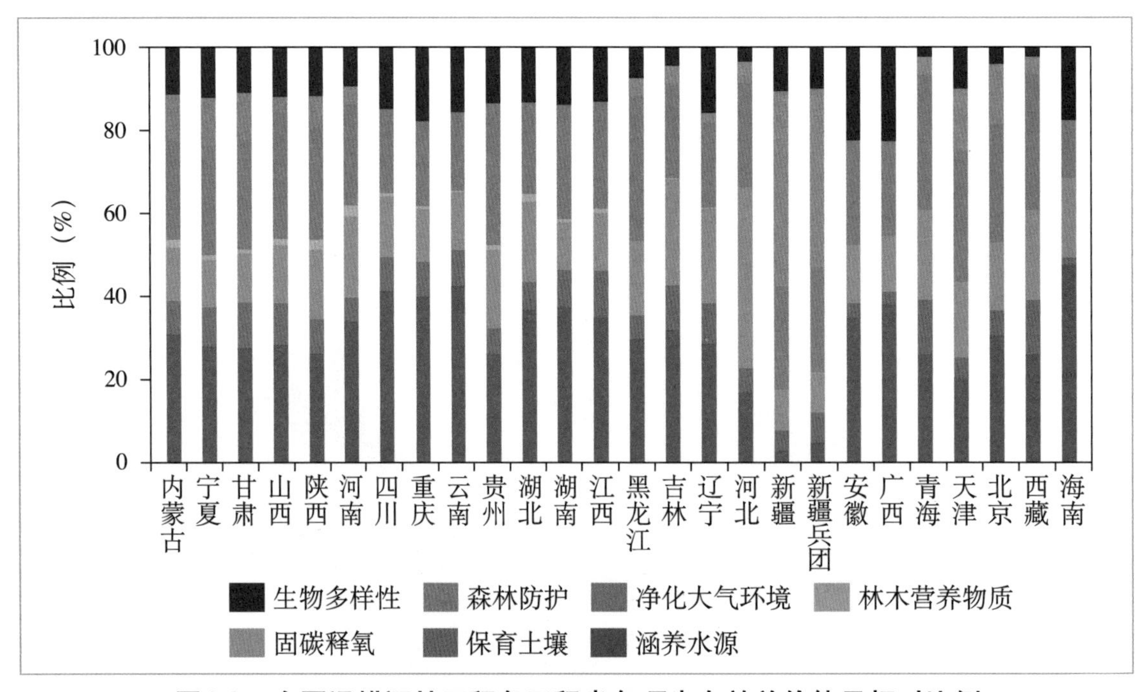

图4-2　全国退耕还林工程各工程省各项生态效益价值量相对比例

退耕还林工程实施引起的林地面积增加是森林生态效益价值上升的主要原因（Zhang *et al.*，2013）。各工程省退耕还林工程生态效益价值量的高低与其退耕还林面积大小表现基本一致，退耕还林面积较大的四川省、内蒙古自治区，其退耕还林工程生态效益总价值量也相对较高。但除了面积外，林种组成、降水和温度等影响林木生长发育的环境因子，也在很大程度上影响着退耕还林工程生态效益的发挥。如重庆市、湖南省的退耕还林总面积虽然相对较少，低于退耕还林工程总面积最大的内蒙古自治区的一半，但其生态林的总面积却仅低于四川省，分别为110.32万公顷和138.80万公顷，这使得其退耕还林工程生态效益总价值量相对较高，分别为内蒙古自治区退耕还林工程生态效益总价值量的90.12%和87.37%。当然，重庆市、湖南省有利于林木生长的水热条件也是其退耕还林工程生态效益总价值量相对较高的原因之一。

图4-3是退耕还林工程各项生态效益价值量占全国退耕还林工程生态效益总价值量的比例分布。可以看出，全国退耕还林工程各项生态效益价值量中，涵养水源价值量所占比例最大，为32.48%；其次为净化大气环境、固碳释氧和生物多样性保护，价值量所占比例分别为24.87%、15.90%和13.04%，这与各省森林生态系统服务的评估结果及第一次退耕还林工程生态效益评估结果有所不同（“中国森林资源核算研究”项目组，2010；国家林业局，2014）。差别在于此次评估结果的净化大气环境价值量所占比例较大。其

原因为本次评估在净化大气环境价值量计算公式中重点考虑了退耕还林工程营造林滞纳PM_{10}和$PM_{2.5}$的价值。在以往的评估中，PM_{10}、$PM_{2.5}$的价值量核算被包含在了降尘的清理费用中。但鉴于PM_{10}、$PM_{2.5}$对人体健康的危害，本报告用健康危害损失法计算退耕还林工程营造林分滞纳PM_{10}、$PM_{2.5}$的价值。由于PM_{10}、$PM_{2.5}$所造成的健康危害经济损失远远高于降尘清理费用（附表4），因此导致此次评估结果与其余评估结果的差异。林木滞纳PM_{10}、$PM_{2.5}$价值量的独立核算是对以往净化大气环境价值量核算的一次重大改进，与当前PM_{10}、$PM_{2.5}$对人体健康危害程度的加剧及人们对PM_{10}、$PM_{2.5}$的关注密切相关，具有与时俱进的重要意义。

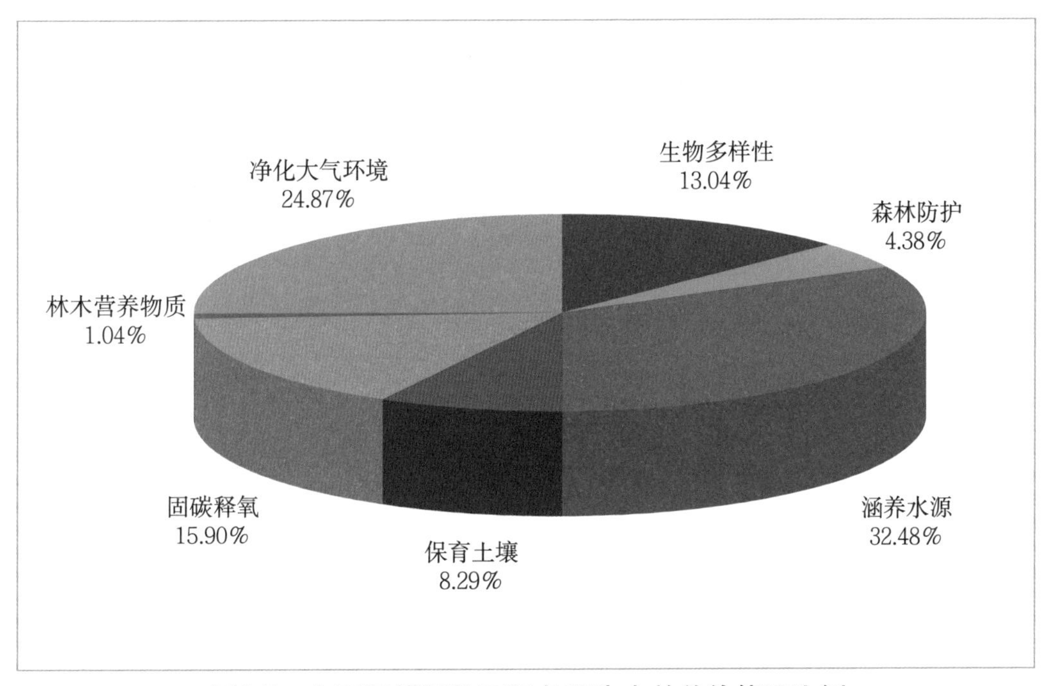

图4-3　全国退耕还林工程各项生态效益价值量比例

实施退耕还林工程，首要目的是恢复和改善生态环境，控制水土流失，减缓土地荒漠化。因此，在退耕还林工程植被恢复模式和林种的选择上，更侧重于涵养水源生态效益较高的方式。提高退耕还林林分的生物多样性，使其更接近于自然状态，是巩固退耕还林工程成果、增加退耕还林工程生态效益、促进退耕还林工程可持续发展的必要手段。此外，退耕还林工程实施十多年来，大多数新营造林分处于幼龄林或是中龄林阶段，在适宜的生长条件下，相对于成熟林或过熟林，具有更长的固碳期，累积的固碳量会更多。由此可见，人为选择和退耕还林工程的特殊性决定了各项生态效益价值量间的比例关系。

全国退耕还林工程生态效益呈现出明显的地区差异，且各地区生态系统服务的主导功能也不尽相同。

(1) 涵养水源功能　全国退耕还林工程涵养水源总价值量为4489.98亿元/年（表4-1），

其空间分布特征见图4-4。四川省涵养水源价值量最高，为698.56亿元/年；其次是重庆市，涵养水源价值量为431.49亿元/年；湖南省、云南省和内蒙古自治区涵养水源价值量均在300.00亿～400.00亿元/年之间；其余省（自治区、直辖市）和新疆生产建设兵团均低于300.00亿元/年。

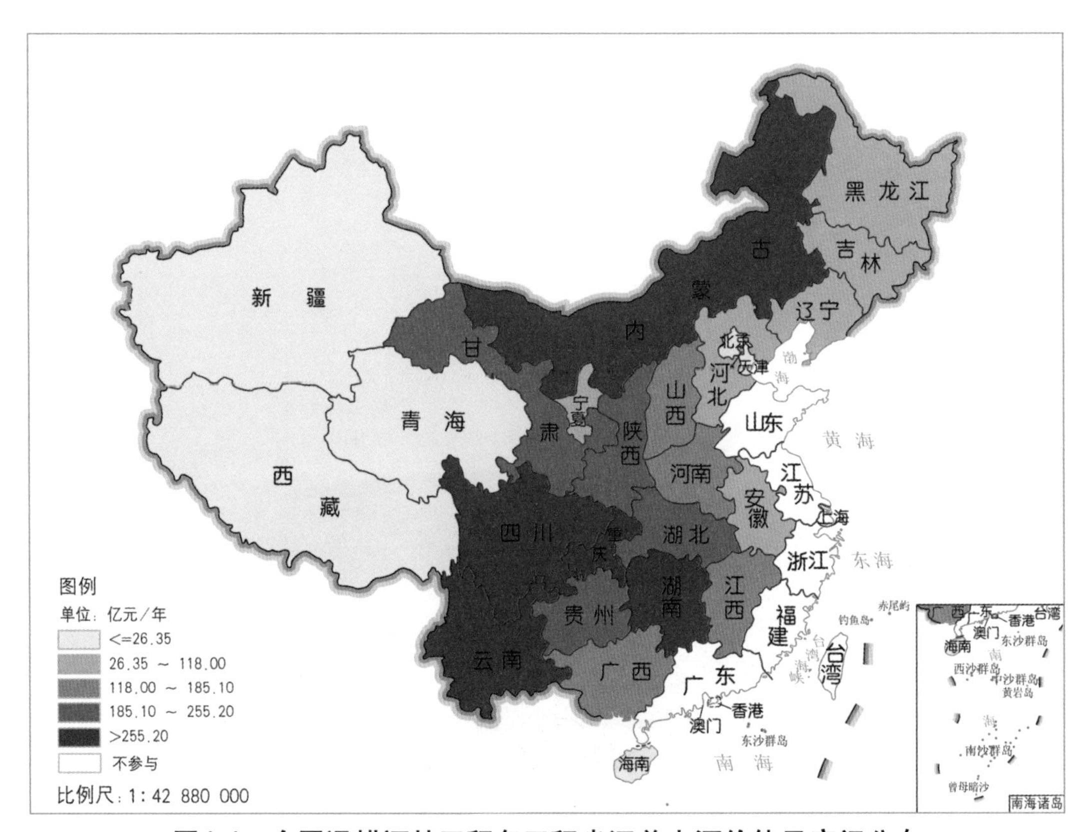

图4-4　全国退耕还林工程各工程省涵养水源价值量空间分布

（2）净化大气环境功能　全国退耕还林工程提供负离子总价值量为7.80亿元/年（表4-1），其空间分布特征见图4-5。湖南省最高，其提供负离子物质量为0.71亿元/年，占提供负离子总价值量的9.10%；贵州省、云南省和陕西省提供负离子价值量均在0.55亿～0.69亿元/年之间，3个省退耕还林工程提供负离子之和占提供负离子总价值量的23.85%；其余省（自治区、直辖市）和新疆生产建设兵团均低于0.55亿元/年。

全国退耕还林工程吸收污染物总价值量为59.33亿元/年（表4-1），其空间分布特征见图4-6。四川省吸收污染物的价值量最高，为6.72亿元/年；内蒙古自治区、贵州省、甘肃省和陕西省吸收污染物的价值量均在5.00亿～6.00亿元/年之间；其余省（自治区、直辖市）和新疆生产建设兵团吸收污染物的价值量均小于5.00亿元/年。

全国退耕还林工程滞尘总价值量为3370.93亿元/年（表4-1），其空间分布特征见图4-7。四川省滞尘的价值量最高，为339.09亿元/年；内蒙古自治区、湖南省、贵州省、甘肃省、陕西省和重庆市滞尘的价值量均在200.00亿～300.00亿元/年之间；其余省（自治区、直辖市）和新疆生产建设兵团滞尘的价值量均小于200.00亿元/年。

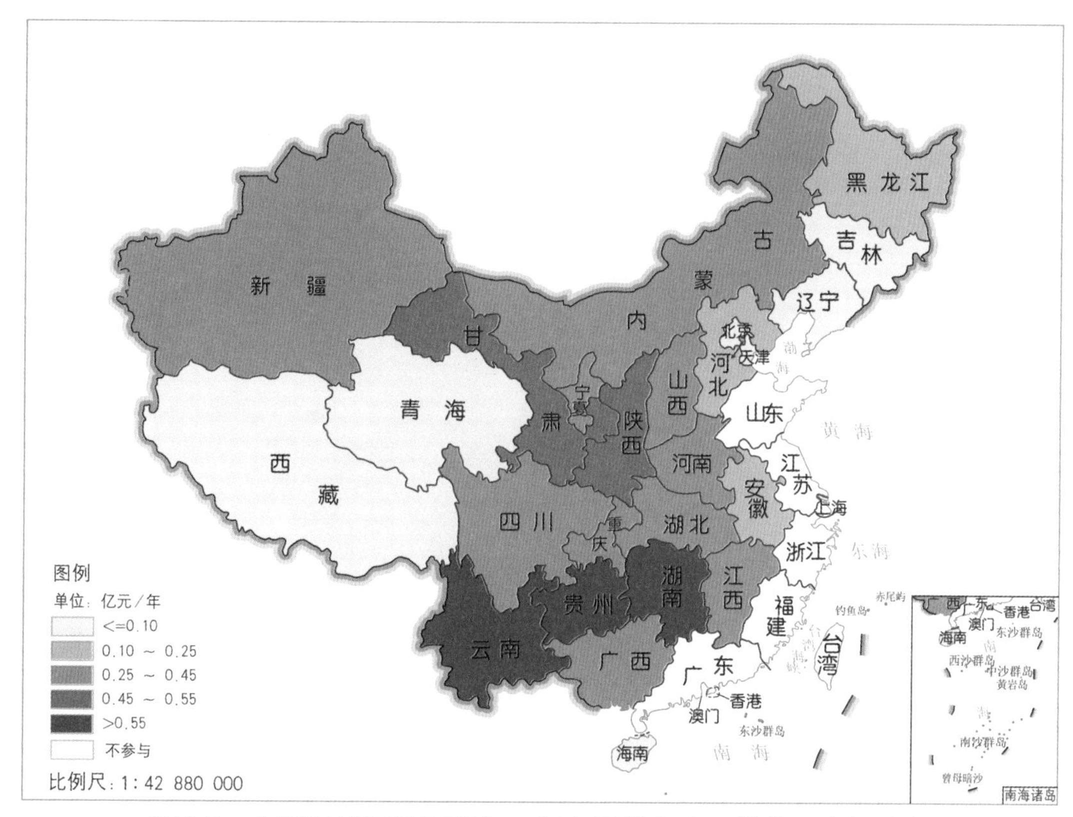

图4-5　全国退耕还林工程各工程省提供负离子价值量空间分布

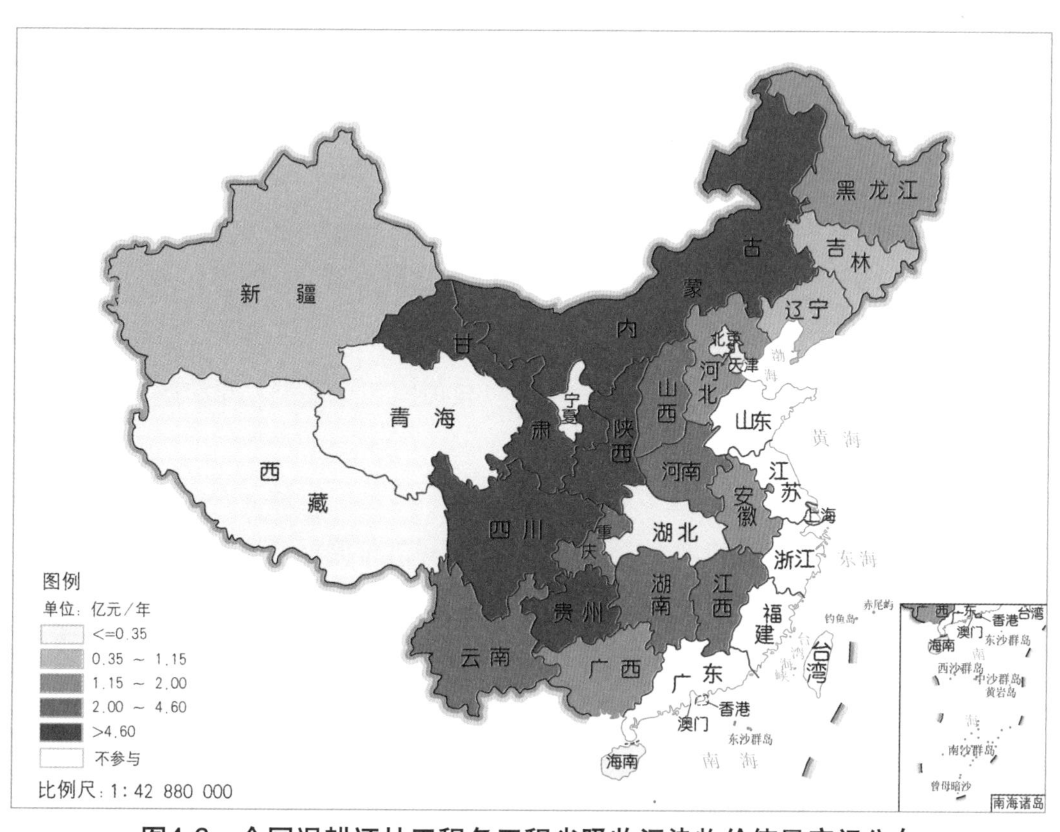

图4-6　全国退耕还林工程各工程省吸收污染物价值量空间分布

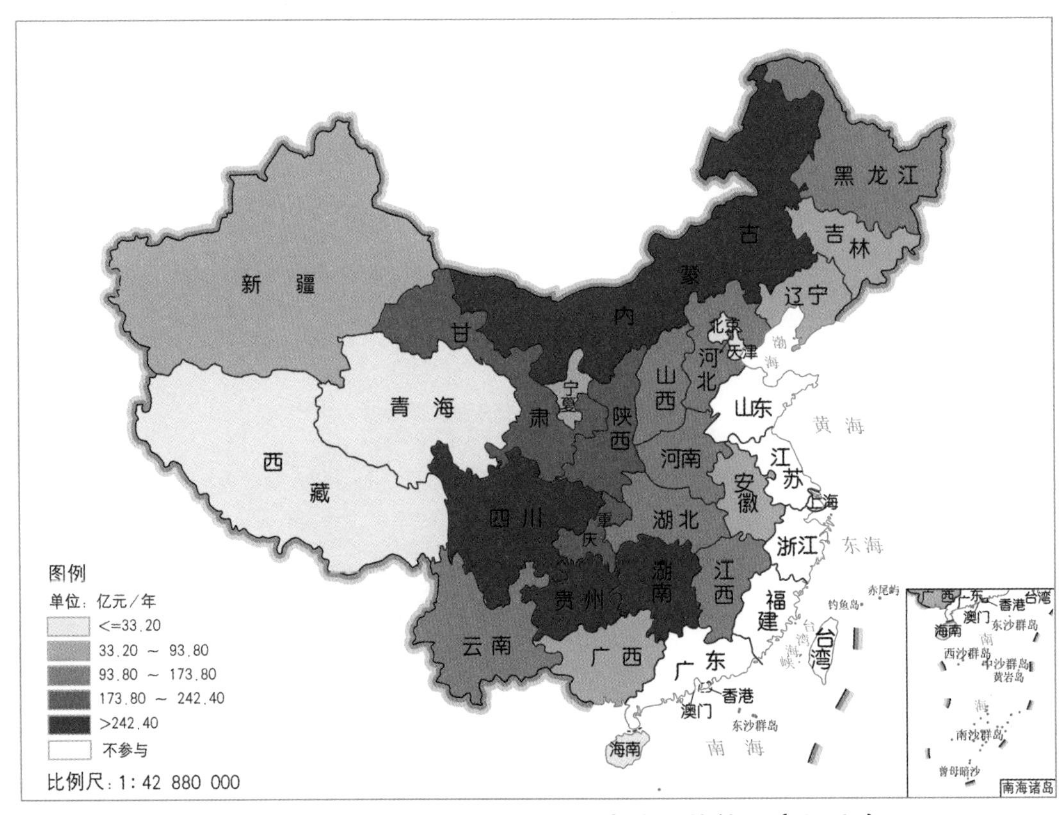

图4-7　全国退耕还林工程各工程省滞尘价值量空间分布

全国退耕还林工程滞纳TSP总价值量为367.75亿元/年，其中滞纳PM_{10}和$PM_{2.5}$总价值量分别为933.95亿元/年和1387.84亿元/年（表4-1），不同省（自治区、直辖市）和新疆生产建设兵团滞纳TSP价值量差异明显（图4-8至图4-10）。黑龙江省滞纳TSP价值量最高，为76.93亿元/年，滞纳PM_{10}和$PM_{2.5}$的价值量分别为0.90亿元/年和42.52亿元/年；河北省、辽宁省、广西壮族自治区和吉林省滞纳TSP价值量均在30.00亿～50.00亿元/年之间，其中河北省滞纳TSP价值量42.49亿元/年（滞纳PM_{10}和$PM_{2.5}$的价值量分别为0.91亿元/年和69.96亿元/年），辽宁省滞纳TSP价值量39.63亿元/年（滞纳PM_{10}和$PM_{2.5}$的价值量分别为0.52亿元/年和28.89亿元/年）；其余省（自治区、直辖市）和新疆生产建设兵团滞纳TSP价值量均低于30.00亿元/年。

（3）固碳释氧功能　全国退耕还林工程固碳释氧总价值量分别为2198.93亿元/年（表4-1），其空间分布特征见图4-11。四川省固碳释氧价值量最高；其次为河北省，固碳释氧价值量为214.00亿元/年；内蒙古自治区、贵州省、陕西省、重庆市、云南省、湖南省、湖北省和甘肃省固碳释氧价值量均在100.00亿～200.00亿元/年之间；其余省（自治区、直辖市）和新疆生产建设兵团固碳释氧价值量均低于100.00亿元/年。

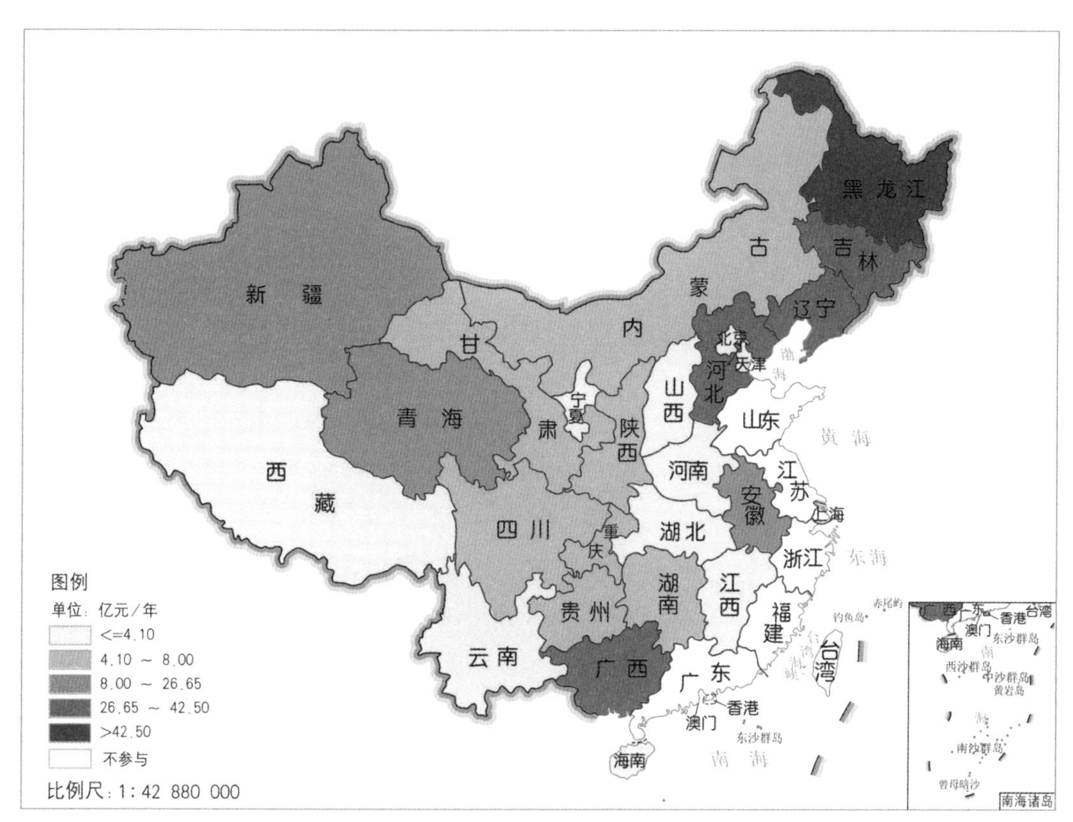

图4-8　全国退耕还林工程各工程省滞纳TSP价值量空间分布

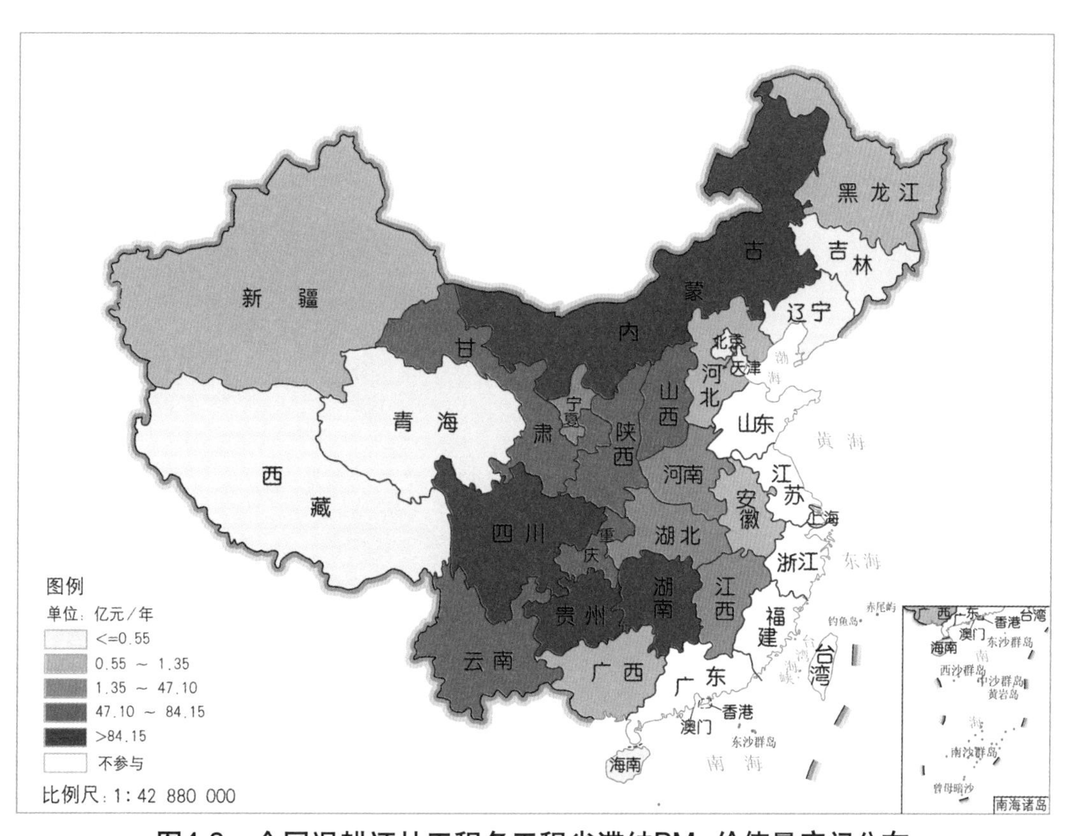

图4-9　全国退耕还林工程各工程省滞纳PM_{10}价值量空间分布

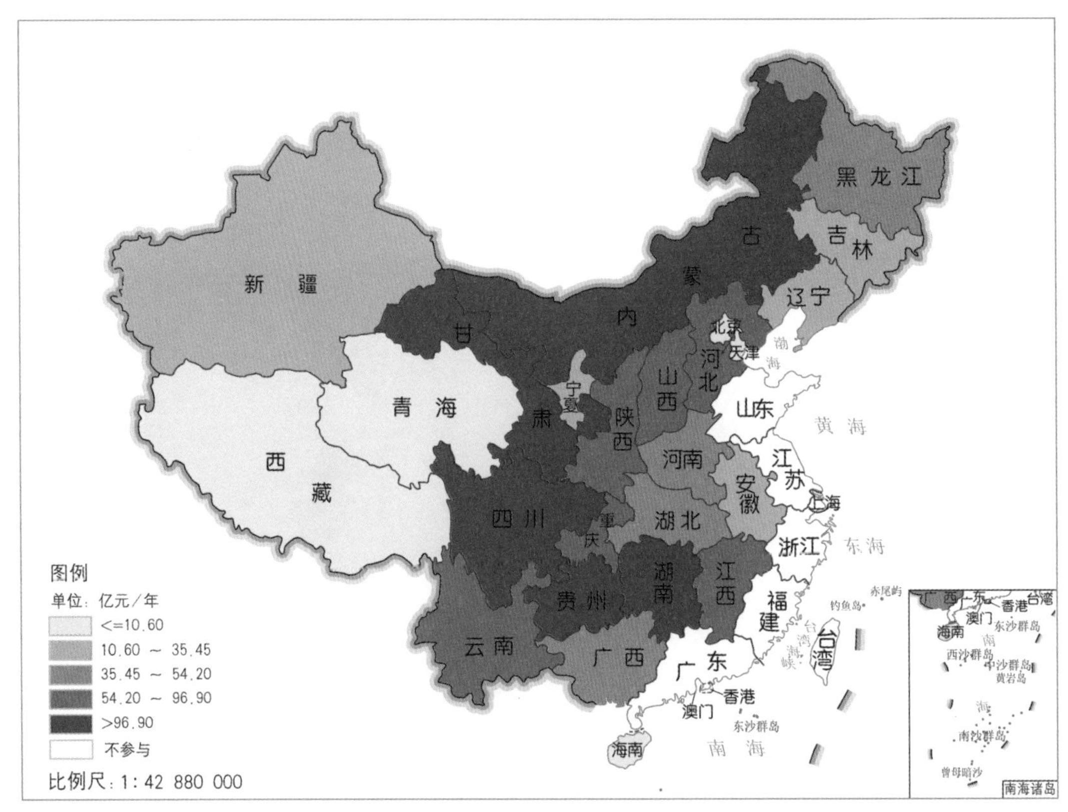

图4-10　全国退耕还林工程各工程省滞纳$PM_{2.5}$价值量空间分布

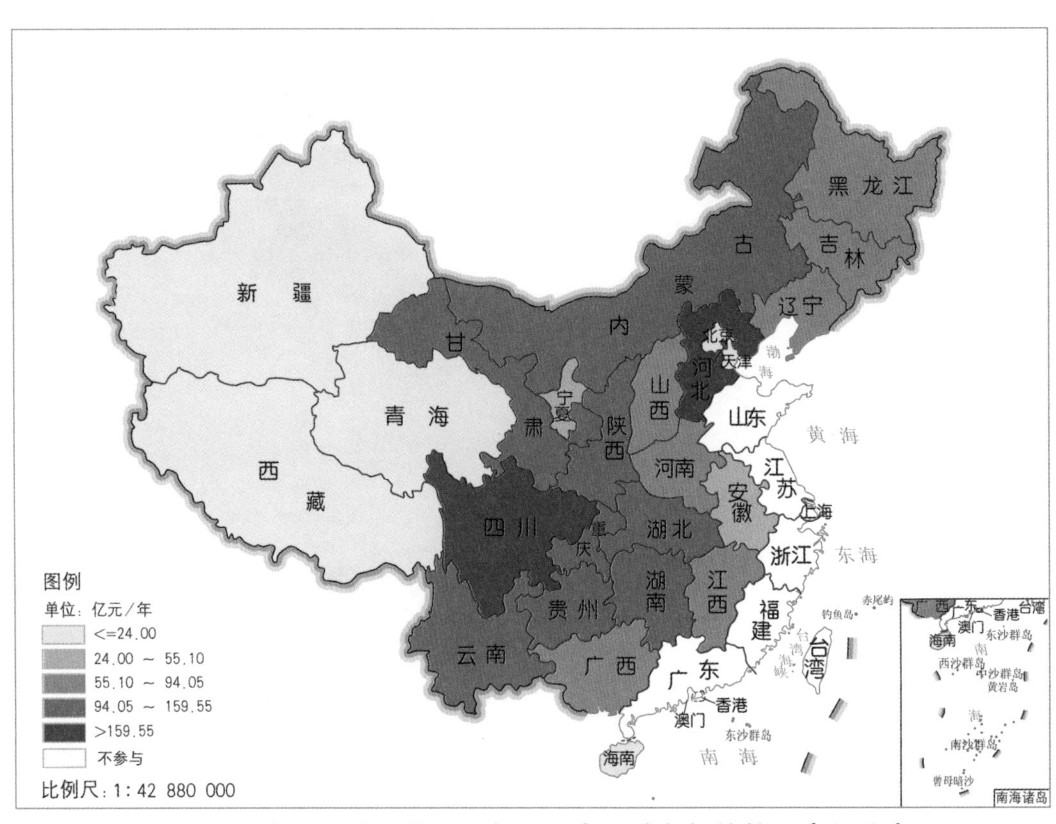

图4-11　全国退耕还林工程各工程省固碳释氧价值量空间分布

（4）**生物多样性保护功能** 全国退耕还林工程生物多样性保护总价值量为1802.44亿元/年（表4-1），其空间分布特征见图4-12。四川省生物多样性保护价值量最高；其次为重庆市，生物多样性保护价值量为193.78亿元/年；湖南省、云南省、内蒙古自治区、贵州省和甘肃省生物多样性保护价值量均在100.00亿～150.00亿元/年之间；其余省（自治区、直辖市）和新疆生产建设兵团生物多样性保护价值量均低于100.00亿元/年。

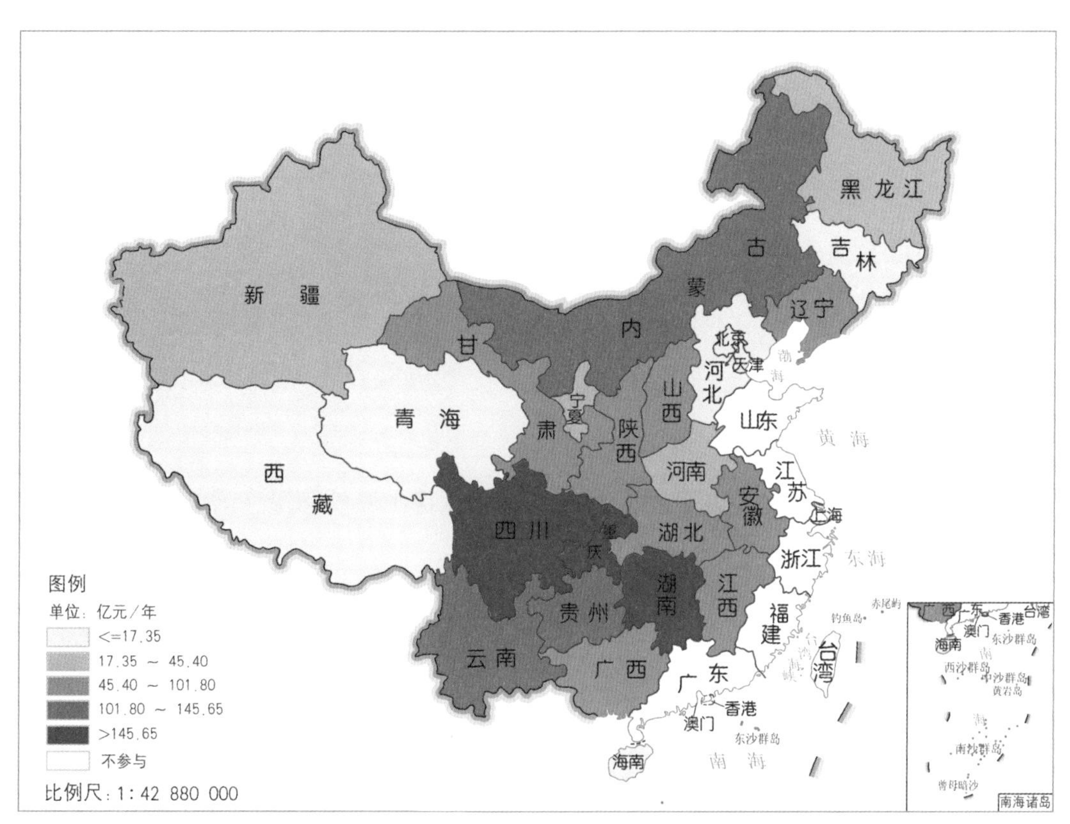

图4-12 全国退耕还林工程各工程省生物多样性价值量空间分布

（5）**保育土壤功能** 全国退耕还林工程保育土壤总价值量为1145.98亿元/年（表4-1），其空间分布特征见图4-13。四川省保育土壤价值量最高，为142.95亿元/年；甘肃次之，保育土壤价值量为103.76亿元/年；内蒙古自治区、湖南省、重庆市、云南省和陕西省保育土壤价值量均在60.00亿～102.00亿元/年之间；其余省（自治区、直辖市）和新疆生产建设兵团均低于60.00亿元/年。

（6）**森林防护功能** 全国退耕还林工程森林防护总价值量为605.62亿元/年（表4-1），其空间分布特征见图4-14。内蒙古自治区最高，为129.33亿元/年，占森林防护总价值量的21.35%；新疆维吾尔自治区和甘肃省次之，分别为116.00亿元/年和102.83亿元/年；其余省（自治区、直辖市）和新疆生产建设兵团森林防护价值量均小于100.00亿元/年。

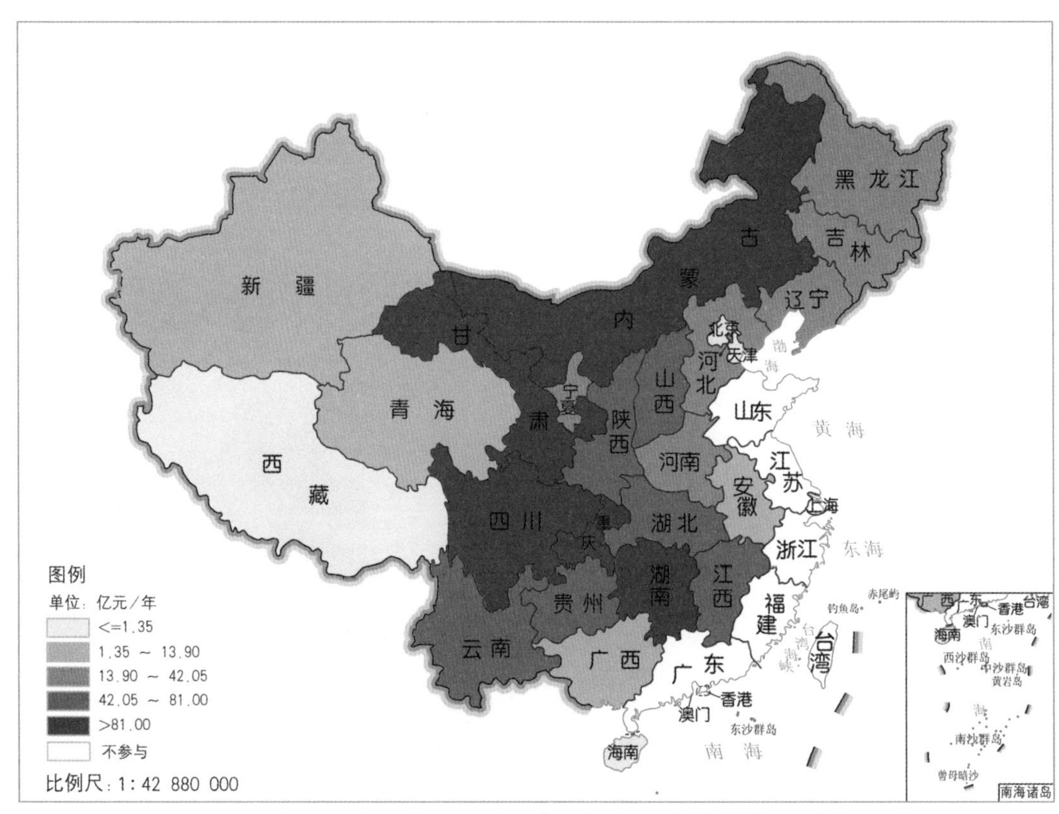

图4-13 全国退耕还林工程各工程省保育土壤价值量空间分布

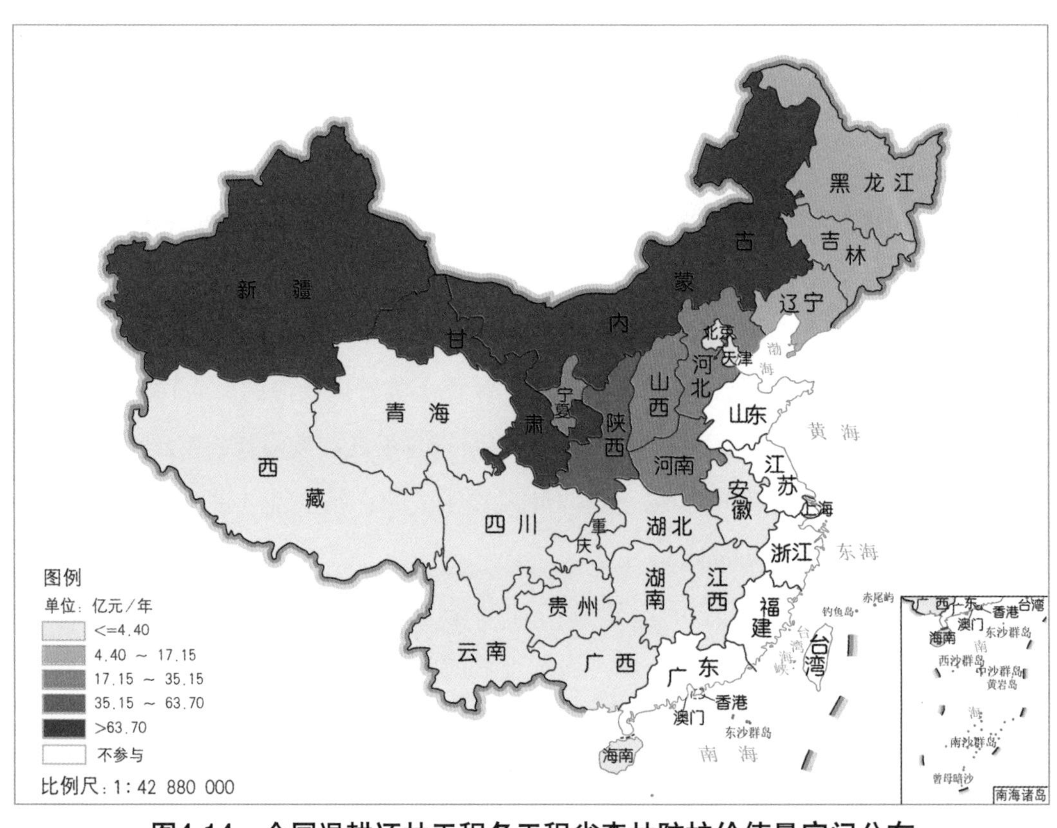

图4-14 全国退耕还林工程各工程省森林防护价值量空间分布

（7）林木积累营养物质功能　全国退耕还林工程林木积累营养总价值量为143.48亿元/年（表4-1），其空间分布特征见图4-15。内蒙古自治区林木积累营养价值量最高，为22.79亿元/年；陕西省次之，为22.54亿元/年；四川省、河南省和湖北省分别为13.49亿元/年、13.17亿元/年和11.37亿元/年；其余省（自治区、直辖市）和新疆生产建设兵团林木积累营养价值量均低于10.00亿元/年。

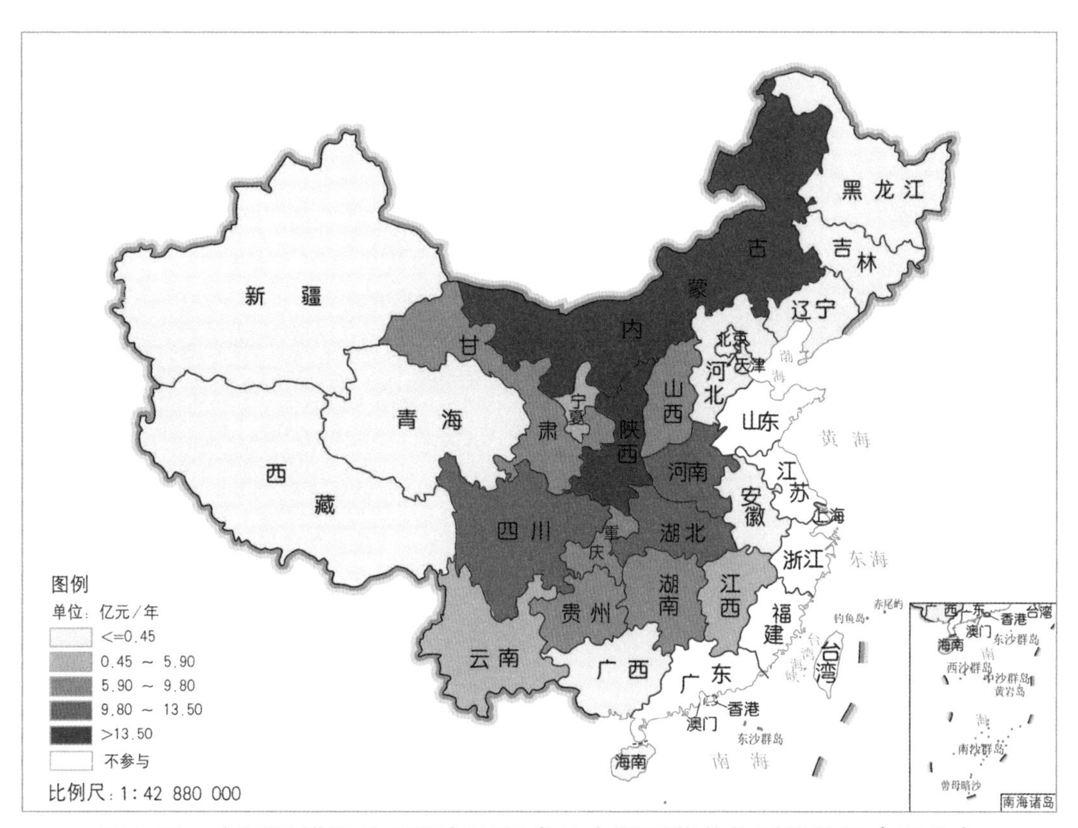

图4-15　全国退耕还林工程各工程省林木积累营养物质价值量空间分布

4.2　三种植被恢复模式生态效益价值量评估

退耕还林工程建设内容包括退耕地还林、宜林荒山荒地造林和封山育林三种植被恢复模式。其中，退耕地还林是我国持续时间最长、工程范围最广、政策性最强、社会关注度最高、民众受益最直接、增加森林资源最多的生态工程和惠民工程。本节在退耕还林工程生态效益评估的基础之上，分别针对这三种植被恢复模式的价值量进行评估（表4-2）。

表4-2　全国退耕还林工程退耕地还林各工程省生态效益价值量

省级区域	涵养水源	保育土壤	固碳释氧	林木积累营养物质	净化大气环境							森林防护	生物多样性	总计
					负离子	吸收污染物	滞尘				合计			
							TSP	PM_{10}	$PM_{2.5}$	小计				
	(亿元/年)	(亿元/年)	(亿元/年)	(亿元/年)	(亿元/年)	(亿元/年)	(亿元/年)	(亿元/年)	(亿元/年)	(亿元/年)	(亿元/年)	(亿元/年)	(亿元/年)	(亿元/年)
内蒙古	118.71	32.00	49.70	7.10	0.12	1.86	2.13	31.39	36.15	90.46	92.44	43.13	44.22	387.3
宁夏	29.73	10.07	12.14	1.35	0.15	0.01	0.65	9.61	11.07	27.69	27.85	12.61	12.88	106.63
甘肃	99.75	40.56	42.76	3.11	0.20	2.10	2.23	32.89	37.89	94.76	97.06	40.20	39.80	363.24
山西	48.88	17.56	24.14	2.38	0.10	1.18	1.22	17.99	20.73	51.84	53.12	6.25	20.67	173.00
陕西	85.53	27.82	54.28	8.82	0.22	2.05	2.03	29.88	34.42	86.09	88.36	24.92	38.77	328.50
河南	37.73	6.54	21.60	3.02	0.10	0.72	0.62	9.17	10.56	26.41	27.23	4.83	10.42	111.37
四川	325.95	66.70	115.57	6.29	0.19	3.14	3.72	54.91	63.26	158.21	161.54	—	117.94	793.99
重庆	150.06	32.40	46.99	3.40	0.15	1.39	1.77	26.16	30.13	75.38	76.92	—	67.39	377.16
云南	145.69	31.14	46.89	2.01	0.24	1.54	1.50	22.02	25.37	63.45	65.23	—	53.78	344.74
贵州	85.18	20.71	60.93	3.84	0.27	2.17	2.59	38.12	43.91	109.83	112.27	—	44.12	327.05
湖北	76.16	14.38	40.08	3.89	0.12	<0.01	1.08	15.97	18.40	46.03	46.15	—	27.67	208.33
湖南	141.55	35.30	43.82	2.83	0.26	1.67	2.43	35.85	41.30	103.31	105.24	—	52.87	381.61
江西	49.88	16.01	19.71	1.58	0.11	0.54	0.75	12.68	14.61	36.54	37.19	—	18.57	142.94

（续）

省级区域	涵养水源	保育土壤	固碳释氧	林木积累营养物质	净化大气环境							森林防护	生物多样性	总计
					负离子	吸收污染物	滞尘				合计			
							TSP	PM_{10}	$PM_{2.5}$	小计				
	（亿元/年）	（亿元/年）	（亿元/年）	（亿元/年）	（亿元/年）	（亿元/年）	（亿元/年）	（亿元/年）	（亿元/年）	（亿元/年）	（亿元/年）	（亿元/年）	（亿元/年）	（亿元/年）
黑龙江	29.29	5.89	17.57	0.11	0.04	0.32	19.11	0.22	10.56	34.13	34.72	4.25	7.37	99.20
吉林	23.09	8.08	18.59	0.09	0.02	0.17	8.40	0.11	6.12	16.55	16.74	3.20	3.21	73.00
辽宁	22.98	8.04	18.50	0.09	0.02	0.17	8.35	0.11	6.09	16.46	16.65	2.05	12.75	81.06
河北	28.11	10.12	73.53	0.05	0.04	0.62	14.60	0.31	24.04	41.98	42.64	8.54	5.95	168.94
新疆	1.48	3.15	5.87	0.04	0.10	0.17	5.19	0.20	8.15	14.67	14.94	28.39	6.40	60.27
新疆兵团	1.09	1.88	2.31	0.02	0.02	0.09	4.42	0.02	3.83	6.22	6.33	10.64	2.40	24.67
安徽	28.37	2.96	11.42	0.04	0.06	0.90	5.24	0.31	10.45	19.61	20.57	—	18.42	81.78
广西	40.34	3.59	14.25	0.04	0.08	0.39	8.68	0.35	13.06	23.87	24.34	—	24.34	106.90
青海	7.58	3.89	6.31	0.01	0.01	0.10	5.15	0.07	3.05	9.47	9.58	1.26	0.69	29.32
天津	0.22	0.06	0.20	<0.01	<0.01	<0.01	0.22	<0.01	0.07	0.35	0.35	0.17	0.11	1.11
北京	2.95	0.62	1.57	0.01	0.02	0.03	1.03	0.03	1.44	2.73	2.78	1.41	0.39	9.73
西藏	1.38	0.71	1.15	<0.01	<0.01	0.01	0.94	0.01	0.55	1.74	1.75	0.23	0.12	5.34
海南	6.87	0.28	2.77	0.01	0.01	0.03	0.6	0.04	1.26	2.01	2.05	—	2.54	14.52
总计	1588.55	400.46	752.65	50.13	2.65	21.37	104.65	338.42	476.47	1163.02	1184.04	192.08	633.79	4801.70

4.2.1 退耕地还林生态效益价值量评估

全国25个工程省和新疆生产建设兵团退耕地还林生态效益价值量及其分布如表4-2、图4-16和图4-17所示。全国退耕地还林营造林每年产生的生态效益总价值量为4801.70亿元，其中涵养水源1588.55亿元，保育土壤400.46亿元，固碳释氧752.65亿元，林木积累营养物质50.13亿元，净化大气环境1184.04亿元（其中，滞纳TSP104.65亿元，滞纳PM_{10} 338.42亿元，滞纳$PM_{2.5}$ 476.47亿元），生物多样性保护633.79亿元，森林防护192.08亿元。

对于不同退耕还林工程省退耕地还林生态效益总价值量而言，四川省退耕地还林生态效益价值量最大，为793.99亿元/年；内蒙古自治区、湖南省、重庆市、甘肃省、云南省、陕西省和贵州省退耕地还林生态效益价值量次之，均在300.00亿～400.00亿元/年之间；湖北省、山西省、河北省、江西省、河南省、广西壮族自治区和宁夏回族自治区退耕地还林生态效益价值量均在100.00亿～210.00亿元/年之间；其余省（自治区、直辖市）和新疆生产建设兵团退耕地还林生态效益总价值量均低于100.00亿元/年。

就各退耕还林工程省退耕地还林的各项生态效益评估指标而言，各工程省退耕地还林生态效益绝大多数更偏重于涵养水源功能，其涵养水源价值量所占比例均在2.46%～47.31%之间。林木积累营养物质价值量在各退耕还林工程省退耕地还林生态效益价值量中所占比例均为最小（图4-18）。

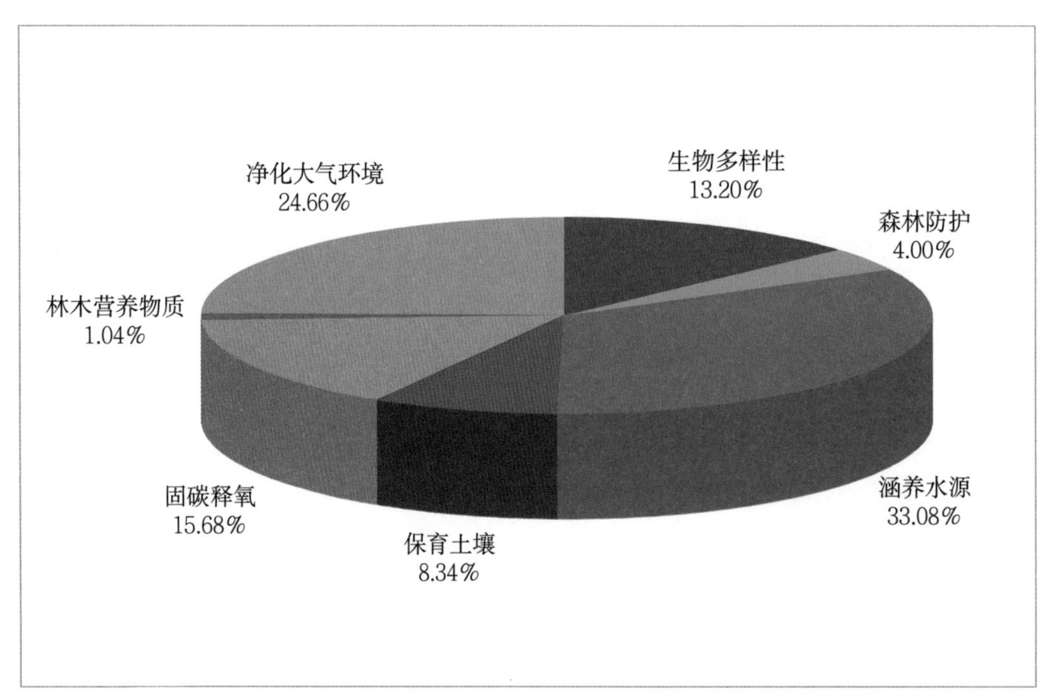

图4-16　全国退耕还林工程退耕地还林各项生态效益价值量比例

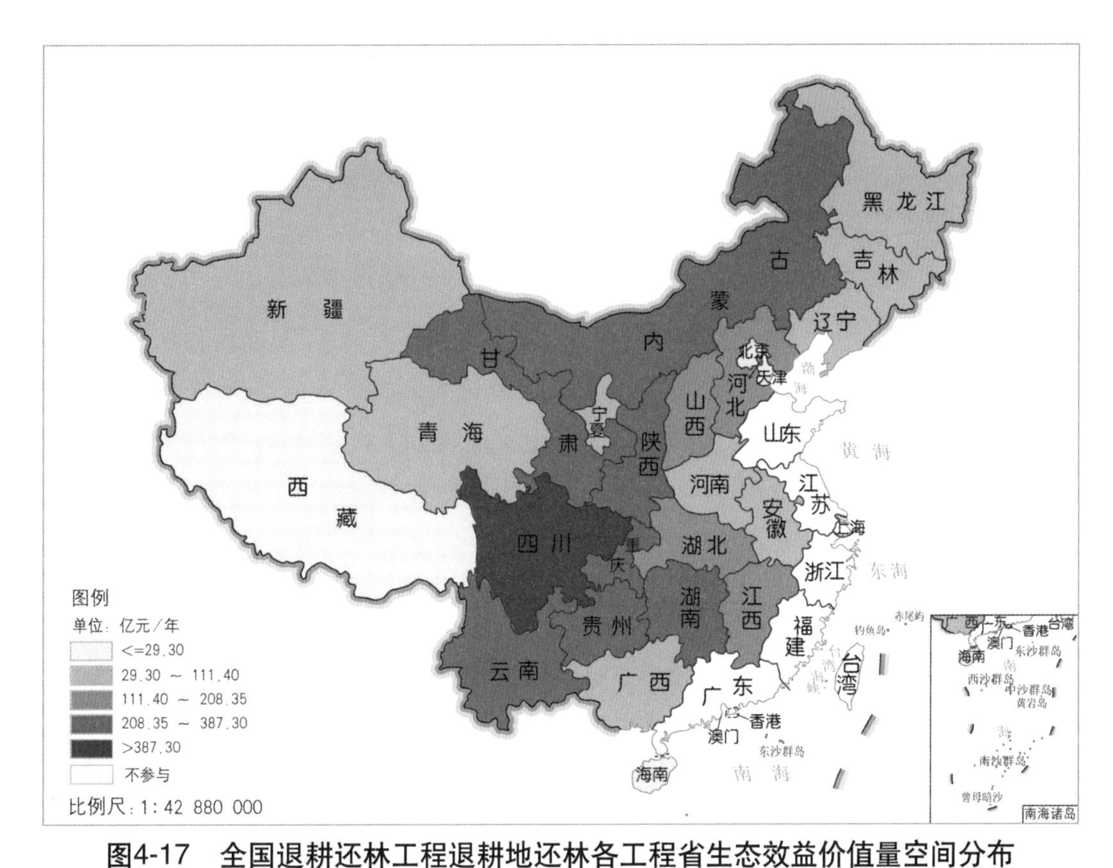

图4-17　全国退耕还林工程退耕地还林各工程省生态效益价值量空间分布

注：新疆生产建设兵团退耕还林工程退耕地还林生态效益价值量见表4-2，图4-18至图4-30同。

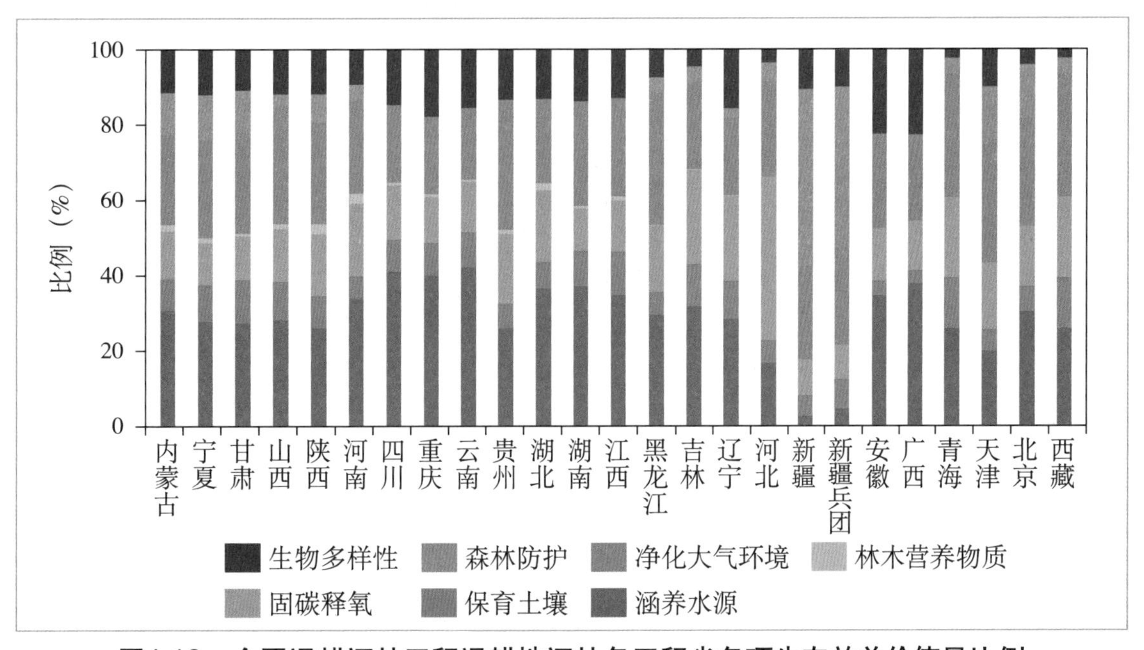

图4-18　全国退耕还林工程退耕地还林各工程省各项生态效益价值量比例

《退耕还林条例》第十五条规定，水土流失严重，沙化、盐碱化、石漠化严重，生态地位重要、粮食产量低而不稳，江河源头及其两侧、湖库周围的陡坡耕地以及水土流失和风沙危害严重等生态地位重要区域的耕地可纳入退耕地还林的范围。现有坡耕地无论是土层厚度还是地形条件，都要好于荒山、荒坡、荒沟。而且，从中央到地方政府，对退耕地还林验收、核查等工作较为重视，同时给予退耕户的补贴也相对较高。因此，相对于宜林荒山荒地造林和封山育林，除了受到自然环境等客观因素影响外，退耕地还林还得到较好的人为维护，其长势更好，所产生的生态效益也更高。

全国退耕还林工程退耕地还林生态效益呈现出明显的地区差异，且各地区生态系统服务的主导功能也不尽相同。

（1）涵养水源功能 全国退耕还林工程退耕地还林涵养水源总价值量为1588.55亿元/年（表4-2），其空间分布特征见图4-19。四川省涵养水源价值量最高，为325.95亿元/年；其次是重庆市，涵养水源价值量为150.06亿元/年；云南省、湖南省和内蒙古自治区涵养水源价值量均在100.00亿～150.00亿元/年之间；其余省（自治区、直辖市）和新疆生产建设兵团均低于100.00亿元/年。

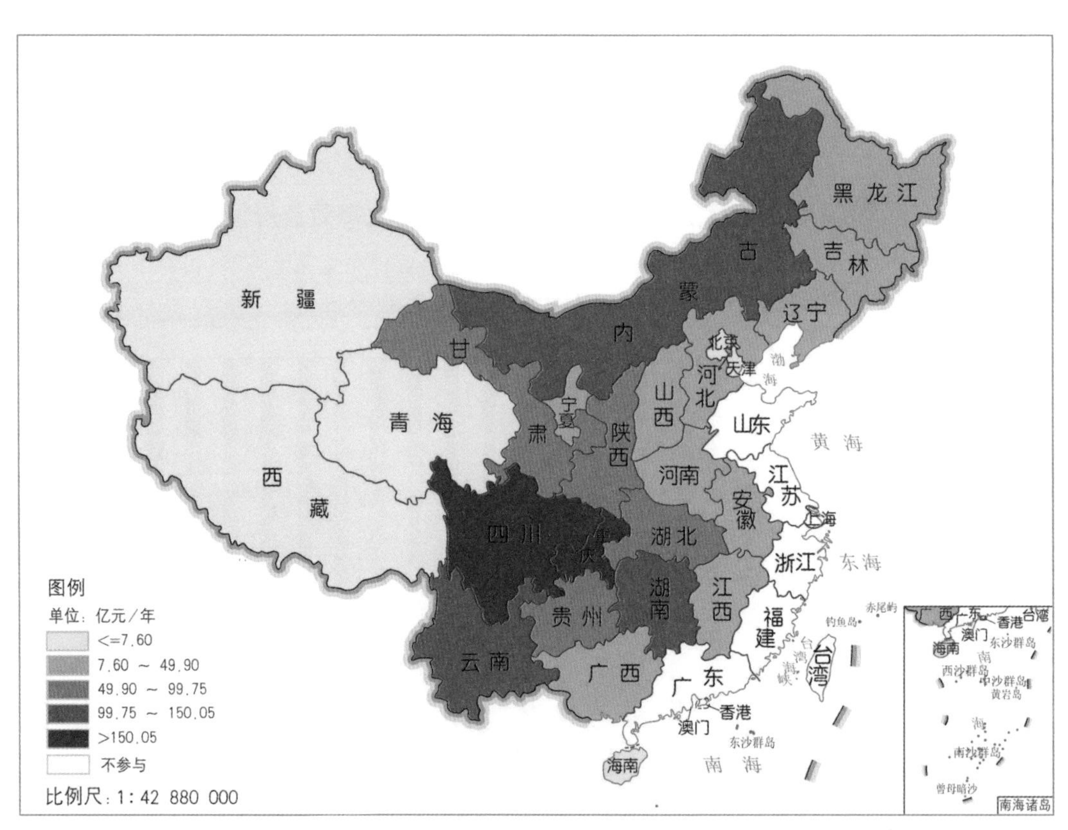

图4-19 全国退耕还林工程退耕地还林各工程省涵养水源价值量空间分布

（2）净化大气环境功能 全国退耕还林工程退耕地还林提供负离子总价值量为2.65亿元/年（表4-2），其空间分布特征见图4-20。贵州省最高，其提供负离子物质量为0.27亿元/年，占提供负离子总价值量的10.19%；湖南省、云南省、陕西省和甘肃省提供负离子价值量在0.20亿~0.26亿元/年之间，以上4个省份退耕地还林提供负离子价值量之和占提供负离子总价值量的34.72%；其余省（自治区、直辖市）和新疆生产建设兵团均低于0.20亿元/年。

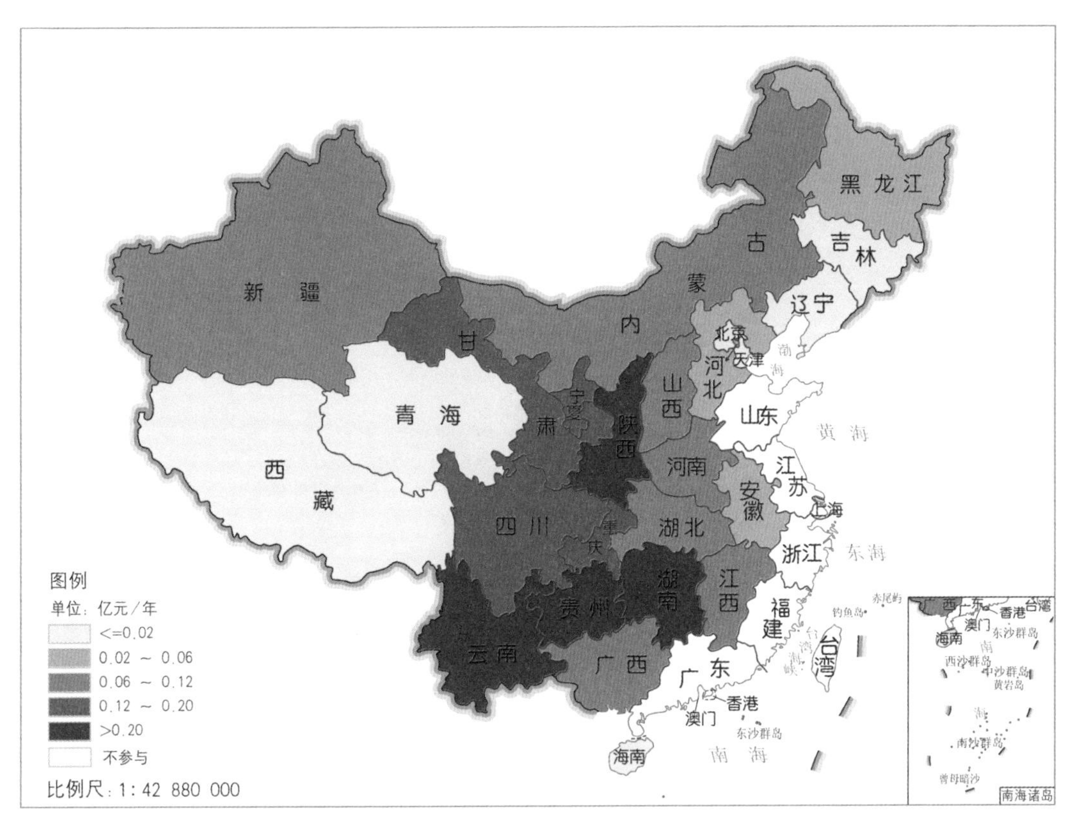

图4-20　全国退耕还林工程退耕地还林各工程省提供负离子价值量空间分布

全国退耕还林工程退耕地还林吸收污染物总价值量为21.37亿元/年（表4-2），其空间分布特征见图4-21。四川省吸收污染物的价值量最高，为3.14亿元/年；贵州省、甘肃省和陕西省退耕地还林吸收污染物的价值量在2.00亿～3.00亿元/年之间；其余省（自治区、直辖市）和新疆生产建设兵团吸收污染物的价值量均小于2.00亿元/年。

全国退耕还林工程退耕地还林滞尘总价值量为1163.02亿元/年（表4-2），其空间分布特征见图4-22。四川省滞尘的价值量最高，为158.21亿元/年；贵州省、湖南省滞尘的价值量均在100.00亿～110.00亿元/年之间；其余省（自治区、直辖市）和新疆生产建设兵团滞尘的价值量均小于100.00亿元/年。

全国退耕地还林滞纳TSP总价值量为104.65亿元/年，其中滞纳PM_{10}和$PM_{2.5}$总价值量分别为338.42亿元/年和476.47亿元/年（表4-2），不同省（自治区、直辖市）和新疆生产建设兵团退耕地还林滞纳TSP价值量差异明显（图4-23至图4-25）。黑龙江省滞纳TSP价值量最高，为19.11亿元/年，滞纳PM_{10}和$PM_{2.5}$的价值量分别为0.22亿元/年和10.56亿元/年；河北省、广西壮族自治区、吉林省和辽宁省滞纳TSP价值量均在8.00亿～15.00亿元/年之间，其中河北省滞纳TSP价值量14.60亿元/年（滞纳PM_{10}和$PM_{2.5}$的价值量分别为0.31亿元/年和24.04亿元/年），广西壮族自治区滞纳TSP价值量8.68亿元/年（滞纳PM_{10}和$PM_{2.5}$的价值量分别为0.35亿元/年和13.06亿元/年）；其余省（自治区、直辖市）和新疆生产建设兵团滞纳TSP价值量均低于8.00亿元/年。

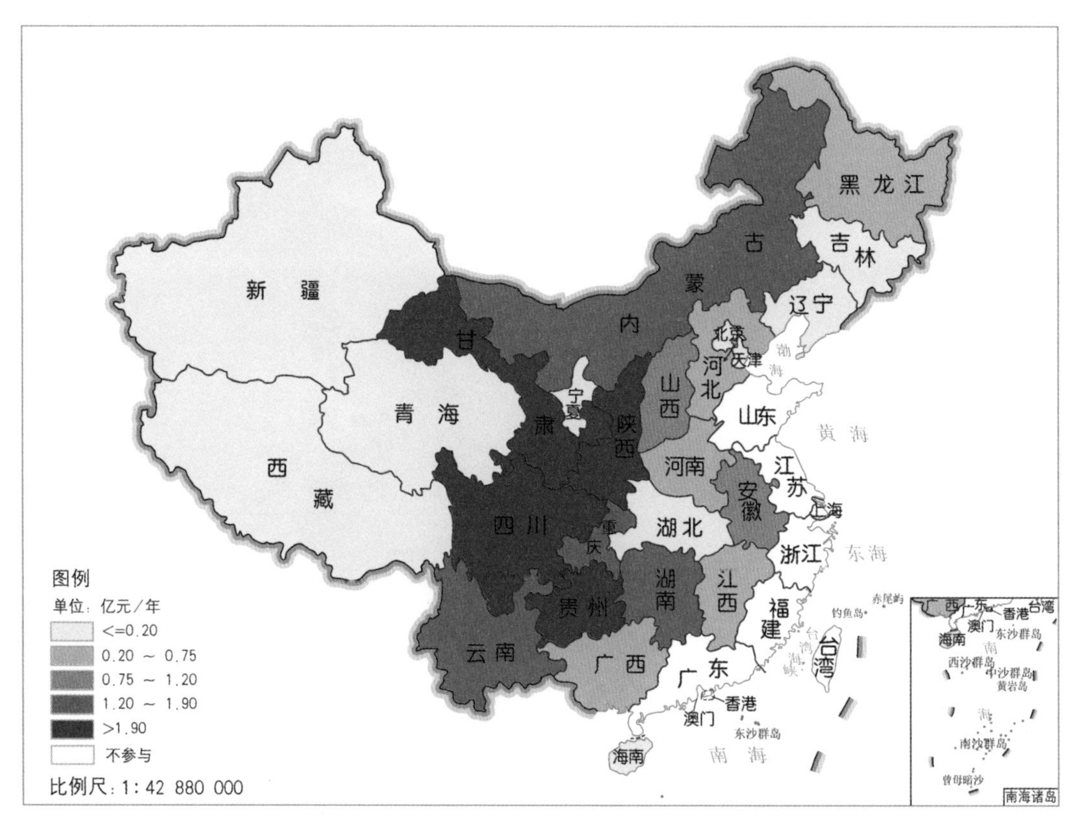

图4-21 全国退耕还林工程退耕地还林各工程省吸收污染物价值量空间分布

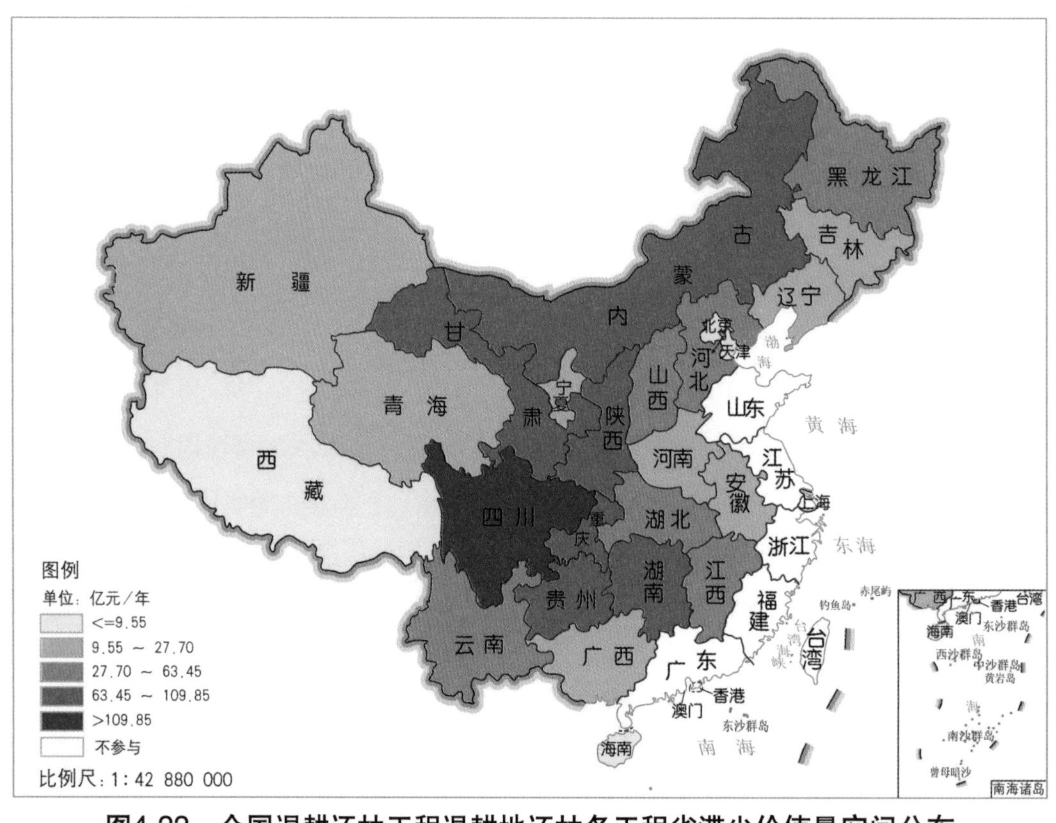

图4-22 全国退耕还林工程退耕地还林各工程省滞尘价值量空间分布

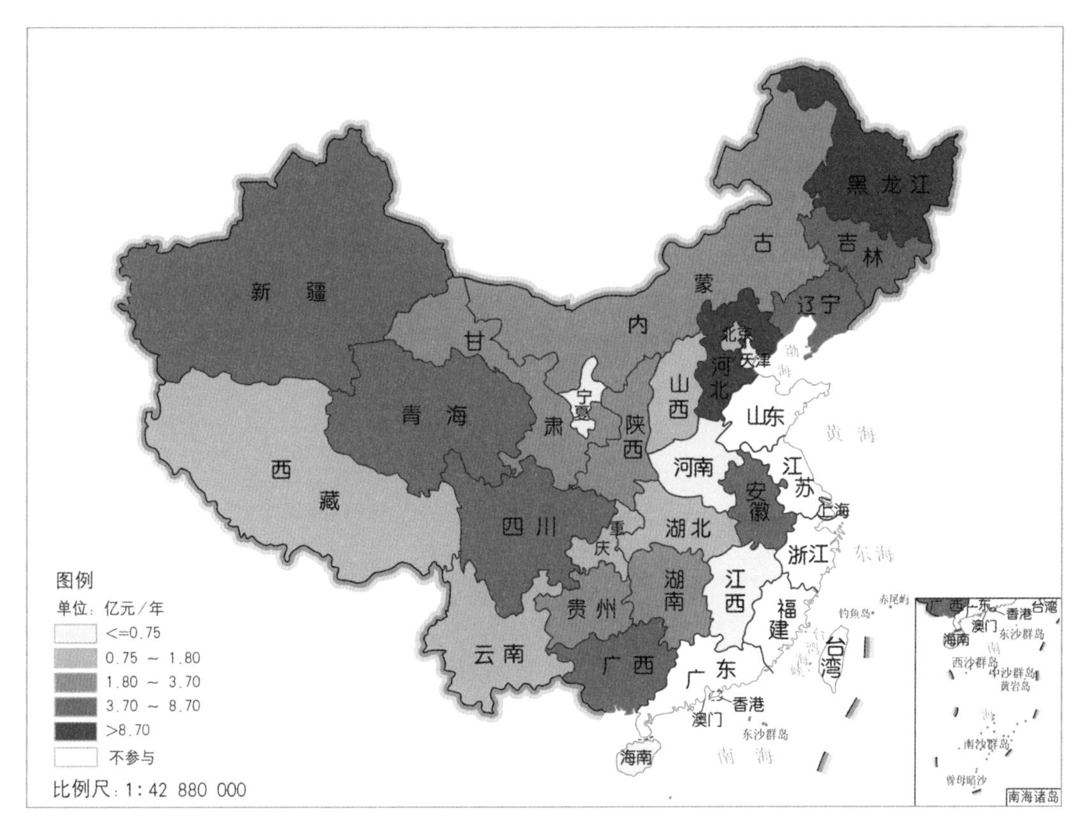

图4-23 全国退耕还林工程退耕地还林各工程省滞纳TSP价值量空间分布

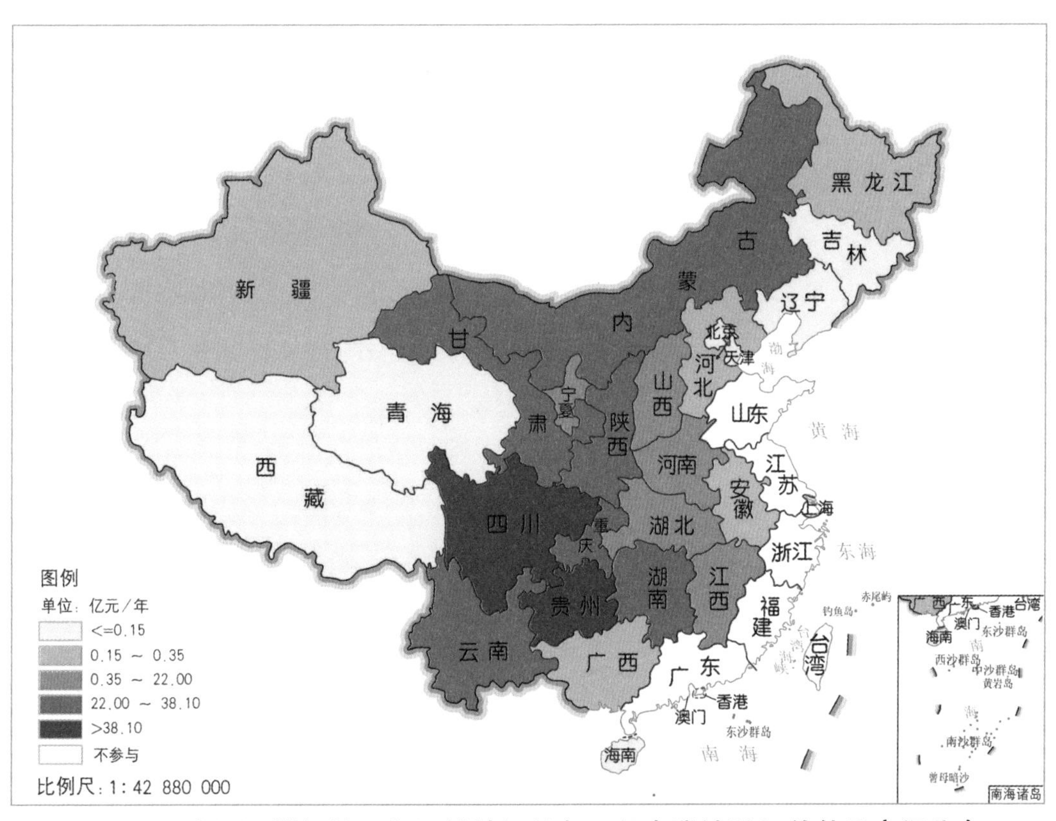

图4-24 全国退耕还林工程退耕地还林各工程省滞纳PM_{10}价值量空间分布

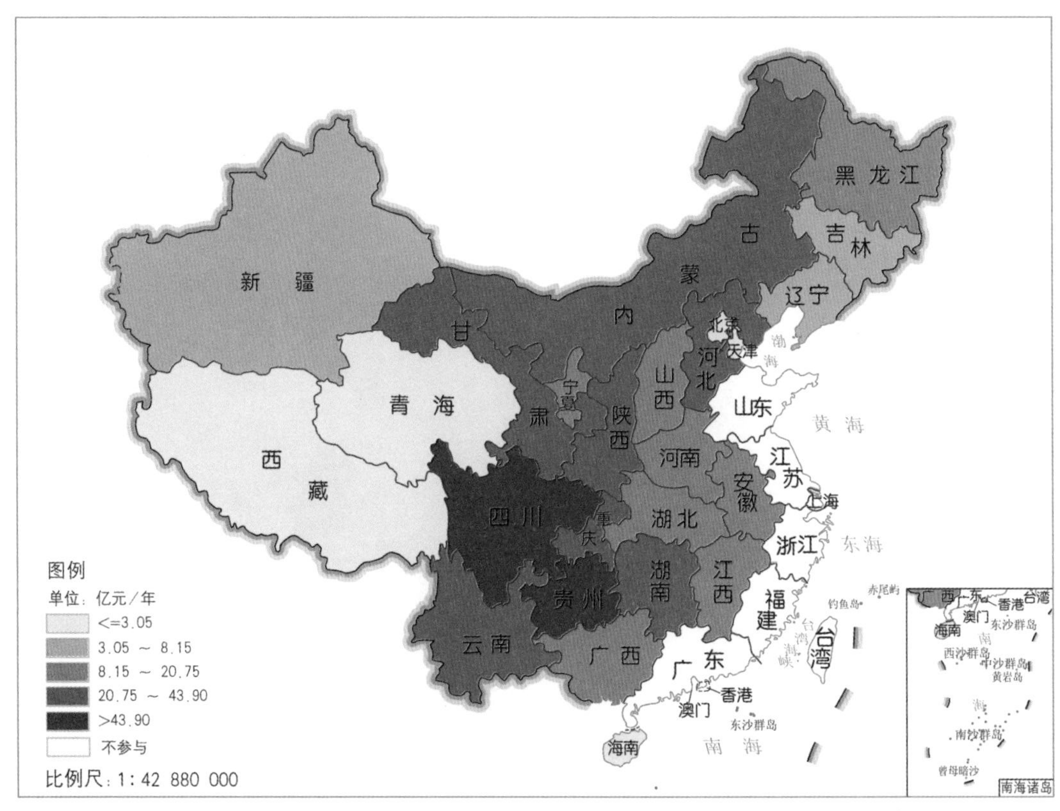

图4-25　全国退耕还林工程退耕地还林各工程省滞纳$PM_{2.5}$价值量空间分布

（3）固碳释氧功能　全国退耕地还林固碳释氧总价值量分别为752.65亿元/年（表4-2），其空间分布特征见图4-26。四川省固碳释氧价值量最高；其次为河北省，固碳释氧价值量为73.53亿元/年；贵州省、陕西省固碳释氧价值量均在50.00亿～70.00亿元/年之间；其余省（自治区、直辖市）和新疆生产建设兵团固碳释氧价值量均低于50.00亿元/年。

（4）生物多样性保护功能　全国退耕地还林生物多样性保护总价值量为633.79亿元/年（表4-2），其空间分布特征见图4-27。四川省生物多样性保护价值量最高；其次为重庆市，生物多样性保护价值量为67.39亿元/年；云南省、湖南省、内蒙古自治区和贵州省生物多样性保护价值量均在40.00亿～60.00亿元/年之间；其余省（自治区、直辖市）和新疆生产建设兵团生物多样性保护价值量均低于40.00亿元/年。

（5）保育土壤功能　全国退耕地还林保育土壤总价值量为400.46亿元/年（表4-2），其空间分布特征见图4-28。四川省保育土壤价值量最高，为66.70亿元/年；甘肃次之，保育土壤价值量为40.56亿元/年；湖南省、重庆市、内蒙古自治区和云南省保育土壤价值量均在30.00亿～40.00亿元/年之间；其余省（自治区、直辖市）和新疆生产建设兵团均低于30.00亿元/年。

（6）森林防护功能　全国退耕地还林森林防护总价值量为192.08亿元/年（表4-2），其空间分布特征见图4-29。内蒙古自治区最高，为43.13亿元/年，占森林防护总价值量的22.45%；甘肃省和新疆维吾尔自治区次之，分别为40.20亿元/年和28.39亿元/年；其余省（自治区、直辖市）和新疆生产建设兵团森林防护价值量均小于25.00亿元/年。

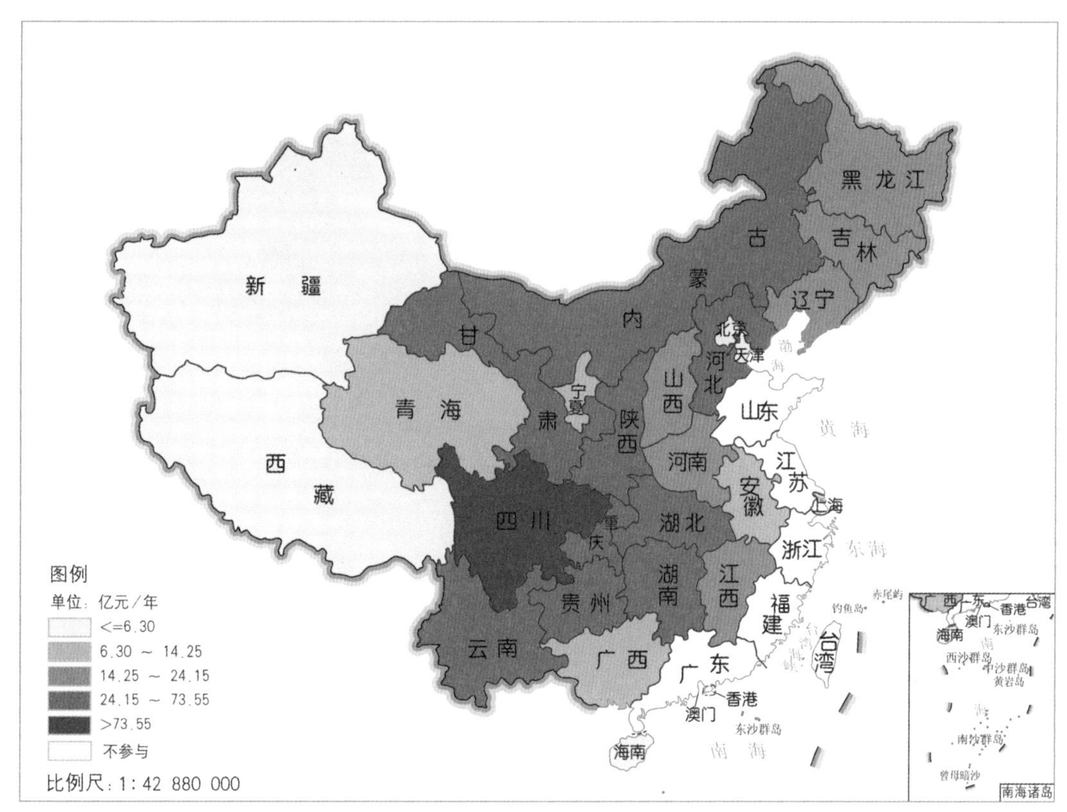

图4-26 全国退耕还林工程退耕地还林各工程省固碳释氧价值量空间分布

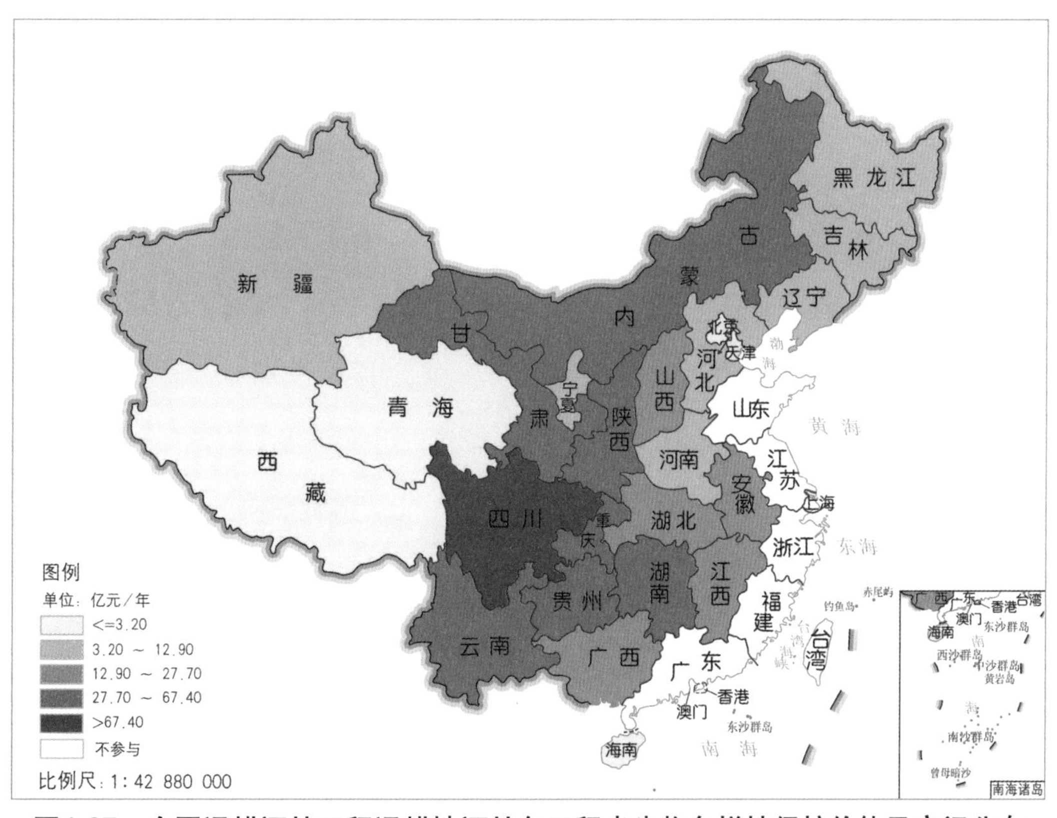

图4-27 全国退耕还林工程退耕地还林各工程省生物多样性保护价值量空间分布

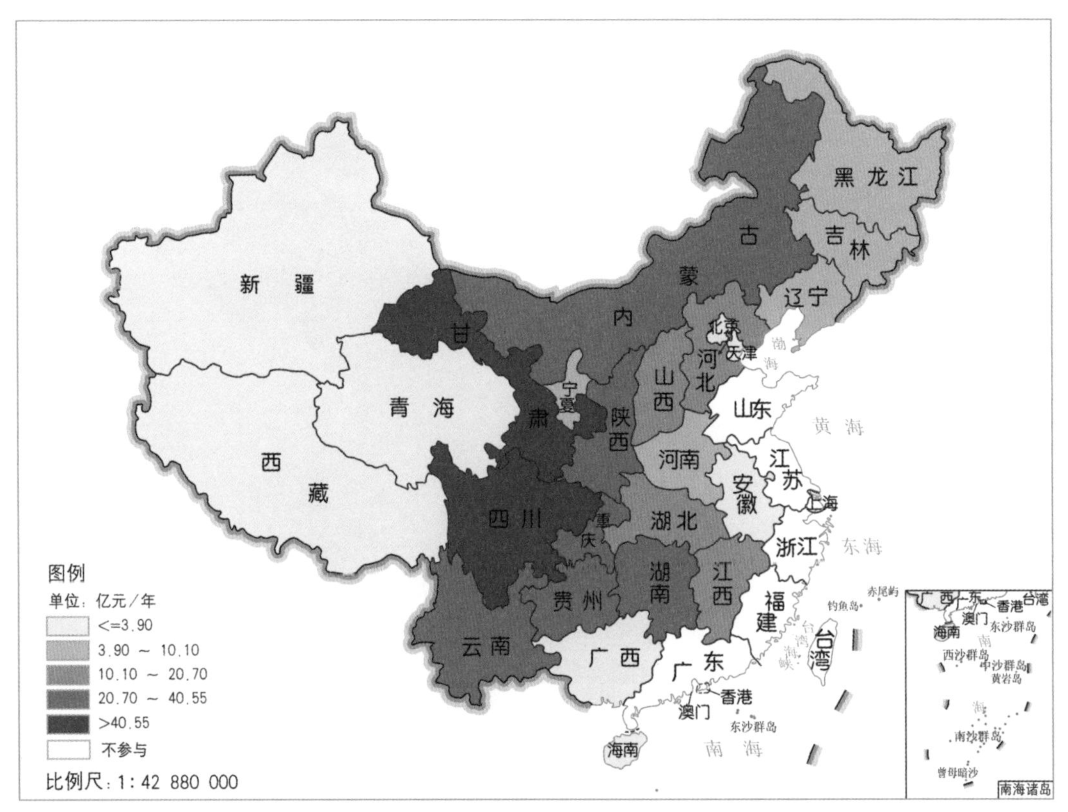

图4-28　全国退耕还林工程退耕地还林各工程省保育土壤价值量空间分布

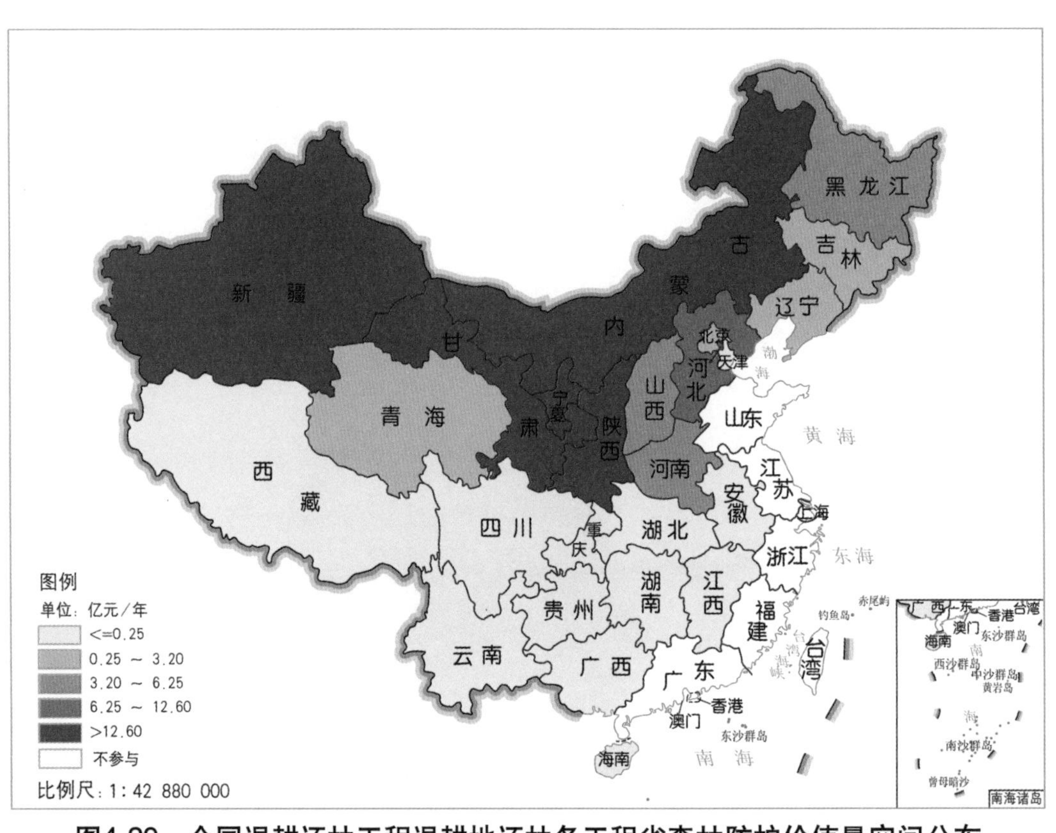

图4-29　全国退耕还林工程退耕地还林各工程省森林防护价值量空间分布

（7）林木积累营养物质功能　全国退耕地还林的林木积累营养总价值量为50.13亿元/年（表4-2），其空间分布特征见图4-30。陕西省林木积累营养价值量最高，为8.82亿元/年；内蒙古自治区次之，为7.10亿元/年；四川省、湖北省、贵州省、重庆市、甘肃省、河南省、湖南省、山西省、云南省、江西省和宁夏回族自治区林木积累营养物质价值量均在1.00亿～7.00亿元/年之间；其余省（自治区、直辖市）和新疆生产建设兵团林木积累营养价值量均低于1.00亿元/年。

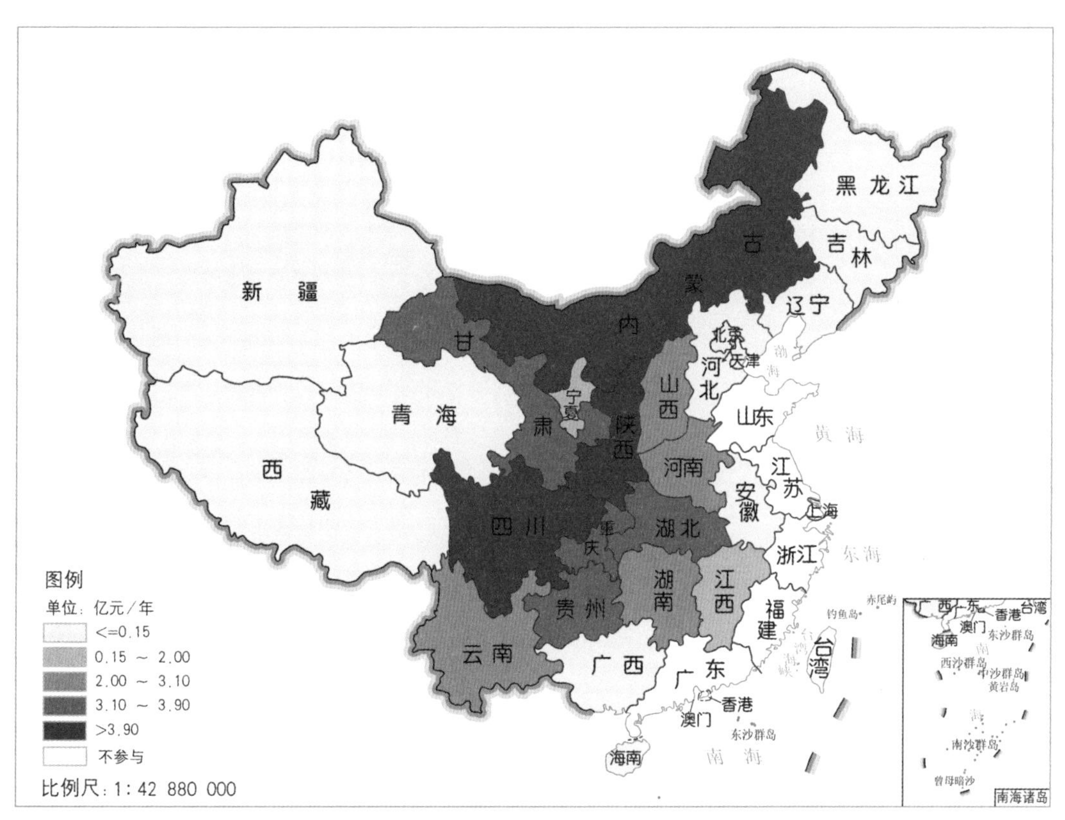

图4-30　全国退耕还林工程退耕地还林各工程省林木积累营养物质价值量空间分布

4.2.2 宜林荒山荒地造林生态效益价值量评估

全国退耕还林工程宜林荒山荒地造林生态效益价值量及其分布如表4-3、图4-31和图4-32所示。全国退耕还林工程省宜林荒山荒地造林每年产生的生态效益总价值量为7602.54亿元。其中，涵养水源2456.14亿元，保育土壤628.33亿元，固碳释氧1206.75亿元，林木积累营养物质80.98亿元，净化大气环境1895.85亿元（其中，滞纳TSP207.33亿元，滞纳PM_{10}512.08亿元，滞纳$PM_{2.5}$765.32亿元），生物多样性保护989.87亿元，森林防护344.62亿元。

表4-3　全国退耕还林工程宜林荒山荒地造林各工程省生态效益价值量

省级区域	涵养水源	保育土壤	固碳释氧	林木积累营养物质	净化大气环境							森林防护	生物多样性	总计
					负离子	吸收污染物	滞尘				合计			
							TSP	PM_{10}	$PM_{2.5}$	小计				
	(亿元/年)	(亿元/年)	(亿元/年)	(亿元/年)	(亿元/年)	(亿元/年)	(亿元/年)	(亿元/年)	(亿元/年)	(亿元/年)	(亿元/年)	(亿元/年)	(亿元/年)	(亿元/年)
内蒙古	213.06	60.72	97.97	13.88	0.23	3.63	4.16	61.37	70.71	176.81	180.67	76.84	77.44	720.58
宁夏	48.98	16.59	20.00	2.23	0.25	0.02	1.07	15.84	18.24	45.64	45.90	20.78	21.23	175.71
甘肃	135.56	55.12	58.10	4.22	0.27	2.86	3.03	44.69	51.48	128.78	131.91	54.63	54.08	493.62
山西	102.61	36.85	50.68	5.00	0.21	2.47	2.56	37.77	43.51	108.82	111.50	13.12	43.38	363.14
陕西	116.93	38.03	74.21	12.06	0.29	2.80	2.77	40.85	47.06	117.71	120.81	34.07	53.01	449.12
河南	107.36	18.62	61.46	8.61	0.28	2.03	1.77	26.09	30.06	75.17	77.49	13.73	29.65	316.92
四川	322.63	66.02	114.39	6.23	0.18	3.10	3.69	54.36	62.61	156.62	159.90	—	116.74	785.91
重庆	237.55	51.30	74.40	5.38	0.24	2.21	2.81	41.41	47.70	119.32	121.77	—	106.68	597.08
云南	192.26	41.10	61.88	2.65	0.31	2.03	1.97	29.06	33.48	83.73	86.07	—	70.96	454.92
贵州	106.49	25.89	76.18	4.79	0.34	2.71	3.23	47.65	54.90	137.31	140.36	—	55.16	408.87
湖北	141.50	26.73	74.47	7.22	0.21	<0.01	2.01	29.68	34.19	85.53	85.74	—	51.41	387.07
湖南	208.27	51.94	64.48	4.17	0.38	2.46	3.58	52.76	60.77	152.00	154.84	—	77.80	561.50
江西	105.52	33.86	41.68	3.36	0.22	1.15	1.59	26.83	30.91	77.31	78.68	—	39.28	302.38
黑龙江	67.68	13.61	40.61	0.25	0.08	0.75	44.17	0.52	24.42	79.39	80.22	9.83	17.02	229.22

（续）

省级区域	涵养水源	保育土壤	固碳释氧	林木积累营养物质	净化大气环境							森林防护	生物多样性	总计
					负离子	吸收污染物	滞尘				合计			
							TSP	PM_{10}	$PM_{2.5}$	小计				
	（亿元/年）	（亿元/年）	（亿元/年）	（亿元/年）	（亿元/年）	（亿元/年）	（亿元/年）	（亿元/年）	（亿元/年）	（亿元/年）	（亿元/年）	（亿元/年）	（亿元/年）	（亿元/年）
吉林	50.44	17.64	40.60	0.21	0.04	0.37	18.33	0.24	13.36	36.15	36.56	7.00	7.00	159.45
辽宁	68.71	24.03	55.31	0.28	0.05	0.51	24.97	0.33	18.20	49.23	49.79	6.12	38.13	242.37
河北	39.53	14.23	103.40	0.07	0.05	0.87	20.53	0.44	33.80	59.03	59.95	12.02	8.37	237.57
新疆	3.49	7.43	13.84	0.08	0.24	0.40	12.23	0.47	19.20	34.55	35.19	66.92	15.07	142.02
新疆兵团	2.66	4.59	5.68	0.04	0.06	0.22	2.43	0.26	9.33	15.18	15.46	25.97	5.81	60.21
安徽	52.65	6.77	22.65	0.08	0.13	0.21	17.24	0.35	19.39	37.84	38.18	—	34.18	154.51
广西	98.78	8.79	34.91	0.11	0.21	0.94	21.25	0.85	31.99	58.46	59.61	—	59.61	261.81
青海	13.44	6.88	11.18	0.02	0.02	0.17	9.13	0.14	5.41	16.78	16.97	2.23	1.24	51.96
天津	—	—	—	—	—	—	—	—	—	—	—	—	—	—
北京	2.63	0.56	1.40	0.01	0.01	0.03	0.92	0.03	1.28	2.43	2.47	1.25	0.35	8.67
西藏	0.64	0.33	0.53	<0.01	<0.01	0.01	0.43	0.01	0.26	0.79	0.80	0.11	0.06	2.47
海南	16.77	0.70	6.74	0.03	0.03	0.08	1.46	0.08	3.06	4.90	5.01	—	6.21	35.46
总计	2456.14	628.33	1206.75	80.98	4.33	32.03	207.33	512.08	765.32	1859.48	1895.85	344.62	989.87	7602.54

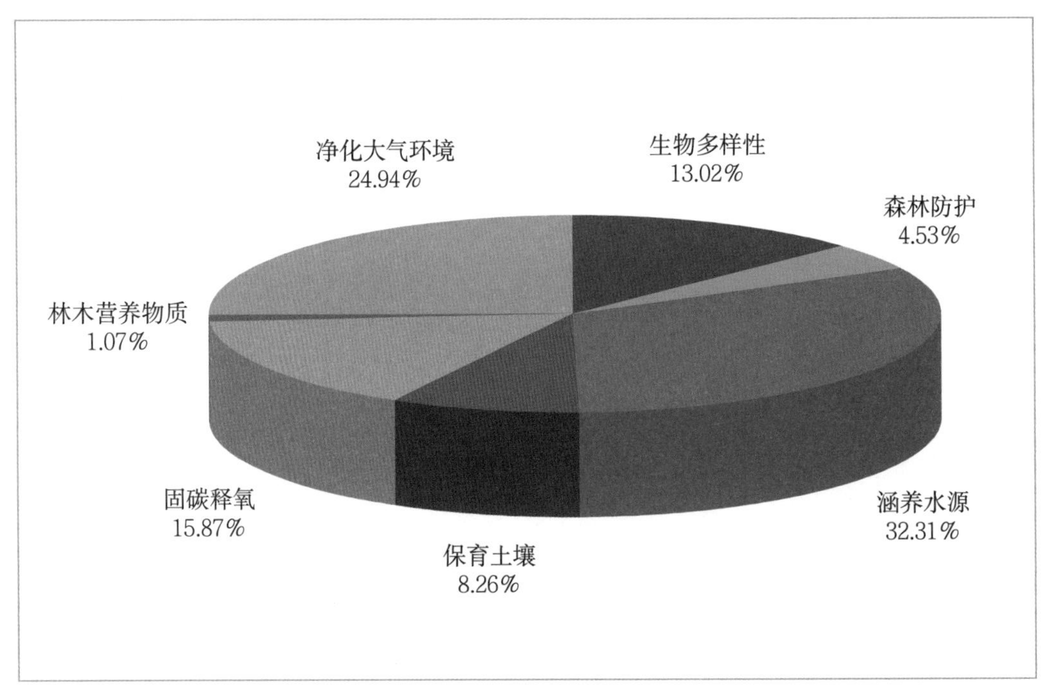

图4-31　全国退耕还林工程宜林荒山荒地造林各项生态效益价值量比例

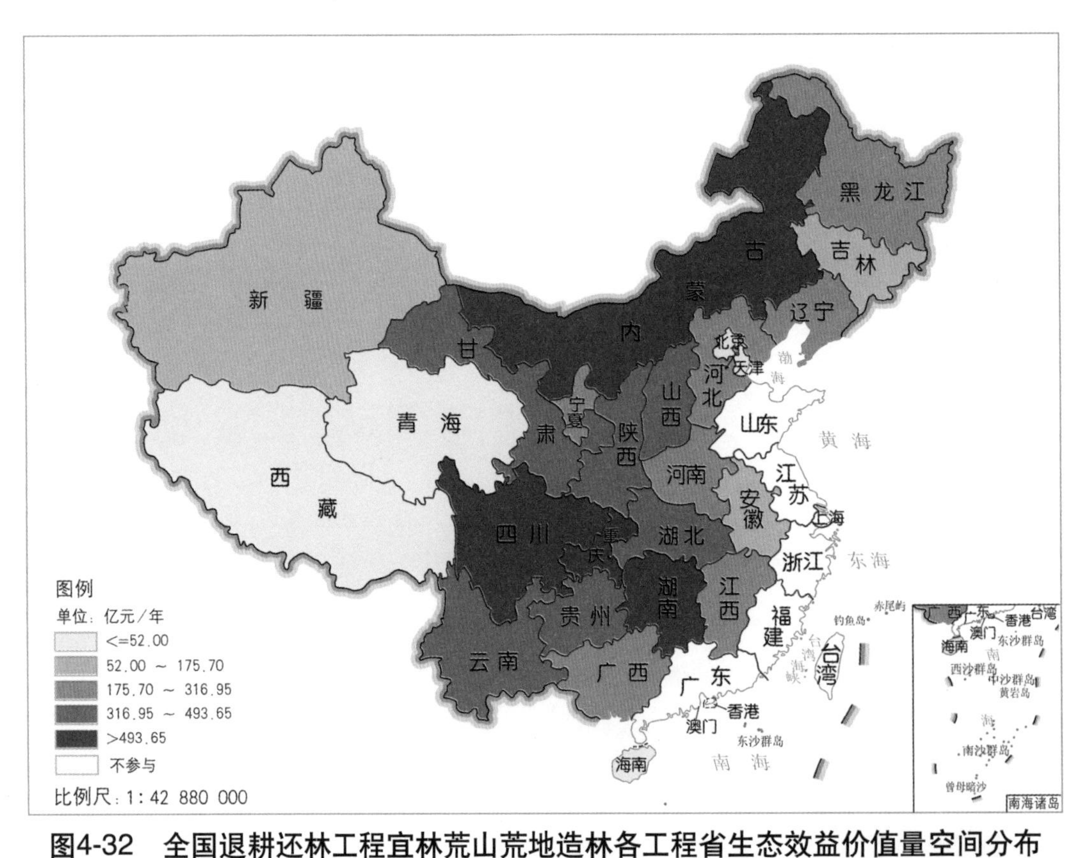

图4-32　全国退耕还林工程宜林荒山荒地造林各工程省生态效益价值量空间分布

注：新疆生产建设兵团退耕还林工程宜林荒山荒地造林生态效益价值量见表4-3，图4-33至图4-45同。

对于不同退耕还林工程省宜林荒山荒地造林生态效益总价值量而言，四川省和内蒙古自治区宜林荒山荒地造林生态效益价值量最大，均在720.00亿元/年以上；重庆市和湖南省宜林荒山荒地造林生态效益价值量次之，均在560.00亿～600.00亿元/年之间；甘肃省、云南省、陕西省和贵州省宜林荒山荒地造林生态效益价值量均在400.00亿～500.00亿元/年之间；其余各省（自治区、直辖市）和新疆生产建设兵团均在400.00亿元/年以下。

就各退耕还林工程省宜林荒山荒地造林各项生态效益评估指标而言，各工程省宜林荒山荒地造林生态效益绝大多数为涵养水源价值量所占比重最大，均在2.46%～47.29%之间。天津市未进行宜林荒山荒地造林，因此全国退耕还林工程宜林荒山荒地生态效益评估中不包括天津市。林木积累营养物质价值量在各退耕还林工程省宜林荒山荒地造林生态效益价值量中所占比例均为最小（图4-33）。

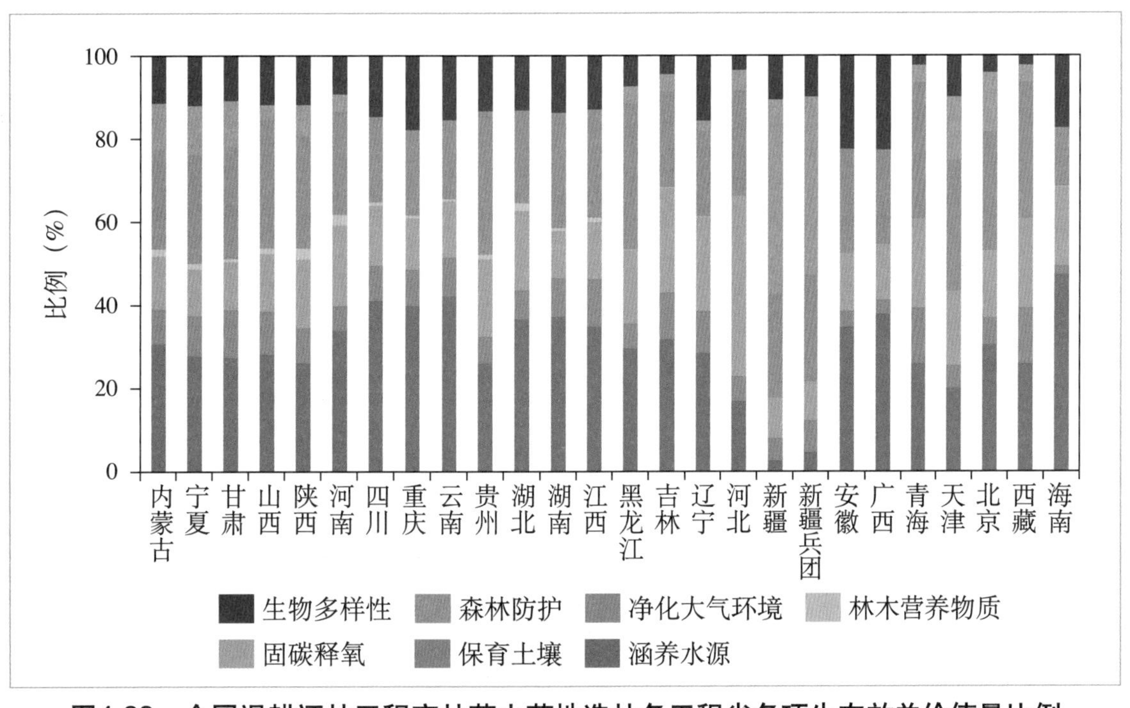

图4-33　全国退耕还林工程宜林荒山荒地造林各工程省各项生态效益价值量比例

在25个退耕还林工程工程省和新疆生产建设兵团中，内蒙古自治区的宜林荒山荒地造林面积最大，显著高于其余工程省，高于甘肃省61.06万公顷，但其生态效益却略低于降水条件较好的四川省。这是因为只有在水分供应充足的情况下，林木方可成活并快速生长。在人为干预较少的情况下，降水量的高低直接决定了林木所需水分供应量的大小，从而决定了造林的成活率及生长速度，也即影响林分的覆盖度及蓄积量。在森林生态系统中，蓄积量的增加就意味着生物量的提高，这必然会带来生态效益的提高。植被覆盖度增加在增强涵养水源功能与降低水土流失的同时，必然会带来保育土壤功能的提高。土壤及其养分的固持又进一步促进了林木的生长。由此可见，在水分供应充足的宜林荒山荒地造林，必然会带来越来越高的生态效益。相对于干旱少雨的北方地区，我国的四川省、重庆市、湖南省和贵州省等地雨量丰富，为宜林荒山荒地营造生态林提供了良好的生存条件，营造的生态林能够获得更多的存活率，并能维持健康生长，从而在涵养水源、保育土壤和固碳释氧等方面发挥更高的生态效益。

在干旱少雨的北方地区，宜林荒山荒地水资源缺乏，不适于需水量较大的生态林生长。据统计，在宜林荒山荒地中，不适宜发展乔木林的区域面积占宜林荒山荒地总面积的一半左右，在干旱少雨、水土流失和风沙灾害较为严重地区的宜林荒山荒地，种植灌木树种，尤其是乡土旱生和中生灌木，以及极强耐旱性和广泛适应性乔木树种，更能有效发挥其生态效益。

全国退耕还林工程宜林荒山荒地造林生态效益呈现出明显的地区差异，且各地区生态系统服务的主导功能也不尽相同。

（1）涵养水源功能 全国退耕还林工程宜林荒山荒地造林涵养水源总价值量为2456.14亿元/年（表4-3），其空间分布特征见图4-34。四川省涵养水源价值量最高，为322.63亿元/年；其次是重庆市，涵养水源价值量为237.55亿元/年；内蒙古自治区、湖南省、云南省、湖北省、甘肃省、陕西省、河南省、贵州省、江西省和山西省涵养水源价值

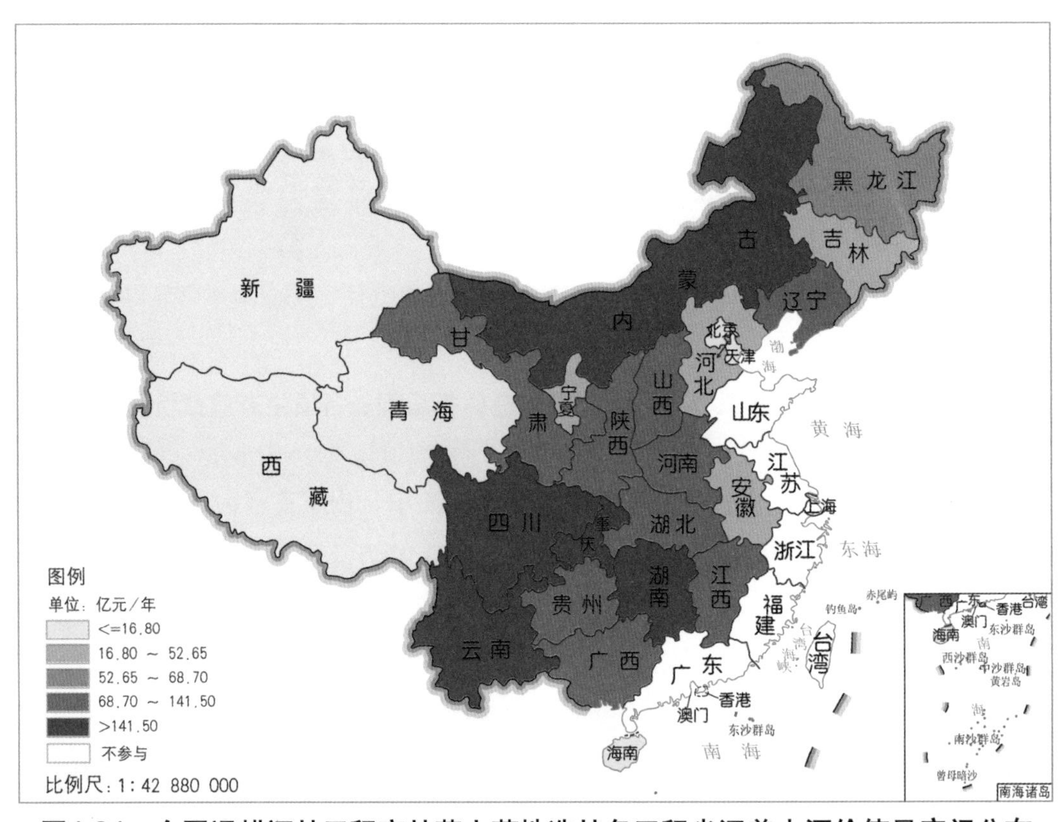

图4-34 全国退耕还林工程宜林荒山荒地造林各工程省涵养水源价值量空间分布

量均在100.00亿～220.00亿元/年之间；其余省（自治区、直辖市）和新疆生产建设兵团均低于100.00亿元/年。

（2）净化大气环境功能 全国退耕还林工程宜林荒山荒地造林提供负离子总价值量为4.33亿元/年（表4-3），其空间分布特征见图4-35。湖南省最高，其提供负离子物质量为0.38亿元/年，占提供负离子总价值量的8.78%；贵州省、云南省、陕西省、河南省、甘肃省和宁夏回族自治区提供负离子价值量在0.25亿～0.35亿元/年之间，以上6个省退耕地还林提供负离子之和占提供负离子总价值量的40.18%；其余省（自治区、直辖市）和新疆生产建设兵团均低于0.25亿元/年。

全国退耕还林工程宜林荒山荒地造林吸收污染物总价值量为32.03亿元/年（表4-3），其空间分布特征见图4-36。内蒙古自治区吸收污染物的价值量最高，为3.63亿元/年；四川省吸收污染物的价值量为3.10亿元/年；其余省（自治区、直辖市）和新疆生产建设兵团吸收污染物的价值量均小于3.00亿元/年。

全国退耕还林工程宜林荒山荒地造林滞尘总价值量为1859.48亿元/年（表4-3），其空间分布特征见图4-37。内蒙古自治区滞尘的价值量最高，为176.81亿元/年；四川省、湖南省滞尘的价值量在150.00亿～160.00亿元/年之间；其余省（自治区、直辖市）和新疆生产建设兵团滞尘的价值量均小于150.00亿元/年。

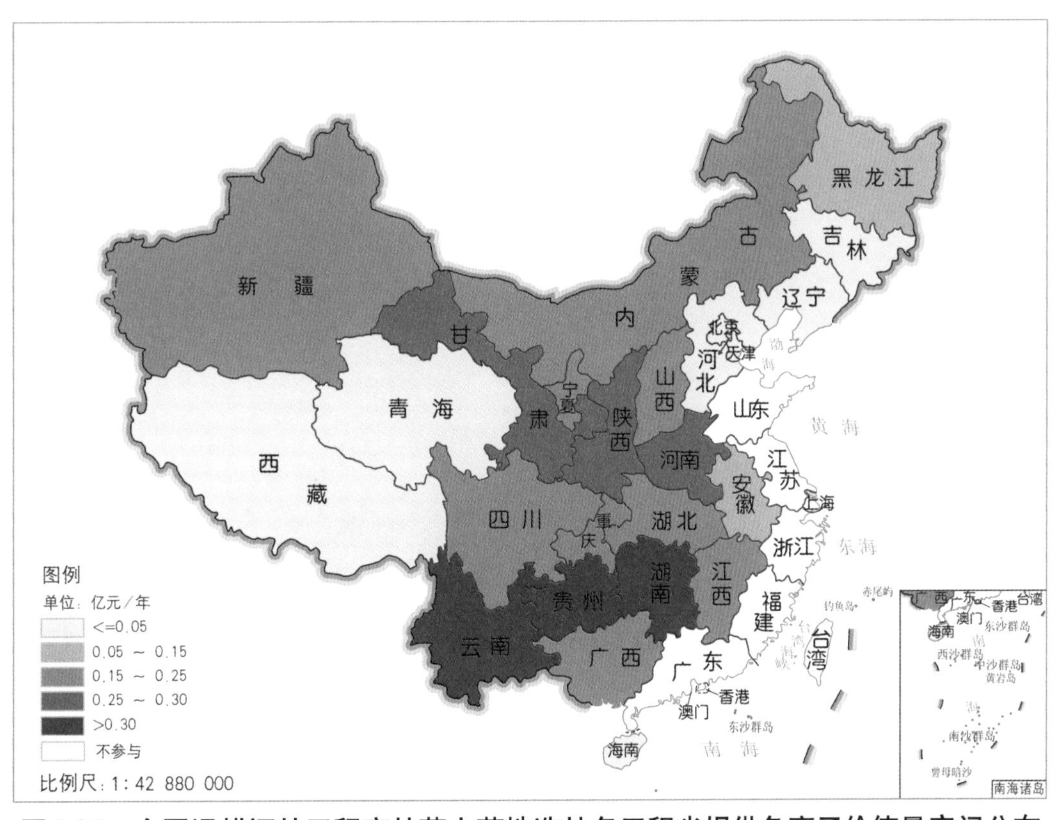

图4-35 全国退耕还林工程宜林荒山荒地造林各工程省提供负离子价值量空间分布

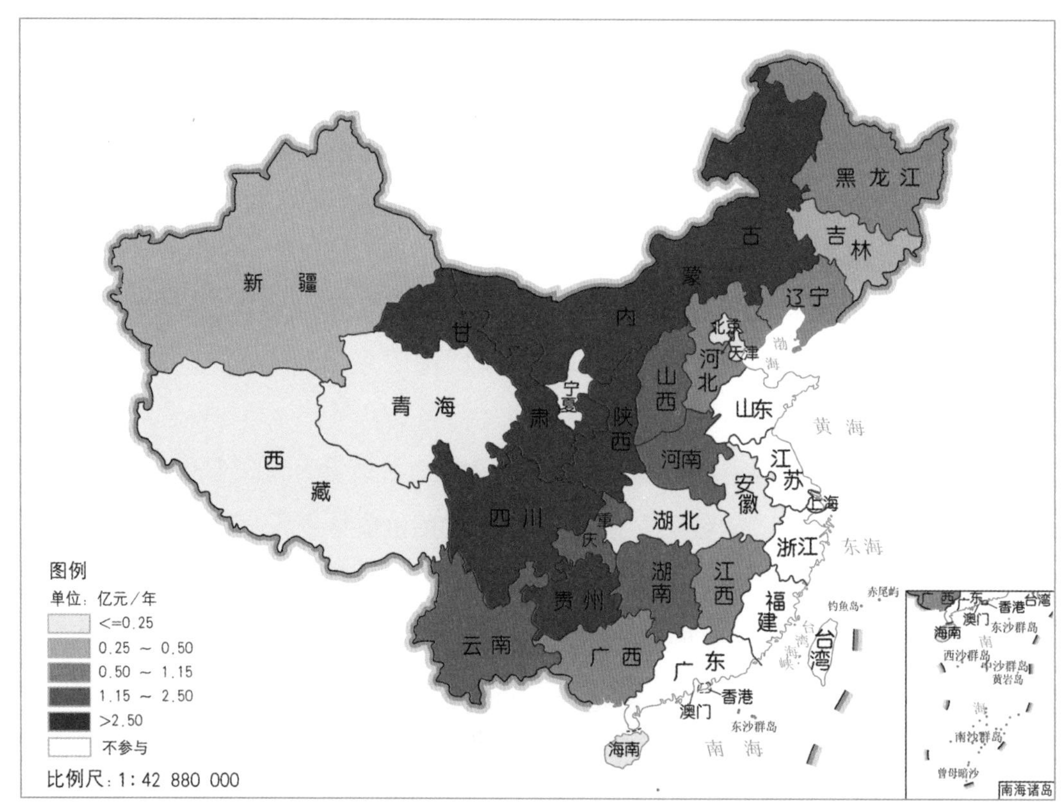

图4-36　全国退耕还林工程宜林荒山荒地造林各工程省吸收污染物价值量空间分布

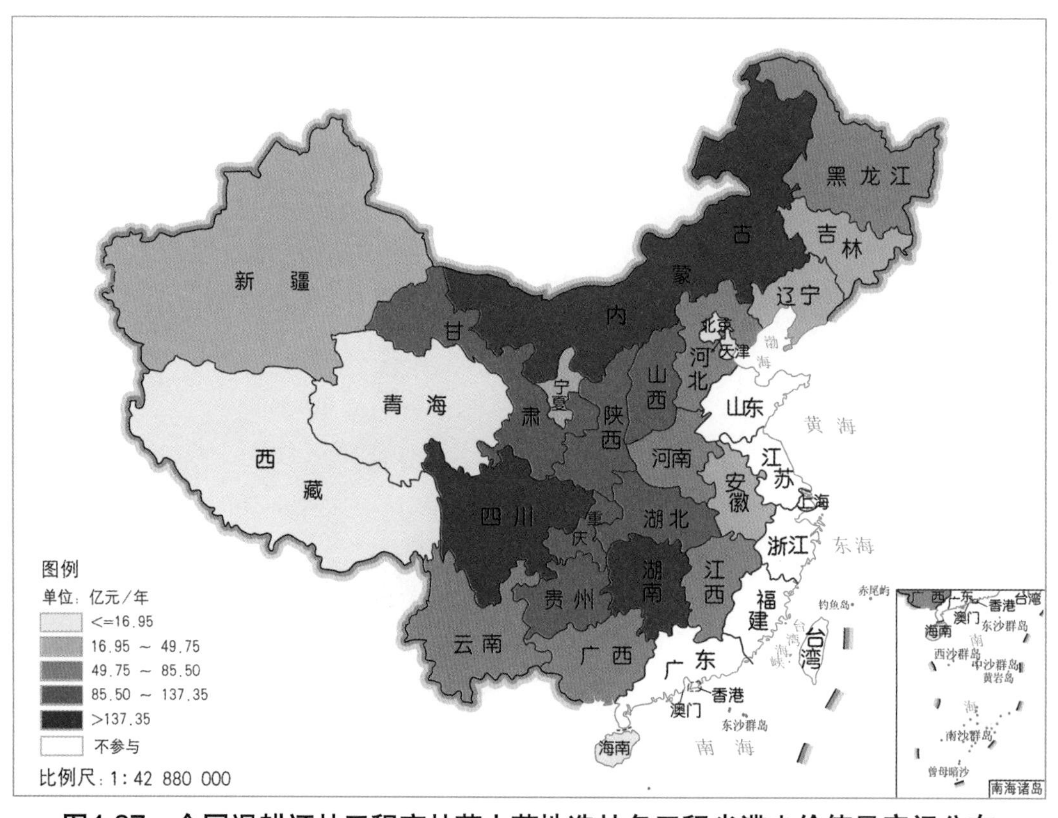

图4-37　全国退耕还林工程宜林荒山荒地造林各工程省滞尘价值量空间分布

全国退耕还林工程宜林荒山荒地造林滞纳TSP总价值量为207.33亿元/年，其中滞纳PM_{10}和$PM_{2.5}$总价值量分别为512.08亿元/年和765.32亿元/年（表4-3），不同省（自治区、自辖市）和新疆生产建设兵团宜林荒山荒地造林滞纳TSP价值量差异明显（图4-38至图4-40）。黑龙江省滞纳TSP价值量最高，为44.17亿元/年，滞纳PM_{10}和$PM_{2.5}$的价值量分别为0.52亿元/年和24.42亿元/年；辽宁省、广西壮族自治区、河北省、吉林省和安徽省滞纳TSP价值量均在15.00亿～25.00亿元/年之间，其中辽宁省滞纳TSP价值量24.97亿元/年（滞纳PM_{10}和$PM_{2.5}$的价值量分别为0.33亿元/年和18.20亿元/年），广西壮族自治区滞纳TSP价值量21.25亿元/年（滞纳PM_{10}和$PM_{2.5}$的价值量分别为0.85亿元/年和31.99亿元/年）；其余（自治区、直辖市）和新疆生产建设兵团滞纳TSP价值量均低于15.00亿元/年。

（3）固碳释氧功能 全国退耕还林工程宜林荒山荒地造林固碳释氧总价值量为1206.75亿元/年（表4-3），其空间分布特征见图4-41。四川省固碳释氧价值量最高；其次为河北省，固碳释氧价值量为103.40亿元/年；内蒙古自治区、贵州省、湖北省、重庆市和陕西省固碳释氧价值量均在70.00亿～100.00亿元/年之间；其余省（直辖市、自治区）和新疆生产建设兵团固碳释氧价值量均低于70.00亿元/年。

（4）生物多样性保护功能 全国退耕还林工程宜林荒山荒地造林生物多样性保护总价值量为989.87亿元/年（表4-3），其空间分布特征见图4-42。四川省生物多样性保护价值

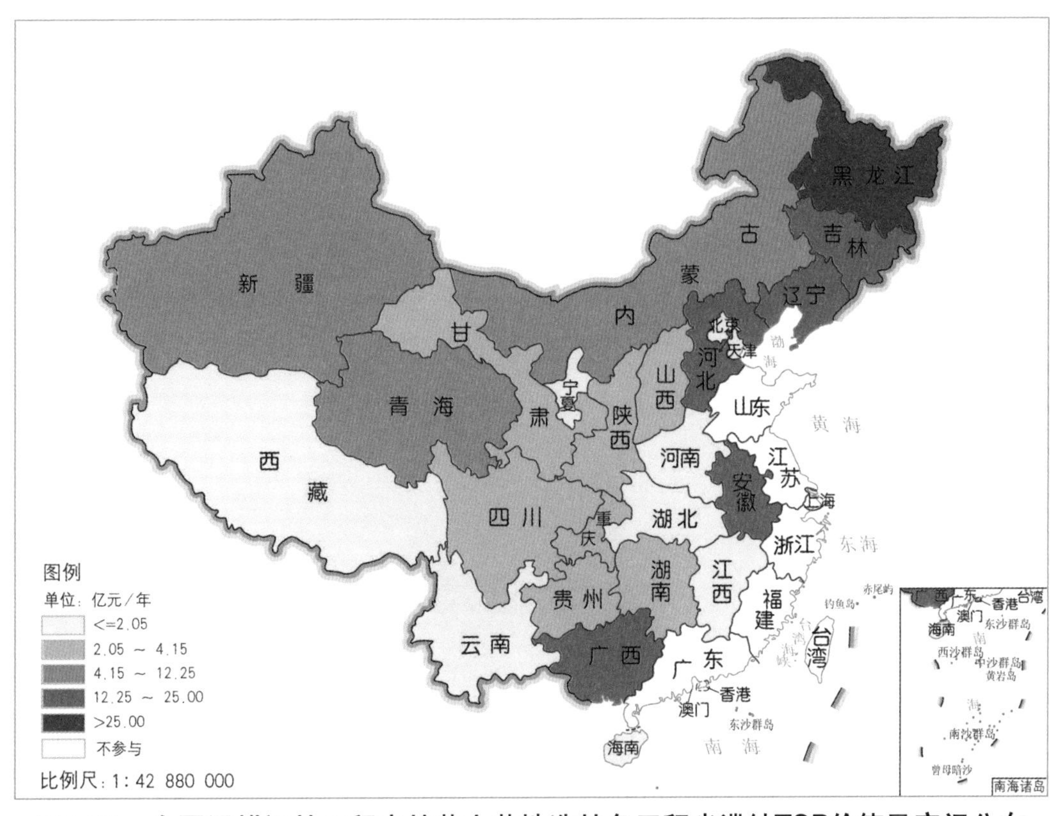

图4-38 全国退耕还林工程宜林荒山荒地造林各工程省滞纳TSP价值量空间分布

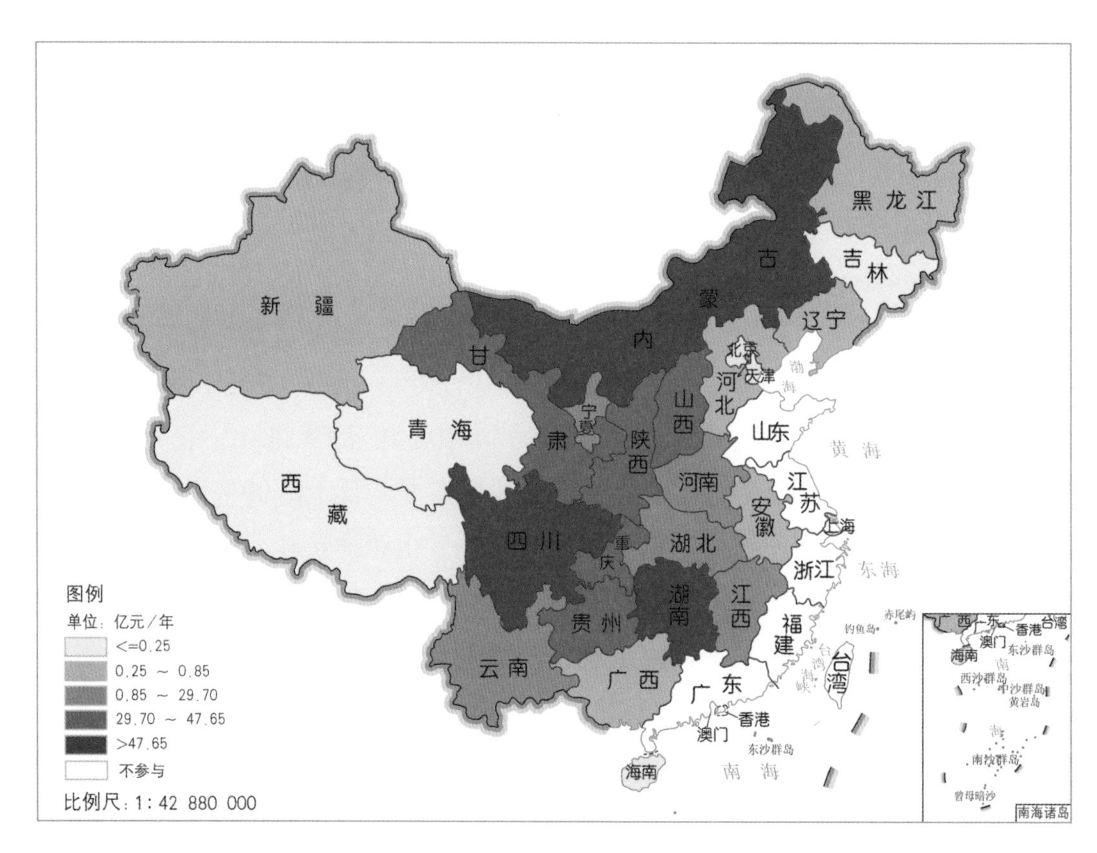

图4-39　全国退耕还林工程宜林荒山荒地造林各工程省滞纳PM_{10}价值量空间分布

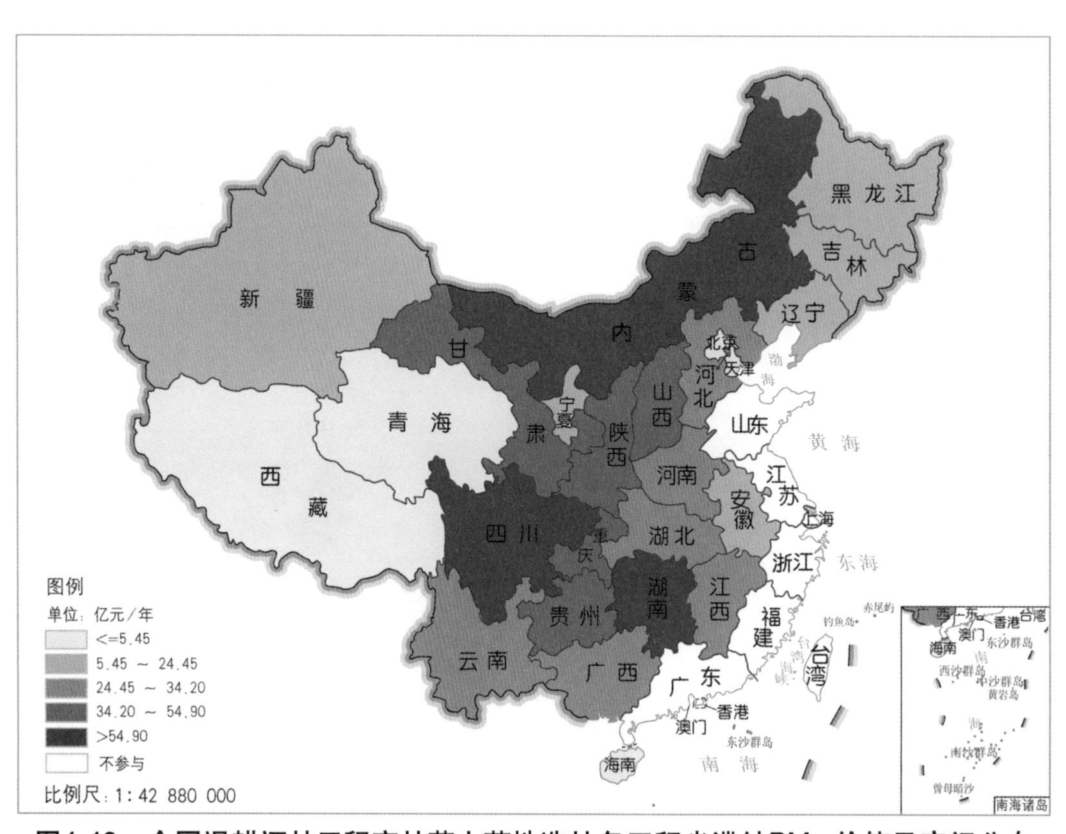

图4-40　全国退耕还林工程宜林荒山荒地造林各工程省滞纳$PM_{2.5}$价值量空间分布

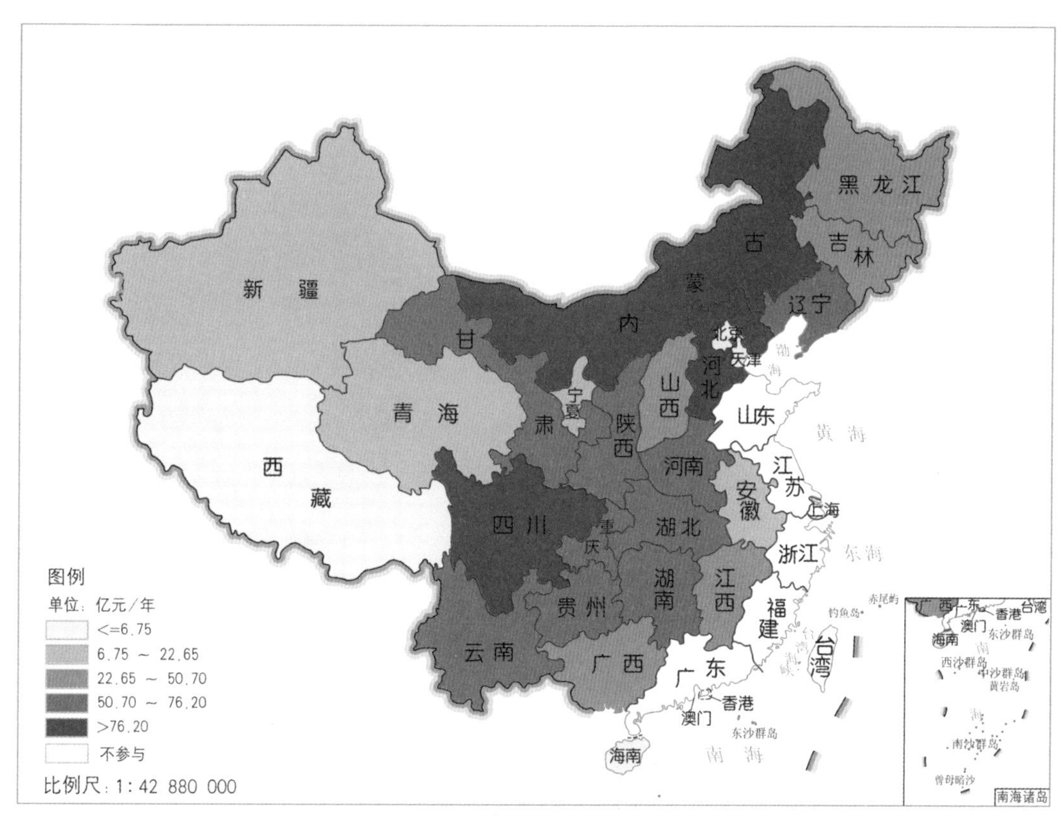

图4-41　全国退耕还林工程宜林荒山荒地造林各工程省固碳释氧价值量空间分布

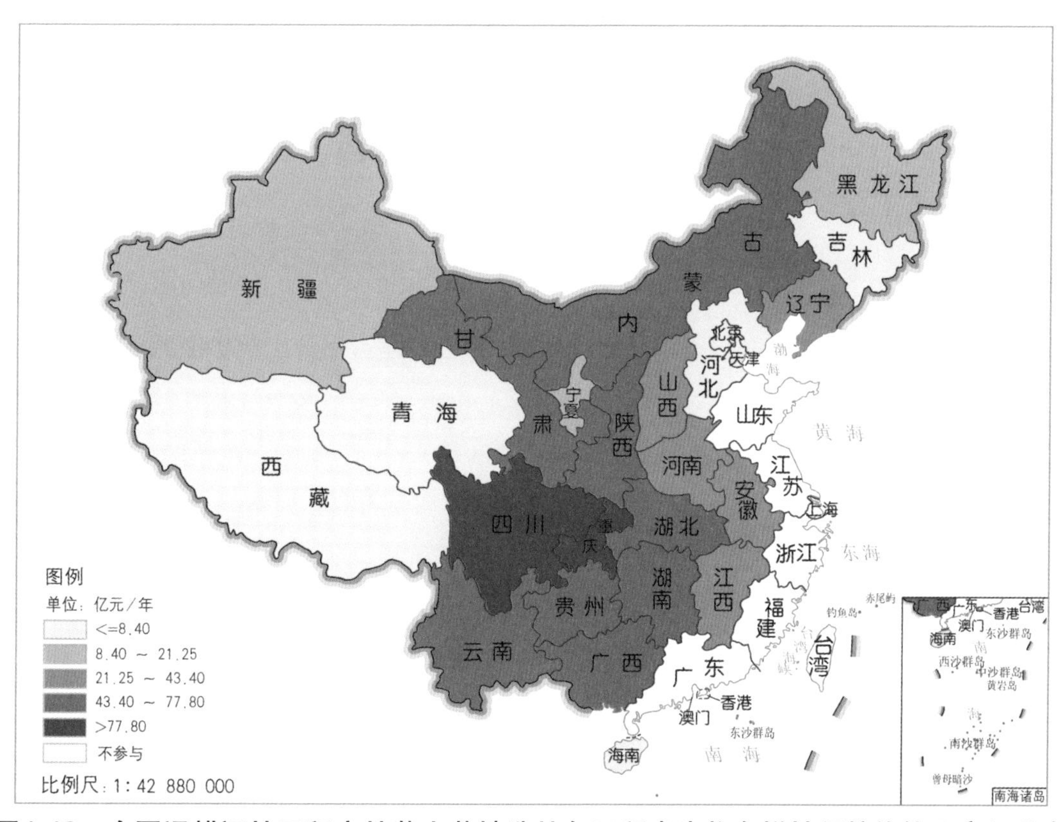

图4-42　全国退耕还林工程宜林荒山荒地造林各工程省生物多样性保护价值量空间分布

量最高；其次为重庆市，生物多样性价值量为106.68亿元/年；湖南省、内蒙古自治区和云南省生物多样性价值量均在70.00亿～80.00亿元/年之间；其余省（自治区、直辖市）和新疆生产建设兵团生物多样性价值量均低于70.00亿元/年。

（5）保育土壤功能 全国退耕还林工程宜林荒山荒地造林保育土壤总价值量为628.33亿元/年（表4-3），其空间分布特征见图4-43。四川省保育土壤价值量最高，为66.02亿元/年；内蒙古自治区次之，保育土壤价值量为60.72亿元/年；甘肃省、湖南省、重庆市和云南省保育土壤价值量均在40.00亿～60.00亿元/年之间；其余省（自治区、直辖市）和新疆生产建设兵团均低于40.00亿元/年。

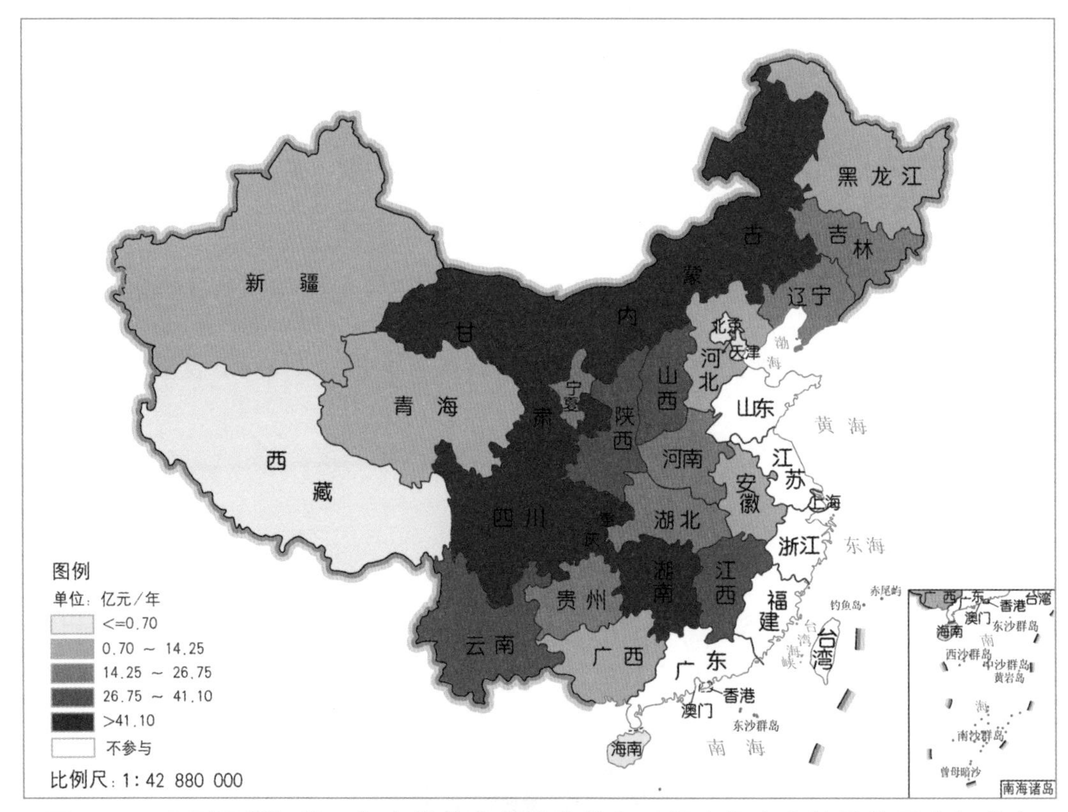

图4-43 全国退耕还林工程宜林荒山荒地造林各工程省保育土壤价值量空间分布

（6）森林防护功能 全国退耕还林工程宜林荒山荒地造林森林防护总价值量为344.62亿元/年（表4-3），其空间分布特征见图4-44。内蒙古自治区最高，为76.84亿元/年，占森林防护总价值量的22.30%；新疆维吾尔自治区和甘肃省次之，分别为66.92亿元/年和54.63亿元/年；其余省（自治区、直辖市）和新疆生产建设兵团森林防护价值量均小于40.00亿元/年。

（7）林木积累营养物质功能 全国退耕还林工程宜林荒山荒地造林林木积累营养总价值量为80.98亿元/年（表4-3），其空间分布特征见图4-45。内蒙古自治区林木积累营养价值量最高，为13.88亿元/年；陕西省次之，为12.06亿元/年；河南省、湖北省、四川省、

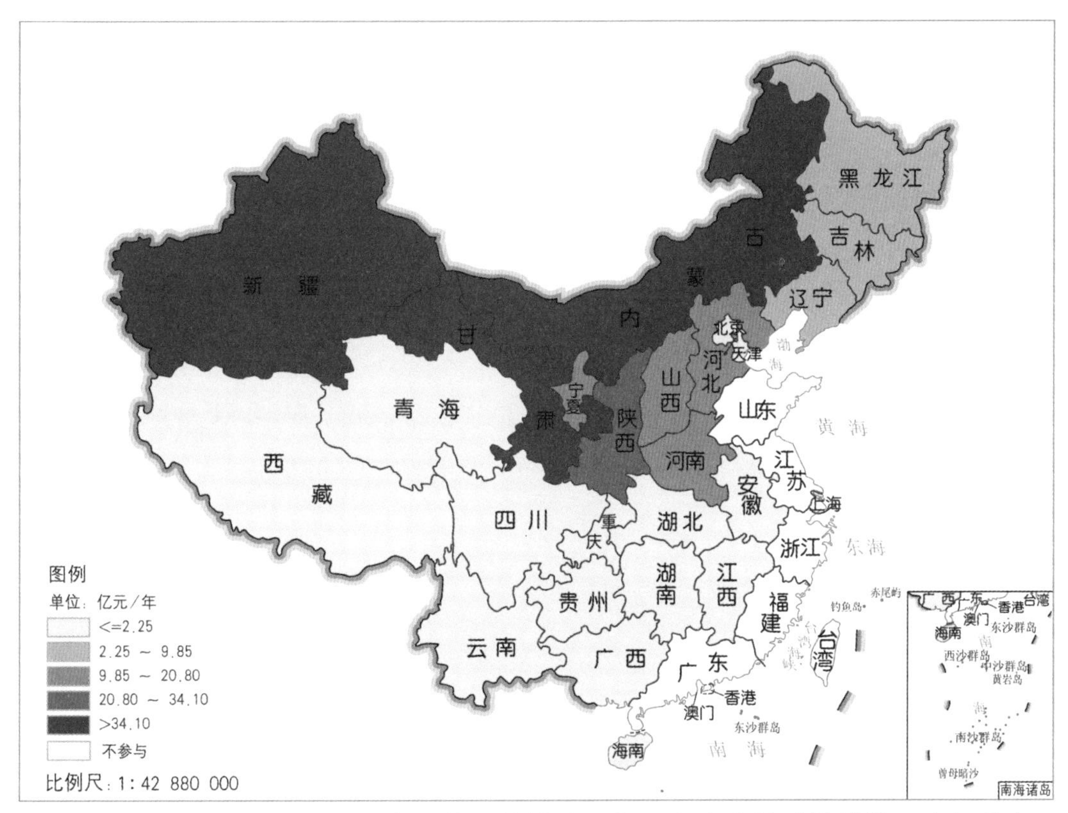

图4-44 全国退耕还林工程宜林荒山荒地造林各工程省森林防护价值量空间分布

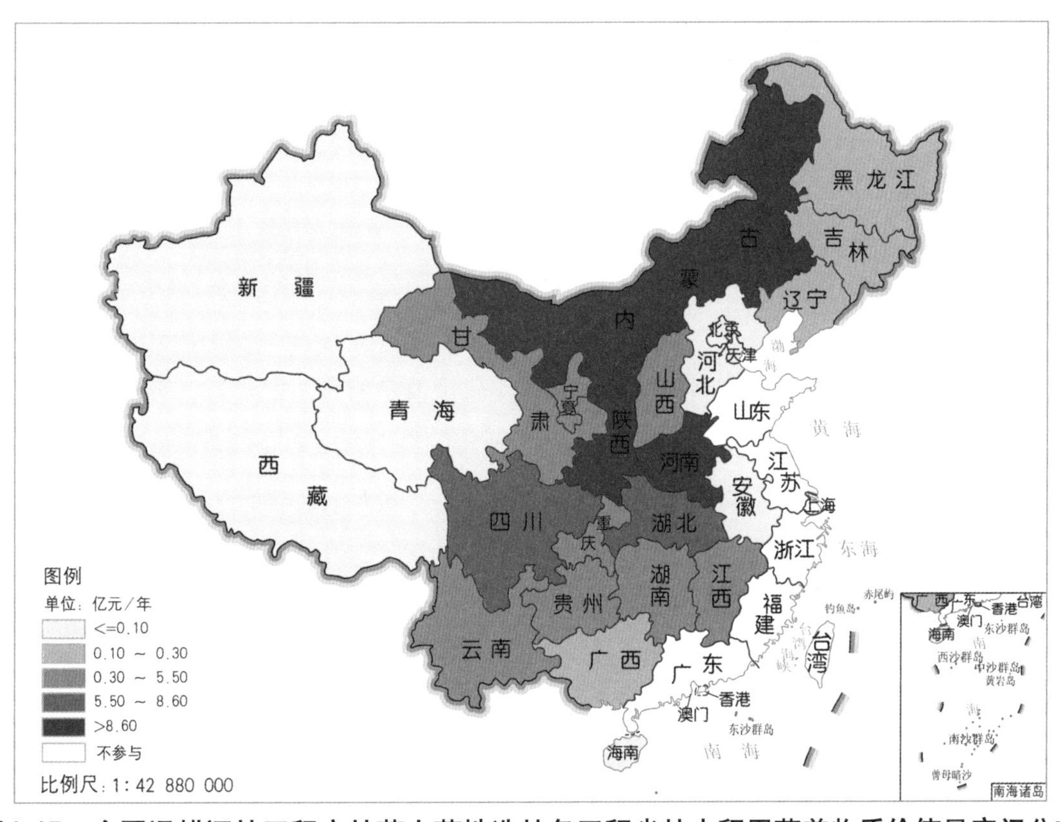

图4-45 全国退耕还林工程宜林荒山荒地造林各工程省林木积累营养物质价值量空间分布

重庆市和山西省林木积累营养物质价值量均在5.00亿～10.00亿元/年；其余省（自治区、直辖市）和新疆生产建设兵团林木积累营养价值量均低于5.00亿元/年。

4.2.3 封山育林生态效益价值量评估

全国退耕还林工程封山育林生态效益价值量及其分布如表4-4、图4-46和图4-47所示。全国退耕还林工程省封山育林每年产生的生态效益总价值量为1420.25亿元，其中涵养水源445.28亿元，保育土壤117.19亿元，固碳释氧239.54亿元，林木积累营养物质12.37亿元，净化大气环境358.17亿元（其中，滞纳TSP55.77亿元，滞纳PM_{10} 83.45亿元，滞纳$PM_{2.5}$ 146.05亿元），生物多样性保护178.78亿元，森林防护68.92亿元。

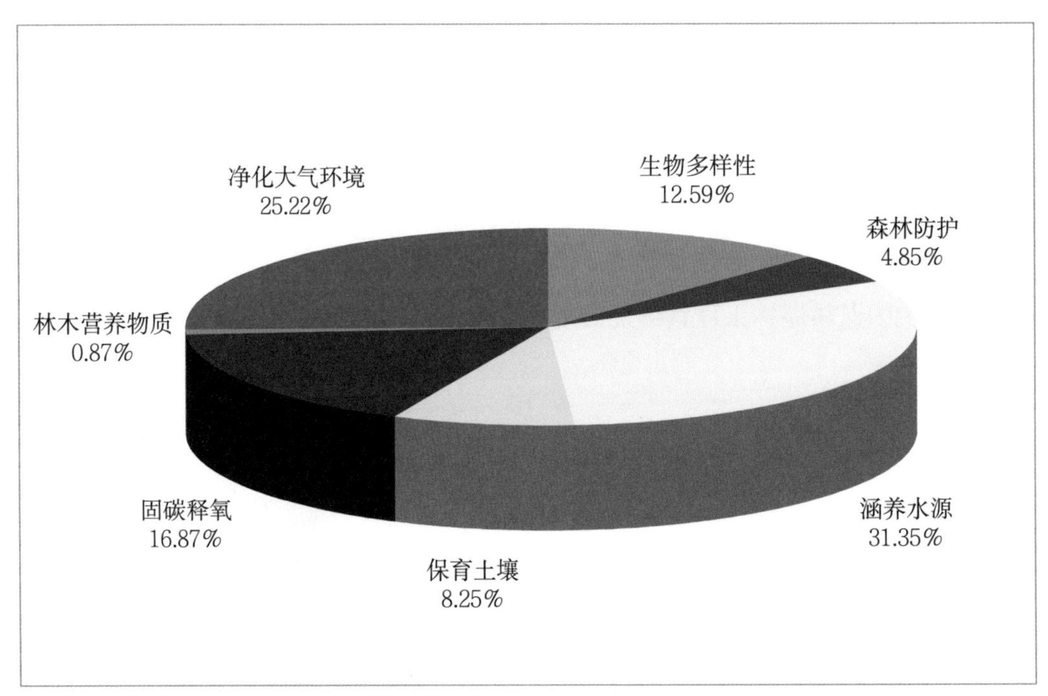

图4-46　全国退耕还林工程封山育林各项生态效益价值量比例

对于不同退耕还林工程省封山育林生态效益总价值量而言，四川省、重庆市和湖南省封山育林生态效益价值量最大，均大于100.00亿元/年；封山育林生态效益价值量在80.00亿～100.00亿元/年之间的工程省为云南省、内蒙古自治区、贵州省、河北省和江西省；其余省（自治区、直辖市）和新疆生产建设兵团封山育林生态效益价值量均低于80.00亿元/年。

就各退耕还林工程省封山育林各项生态效益评估指标而言，各退耕还林工程省封山育林生态效益绝大多数为涵养水源价值量所占比重最大，除新疆维吾尔自治区和新疆生产建设兵团外，其余涵养水源价值量均在16.63%～47.21%之间。北京市未进行封山育林，因此全国退耕还林工程封山育林生态效益评估中不包括北京市。林木积累营养物质价值量在各退耕还林工程省封山育林生态效益总价值量中所占比例均为最小（图4-48）。

表4-4 全国退耕还林工程封山育林各工程省生态效益价值量

省级区域	涵养水源	保育土壤	固碳释氧	林木积累营养物质	净化大气环境							森林防护	生物多样性	总计
					负离子	吸收污染物	滞尘				合计			
							TSP	PM_{10}	$PM_{2.5}$	小计				
	(亿元/年)	(亿元/年)	(亿元/年)	(亿元/年)	(亿元/年)	(亿元/年)	(亿元/年)	(亿元/年)	(亿元/年)	(亿元/年)	(亿元/年)	(亿元/年)	(亿元/年)	(亿元/年)
内蒙古	30.22	8.46	11.85	1.81	0.03	0.47	0.54	8.00	9.21	23.06	23.56	9.36	10.23	95.49
宁夏	4.06	1.38	1.66	0.19	0.02	<0.01	0.09	1.31	1.52	3.78	3.81	1.73	1.76	14.59
甘肃	19.85	8.08	8.51	0.62	0.04	0.42	0.44	6.55	7.54	18.86	19.32	8.00	7.92	72.30
山西	12.38	4.44	6.12	0.60	0.03	0.30	0.31	4.55	5.24	13.12	13.44	1.58	5.23	43.79
陕西	16.09	5.23	10.22	1.66	0.04	0.38	0.38	5.63	6.48	16.21	16.63	4.69	7.30	61.82
河南	19.19	3.33	10.98	1.54	0.05	0.36	0.32	4.66	5.37	13.44	13.85	2.45	5.30	56.64
四川	49.97	10.23	17.72	0.97	0.03	0.48	0.57	8.42	9.70	24.26	24.77	—	18.08	121.74
重庆	43.88	9.48	13.74	0.99	0.05	0.41	0.52	7.65	8.82	22.04	22.49	—	19.71	110.29
云南	40.96	8.75	13.19	0.56	0.07	0.43	0.42	6.19	7.13	17.84	18.34	—	15.12	96.92
贵州	23.77	5.78	17.00	1.07	0.08	0.60	0.72	10.64	12.25	30.66	31.34	—	12.31	91.27
湖北	5.04	0.95	2.65	0.26	0.01	<0.01	0.07	1.06	1.22	3.04	3.05	—	1.83	13.78
湖南	40.14	10.02	12.43	0.81	0.07	0.47	0.69	10.17	11.72	29.31	29.85	—	14.99	108.24
江西	29.68	9.53	11.73	0.94	0.06	0.32	0.45	7.55	8.69	21.75	22.13	—	11.05	85.06
黑龙江	20.92	4.21	12.55	0.08	0.03	0.23	13.65	0.16	7.54	24.53	24.79	3.04	5.26	70.85

（续）

省级区域	涵养水源	保育土壤	固碳释氧	林木积累营养物质	净化大气环境							森林防护	生物多样性	总计
					负离子	吸收污染物	滞尘				合计			
							TSP	PM_{10}	$PM_{2.5}$	小计				
	（亿元/年）	（亿元/年）	（亿元/年）	（亿元/年）	（亿元/年）	（亿元/年）	（亿元/年）	（亿元/年）	（亿元/年）	（亿元/年）	（亿元/年）	（亿元/年）	（亿元/年）	（亿元/年）
吉林	15.84	5.54	12.75	0.06	0.01	0.12	5.76	0.08	4.20	11.34	11.47	2.20	2.20	50.06
辽宁	17.35	6.07	13.96	0.07	0.01	0.13	6.31	0.08	4.60	12.44	12.58	1.54	9.63	61.20
河北	14.17	5.11	37.07	0.02	0.02	0.31	7.36	0.16	12.12	21.17	21.50	4.31	3.01	85.19
新疆	1.08	2.30	4.28	0.03	0.07	0.12	3.78	0.15	5.93	10.69	10.88	20.69	4.66	43.92
新疆兵团	0.84	1.57	1.78	0.02	0.02	0.07	1.24	0.06	2.95	4.79	4.88	8.20	1.88	19.17
安徽	15.23	2.08	7.63	0.03	0.03	0.05	4.16	0.16	5.61	10.96	11.04	—	9.89	45.90
广西	16.88	1.50	5.96	0.02	0.03	0.16	3.63	0.15	5.47	9.99	10.18	—	10.18	44.72
青海	5.29	2.71	4.40	0.01	0.01	0.07	3.59	0.05	2.13	6.59	6.67	0.87	0.48	20.43
天津	0.23	0.06	0.20	<0.01	<0.01	<0.01	0.22	<0.01	0.07	0.35	0.35	0.16	0.11	1.11
北京	—	—	—	—	—	—	—	—	—	—	—	—	—	—
西藏	0.61	0.31	0.51	<0.01	<0.01	0.01	0.41	0.01	0.25	0.76	0.77	0.10	0.06	2.36
海南	1.61	0.07	0.65	0.01	0.01	0.01	0.14	0.01	0.29	0.46	0.48	—	0.59	3.41
总计	445.28	117.19	239.54	12.37	0.82	5.92	55.77	83.45	146.05	351.44	358.17	68.92	178.78	1420.25

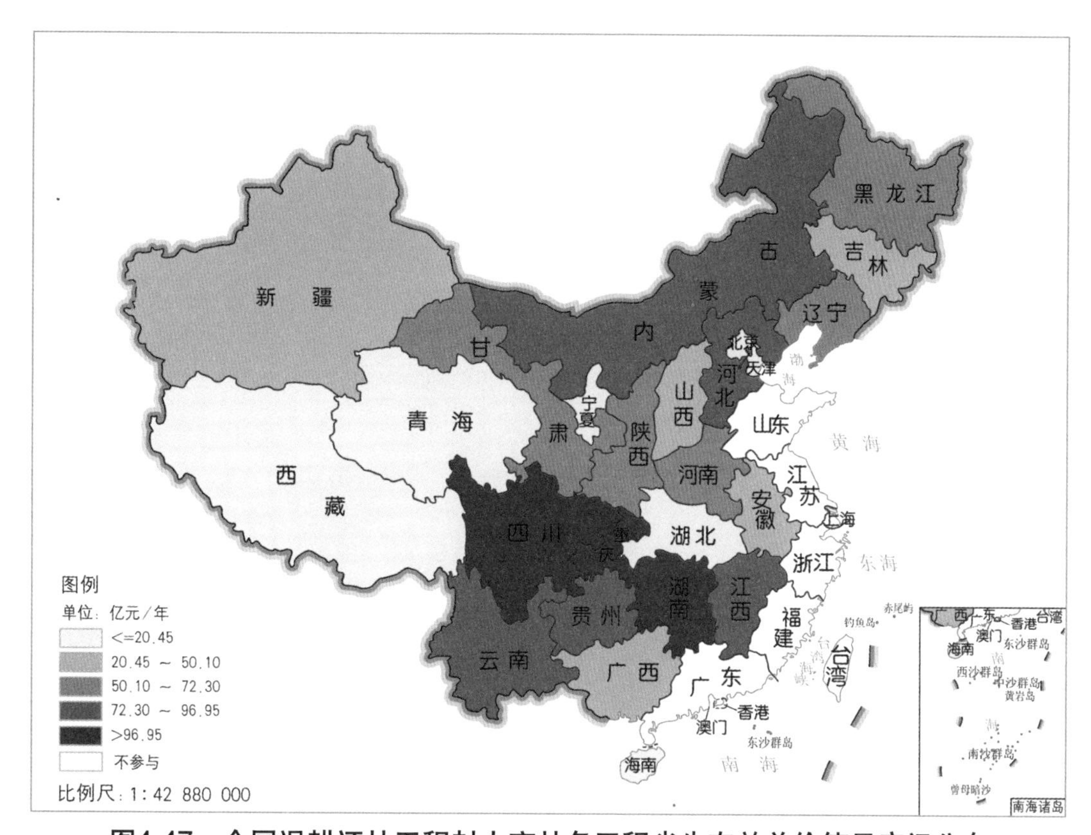

图4-47 全国退耕还林工程封山育林各工程省生态效益价值量空间分布

注：新疆生产建设兵团退耕还林工程封山育林生态效益价值量见表4-4，图4-48至图4-60同。

全国退耕还林工程封山育林生态效益呈现出明显的地区差异，且各地区生态系统服务的主导功能也不尽相同。

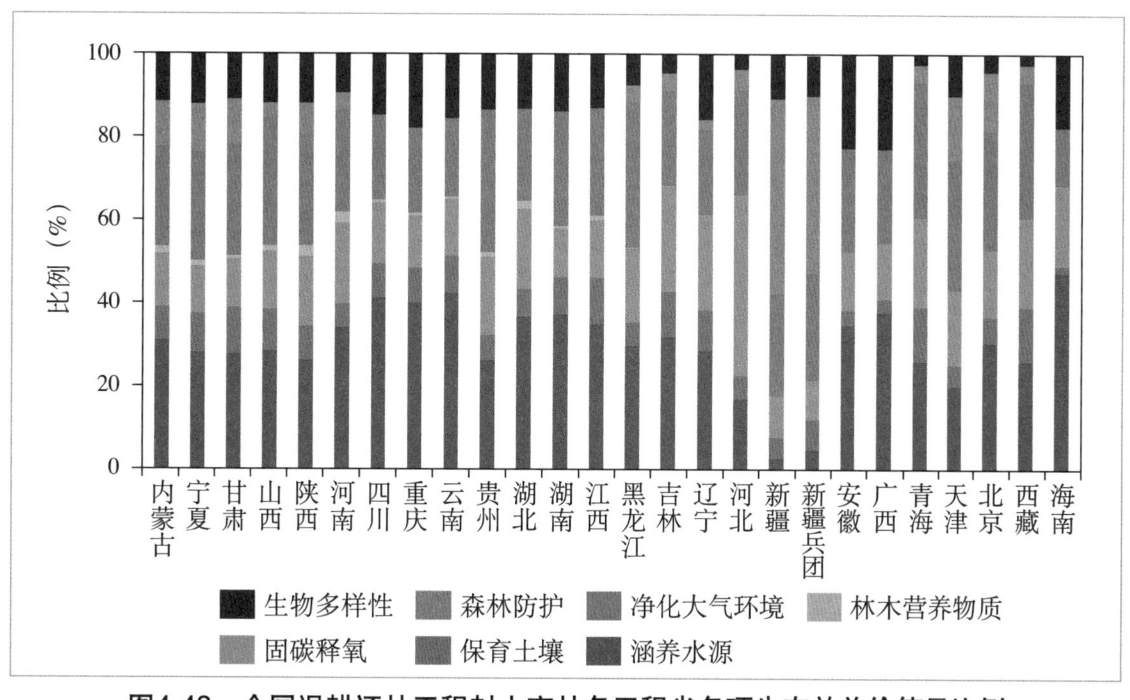

图4-48 全国退耕还林工程封山育林各工程省各项生态效益价值量比例

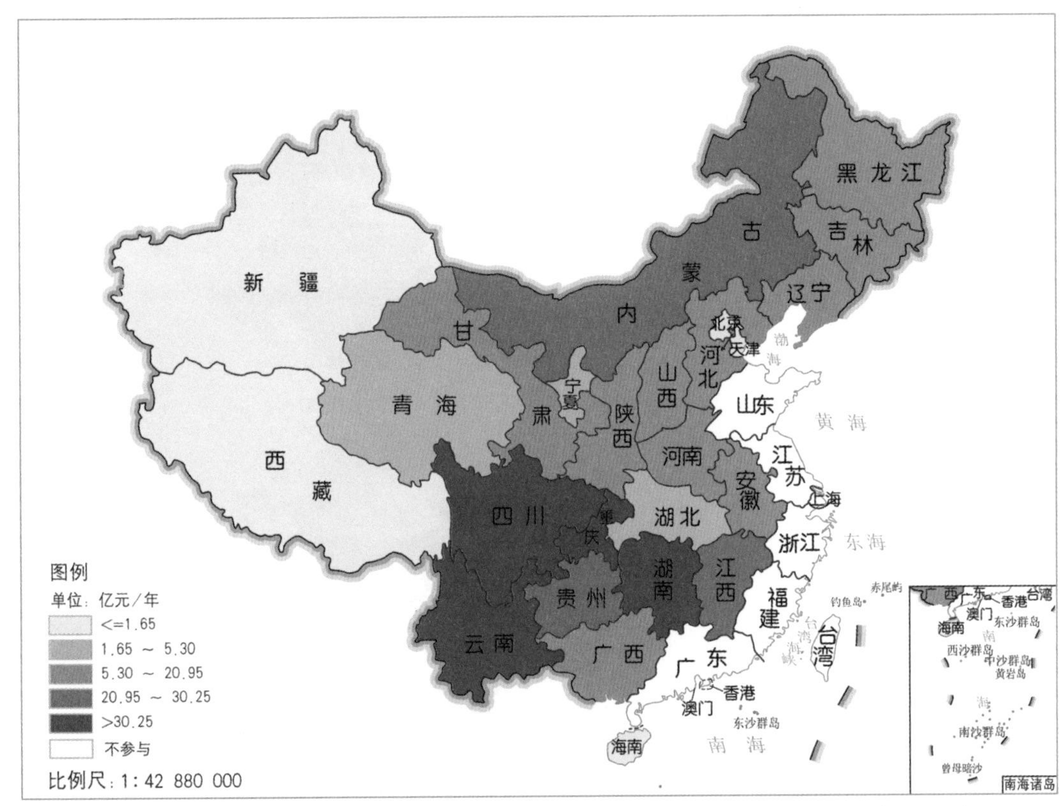

图4-49　全国退耕还林工程封山育林各工程省涵养水源价值量空间分布

（1）涵养水源功能　全国退耕还林工程封山育林涵养水源总价值量为445.28亿元/年（表4-4），其空间分布特征见图4-49。四川省涵养水源价值量最高，为49.97亿元/年；其次是重庆市、云南省和湖南省，涵养水源价值量均在40.00亿～50.00亿元/年之间；其余省（自治区、直辖市）和新疆生产建设兵团均低于40.00亿元/年。

（2）净化大气环境功能　全国退耕还林工程封山育林提供负离子总价值量为0.82亿元/年（表4-4），其空间分布特征见图4-50。贵州省最高，其提供负离子物质量为0.08亿元/年，占提供负离子总价值量的9.76%；湖南省、云南省、新疆维吾尔自治区、江西省、重庆市和河南省提供负离子价值量在0.05亿～0.07亿元/年之间，以上6个省（自治区、直辖市）封山育林提供负离子之和占提供负离子总价值量的45.12%；其余省（自治区、直辖市）和新疆生产建设兵团均低于0.05亿元/年。

全国退耕还林工程封山育林吸收污染物总价值量为5.92亿元/年（表4-4），其空间分布特征见图4-51。贵州省吸收污染物的价值量最高，为0.60亿元/年；四川省、湖南省、内蒙古自治区、云南省、甘肃省和重庆市吸收污染物的价值量均在0.40亿～0.50亿元/年之间；其余省（自治区、直辖市）和新疆生产建设兵团吸收污染物的价值量均小于0.40亿元/年。

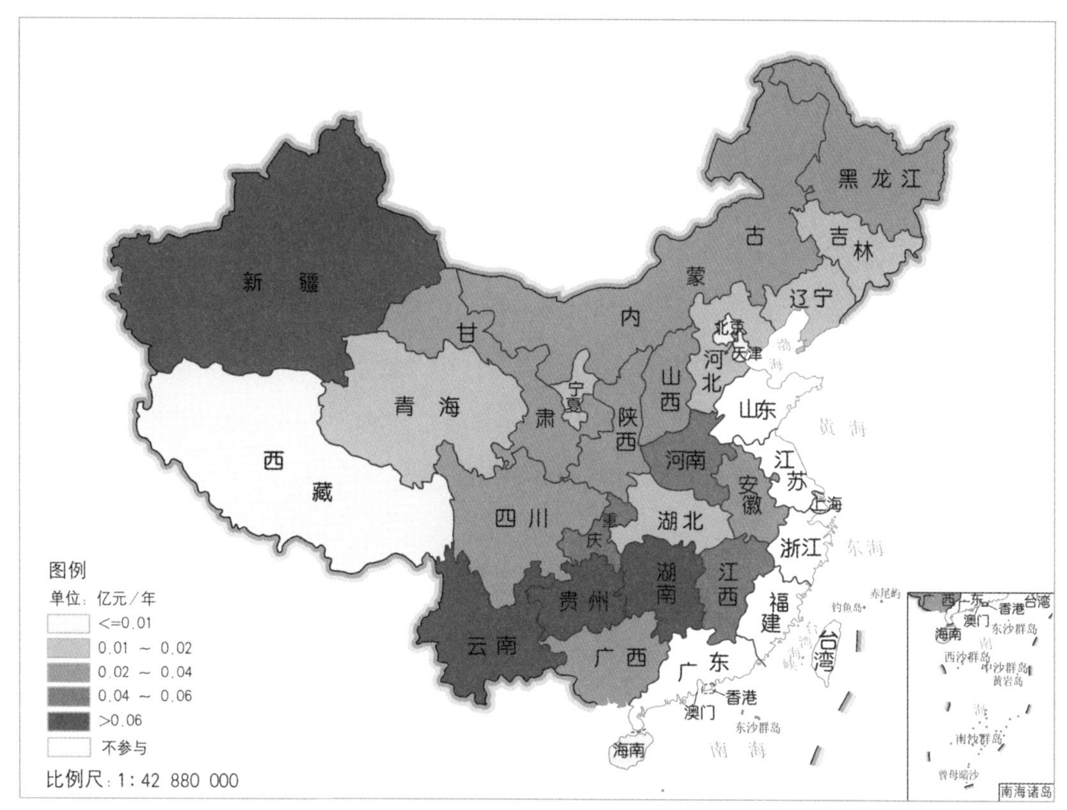

图4-50　全国退耕还林工程封山育林各工程省提供负离子价值量空间分布

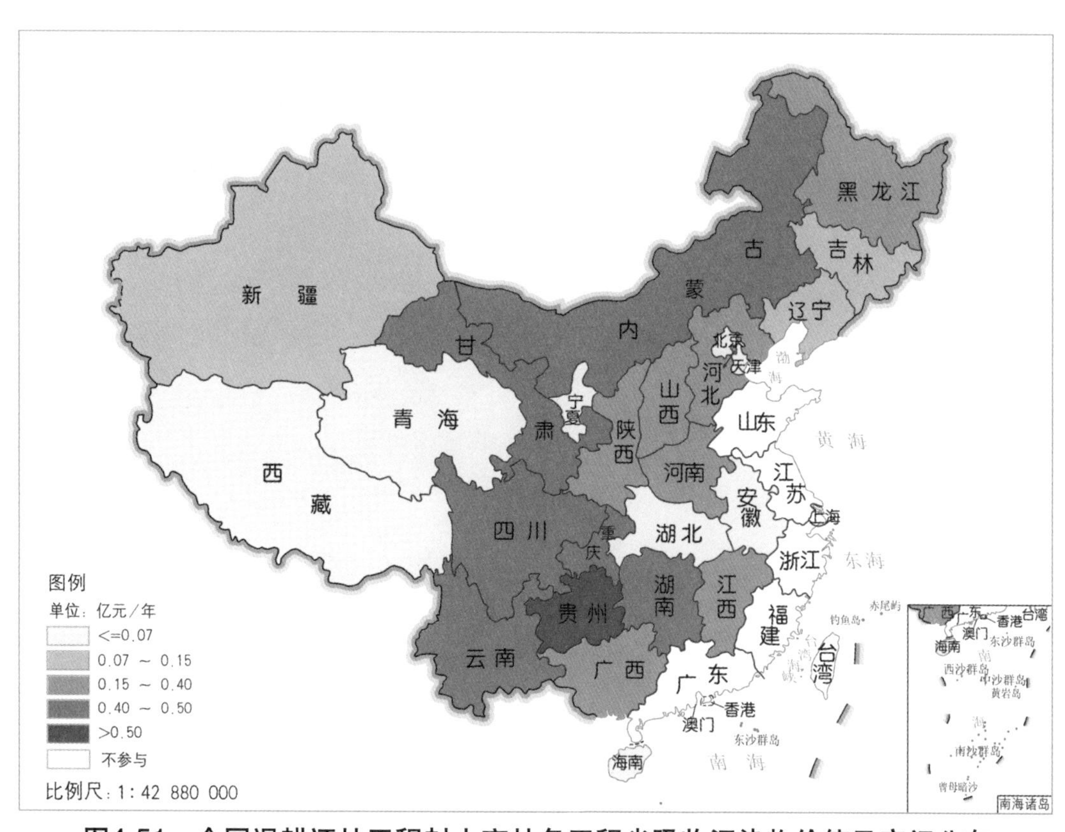

图4-51　全国退耕还林工程封山育林各工程省吸收污染物价值量空间分布

全国退耕还林工程封山育林滞尘总价值量为351.44亿元/年（表4-4），其空间分布特征见图4-52。贵州省滞尘的价值量最高，为30.66亿元/年；湖南省、黑龙江省、四川省、内蒙古自治区、重庆市、江西省和河北省滞尘的价值量均在20.00亿～30.00亿元/年之间；其余省（自治区、直辖市）和新疆生产建设兵团滞尘的价值量均小于20.00亿元/年。

全国退耕还林工程封山育林滞纳TSP总价值量为55.77亿元/年，滞纳PM_{10}和$PM_{2.5}$总价值量分别为83.45亿元/年和146.05亿元/年（表4-4），不同省（自治区、直辖市）和新疆生产建设兵团封山育林滞纳TSP价值量差异明显（图4-53至图4-55）。黑龙江省滞纳TSP价值量最高，为13.65亿元/年，滞纳PM_{10}和$PM_{2.5}$的价值量分别为0.16亿元/年和7.54亿元/年；河北省、辽宁省和吉林省滞纳TSP价值量均在5.00亿～8.00亿元/年之间，其中河北省滞纳TSP价值量7.36亿元/年（滞纳PM_{10}和$PM_{2.5}$的价值量分别为0.16亿元/年和12.12亿元/年）；其余省（自治区、直辖市）和新疆生产建设兵团滞纳TSP价值量均低于5.00亿元/年。

（3）固碳释氧功能 全国退耕还林工程封山育林固碳释氧总价值量为239.54亿元/年（表4-4），其空间分布特征见图4-56。河北省固碳释氧价值量最高；其次为四川省和贵州省，固碳释氧价值量分别为17.72亿元/年和17.00亿元/年；辽宁省、重庆市、云南省、吉林省、黑龙江省、湖南省、内蒙古自治区、江西省、河南省和陕西省固碳释氧价值量均在10.00亿～14.00亿元/年之间；其余省（自治区、直辖市）和新疆生产建设兵团固碳释氧价值量均低于10.00亿元/年。

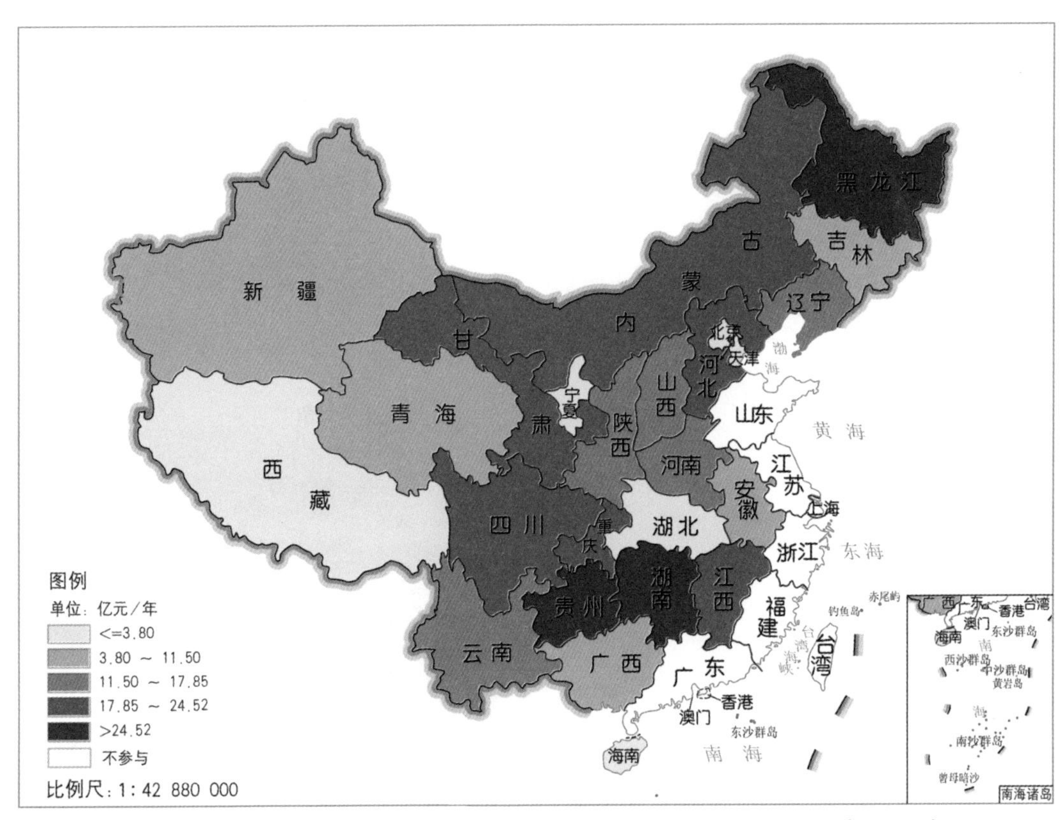

图4-52 全国退耕还林工程封山育林各工程省滞尘价值量空间分布

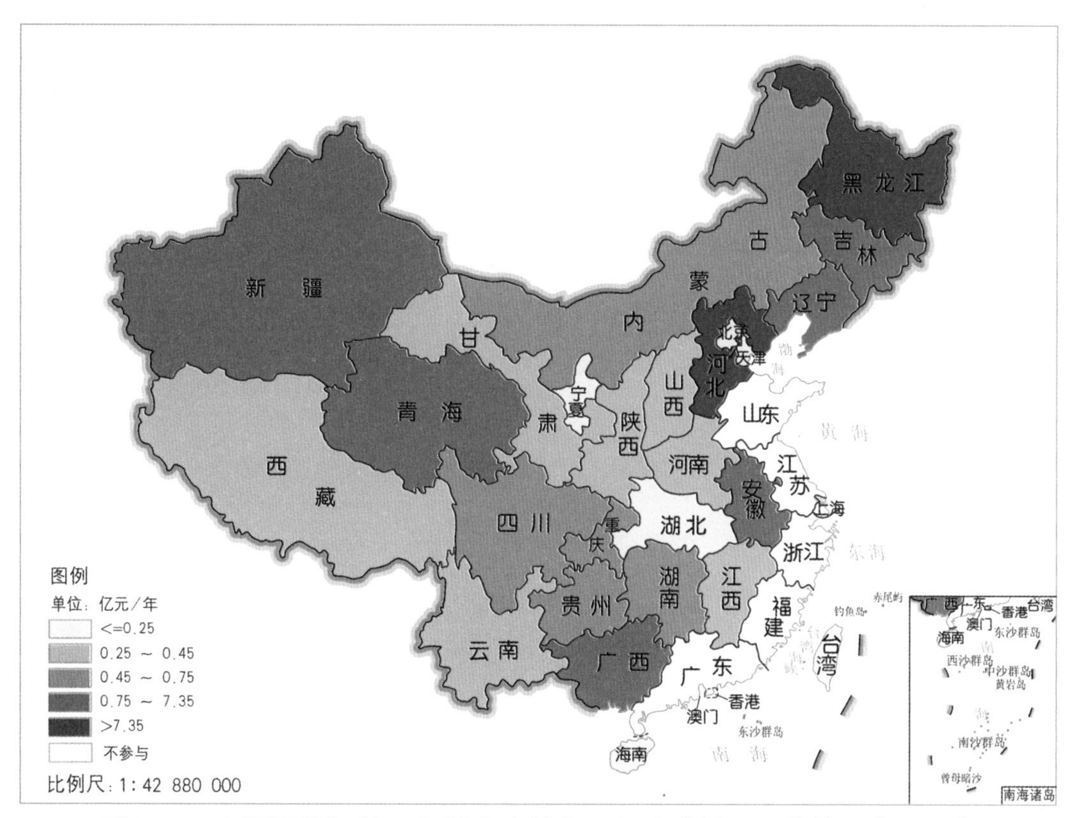

图4-53　全国退耕还林工程封山育林各工程省滞纳TSP价值量空间分布

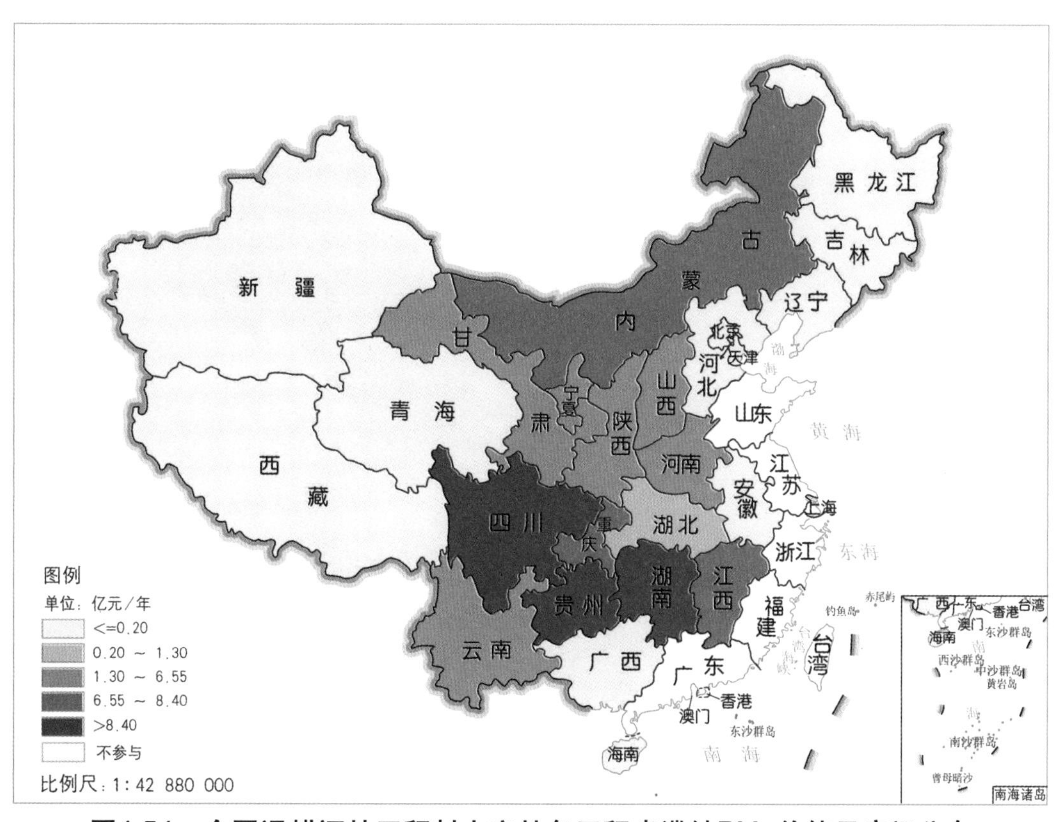

图4-54　全国退耕还林工程封山育林各工程省滞纳PM_{10}价值量空间分布

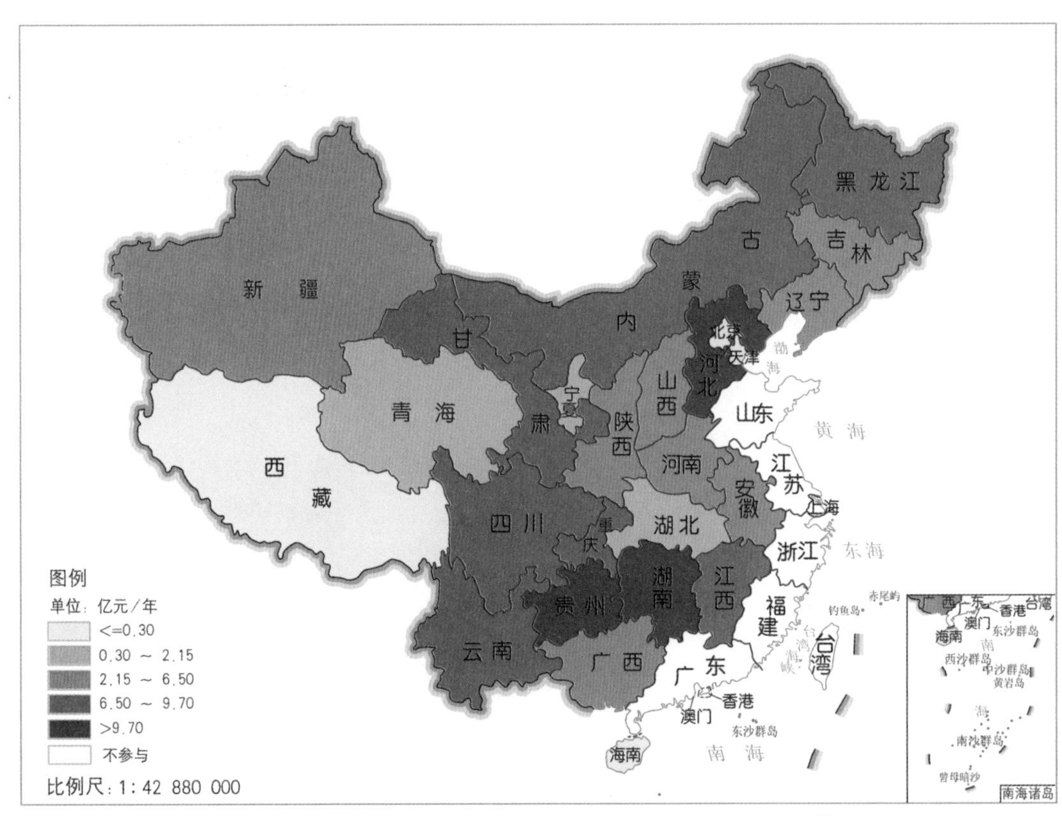

图4-55　全国退耕还林工程封山育林各工程省滞纳$PM_{2.5}$价值量空间分布

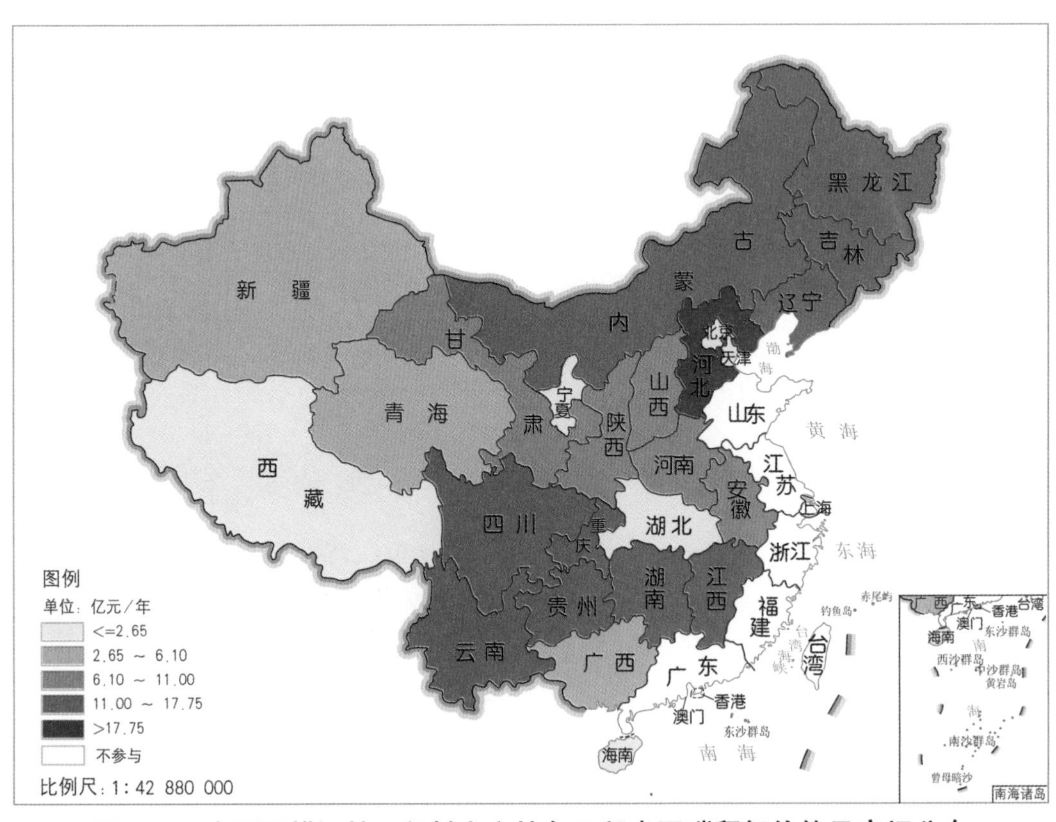

图4-56　全国退耕还林工程封山育林各工程省固碳释氧价值量空间分布

（4）生物多样性保护功能　全国退耕还林工程封山育林生物多样性保护总价值量为178.78亿元/年（表4-4），其空间分布特征见图4-57。重庆市生物多样性保护价值量最高；其次为四川省，生物多样性保护价值量为18.08亿元/年；云南省、湖南省、贵州省、江西省、内蒙古自治区和广西壮族自治区生物多样性保护价值量均在10.00亿～16.00亿元/年之间；其余省（自治区、直辖市）和新疆生产建设兵团生物多样性保护价值量均低于10.00亿元/年。

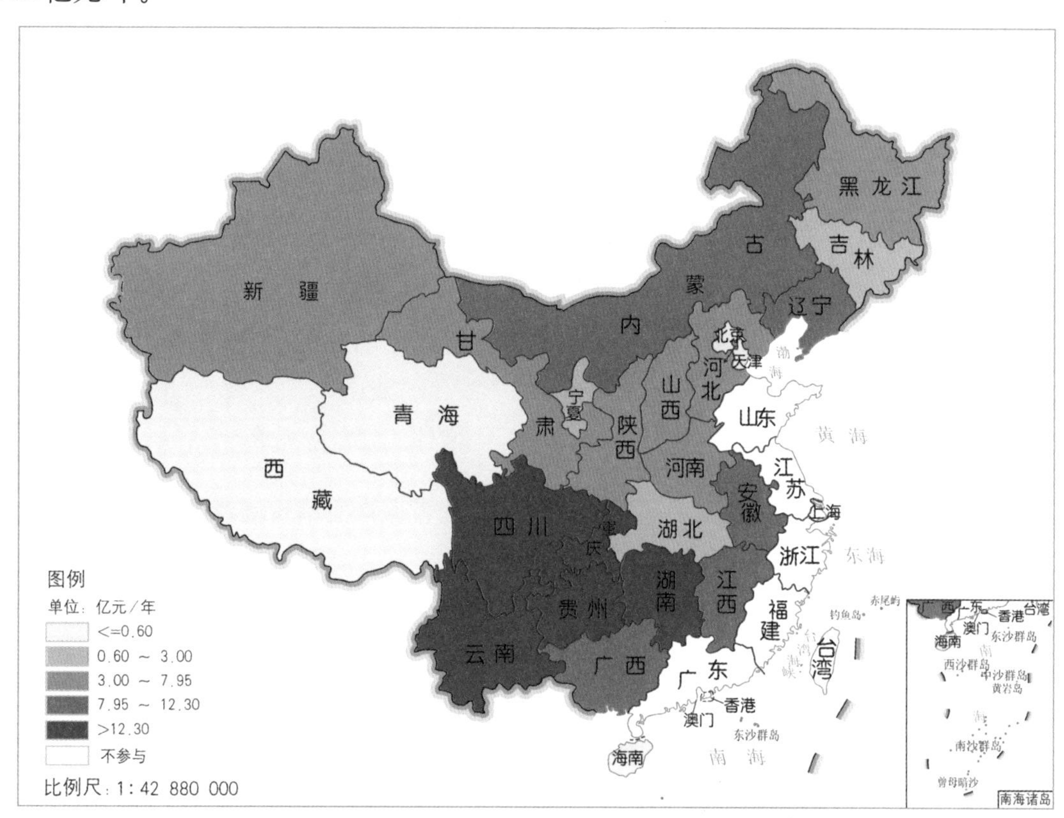

图4-57　全国退耕还林工程封山育林各工程省生物多样性保护价值量空间分布

（5）保育土壤功能　全国退耕还林工程封山育林保育土壤总价值量为117.19亿元/年（表4-4），其空间分布特征见图4-58。四川省保育土壤价值量最高，为10.23亿元/年；湖南省次之，保育土壤价值量为10.02亿元/年；江西省、重庆市、云南省、内蒙古自治区、甘肃省、辽宁省、贵州省、吉林省、陕西省和河北省保育土壤价值量均在5.00亿～10.00亿元/年之间；其余省（自治区、直辖市）和新疆生产建设兵团均低于5.00亿元/年。

（6）森林防护功能　全国退耕还林工程封山育林森林防护总价值量为68.92亿元/年（表4-4），其空间分布特征见图4-59。新疆维吾尔自治区最高，为20.69亿元/年，占森林防护总价值量的30.02%；内蒙古自治区、新疆生产建设兵团和甘肃省次之，分别为9.36亿元/年、8.20亿元/年和8.00亿元/年；其余省（自治区、直辖市）森林防护价值量均小于8.00亿元/年。

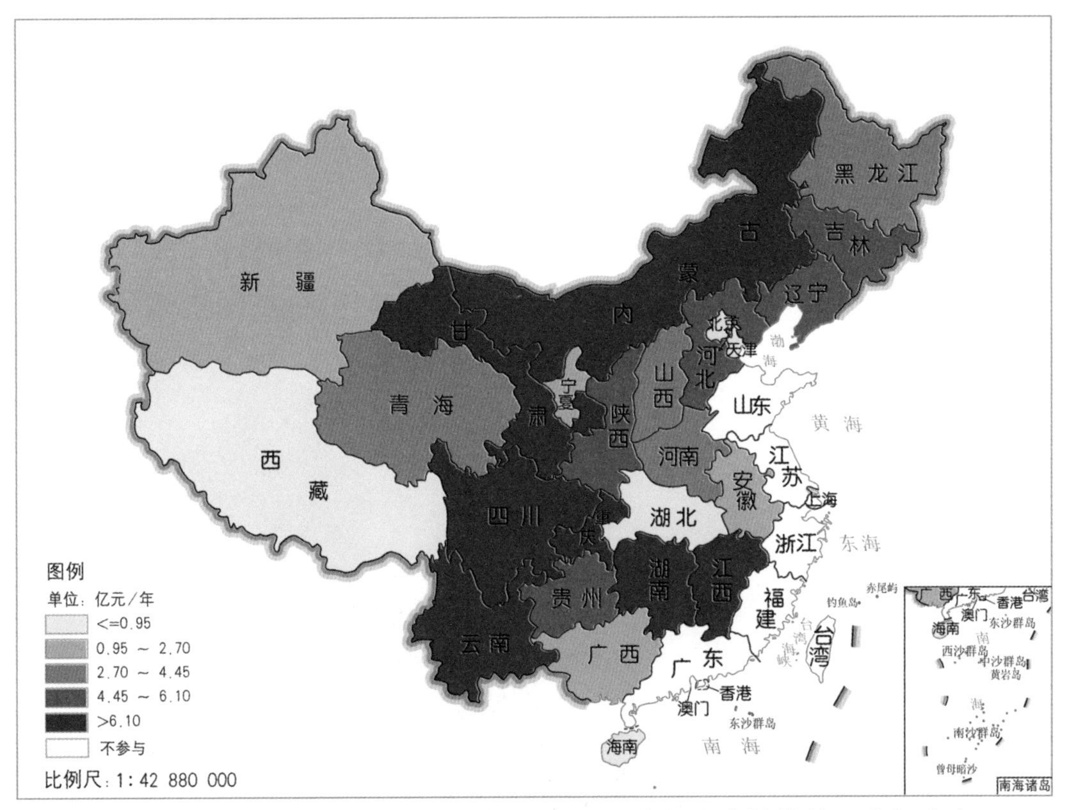

图4-58　全国退耕还林工程封山育林各工程省保育土壤价值量空间分布

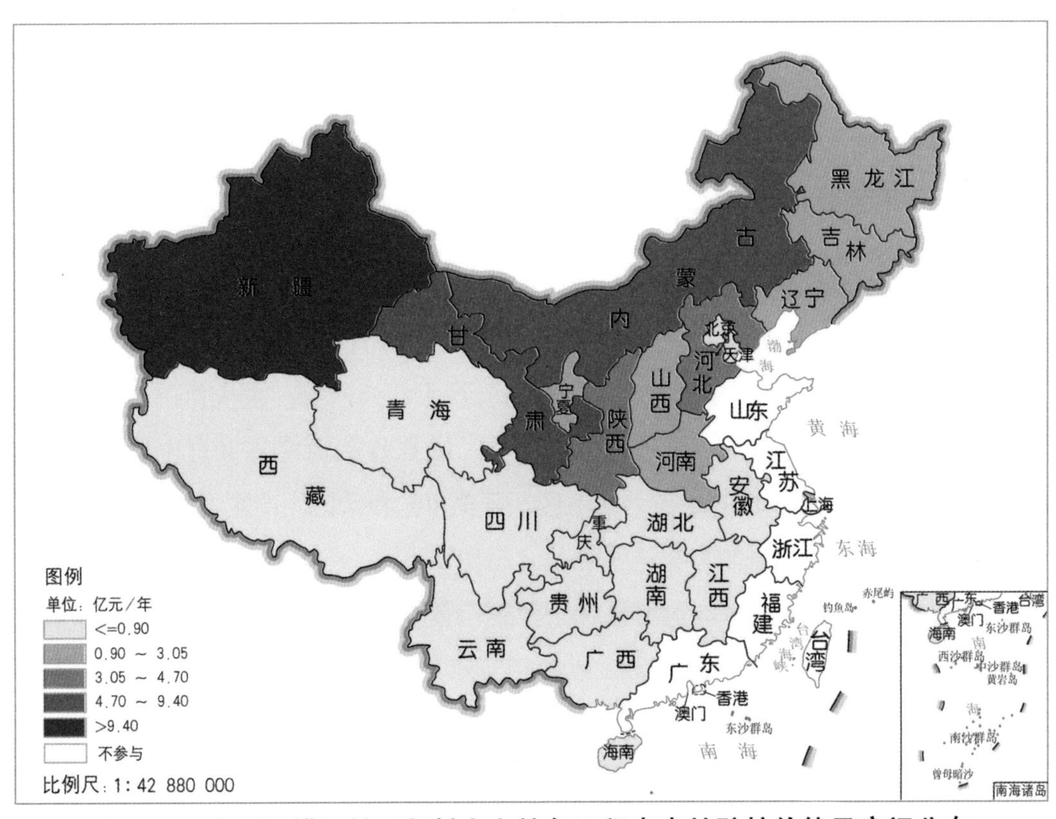

图4-59　全国退耕还林工程封山育林各工程省森林防护价值量空间分布

（7）**林木积累营养物质功能**　全国退耕还林工程封山育林林木积累营养总价值量为12.37亿元/年（表4-4），其空间分布特征见图4-60。内蒙古自治区林木积累营养价值量最高，为1.81亿元/年；陕西省、河南省和贵州省次之，分别为1.66亿元/年、1.54亿元/年和1.07亿元/年；重庆市、四川省、江西省、湖南省、甘肃省、山西省和云南省林木积累营养物质价值量均在0.50亿～1.00亿元/年之间；其余省（自治区、直辖市）和新疆生产建设兵团林木积累营养价值量均低于0.50亿元/年。

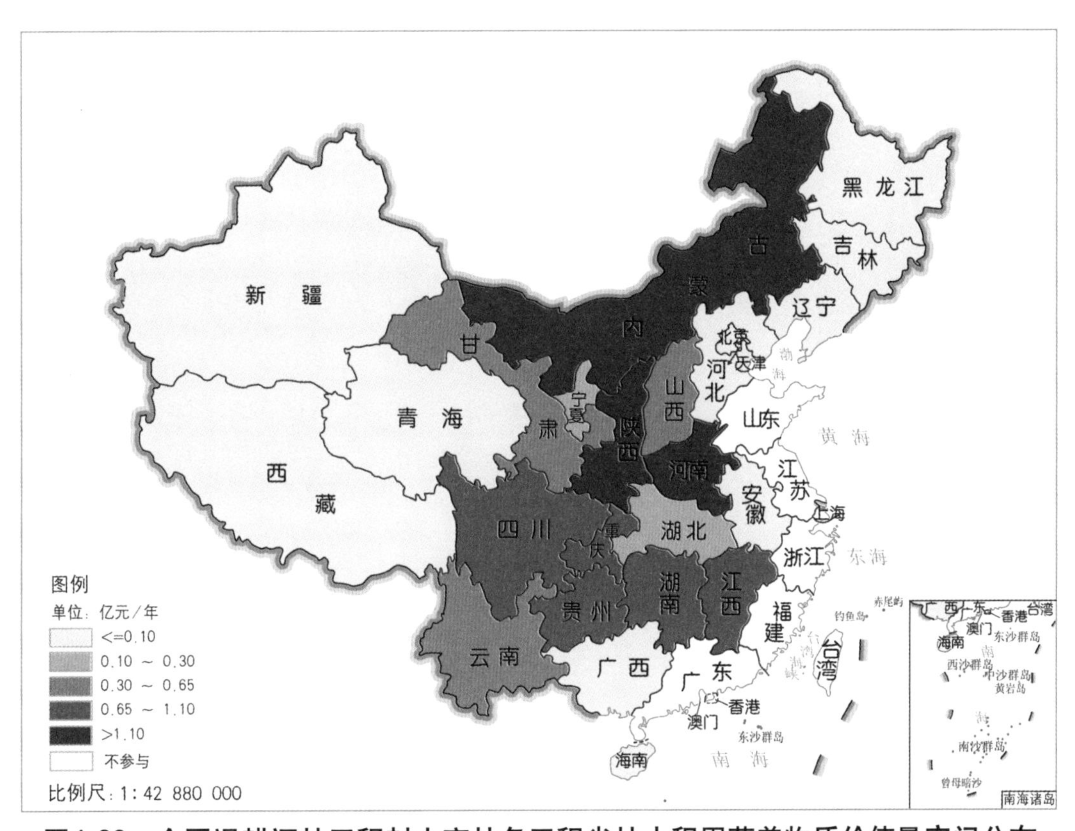

图4-60　全国退耕还林工程封山育林各工程省林木积累营养物质价值量空间分布

4.3　三种林种生态效益价值量评估

本报告中林种类型依据《国家森林资源连续清查技术规定》，结合退耕还林工程实际情况分为生态林、经济林和灌木林三种林种。三种林种中，生态林和经济林的划定以国家林业局《退耕还林工程生态林与经济林认定标准》（林退发〔2001〕550号）为依据。

4.3.1 生态林生态效益价值量评估

生态林是指在退耕还林工程中，营造以减少水土流失和风沙危害等生态效益为主要目的的林木，主要包括水土保持林、水源涵养林、防风固沙林等（国家林业局，2001）。

表4-5　全国退耕还林工程生态林生态效益价值量评估结果

省级区域	涵养水源	保育土壤	固碳释氧	林木积累营养物质	净化大气环境							森林防护	生物多样性	总计
					负离子	吸收污染物	滞尘				合计			
							TSP	PM_{10}	$PM_{2.5}$	小计				
	(亿元/年)	(亿元/年)	(亿元/年)	(亿元/年)	(亿元/年)	(亿元/年)	(亿元/年)	(亿元/年)	(亿元/年)	(亿元/年)	(亿元/年)	(亿元/年)	(亿元/年)	(亿元/年)
内蒙古	123.08	34.40	54.24	7.75	0.13	2.03	2.32	34.26	39.46	98.71	100.87	43.97	44.84	409.15
宁夏	16.55	5.61	6.76	0.75	0.08	0.01	0.36	5.35	6.17	15.42	15.53	7.02	7.17	59.39
甘肃	135.23	54.99	57.96	4.21	0.27	2.85	3.02	44.59	51.36	128.47	131.59	54.50	53.95	492.44
山西	96.69	34.72	47.76	4.71	0.20	2.33	2.41	35.59	41.00	102.53	105.06	12.36	40.88	342.18
陕西	120.21	39.10	76.30	12.40	0.30	2.88	2.85	42.00	48.38	121.02	124.20	35.03	54.50	461.72
河南	128.14	22.22	73.35	10.27	0.34	2.43	2.11	31.14	35.87	89.72	92.49	16.39	35.39	378.25
四川	523.92	107.21	185.76	10.12	0.30	5.04	5.99	88.27	101.68	254.32	259.66	—	189.57	1276.24
重庆	375.40	81.07	117.56	8.50	0.38	3.49	4.44	65.44	75.39	188.56	192.43	—	168.59	943.55
云南	238.71	51.02	76.83	3.29	0.39	2.52	2.45	36.08	41.57	103.96	106.87	—	88.11	564.84
贵州	178.82	43.48	127.91	8.05	0.57	4.55	5.43	80.02	92.18	230.58	235.70	—	92.62	686.59
湖北	187.07	35.33	98.45	9.55	0.29	<0.01	2.65	39.24	45.20	113.07	113.35	—	67.97	511.72
湖南	378.26	94.34	117.11	7.58	0.69	4.46	6.50	95.82	110.38	276.08	281.23	—	141.29	1019.81
江西	164.72	52.87	65.08	5.23	0.35	1.79	2.48	41.88	48.25	120.68	122.82	—	61.32	472.03
黑龙江	115.53	23.24	69.31	0.43	0.15	1.27	75.39	0.88	41.67	135.51	136.93	16.78	29.06	391.28

（续）

省级区域	涵养水源（亿元/年）	保育土壤（亿元/年）	固碳释氧（亿元/年）	林木积累营养物质（亿元/年）	净化大气环境							森林防护（亿元/年）	生物多样性（亿元/年）	总计（亿元/年）
					负离子（亿元/年）	吸收污染物（亿元/年）	滞尘				合计（亿元/年）			
							TSP（亿元/年）	PM_{10}（亿元/年）	$PM_{2.5}$（亿元/年）	小计（亿元/年）				
吉林	75.96	26.57	61.15	0.31	0.06	0.56	27.61	0.37	20.13	54.43	55.05	10.54	10.55	240.12
辽宁	90.51	31.66	72.85	0.37	0.07	0.67	32.90	0.43	23.98	64.85	65.59	8.06	50.23	319.27
河北	62.18	22.39	162.65	0.11	0.08	1.37	32.29	0.69	53.17	92.86	94.32	18.90	13.17	373.72
新疆	2.48	5.28	9.83	0.06	0.17	0.28	8.69	0.34	13.64	24.56	25.01	47.55	10.71	100.93
新疆兵团	1.88	3.30	4.00	0.03	0.04	0.16	3.32	0.14	6.60	10.74	10.93	18.37	4.14	42.65
安徽	83.83	10.29	36.32	0.13	0.19	1.01	23.20	0.71	30.88	59.58	60.78	—	54.43	245.78
广西	124.80	11.10	44.10	0.14	0.26	1.19	26.85	1.08	40.42	73.86	75.30	—	75.30	330.74
青海	2.37	1.21	1.97	<0.01	<0.01	0.03	1.61	0.02	0.95	2.96	2.99	0.39	0.22	9.16
天津	0.36	0.01	0.31	<0.01	<0.01	0.01	0.35	<0.01	0.11	0.55	0.56	0.26	0.18	1.77
北京	5.13	1.09	2.73	0.02	0.03	0.06	1.79	0.06	2.50	4.75	4.83	2.45	0.68	16.93
西藏	1.47	0.75	1.22	<0.01	<0.01	0.02	0.99	0.02	0.59	1.84	1.86	0.25	0.13	5.68
海南	21.46	0.89	8.63	0.04	0.04	0.10	1.87	0.11	3.92	6.26	6.41	—	7.94	45.38
总计	3254.77	794.23	1580.17	94.04	5.37	41.10	279.89	644.51	975.45	2375.87	2422.36	292.82	1302.93	9741.31

全国退耕还林工程生态林价值量评估结果，见表4-5。全国退耕还林工程生态林生态效益价值量分布状况，见图4-61。

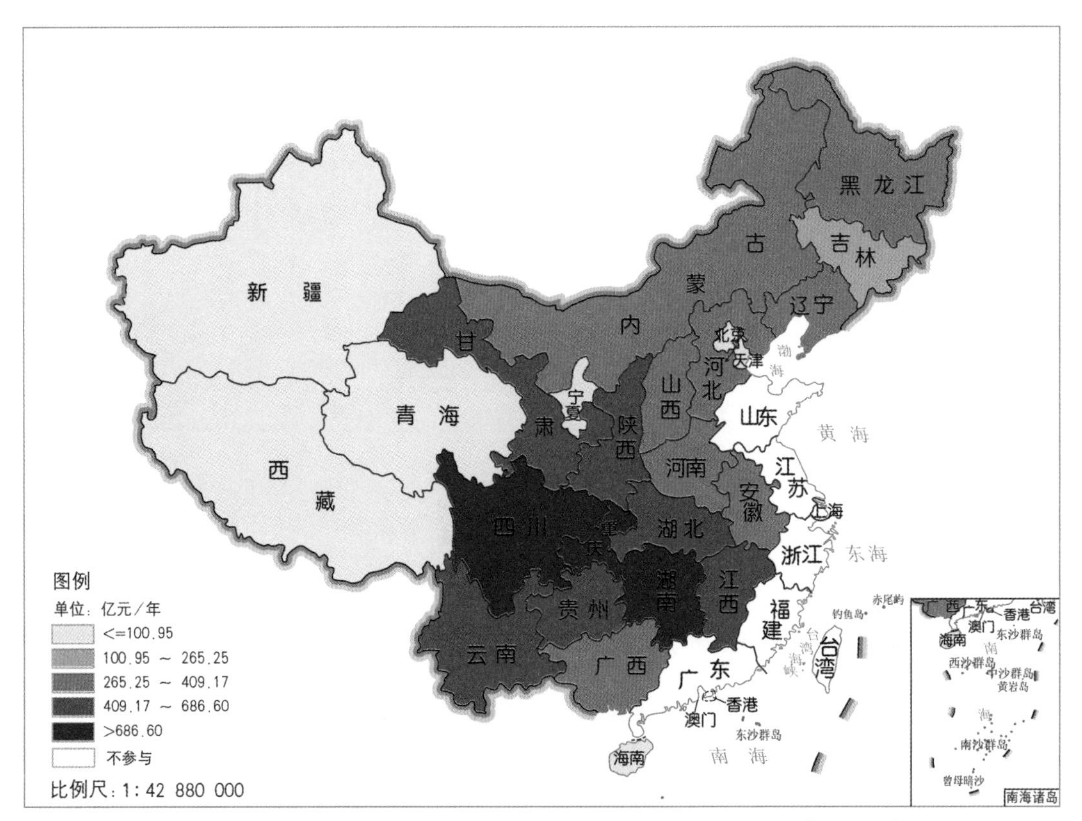

图4-61　全国退耕还林工程生态林生态效益价值量空间分布

注：新疆生产建设兵团退耕还林工程生态林生态效益价值量见表4-5。

四川省退耕还林生态林生态效益价值量最高，为1276.24亿元/年，占退耕还林工程生态林总价值量13.10%；湖南省（1019.81亿元/年）和重庆市（943.55亿元/年）次之；总价值量在500.00亿～700.00亿元/年之间的省份为贵州省、云南省和湖北省；其余省（自治区、直辖市）和新疆生产建设兵团生态林总价值量均低于500.00亿元/年（表4-5和图4-61）。

全国退耕还林工程生态林各生态效益价值量所占相对比例分布如图4-62所示。全国退耕还林工程生态林生态效益的各分项价值量分配中，地区差异较为明显。除森林防护功能和涵养水源功能外，其余评估指标价值量所占比例差异相对较小。森林防护功能和涵养水源功能在空间上表现为西北地区（新疆生产建设兵团、新疆维吾尔自治区、甘肃省和宁夏回族自治区等）以森林防护为主，所占比例在11.07%～47.11%之间，而西南地区（四川省、重庆市和云南省等）以涵养水源为主，所占比例在39.79%～42.26%之间。

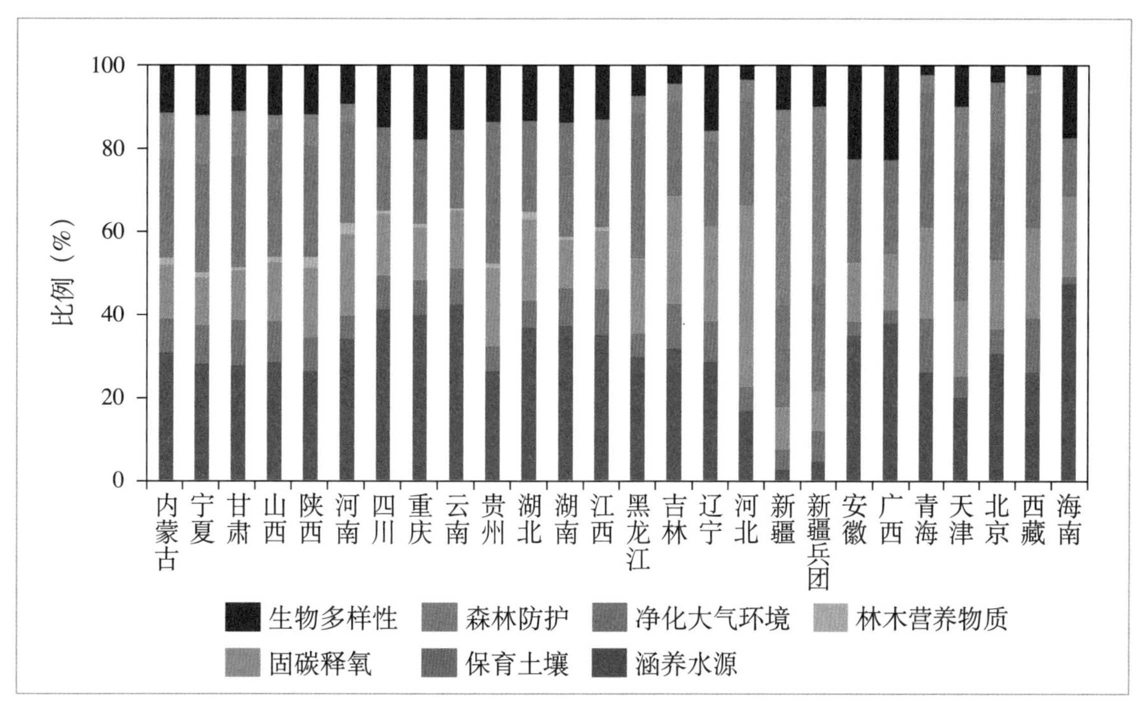

图4-62 全国退耕还林工程生态林各项生态效益价值量相对比例

4.3.2 经济林生态效益价值量评估

退耕还林工程经济林是指在退耕还林工程实施中，营造以生产果品、食用油料、饮料、调料、工业原料和药材等为主要目的的林木（国家林业局，2001）。

全国退耕还林工程经济林生态效益价值量及其分布如表4-6和图4-63。在25个工程省和新疆生产建设兵团退耕还林工程经济林生态效益价值量中，四川省退耕还林工程经济林的生态效益价值量较高，为323.32亿元/年，占退耕还林工程经济林总价值量的20.56%；云南省、陕西省和甘肃省其次，均在130.00亿～240.00亿元/年之间；其余省（自治区、直辖市）和新疆生产建设兵团经济林总价值量均低于130.00亿元/年。

全国退耕还林工程经济林生态效益价值量所占相对比例分布如图4-64所示。各分项价值量分配中，地区差异较为明显。除新疆维吾尔自治区和新疆生产建设兵团以外，各省（自治区、直辖市）经济林仍然以涵养水源和净化大气环境两项生态效益价值量占据优势，两项生态效益价值量的贡献率在41.88%～64.67%之间，且这两项生态效益价值量的分配比例在各省（自治区、直辖市）之间存在一定的差异。除新疆维吾尔自治区和新疆生产建设兵团以外，涵养水源价值量在16.64%～47.29%之间，净化大气环境价值量在14.11%～34.75%之间。其余省（自治区、直辖市）和新疆生产建设兵团各项生态效益价值量的变化幅度比较小。

表4-6 全国退耕还林工程经济林生态效益价值量评估结果

省级区域	涵养水源	保育土壤	固碳释氧	林木积累营养物质	净化大气环境							森林防护	生物多样性	总计
					负离子	吸收污染物	滞尘				合计			
							TSP	PM_{10}	$PM_{2.5}$	小计				
	(亿元/年)	(亿元/年)	(亿元/年)	(亿元/年)	(亿元/年)	(亿元/年)	(亿元/年)	(亿元/年)	(亿元/年)	(亿元/年)	(亿元/年)	(亿元/年)	(亿元/年)	(亿元/年)
内蒙古	3.62	1.01	1.60	0.23	<0.01	0.06	0.07	1.01	1.16	2.90	2.97	1.29	1.32	12.03
宁夏	—	—	—	—	—	—	—	—	—	—	—	—	—	—
甘肃	35.72	14.53	15.31	1.11	0.07	0.75	0.80	11.78	13.57	33.93	34.76	14.40	14.25	130.07
山西	8.19	2.94	4.05	0.40	0.02	0.20	0.20	3.01	3.47	8.68	8.90	1.05	3.46	28.98
陕西	56.82	18.48	36.06	5.86	0.14	1.36	1.35	19.85	22.87	57.20	58.70	16.56	25.76	218.24
河南	34.50	5.98	19.75	2.77	0.09	0.65	0.57	8.38	9.66	24.16	24.90	4.41	9.53	101.84
四川	132.73	27.16	47.06	2.56	0.08	1.28	1.52	22.36	25.76	64.43	65.78	—	48.03	323.32
重庆	34.52	7.45	10.81	0.78	0.04	0.32	0.41	6.02	6.93	17.34	17.69	—	15.50	86.76
云南	98.52	21.06	31.71	1.36	0.16	1.04	1.01	14.89	17.16	42.91	44.11	—	36.36	233.12
贵州	25.85	6.28	18.49	1.16	0.08	0.66	0.78	11.57	13.33	33.33	34.07	—	13.39	99.25
湖北	28.95	5.47	15.24	1.48	0.04	<0.01	0.41	6.07	7.00	17.50	17.54	—	10.52	79.19
湖南	11.70	2.92	3.62	0.23	0.02	0.14	0.20	2.96	3.41	8.54	8.70	—	4.37	31.54
江西	14.81	4.75	5.85	0.47	0.03	0.16	0.22	3.77	4.34	10.85	11.04	—	5.51	42.44
黑龙江	1.18	0.24	0.71	<0.01	<0.01	0.01	0.77	0.01	0.43	1.38	1.40	0.17	0.30	4.00

（续）

省级区域	涵养水源	保育土壤	固碳释氧	林木积累营养物质	净化大气环境							森林防护	生物多样性	总计
					负离子	吸收污染物	滞尘				合计			
							TSP	PM_{10}	$PM_{2.5}$	小计				
	（亿元/年）	（亿元/年）	（亿元/年）	（亿元/年）	（亿元/年）	（亿元/年）	（亿元/年）	（亿元/年）	（亿元/年）	（亿元/年）	（亿元/年）	（亿元/年）	（亿元/年）	（亿元/年）
吉林	0.89	0.31	0.72	<0.01	<0.01	0.01	0.32	<0.01	0.24	0.64	0.65	0.12	0.12	2.81
辽宁	11.99	4.19	9.65	0.05	0.01	0.09	4.36	0.06	3.18	8.59	8.69	1.07	6.65	42.29
河北	8.18	2.95	21.40	0.01	0.01	0.18	4.25	0.09	7.00	12.22	12.41	2.49	1.73	49.16
新疆	0.54	1.15	2.14	0.01	0.04	0.06	1.89	0.07	2.97	5.35	5.45	10.35	2.33	21.98
新疆兵团	0.41	0.72	0.87	0.01	0.01	0.03	0.72	0.03	1.44	2.34	2.38	4.00	0.90	9.29
安徽	9.10	1.12	3.94	0.01	0.02	0.11	2.52	0.08	3.35	6.46	6.59	—	5.90	26.67
广西	7.26	0.65	2.57	0.01	0.01	0.07	1.56	0.06	2.35	4.30	4.38	—	4.38	19.24
青海	0.09	0.05	0.07	<0.01	<0.01	<0.01	0.06	<0.01	0.04	0.11	0.11	0.01	0.01	0.35
天津	0.09	0.02	0.08	<0.01	<0.01	<0.01	0.09	<0.01	0.03	0.14	0.14	0.07	0.04	0.44
北京	0.45	0.09	0.24	<0.01	<0.01	<0.01	0.16	<0.01	0.22	0.41	0.42	0.21	0.06	1.47
西藏	0.16	0.08	0.13	<0.01	<0.01	<0.01	0.11	<0.01	0.06	0.20	0.20	0.03	0.01	0.61
海南	3.62	0.15	1.46	0.01	<0.01	0.02	0.32	0.02	0.66	1.06	1.08	—	1.34	7.65
总计	529.87	129.75	253.52	18.54	0.89	7.21	24.66	112.11	150.59	364.97	373.07	56.23	211.79	1572.77

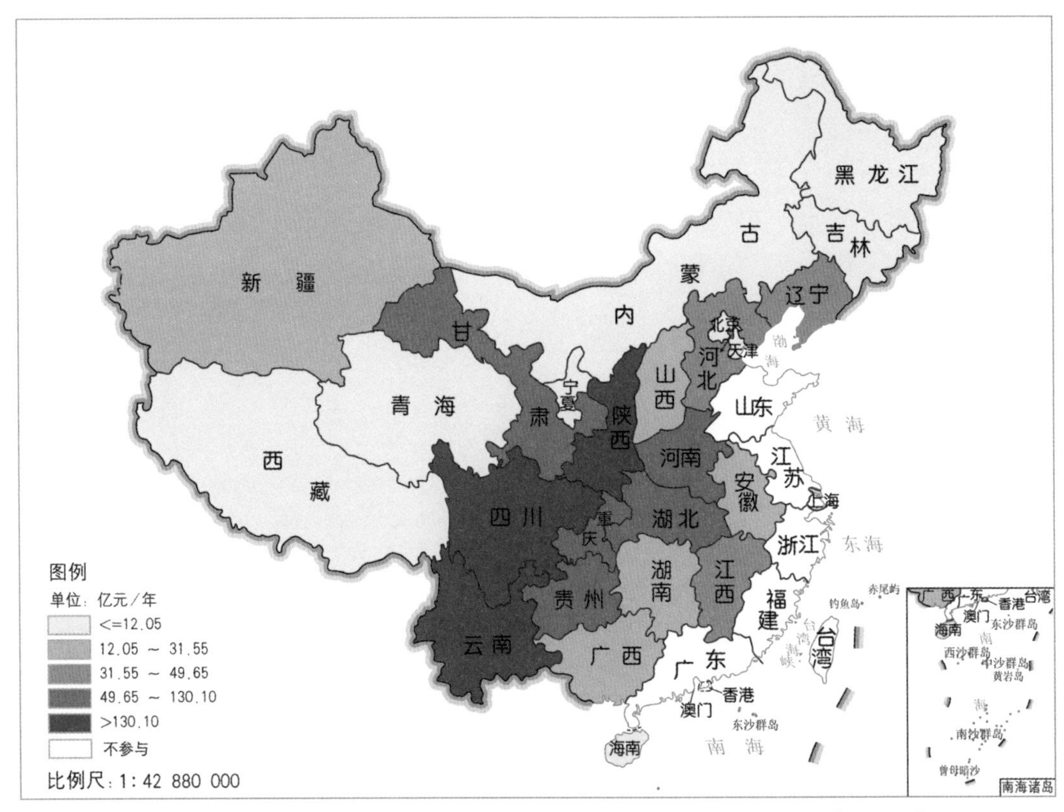

图4-63　全国退耕还林工程经济林各项生态效益价值量空间分布

注：新疆生产建设兵团退耕还林工程经济林生态效益价值量见表4-6。

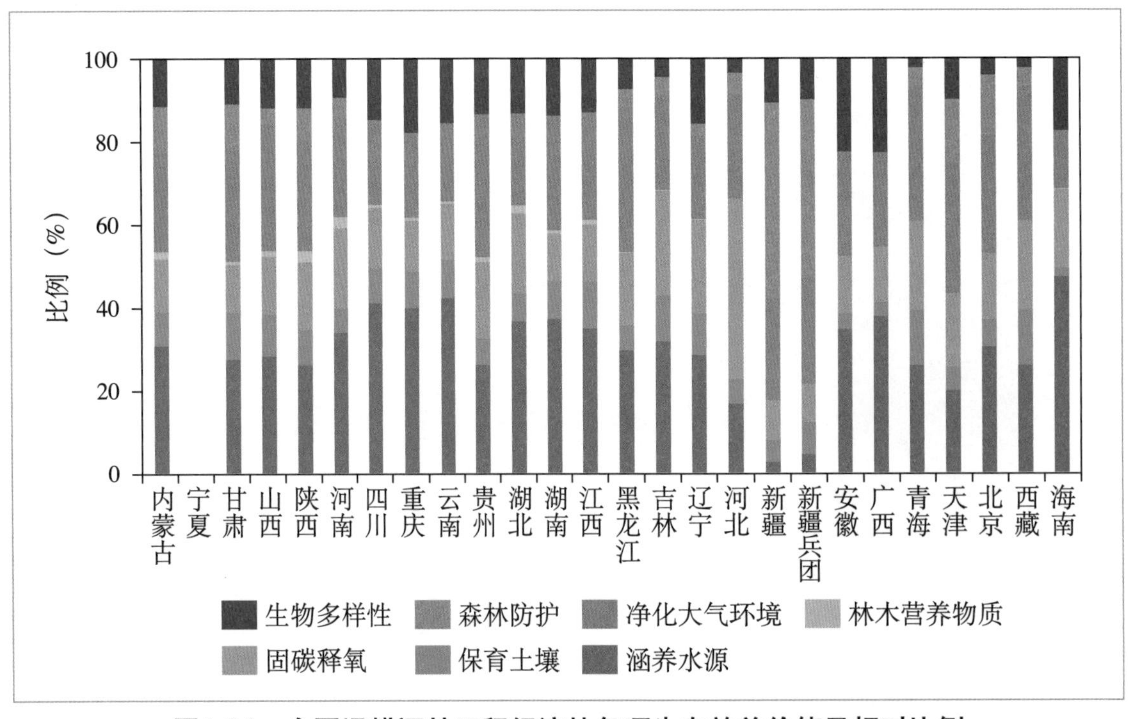

图4-64　全国退耕还林工程经济林各项生态效益价值量相对比例

表4-7 全国退耕还林工程灌木林生态效益价值量评估结果

省级区域	涵养水源	保育土壤	固碳释氧	林木积累营养物质	净化大气环境							森林防护	生物多样性	总计
					负离子	吸收污染物	滞尘				合计			
							TSP	PM_{10}	$PM_{2.5}$	小计				
	(亿元/年)	(亿元/年)	(亿元/年)	(亿元/年)	(亿元/年)	(亿元/年)	(亿元/年)	(亿元/年)	(亿元/年)	(亿元/年)	(亿元/年)	(亿元/年)	(亿元/年)	(亿元/年)
内蒙古	235.29	65.77	103.69	14.81	0.25	3.87	4.44	65.49	75.44	188.71	192.83	84.06	85.73	782.18
宁夏	66.22	22.43	27.04	3.02	0.34	0.02	1.45	21.41	24.66	61.69	62.03	28.10	28.70	237.54
甘肃	84.21	34.24	36.10	2.62	0.17	1.78	1.88	27.77	31.98	80.00	81.94	33.94	33.60	306.65
山西	58.99	21.18	29.14	2.87	0.12	1.42	1.47	21.71	25.01	62.55	64.10	7.54	24.94	208.76
陕西	41.52	13.50	26.35	4.28	0.10	0.99	0.98	14.51	16.71	41.80	42.90	12.10	18.82	159.48
河南	1.64	0.28	0.94	0.13	<0.01	0.03	0.03	0.40	0.46	1.15	1.18	0.21	0.45	4.84
四川	41.91	8.58	14.86	0.81	0.02	0.4	0.48	7.06	8.13	20.34	20.77	—	15.16	102.09
重庆	21.57	4.66	6.76	0.49	0.02	0.2	0.25	3.76	4.33	10.83	11.06	—	9.69	54.22
云南	41.68	8.91	13.42	0.57	0.07	0.44	0.43	6.30	7.26	18.15	18.66	—	15.38	98.62
贵州	10.77	2.62	7.70	0.48	0.03	0.27	0.33	4.82	5.55	13.89	14.20	—	5.58	41.35
湖北	6.68	1.26	3.52	0.34	0.01	<0.01	0.09	1.40	1.61	4.04	4.05	—	2.43	18.27
湖南	—	—	—	—	—	—	—	—	—	—	—	—	—	—
江西	5.55	1.78	2.19	0.18	0.01	0.06	0.08	1.41	1.63	4.07	4.14	—	2.07	15.90
黑龙江	1.18	0.24	0.71	<0.01	<0.01	0.01	0.77	0.01	0.43	1.38	1.40	0.17	0.30	4.00

（续）

省级区域	涵养水源	保育土壤	固碳释氧	林木积累营养物质	净化大气环境							森林防护	生物多样性	总计
					负离子	吸收污染物	滞尘				合计			
							TSP	PM_{10}	$PM_{2.5}$	小计				
	（亿元/年）	（亿元/年）	（亿元/年）	（亿元/年）	（亿元/年）	（亿元/年）	（亿元/年）	（亿元/年）	（亿元/年）	（亿元/年）	（亿元/年）	（亿元/年）	（亿元/年）	（亿元/年）
吉林	12.52	4.38	10.08	0.05	0.01	0.09	4.55	0.06	3.32	8.97	9.07	1.74	1.74	39.58
辽宁	6.54	2.29	5.26	0.03	<0.01	0.05	2.38	0.03	1.73	4.69	4.74	0.58	3.63	23.07
河北	11.45	4.12	29.95	0.02	0.02	0.25	5.95	0.13	9.79	17.10	17.37	3.48	2.43	68.82
新疆	3.03	6.45	12.01	0.08	0.21	0.35	10.62	0.41	16.67	30.00	30.56	58.10	13.09	123.31
新疆兵团	2.30	4.03	4.89	0.04	0.05	0.19	4.05	0.17	8.07	13.12	13.36	22.44	5.05	52.11
安徽	3.33	0.41	1.44	0.01	0.01	0.04	0.92	0.03	1.22	2.36	2.41	—	2.16	9.75
广西	23.94	2.13	8.46	0.03	0.05	0.23	5.15	0.21	7.75	14.17	14.45	—	14.45	63.45
青海	23.85	12.22	19.84	0.04	0.04	0.31	16.20	0.24	9.60	29.77	30.11	3.95	2.18	92.20
天津	—	—	—	—	—	—	—	—	—	—	—	—	—	—
北京	—	—	—	—	—	—	—	—	—	—	—	—	—	—
西藏	1.00	0.51	0.83	<0.01	<0.01	0.01	0.68	0.01	0.40	1.25	1.26	0.17	0.09	3.87
海南	0.17	0.01	0.07	<0.01	<0.01	<0.01	0.01	<0.01	0.03	0.05	0.05	—	0.06	0.36
总计	705.34	222.00	365.25	30.90	1.54	11.02	63.20	177.33	261.80	630.09	642.63	256.58	287.72	2510.41

4.3.3 灌木林生态效益价值量评估

灌木因具有耐干旱、耐瘠薄、抗风蚀、易成活成林等特性，它是干旱、半干旱地区的重要植被资源，在西北地区沙化土地的退耕还林工程被大量使用。全国退耕还林工程灌木林生态效益价值量及其分布，如表4-7和图4-65所示。

内蒙古自治区退耕还林工程灌木林生态效益价值量最高，为782.18亿元/年，占退耕还林工程灌木林总价值量的31.16%；甘肃省、宁夏回族自治区和山西省其次，分别306.65亿元/年、237.54亿元/年和208.76亿元/年；其余省（自治区、直辖市）和新疆生产建设兵团灌木林总价值量均低于200.00亿元/年（图4-65）。

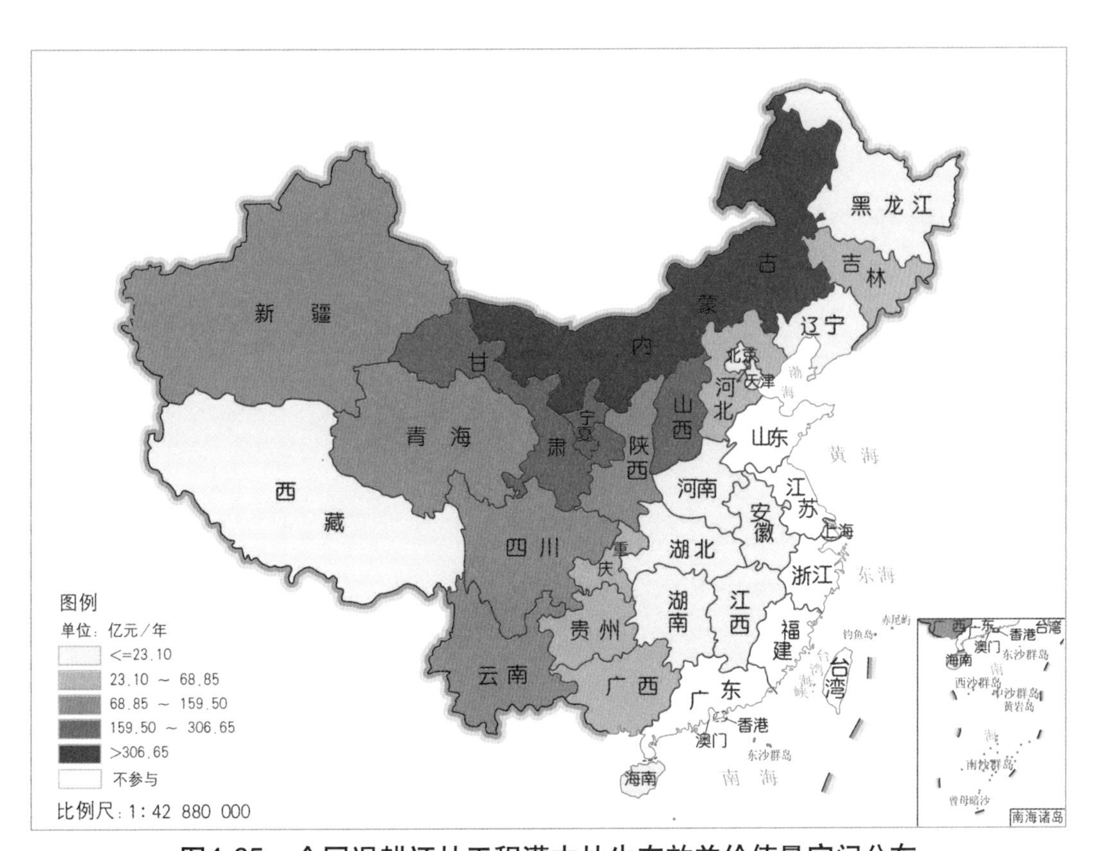

图4-65　全国退耕还林工程灌木林生态效益价值量空间分布

注：新疆生产建设兵团退耕还林工程灌木林生态效益价值量见表4-7。

全国退耕还林工程灌木林生态效益价值量所占相对比例分布，如图4-66所示。就各退耕还林工程省灌木林的各项生态效益评估指标而言，各工程省灌木林生态效益绝大多数更偏重于涵养水源功能，其涵养水源价值量所占比例均在2.46%～41.05%之间。林木积累营养物质价值量在各退耕还林工程省灌木林生态效益价值量中所占比例均为最小。

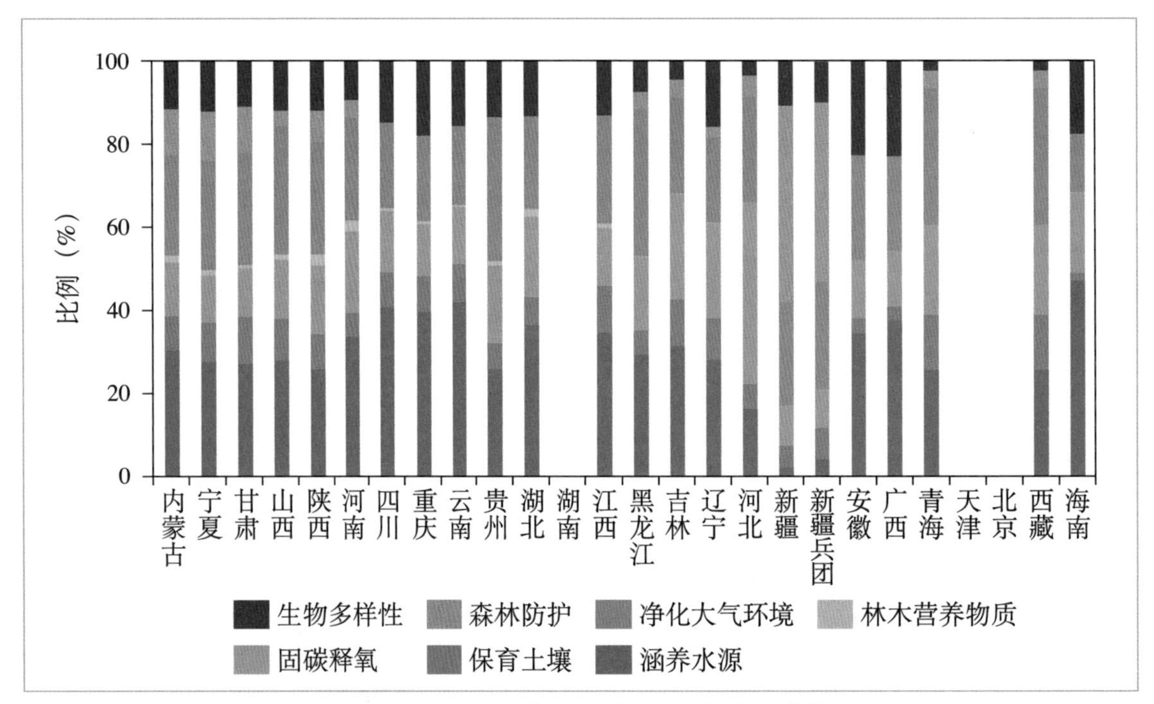

图4-66　全国退耕还林工程灌木林各项生态效益价值量相对比例

第五章

全国退耕还林工程社会经济生态三大效益耦合分析

退耕还林工程对改善生态环境，保护生态安全，推进林业生态补偿制度建设具有重要作用。本报告依托于全国退耕还林工程野外观测连清体系和退耕还林工程生态效益观测站点的数据，对全国退耕还林工程生态效益，包括涵养水源、保育土壤、净化大气环境、固碳释氧、森林防护、生物多样性保护和林木积累营养物质进行了评估。为探索退耕还林工程生态效益的特征，掌握退耕还林生态效益形成与增长机制。本报告在效益评估的基础上，从退耕还林工程生态效益时空格局特征及其驱动力的角度对社会经济生态三大效益进行了耦合分析。退耕还林工程生态效益时空格局是退耕还林工程总生态效益及各分项生态效益的时空分布状况。通过对退耕还林生态效益时空格局及退耕还林生态效益空间格局与退耕还林目标及区域生态需求吻合度的分析，能够揭示工程生态效益时空分布规律，了解退耕还林工程生态效益与区域社会经济发展生态需求的关联性和匹配性，对工程生态功能成效及空间格局合理性进行科学评价。退耕还林工程生态效益驱动力分析是对工程生态效益时空格局形成与演变相关社会过程、物理过程和生物过程的动力学分析，是对影响退耕还林生态效益形成与消长相关要素的综合分析，是社会经济因素及自然环境因子与退耕还林工程生态效益相互作用的内在机制分析。通过驱动力分析可以明确退耕还林生态效益形成与变化的驱动要素结构，阐明各驱动力对退耕还林工程生态效益的影响方式与作用机制，甄别退耕还林工程生态效益关键驱动因子。

5.1 全国退耕还林工程生态效益时空格局及其特征

本次评估以野外调查及监测数据为基础，建立全国退耕还林工程生态连清体系，评估结果表明退耕还林工程的实施增加了森林蓄水量、提升了净化大气能力、提高了生物多样性和改善了水土流失等生态问题，有助于改善生态环境和增加森林资源量，有效遏制土地沙化与贫瘠化的趋势，使退耕区域生态状况明显改观，工程取得巨大生态效益，为我国生态安全和生态文明建设提供了保障。受政策体系、社会经济以及工程区自然地理分异性等因素的影响，全国退耕还林工程生态效益呈现出特征显著的空间格局。对该空间格局及其特征的分析，是深入研究退耕还林工程生态效益空间差异及其形成机制的基础，是制定退耕还林后续政策，实现退耕还林工程提质增效，实施退耕还林生态效益精准提升的重要依据。

5.1.1 全国退耕还林工程生态效益时空格局

（1）生态效益总价值时空格局 全国退耕还林工程产生的生态效益总价值量为13824.49亿元，相当于2015年该评估区林业总产值的3.12倍（国家统计局，2016），也相当于第一轮全国退耕还林工程总投资的3.41倍。在全国退耕还林工程区，生态效益在空间上呈现非均匀分布，退耕还林面积越大、森林质量越高、水热条件越好的区域退耕还林工程生态效益越高。这种时空格局在退耕还林工程生态效益的自然地理区域空间分布与工程省级行政区空间分布中均有所体现。在退耕还林工程区自然地理区空间分布上，全国退耕还林工程生态效益价值量空间格局表现为西南高山峡谷区（4509.95亿元/年）＞中南部山地丘陵区（4004.78亿元/年）＞西北黄土区（2415.79亿元/年）＞北部风沙区（1715.68亿元/年）＞东北黑土区（1066.41亿元/年）＞青藏高原区（111.88亿元/年），价值量呈现南方大于北方，降雨充沛、森林质量较好的省份价值量也较高的空间格局特征。

在省级行政区空间分布上，全国退耕还林工程生态效益价值量空间与其退耕面积的空间分布基本一致，退耕面积大的区域，其生态效益价值量均位于前列；此外，森林质量也影响着价值量的变化，如四川省退耕面积排第二，但由于退耕林分质量较高，故其价值量最高。其空间格局具体表现为四川省退耕还林工程生态效益总价值量最大，为1701.65亿元/年，相当于2015年四川省生产总值的5.67%（中国统计年鉴，2016）；内蒙古自治区、重庆市、湖南省和甘肃省次之，每年退耕还林工程生态效益总价值量在920.00亿～1300.00亿元；云南省、陕西省、贵州省、湖北省、山西省、江西省、河北省、河南省和广西壮族自治区的退耕还林工程生态效益总价值量在400.00亿～900.00亿元/年；黑龙江省、辽宁省、宁夏回族自治区、吉林省、安徽省、新疆维吾尔自治区、新疆生产建设兵团和青海省退耕还林工程生态效益总价值量在100.00亿～400.00亿元/年之间；其余省份（直辖市、自治区）退耕还林工程生态效益总价值量低于100.00亿元/年（图5-1）。

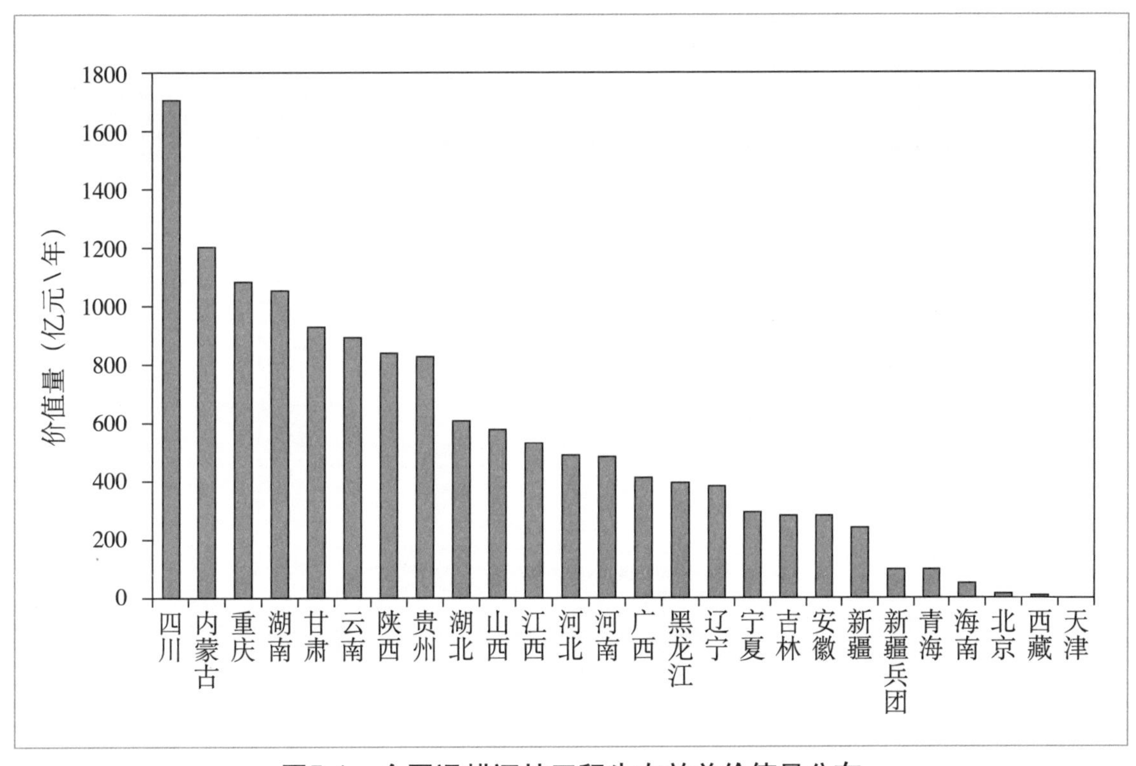

图5-1　全国退耕还林工程生态效益价值量分布

(2) **主导生态功能时空格局**　森林主导生态功能存在自然地理分异性。在不同自然地理区域内，全国退耕还林工程的主导功能生态效益存在差异。不同自然地理区域退耕还林工程主导功能生态效益的空间格局表现为西南高山峡谷区、中南部山地丘陵区以涵养水源、固碳释氧和生物多样性保护功能为主，西北黄土区、北部风沙区以净化大气环境和森林防护功能突出，东北黑土区主要以涵养水源和净化大气为主导功能，其土壤保肥功能也较为突出，青藏高原区主要以涵养水源和净化大气为主导功能为主（图5-2）。涵养水源功能价值量比例在2.46%～47.29%之间，西南高山峡谷区和中南部山地丘陵区居前两位，西北黄土区比例最低，这是因为西南高山峡谷区和中南部山地丘陵区雨热丰沛、植物种类丰富且生长良好，植被繁茂，有利于涵养水源；保育土壤功能价值量占比在1.97%～13.27%之间，青藏高原区占比最大，这是因为青藏高原区位于我国地势分级的第一级阶梯，地势高，气候环境特殊，降水少、生物多样性较低，因此导致涵养水源与生物多样性保育生态效益占比相对变少，同时，高原陡坡地形土壤受到的侵蚀也较为严重。因此，青藏高原区固土保肥功能比其他地区的占比都高。净化大气环境和森林防护功能均以西北黄土区最大，其次是北部风沙区，这是因为退耕还林工程区森林植被以生态林和灌木林为主，且这些区域降雨量小、风沙频繁，植被具有较强的滞尘减污和防护能力。

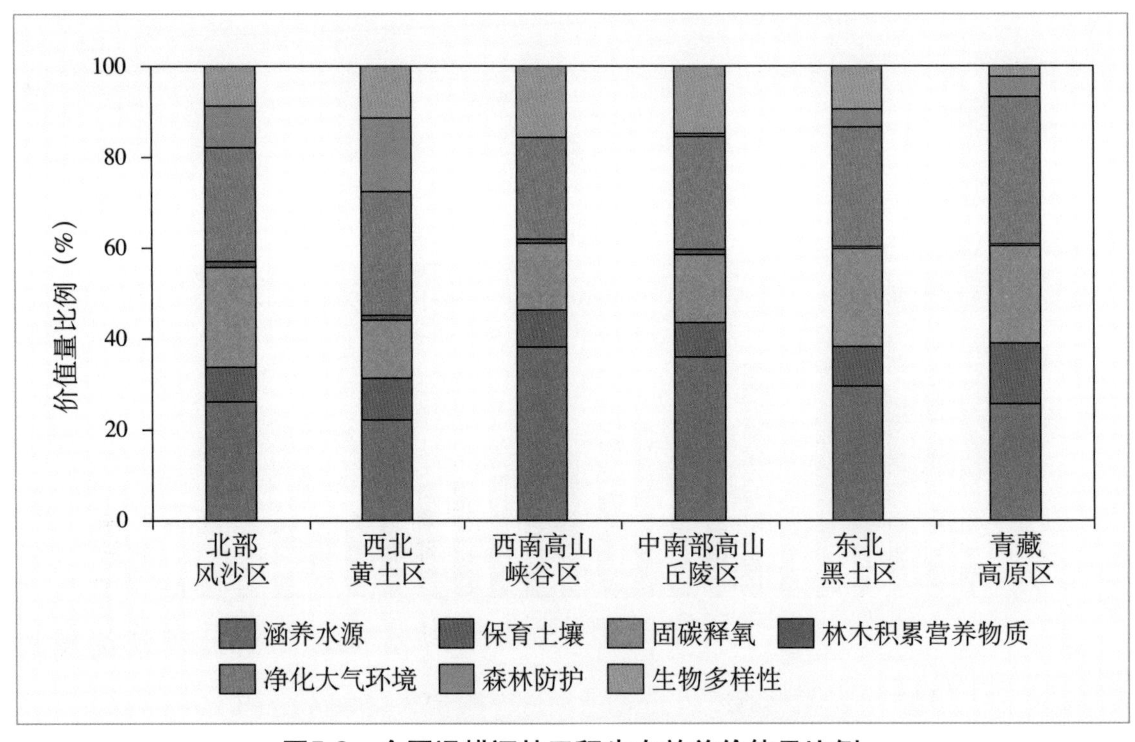

图5-2　全国退耕还林工程生态效益价值量比例

（3）三种植被恢复模式生态效益时空格局　全国退耕还林工程三种植被恢复模式生态效益价值量如图5-3所示，由图可知宜林荒山荒地造林的价值量最大（7602.54亿元/年），其次是退耕地还林（4801.70亿元/年），最小的是封山育林（1420.25亿元/年）。退耕还林工程三种植被恢复模式中，宜林荒山荒地造林虽然实施时间较短，但是其规模大、森林质量好，故其生态效益最大；退耕地还林是我国持续时间最长、工程范围最广、森林资源增加最多，且森林质量较好，其生态效益也较高；封山育林措施下，林分质量和管护均较差，其生态效益最小，未来随着持续时间越长，其生态效益也会逐年升高。

全国退耕还林三种植被恢复模式生态效益具有相似的空间格局特点均在西南高山峡谷区较大，东北黑土区和青藏高原区较小；中南部山地丘陵区退耕地还林生态效益仅次于西南高山峡谷区，中南部山地丘陵区退耕地还林生态效益提升显著。三种植被恢复模式中宜林荒山荒地造林和封山育林不同区域的生态效益价值量空间格局基本一致，具体表现为宜林荒山荒地造林生态效益价值量为中南部山地丘陵区（2382.79亿元/年）＞西南高山峡谷区（2246.78亿元/年）＞西北黄土区（1320.68亿元/年）＞北部风沙区（966.82亿元/年）＞东北黑土区（631.04亿元/年）＞青藏高原区（54.43亿元/年）；退耕地还林生态效益价值量不同，为西南高山峡谷区（1842.94亿元/年）＞中南部山地丘陵区（1220.45亿元/年）＞西北黄土区（883.31亿元/年）＞北部风沙区（567.08亿元/年）＞东北黑土区（253.26亿元/年）＞青藏高原区（34.66亿元/年）；封山育林生态效益价值量为西南高山峡谷区（420.22亿元/年）＞中南部山地丘陵区（401.54亿元/年）＞西北黄土区（211.80亿

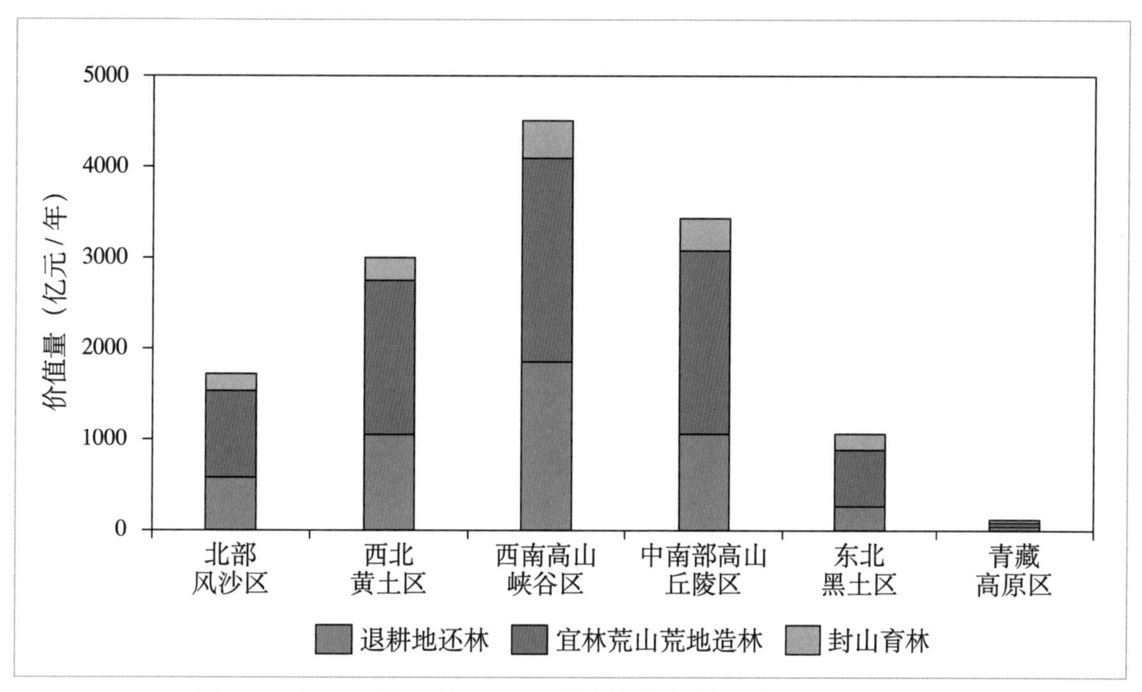

图5-3　全国退耕还林工程三种植被恢复模式生态效益价值量

元/年）＞东北黑土区（182.11亿元/年）＞北部风沙区（181.79亿元/年）＞青藏高原区（22.79亿元/年）。

（4）三种林种生态效益时空格局　全国退耕还林工程三种林种生态效益价值量如图5-4所示，由图可知生态林的价值量最大（9741.31亿元/年），其次是灌木林（2510.41亿元/年），最小的是经济林（1572.77亿元/年）。退耕还林工程三种林种中，生态林面积最

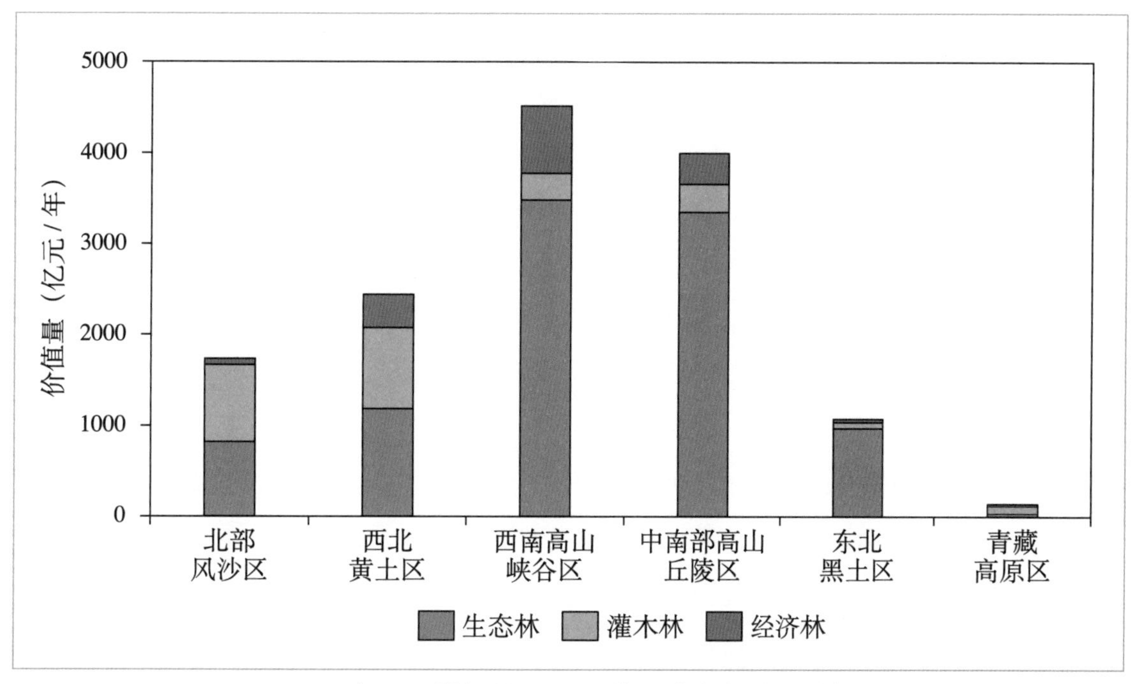

图5-4　全国退耕还林工程三种林种生态效益价值量

大，其建设的主要目的是为减少水土流失和风沙危害，故其生态效益在三种林种中最大；灌木林可在干旱的自然条件下生长，有助于保持水土和防风固沙，在西北黄土区和北部风沙区大量分布；经济林面积较小，但经营和管理较好，生长速度快，既有利于发挥生态效益，也能为农户带来经济收入。

全国退耕还林工程三种林种生态效益价值量在不同区域呈现不同空间格局。生态林生态效益价值量为西南高山峡谷区（3471.21亿元/年）＞中南部山地丘陵区（3345.89亿元/年）＞西北黄土区（1157.13亿元/年）＞东北黑土区（950.66亿元/年）＞北部风沙区（801.57亿元/年）＞青藏高原区（14.85亿元/年）；灌木林生态效益价值量为西北黄土区（879.08亿元/年）＞北部风沙区（851.00亿元/年）＞中南部山地丘陵区（321.34亿元/年）＞西南高山峡谷区（296.28亿元/年）＞青藏高原区（96.07亿元/年）＞东北黑土区（66.64亿元/年）；经济林生态效益价值量为西南高山峡谷区（742.46亿元/年）＞西北黄土区（379.58亿元/年）＞中南部山地丘陵区（337.56亿元/年）＞北部风沙区（63.11亿元/年）＞东北黑土区（49.10亿元/年）＞青藏高原区（0.96亿元/年）。

全国退耕还林三种林种生态效益均在青藏高原区最小；生态林生态效益在西南高山峡谷区和中南部山地丘陵区最大，灌木林生态效益在西北黄土区和北部风沙区最大，经济林生态效益在西南高山峡谷区和西北黄土区最大。为此，西南高山峡谷区和中南部山地丘陵区退耕还林林分生长较好，退耕主要以生态林和经济林为主；西北黄土区和北部风沙区灌木林生态功能处于绝对优势，相对于乔木林，灌木在西北黄土区和北部风沙区生长较好，有利于发挥其生态效益；退耕还林经济林主要分布在西南和西北，在这些区域水热和光照条件好，利于生长，其生态效益较大。

退耕还林三种林型生态效益空间分布具有与植被地带性及经济林产业发展相适应的特征。生态林以西南高山峡谷区、中南部山地丘陵区和西北黄土区最高，因为这三个区域是退耕还林工程中长江黄河流域的主要区域，是水土保持等生态功能需求最大的区域，因此该区域需要生态林发挥出更大的生态效益。生态林生态效益的空间格局特征与退耕还林工程实施的主要目标的生态空间需求相吻合。西北黄土区和北部风沙区灌木林生态功能处于绝对优势，其生态效益的空间格局与适宜灌木生长的自然地理条件相适应。总体上经济林生态效益与经济林产业发展相适应。西南高山峡谷区、西北黄土区、中南部山地丘陵区经济林产品总量较高，其退耕还林工程生态效益也较高；东北黑土区和北部风沙区经济林产品总量较低，其退耕还林工程经济林生态效益也相对低。西南高山峡谷区经济林产品总量处于居中位置，但其退耕工程森林生态效益最高。在主要经济林产品总量较低时，退耕还林工程随主要经济林产品总量的提高而增加，体现了空间一致性，而在主要经济林产品总量较高时，退耕还林工程经济林的生态效益随主要经济林产品总量的提高而降低（图5-5）。

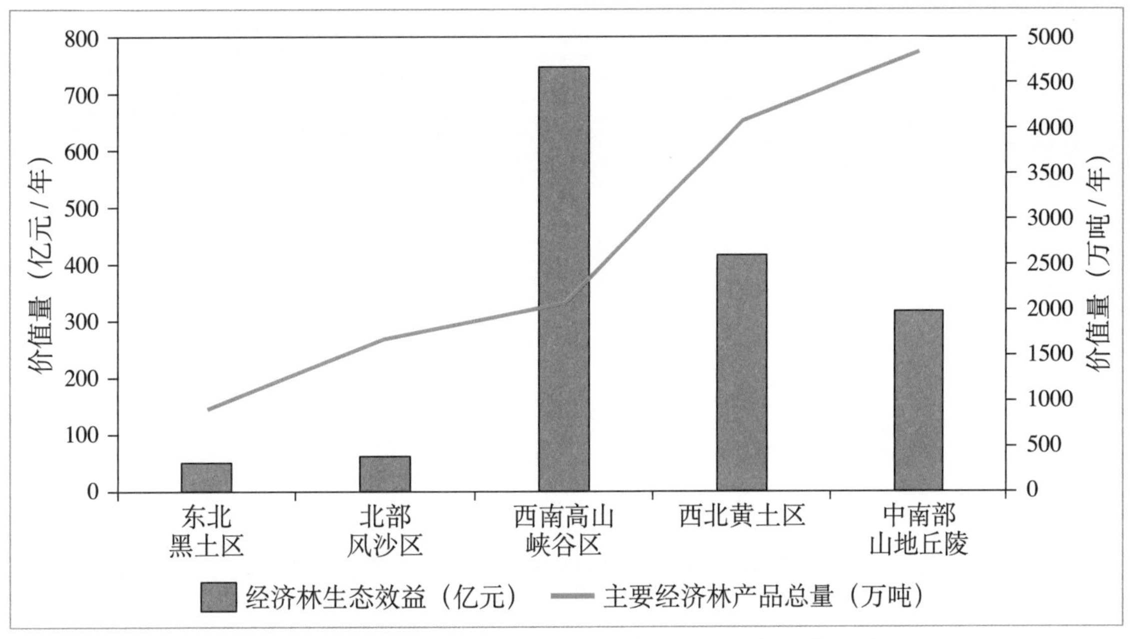

图5-5　各区域退耕还林生态效益与主要经济林产品总量

（主要经济林产品数据来源：2016年林业统计年鉴）

5.1.2 全国退耕还林工程生态效益特征及其与区域生态需求吻合度

（1）以水土保持为主导功能，保持水土效益显著　森林作为陆地生态系统的主体，具有消减洪峰、涵养水源的巨大功能（Clarke，2000），人们形象地称之为“森林水库”；森林能够减少雨滴对土壤冲击，降低径流对土壤的冲蚀，有效地固持土壤。利用森林涵养水源和保育土壤两项水土保持功能，解决我国所面临的水土流失问题是退耕还林工程的主要目标之一。全国退耕还林工程涵养水源与保育土壤两项功能生态效益价值量共占总价值量的40.77%。退耕还林工程的水土保持功能处主导地位，与工程建设的初衷一致。说明经过17年工程的实施，充分达到了预期目的。

退耕还林工程的主要生态目标是为了减少水土流失和土地沙化。尤其是长江黄河流域水土流失问题是退耕还林的关键生态问题，缓解长江黄河流域中上游水土流失状况，是退耕还林工程的核心生态需求。根据2003—2014年《中国水土保持公报》数据分析表明，在退耕还林工程实施后，在退耕还林工程与其他生态工程和水利工程的共同作用下，长江与黄河流域的侵蚀量呈现出显著的下降趋势。同时，相对于1999年之前的输沙量的多年平均值，从2000年到2016年《中国河流泥沙量公报》长江和黄河输沙量也呈现出明显的减少（图5-6至图5-8）。以黄河为例，黄河输沙量的较少，主要由两方面原因造成，一方面是由于农业用水增加，减少了黄河径流量减少；另一方面是退耕还林工程等生态工程的植被恢复，减少了面蚀，同时森林的蒸发散等生态耗水。这两点表明长江黄河的水土流失问题得到了有效的改善，退耕还林实施17年后，有效减缓了长江黄河流域水土流失，取得了良好的成效。

随着退耕还林工程的深入，树木生长良好，林分的郁闭度和林冠层增大，加之对荒

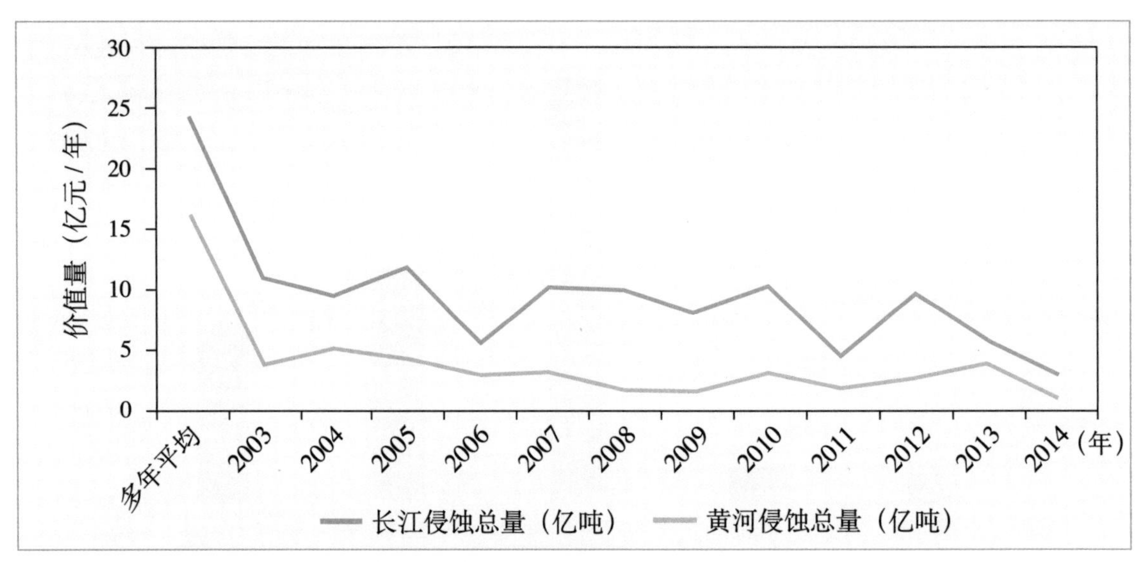

图5-6　2003—2014长江与黄河侵蚀总量变化（数据来源：2000—2015中国水土保持公报）

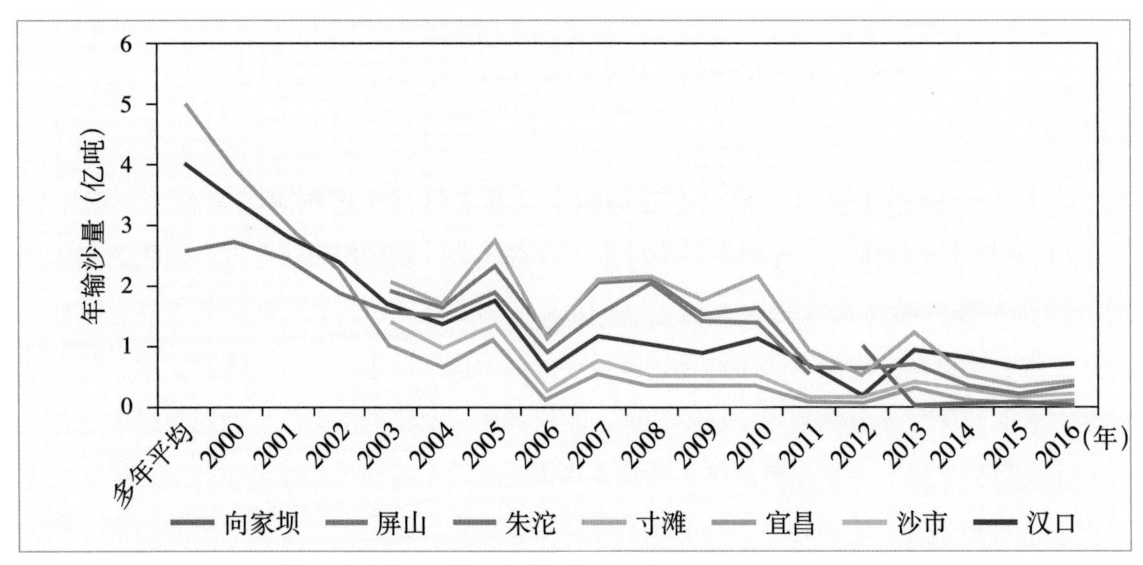

图5-7　1999—2016长江流域主要监测点输沙量变化（数据来源：2000—2015中国水土保持公报）

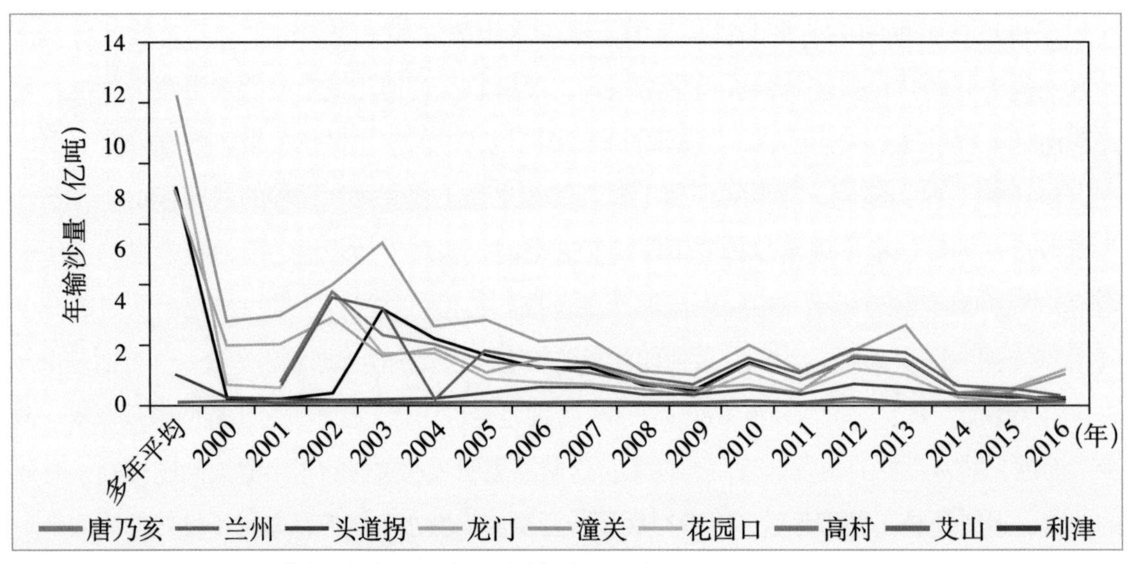

图5-8　1999—2016黄河流域主要监测点输沙量变化（数据来源：2000—2015中国水土保持公报）

山荒地的保护和封育措施的实施，人为破坏退耕林地的情况大为减少，保留了大量的枯枝落叶层，枯落物层和林地土壤的蓄水能力也增大，可以涵养更多水源。全国退耕还林工程生态效益以涵养水源功能价值量所占比重最大，达到了32.48%，这与实施退耕还林工程减少洪水、消减洪峰和保持水土的目的一致。这一比例高于第八次全国森林资源清查期间（2009—2013）中国森林生态系统服务评估中涵养水源功能占总价值量25.10%的比例（“中国森林资源核算研究”项目组，2015）。这是因为第八次森林资源服务评估时森林质量较好，长期生长下森林的生物多样性较高，占有功能较大。全国退耕还林工程涵养水源总量达385.23亿立方米/年，相当于三峡水库总库容393亿立方米的98.02%，也相当于全国生活用水量821.60亿立方米（水利部，2017）的46.89%。

水源涵养功能的空间格局表现为全国退耕还林工程总面积位居第二的四川省涵养水源物质量最大，为58.25亿立方米/年，比退耕还林总面积第一的内蒙古自治区高28.06亿立方米/年；重庆市、湖南省、云南省和内蒙古自治区位居其下，其涵养水源物质量在30.00亿～40.00亿立方米/年，占涵养水源总物质量的48.94%；甘肃省、湖北省、陕西省、贵州省、江西省、广西省、河南省、山西省、黑龙江省和辽宁省，其涵养水源物质量均在10.00亿～30.00亿立方米/年；其余11个工程省涵养水源物质量均小于10.00亿立方米/年（图5-9）。

利用《2016年国家统计年鉴》数据，通过与工程省水库及库容的空间分布结合分析，退耕还林工程涵养水源物质量与未表现出明显对应关系。但在宁夏回族自治区、山西省等水库数量相对较少，库容量相对较小的省份，退耕还林工程表现出了较高的水源涵养量，成为水库发挥了绿色水库的作用（图5-9和图5-10）。

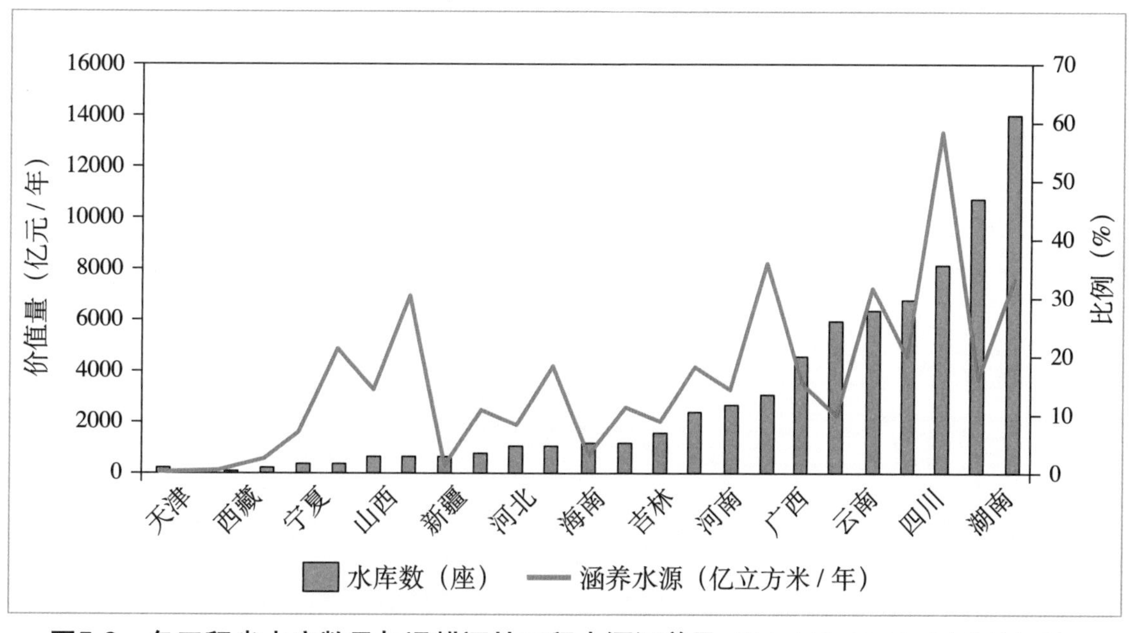

图5-9 各工程省水库数量与退耕还林工程水源涵养量（数据来源：2016年国家统计年鉴）

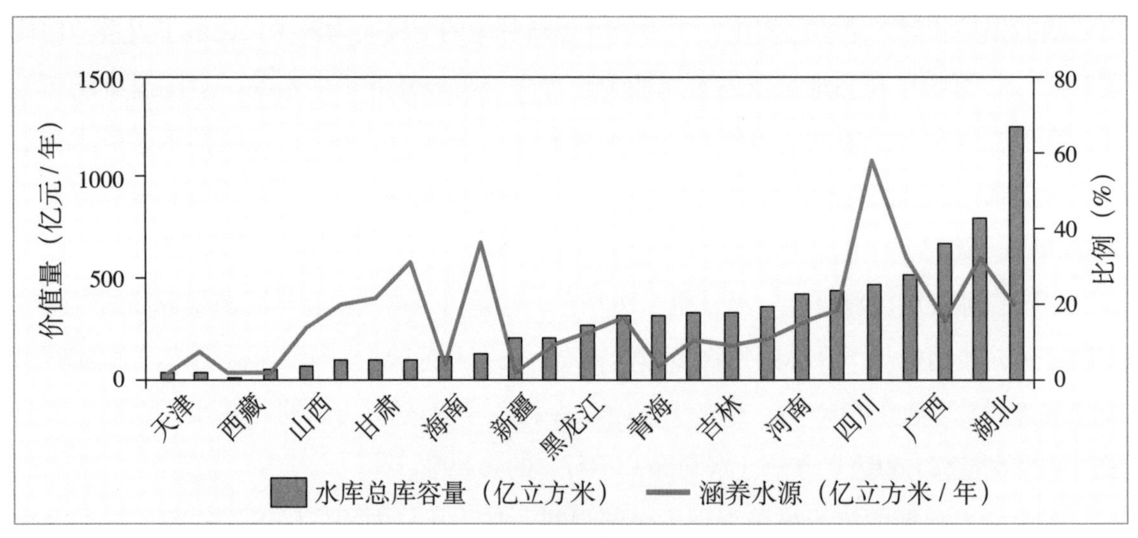

图5-10　各工程省水库总库容量与退耕还林工程水源涵养量

通过对各工程省水资源的对比分析发现，在水资源相对丰富的四川省，退耕还林的涵养水源量最高。山西省、内蒙古自治区等水资源总量相对较少的工程省，水源涵养量也较高，能够在一定程度上调节地区水资源状况（图5-11）。

从自然地理分区角度看，退耕还林工程在西南高山峡谷区水和中南部山地丘陵区水源涵养功能最大，因为这是长江黄河流域经过的主要工程省区。水资源丰富，水力侵蚀大，涵养水源生态功能需求更大，由此所修建的水利设施的库容量也大，该区域退耕还林工程的水源涵养量也高，退耕还林工程能够有效缓解区域水利设施消洪抗旱压力。西北黄土区涵养水源量较北部风沙区和东北黑土区更高。表明，退耕还林工程为黄土高原区涵养水源能够弥补区域内水库较少的情况（图5-12）。

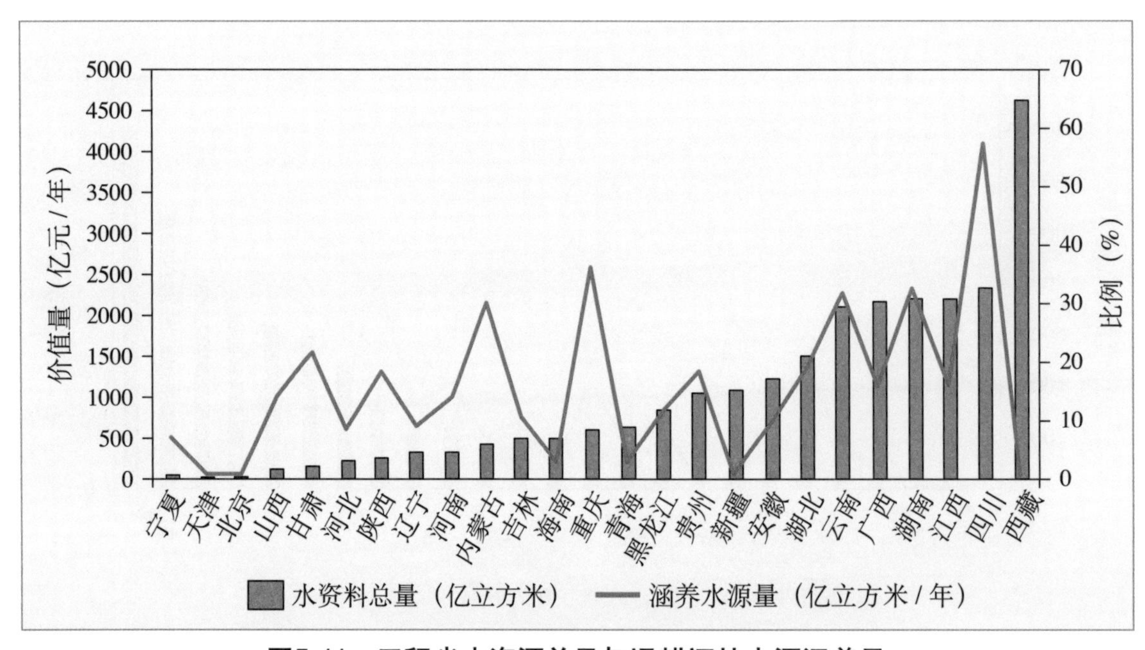

图5-11　工程省水资源总量与退耕还林水源涵养量

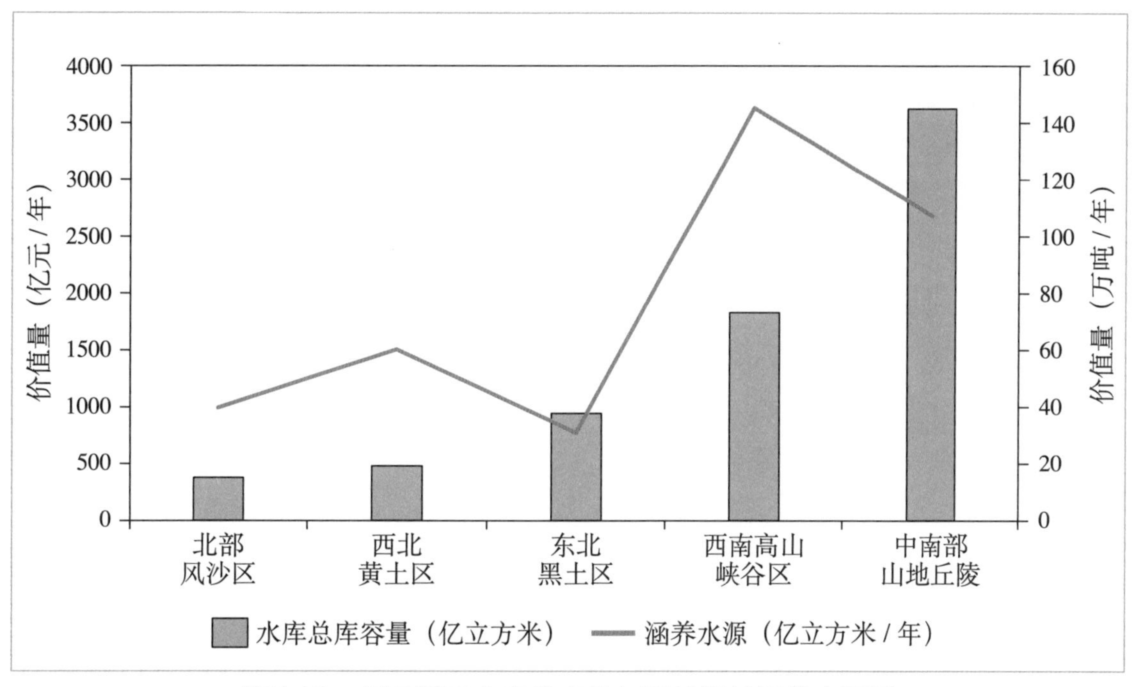

图5-12　各工程区水库总容量与退耕还林涵养水源量

土壤为植物生长提供水分和矿质营养，其含量不仅影响植物的个体发育，进一步决定着植物群落的类型、分布和动态，反之植被是土壤有机质最主要的来源，对土壤物理、化学和生物学性质有着深刻影响。研究表明恢复17年和9年的杉木林地与对照的荒地相比，土壤空隙度分别增加 17.20%和8.70%，土壤容重分别降低14.30%和7.50%；植被恢复的时间越长，土壤有机质和全氮含量越高；恢复度达到植被覆盖度95%的天然次生林与对照荒地相比，有机质和全氮含量分别提高了3.60倍和1.90倍。保育土壤功能也与植被的地表覆盖度、植被类型、坡度等因子有关（Zhang *et al*., 2008；国家林业局，2015a）。退耕还林工程的实施减少雨滴对土壤表层的直接冲击，有效地固持了土壤，并降低了地表径流对土壤的冲蚀，使土壤流失量大为降低。且森林的生长发育及其代谢产物不断对土壤产生理化影响，参与土壤内部的能量转换与物质循环，使土壤肥力提高。

全国退耕还林工程生态效益评估中固土总量是第八次森林资源服务评估中固土量的7.72%，保肥是17.52%；本评估报告中保育土壤功能价值量占总价值比重为8.29%，且这一比例低于第八次森林资源服务评估中保育土壤占总价值量15.81%（“中国森林资源核算研究”项目组，2015）的比例。这是因为第八次森林资源服务评估时侵蚀区域较多，森林固土量较高，评估林分多为成熟林，保肥效应好等原因所致。全国退耕还林工程共固土63355.50万吨/年，有效降低了长江和黄河的土壤侵蚀量，是2014年长江（2.75亿吨和黄河（0.82亿吨）土壤侵蚀量的2.30倍和7.71倍（水利部，2014a）。固土物质量最大的工程省为四川省，其固土物质量为6908.29万吨/年；内蒙古自治区和湖南省次之，固土物质量在5000.00万～6000.00万吨/年；固土物质量在3000.00万吨/年以上的工程省还有重庆市、贵州省、甘肃省、江西省和陕西省；固土物质量不足1000.00万吨/年的工程省仅有新疆维吾尔自治区、海南省、西藏自治区、北京市和天津市。

全国退耕还林工程保肥总量达2650.28万吨/年，相当于2015年全国耕地化肥实用量（6022.60万吨）的44.00%（中国统计年鉴，2016）。保肥物质量空间格局表现为最大的工程省仍为四川省，其保肥物质量为295.4万吨/年；位居其次的是辽宁省、河北省、吉林省、湖南省、重庆市、黑龙江省、甘肃省、内蒙古自治区、陕西省、江西省和贵州省，其保肥物质量在100.00万~200.00万吨/年；其余各工程省保肥物质量均在100.00万吨/年以下，其中西藏自治区、北京市、海南省和天津市的保肥物质量小于10万吨/年。

泥沙在河流中有两个主要的运动方向一是随河水向干流下游运动，二是被分流和沉积下来。如果下一个监测断面的输沙量大于上一个断面输沙量，则表明这一个河段是泥沙的“源”，因为其增加了径流泥沙量，也就是泥沙向下游运动量大于沉积量，为河流泥沙的“源”，如果下一个断面输沙量小于上一个断面，则表明，此河段泥沙沉积量大于向下游的输送量，则为泥沙的“汇”。泥沙“源”区流域是河流泥沙的主要增加区域，以水土保持的生态修复，应以“源”河段流域区为重点治理恢复区域。长江黄河泥沙“源汇”分界线的划分方法是采用长江黄河干流主要监测断面年输沙量的多年平均值进行划分。从《2016中国河流泥沙公告》中各断面的多年平均值看，沿长江干流从上而下的各断面中，从上游一直到宜昌监测断面，输沙量逐渐增加，宜昌之后的断面输沙量逐渐减少，故宜昌以上流域为长江泥沙的“源”，宜昌以下流域为长江泥沙的“汇”，因此宜昌为长江泥沙的源汇分界线（图5-13）。依据此方法，发现黄河干流潼关监测断面输沙量最大，从上游一直到潼关监测断面，输沙量逐渐增加，潼关之后的断面输沙量逐渐减少，故潼关监

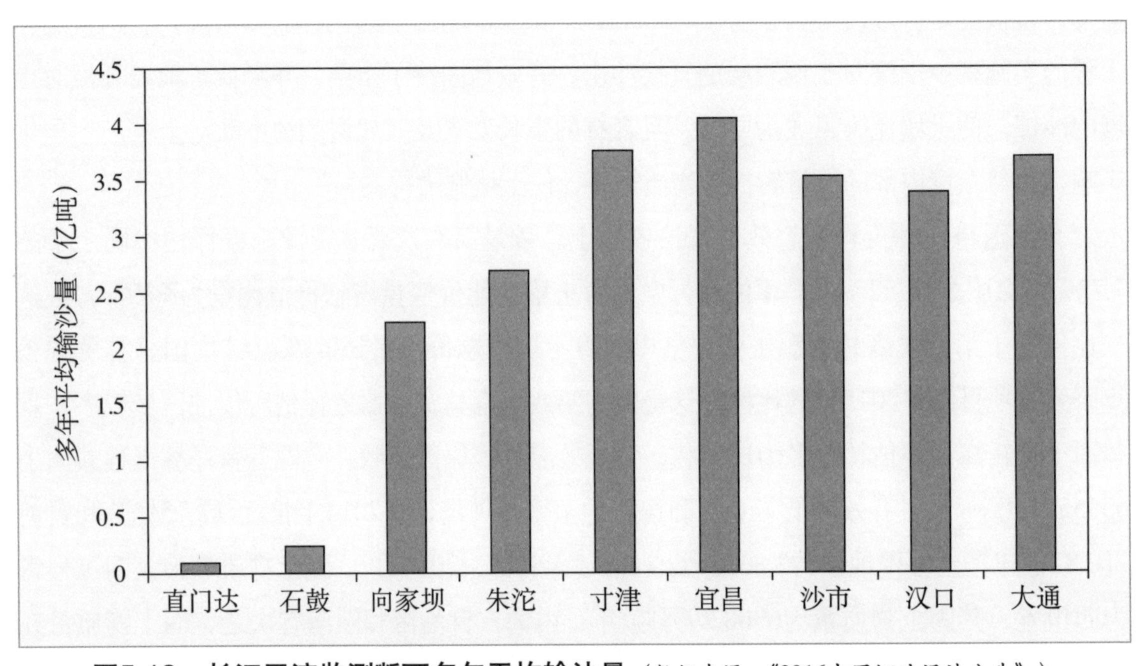

图5-13　长江干流监测断面多年平均输沙量（数据来源：《2016中国河流泥沙公告》）

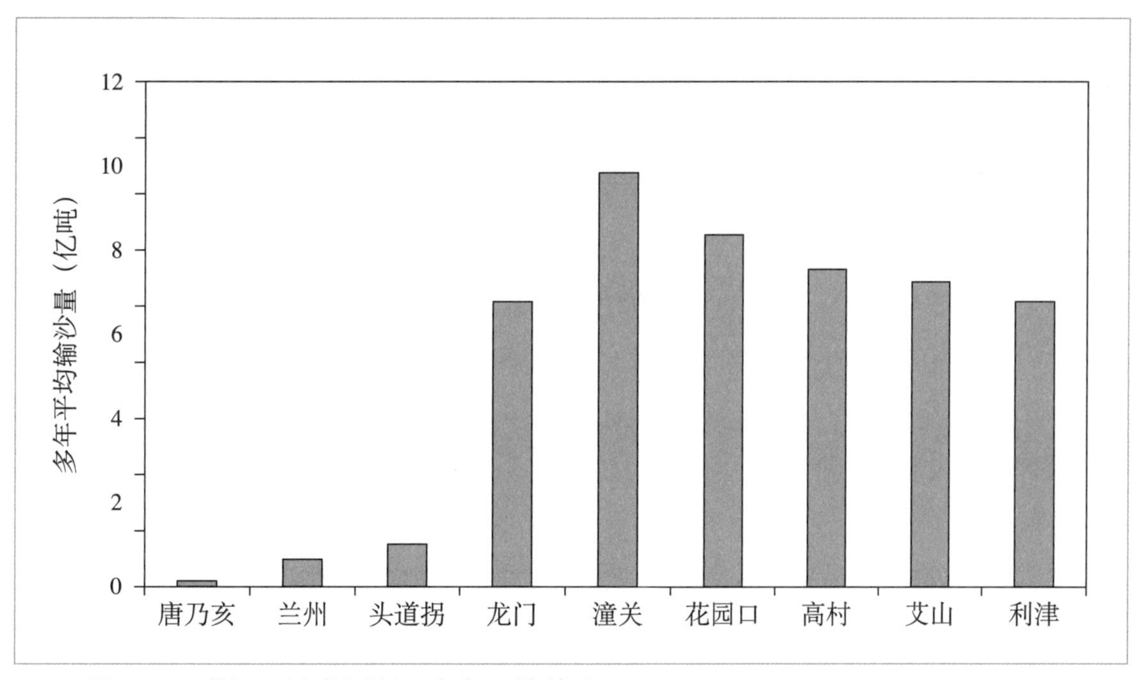

图5-14　黄河干流监测断面多年平均输沙量（数据来源：《2016中国河流泥沙公告》）

测断面以上流域为黄河泥沙的“源”，潼关以下为黄河泥沙的“汇”，所以潼关为黄河泥沙“源汇”分界线（图5-14）。基于长江黄河的“源汇”区分，退耕还林工程在长江泥沙“源”区域的工程省，水土保持功能高于处于长江流域泥沙“汇”区域的工程省，处于黄河流域泥沙“源”区域的工程省水土保持功能要高于黄河泥沙“汇”区域的工程省。

（2）有效净化大气，长江黄河中上游流经省份效益最为突出　世界上许多国家都采用植树造林的方法降低大气污染程度，植被对降低空气中细颗粒物浓度和吸收污染物的作用极其显著（Chen *et al*., 2016）。在距离50～100米的林区颗粒物浓度、二氧化硫和氮氧化物的浓度分别降低了9.1%、5.3%和2.6%（Yin *et al*., 2011）。Nowak 等（2013）应用BenMAP程序模型对美国十个城市树木的$PM_{2.5}$去除量进行估算研究，得出树木每年去除可入肺颗粒物总量变化从4.70吨到64.50吨。根据在英国城市的研究，McDonald 等（2007）计算城市植树面积占城市面积1/4时，可以减少2%～10%的PM_{10}浓度，说明森林植被对人体健康有积极的正效应。随着退耕还林工程的稳步进行，植物吸附颗粒物的能力还会逐渐增强，还将会对净化大气环境发挥巨大的作用。全国退耕还林工程生态效益评估价值量分布中，净化大气环境功能所占比重为24.87%，仅次于涵养水源功能，且这一比例亦高于第八次森林资源服务评估中净化大气环境占总价值量9.29%的比例，这是因为在本次评估中加入了森林吸附TSP、PM_{10}和$PM_{2.5}$功能。

全国退耕还林工程生态效益提供负离子8389.38×10^{22}个/年，其中四川省（830.53×10^{22}个/年）和陕西省（732.18×10^{22}个/年）位居前二均为长江黄河中上游流经省份；其次为湖南省、湖北省和贵州省，提供负离子物质量在500.00×10^{22}～600.00×10^{22}

个/年为长江中上游流经省份；提供负离子物质量小于100.00×10^{22}个/年的工程省为辽宁省、吉林省、海南省、北京市、西藏自治区和天津市，其中西藏自治区和天津市提供负离子物质量小于10.00×10^{22}个/年。

全国退耕还林工程生态效益吸收污染物物质量最大的工程省为四川省（30.38万吨/年）和内蒙古自治区（30.08万吨/年）；其次为甘肃省、贵州省、陕西省和湖南省，其吸收污染物物质量在20.00万～25.00万吨/年之间均为长江黄河中上游流经省份；其余各工程省吸收污染物物质量均小于20.00万吨/年，其中海南省、北京市、西藏自治区和天津市吸收污染物物质量小于1.00万吨/年。

本评估报告显示退耕还林工程净化大气环境总价值3438亿元/年，相当于北京市2016年GDP的13.81%。全国退耕还林工程滞纳TSP总物质量为38093.16万吨/年，滞纳$PM_{2.5}$和PM_{10}量分别为1318.36万吨/年和3296.35万吨/年，年滞纳$PM_{2.5}$和PM_{10}的总量相当于206.78亿辆民用汽车的颗粒物排放量。各工程省滞尘、滞纳TSP物质量排序表现一致，均为四川省、黑龙江省和内蒙古自治区最大，海南省、北京市、西藏自治区和天津市滞尘和滞纳TSP物质量小于为110.00万吨/年；根据2014年13个长江、黄河中上游流经省份（内蒙古自治区、宁夏回族自治区、甘肃省、山西省、陕西省、河南省、四川省、重庆市、云南省、贵州省、湖北省、湖南省和江西省）退耕还林工程生态效益物质量评估方法，各工程省滞纳PM_{10}、滞纳$PM_{2.5}$物质量排序表现一致，四川省滞纳PM_{10}、滞纳$PM_{2.5}$物质量最大，分别为4158551.82吨/年和1663420.73吨/年，宁夏回族自治区较小。由于退耕还林工程生态效益评估范围扩大，除去2013—2015年评估的省份，其他13个工程省采用新的计算方法，广西省滞纳PM_{10}、滞纳$PM_{2.5}$物质量最大分别为4313.29吨/年和1052.20吨/年，海南省、北京市、西藏自治区和天津市滞纳PM_{10}物质量小于500.00吨/年，滞纳$PM_{2.5}$物质量小于100.00吨/年。

总的来看，退耕还林工程的实施利于改善大气环境，提高人民生活质量与幸福指数，并有助于建立森林大气环境动态评价、监测和预警体系，为各级政府部门决策和政策制定及时提供科学依据。但退耕还林工程滞纳颗粒物功能空间上与工程省省会城市（直辖市）大气颗粒物浓度吻合性较差，为呈现出明显的规律。大气颗粒物浓度较低的云南省、广西省、贵州省和海南省等工程省内，退耕还林的滞纳TSP的物质量相对较高，对区域内空气净化起到一定作用。但省会城市颗粒物浓度受多种因素影响，退耕还林工程一般离城市较远，其滞纳颗粒物生态功能的转化率不高见图5-15至图5-17。森林与城市空气质量空间不对称性是普遍存在的一个问题，在《陕西省森林与湿地生态系统治污减霾功能研究》一书中也同样发现了这种不对称性。这是因为，一般森林都离城市较远，而大气污染物离城市很近，两者空间距离存在明显差异。但这种不对称性在一定程度上市可以协调的，可以采用在污染物较高的城市圈增加植被恢复或在污染物迁移路径上建立阻隔带等措施实现。

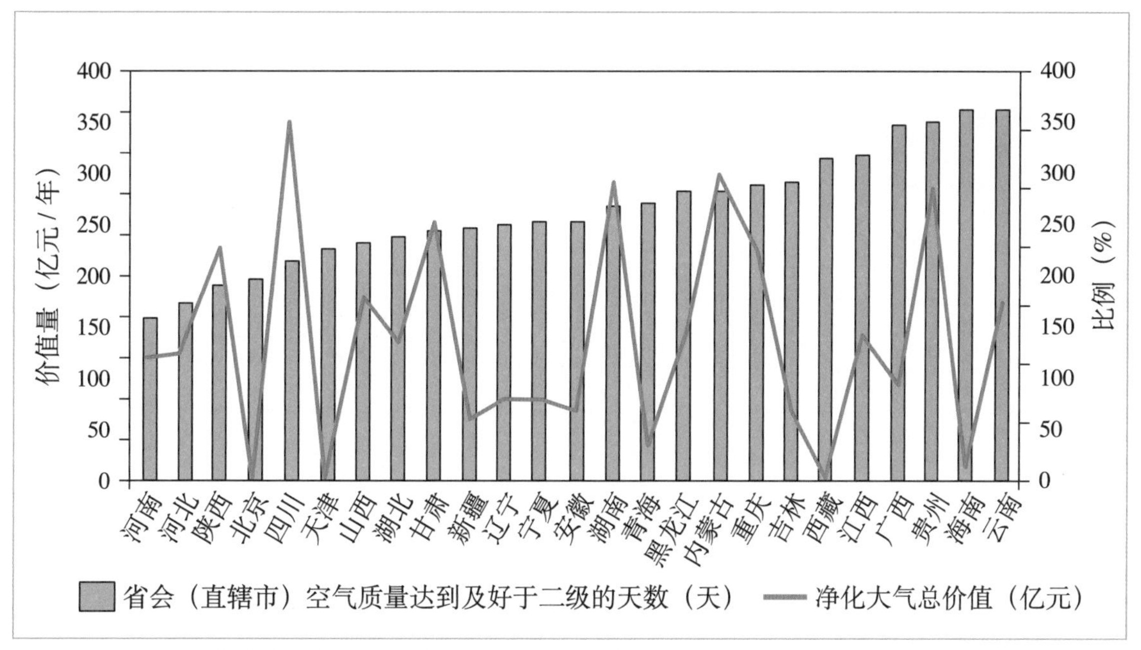

图5-15　各工程省省会（直辖市）空气质量达到及好于二级天数与退耕还林净化大气总价值

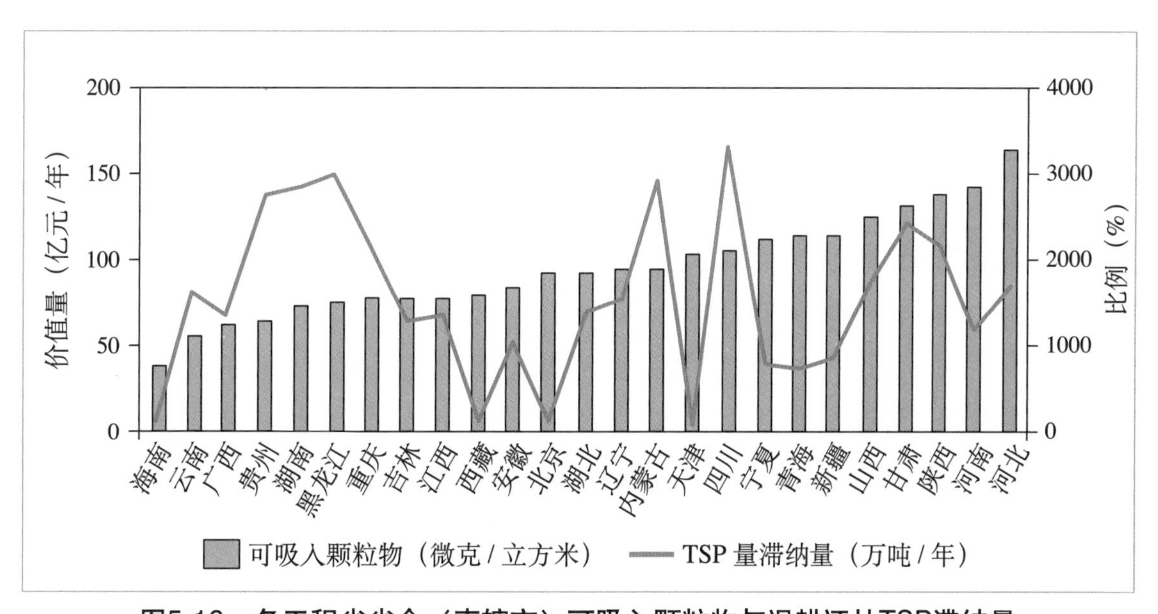

图5-16　各工程省省会（直辖市）可吸入颗粒物与退耕还林TSP滞纳量

（3）森林防护生态效益地理分异明显，北方沙化区效益最高　植被可对风沙起到抑制和固持作用，为区域生产生活可持续发展创造条件。森林能把大风分散成许多小股气流，并改变其方向。林带对风速的影响极其显著，当气流翻越林冠和穿绕树茎时，摩擦而消耗了部分动能，从而减小风速，使大风变成小风，暴风变成和风。利用森林来达到防风固沙，治理沙化土地保护农田也是退耕还林工程的基本目标之一。全国退耕还林工程防风固沙总物质量为71225.85万吨/年，森林防护总价值605.62亿元/年。可见退耕还林工程的实施起到了固定风沙的作用，发挥出巨大的防风固沙效益，有效地减少了西北地区风沙对农田和植被的侵害。

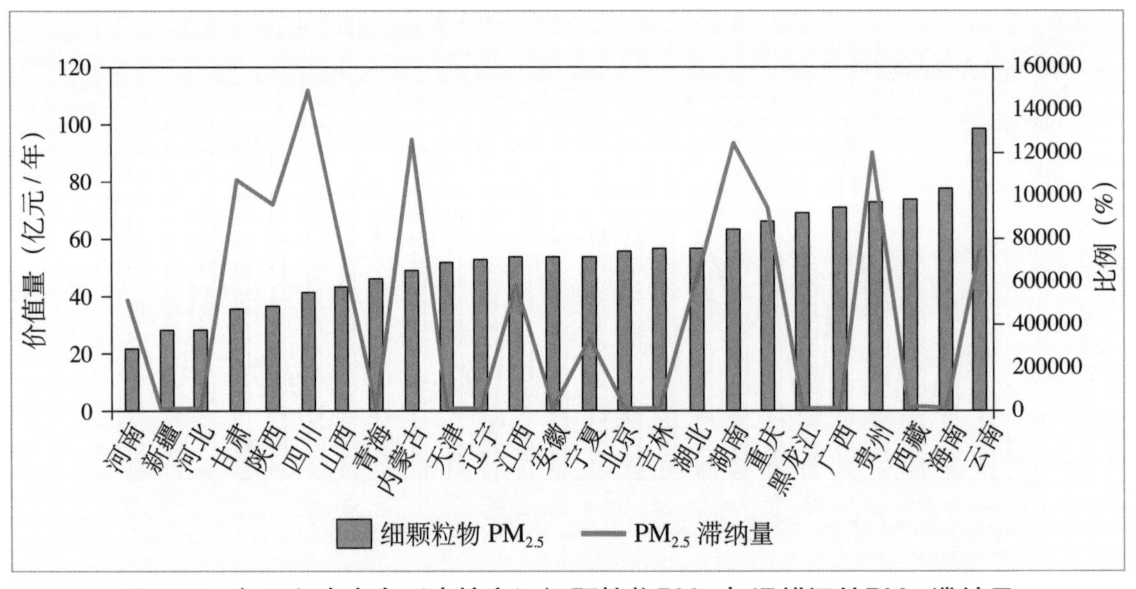

图5-17　各工程省省会（直辖市）细颗粒物$PM_{2.5}$与退耕还林$PM_{2.5}$滞纳量

退耕还林工程森林防护生态效益地理分异明显，呈现集中分布的空间特征。不同区域森林防护生态效益防风固沙物质量最大的为新疆维吾尔自治区（21704.18万吨/年），其次是新疆兵团（10759.85万吨/年）和河北省（10207.59万吨/年），这三个工程省防风固沙物质量占防风固沙总物质量的59.91%；西藏自治区和天津市防风固沙林的防风固沙物质量小于200.00万吨/年。西北地区中宁夏河套地区、河西走廊和新疆和田地区都属于风沙频繁区，且西北地区荒漠和沙地较多，土壤风蚀强，西北黄土区固沙量占全国退耕还林工程固沙总量的45.11%，相当于避免了1000公里的京藏高速公路被4.66厘米的沙土掩埋。

在国家“两屏三带”生态屏障规划中，对森林防护功能有较高需求的主要集中于北方防沙屏障带。北方防沙屏障带包括内蒙古防沙带、河西走廊防沙屏障带和塔里木防沙屏障带。涉及到河北省、辽宁省、内蒙古自治区、宁夏回族自治区、甘肃省、青海省和新疆维吾尔自治区7个工程省。退耕还林防风固沙功能中这些工程省森林防护效益突出，与区域生态需求具有非常好的吻合性。退耕还林工程的实施对于降低黄河流域中上游的风沙侵蚀效果尤为明显，对减少北方沙化地区风沙灾害，增加粮食产量提供了保障；有效遏制土地沙化，构筑起我国北方生态安全屏障，实现“生态、民生和经济”平衡驱动模式，从而在世界范围内为荒漠化防治做出了有益的贡献。

（4）中幼龄林生长旺盛，固碳释氧功能有效增加森林碳汇　政府间气候变化专门委员会指出确保2030年全球变暖幅度低于2℃（IPCC，2013），控制大气二氧化碳浓度升高的主要措施包括减少碳排放和增加碳汇，森林作为地球关键带的重要圈层，在固碳增汇效应方面发挥着举足轻重的作用，在减缓全球二氧化碳浓度升高过程中所起的作用已经得到认同。影响森林固碳释氧能力的主要有冠层、凋落物层和土壤层；除此，还会受到林种类型和林龄等的影响（Wang *et al.*，2014）。退耕还林工程的实施使植被通过森林自身吸收二氧化碳能力增强，提高森林碳汇功能。对合理配置退耕林地结构，抑制大气中二氧化碳浓度的上升，起到了有效的绿色减排作用。提高土壤碳库。

由于退耕还林绝大多数林分处于中幼林阶段，生长旺盛，全国退耕还林工程固碳总量为4907.85万吨/年，相当于每年吸收二氧化碳1.67亿吨，能够抵消3561.81万吨标准煤完全转化释放的二氧化碳量，有效增加了工程区的碳汇。全国退耕还林工程生态效益固碳物质量排序和释氧物质量排序表现一致。固碳物质量和释氧物质量最大的工程省均为四川省，固碳物质量为535.23万吨/年，释氧物质量为1302.40万吨/年；其次为河北省、内蒙古自治区、贵州省和陕西省，固碳物质量为300.00万～500.00万吨/年，释氧物质量在720.00万～1300.00万吨/年之间；新疆兵团、海南省、北京市、西藏自治区和天津市固碳物质量不足30.00万吨/年，释氧量物质量不足100.00万吨/年。

随着我国经济快速发展，在未来能源需求量还会增加，而我国退耕还林区能源消耗多为煤炭和薪炭，从而引起的经济发展与能源消费增加碳排放的矛盾还将继续扩大，退耕还林工程的实施可使大量的耕地和荒山荒地成为森林，成为一个重要的碳汇，对落实林业“双增”（森林面积和蓄积量双增长）和应对全球气候变化发挥着巨大作用。

（5）林木积累营养物质效益较高工程省主要分布在黄河中游　林木营养积累是生态系统中物质循环不可或缺的环节，森林植被积累营养物质功能对降低下游水源污染及水体富营养化有重要作用。研究发现植被层营养元素积累量为1495.02～5531.80千克/公顷，乔木层占85.3%～98.0%。在一定范围内，随着林分密度的增加，其生物量和营养元素积累量随之增加。

全国退耕还林工程生态效益林木积累营养总物质量107.53万吨/年，总价值143.48亿元/年，占全国退耕还林工程生态效益总价值量的1.04%。林木积累氮物质量最大的工程省为内蒙古自治区（7.36万吨/年）和陕西省（7.24万吨/年），林木积累磷物质量最大的工程省为河南省（1.29万吨/年），林木积累钾物质量最大的工程省为内蒙古自治区（6.02万吨/年）；林木积累氮物质量较小的工程省为新疆维吾尔自治区、海南省、新疆兵团、青海省、北京市、西藏自治区和天津市，其林木积累氮物质量不足1.00万吨/年，林木积累磷物质量较小的工程省为青海省、海南省、北京市、西藏自治区和天津市，其林木积累磷物质量不足0.10万吨/年，林木积累钾物质量较小的工程省为河北省、宁夏回族自治区、新疆兵团、青海省、海南省、北京市、天津市和西藏自治区，其林木积累钾物质量不足0.50万吨/年。其中，北京市、天津市和西藏自治区林木积累钾物质量不足0.10万吨/年。

退耕还林工程的实施使林木积累营养物质能力得以提升，使树木在生长过程中不断从周围环境吸收营养物质，固持在植物体中，不仅为树木生长发育提供物质基础，且可以调节和缓冲营养物质供需关系间的矛盾，从而维持自身生态系统的养分平衡，对指导林业生产、改善林木生长环境、提高系统的养分利用率和森林可持续经营都具有重要意义。

（6）长江中上游流经省份生物多样性效益较高 大量树种的种植增加了动物、植物、微生物的种类，为其提供生存与繁衍的场所，从而对其起到保育作用，支持了人类社会的经济和其他活动，保护和维持了生态系统的稳定性和丰富性。全国退耕还林工程以群落物种的丰富度等多样性指数逐年增加，不同退耕还林植被恢复类型下乔木层、灌木层和草本层的Simpson指数和Shannon-wiener指数均显著提高，生物多样性价值也有所改观；随着退耕时间的推移，群落结构由简单到复杂，由脆弱到稳定，营养结构趋于复杂，自我调节能力增强，符合一般的群落正向演替的规律，对退耕还林区生态条件的改善具有积极的促进作用。全国退耕还林工程生物多样性保护价值量达1802.44亿元，占退耕还林工程生态效益总价值量的13.04%。长江中上游流经省份退耕还林工程生物多样性效益较高，其中四川省生物多样性价值量全国最高；其次为重庆市，生物多样性价值量为193.78亿元/年；湖南省、云南省和贵州省生物多样性价值量均在100.00亿～150.00亿元/年之间。

随着封山育林、荒山造林的实施，原来土地贫瘠、植被群落结构单一、树种丰富度较低的林分在封育措施下，将得到有效的经营和管理，植物的生长环境逐渐改善，森林质量明显改观，生物多样性大幅增加，维护了自然界的生态平衡，并为人类提供良好的生存环境。

5.2 全国退耕还林工程生态效益驱动力分析

退耕还林工程生态效益是多因素综合作用的结果，且各个因素对其影响程度不同，作用机制复杂。本评估报告分别分析了政策因素、社会经济因素、自然环境因素对全国退耕还林工程生态效益的驱动作用，并采用主成分分析法对影响退耕还林工程生态效益的驱动力进行多因素综合定量分析。通过定性与定量分析相结合的方法，阐述退耕还林工程生态效益驱动力的主要作用。通过该分析，可明确各因素对退耕还林工程生态效益的作用，有助于充分理解退耕还林工程生态效益时空格局形成与演变的内在机制，为进一步提升退耕还林工程生态效益潜能提供依据和参考。

5.2.1 政策对全国退耕还林工程生态效益驱动作用分析

退耕还林工程是我国迄今为止政策性最强、投资量最大、涉及面广、工作程序多、群众参与程度高的一项宏大生态建设工程（退耕还林办公室，2006）。政策是退耕还林工程生态效益的关键驱动力，没有强有力的政策支持，退耕还林质量难以保证，退耕地复耕状况难以控制，退耕还林工程生态效益难以持续增长，一旦出现毁林、复耕等严重情况，则退耕还林工程的生态效益可能会显著降低甚至完全丧失。因此，只有强有力的政策支撑才能实现“退得下，还得上，能致富，不反弹”的目标，切实做到稳得住不复耕，实现工程生态效益的持续增长。

自退耕还林工程启动以来，为保证这项林业重点生态建设工程的顺利实施和健康发展从国务院到国家各相关部门，从地方各级政府到具体实施管理部门，先后系统地制定和出台了一系列的规章制度，对退耕还林工程的技术、补助、管理等做了明确具体的政策规定，形成了相对完整的政策体系（李晓峰，2009）。国家政策体系主要包括综合性政策、补助兑现管理政策、工程实施管理政策；地方政策体系主要包括年度实施方案与作业设计的编制和审批、工程管理和检查验收、档案管理方面、粮款兑现、工程监管方面（李育才，2005）。国家政策与地方政策构成的完整退耕还林政策体系影响着退耕还林工程的实施范围、生态林与经济林比例、树种选择和植被配置方式、造林模式、种苗供应方式、植被管护和配套保障措施等各个方面。这些方面的各个因素均会对退耕还林森林生态系统的结构与功能产生直接或间接影响，进而影响到退耕还林工程的生态效益。因此，政策是退耕还林工程生态效益关键的基础驱动力，对全国退耕还林工程生态效益的影响全面而深入。

5.2.2 社会经济因素对全国退耕还林工程生态效益驱动作用分析

社会经济因素对退耕还林工程生态效益的驱动作用主要表现在两个方面。第一、社会经济条件是退耕还林工程开展的基础；第二、社会经济效益与生态效益均为退耕还林工程的主要目标，二者相互促进协调发展。

首先，社会经济条件是退耕还林工程开展的基础。随着改革开放的不断深入，我国综合国力显著增强，财政收入大幅度增长，为大规模开展退耕还林奠定了坚实的经济基础和物质基础（刘诚等，2010）。1999年，我国粮食产量继1996年、1998年之后第三次跨过1万亿斤大关，全国粮食库存5500亿斤，加上农民手里的存量4000亿斤，全社会存量近1万亿斤，相当于全国一年的粮食产量，粮食出现了阶段性、结构性、区域性供大于求的状况（刘诚等，2010）。粮食生产形势的总量过剩确保了全国粮食安全，为“用粮食换生态”的退耕还林工程的实施奠定了物质基础。同时，中国改革开放政策不仅使国民经济保持持续、快速、稳健发展，而且在实现建立现代市场经济体系的目标方面取得了重大进展，并给社会生活各个层面带来了许多重大而深远的变革，在投资项目的选择及战略取向方面，从过去单纯追求财务及经济目标，转变为经济、社会、环境全面协调可持续发展，这种转变为退耕还林工程实施奠定了社会经济基础。正是因为有了这样的社会经济基础，退耕还林工程才得以实施。

其次，社会经济效益与生态效益均为退耕还林工程的主要目标，二者相互促进协调发展。退耕还林工程既是生态工程，又是扶贫工程和富民工程。《中华人民共和国退耕还林条例》指出退耕还林应当与调整农村产业结构、发展农村经济，防治水土流失、保护和建设基本农田、提高粮食单产，加强农村能源建设，实施生态移民相结合。退耕还林规划应当与国民经济和社会发展规划、农村经济发展总体规划、土地利用总体规划相衔接，与环境保护、水土保持、防沙治沙等规划相协调（崔海星，2009）。中央和地方政府希望通过退耕还林工程，在改善生态环境的同时，能够促进土地利用结构、就业结构和产业结构的合理调整，促进退耕区林业和畜牧业以及其他相关产业的发展，形成农林牧家各业相互促进的局面，不断提高退耕地区的经济实力，不断提高退耕农户的人均收入和生活质量（李晓峰，2009）。

通过1999—2015年每年粮食产量和累计退耕还林面积综合分析发现，虽然在退耕还林之初的1999—2003年全国粮食产量出现了下降趋势，但在2003年以后退耕还林面积与粮食总产量实现了同步增长的趋势（图5-18）。这表明尽管退耕还林之初可能会对国家粮食产量产生短期的不利影响，但从长远来看，由于退耕还林不会影响到国家粮食安全，反而会因为改善了生态环境、实现土地集约化管理、增加单位面积粮食产量等方式，实现退耕还林生态效益与粮食生产双增长。粮食安全不仅是经济问题，更是影响民生的社会问题。粮食产量与退耕面积同步增长表明退耕还林工程的生态效益与社会经济效益并非此消彼涨，而是相互促进共同增长。

退耕还林中经济林主要以果树居多，退耕还林对农村产业结构调整的一个重要方向是实现从主食生产向林果产品生产方向的转变。从国家2017年统计年鉴居民食物消费结构变化数据看，2013—2016年，我国居民食物消费结构发生了明显的变化，对粮食（原粮）、谷物的消费呈现逐步降低的趋势，对干鲜瓜果、鲜瓜果和坚果类食物的消费呈现逐渐增加

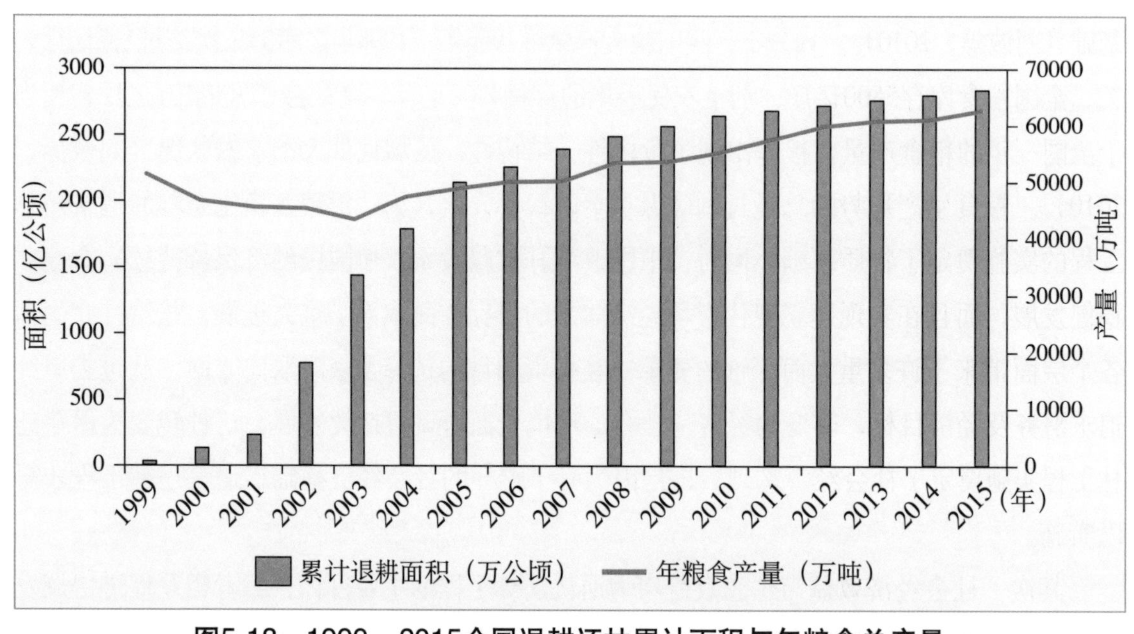

图5-18　1999—2015全国退耕还林累计面积与年粮食总产量

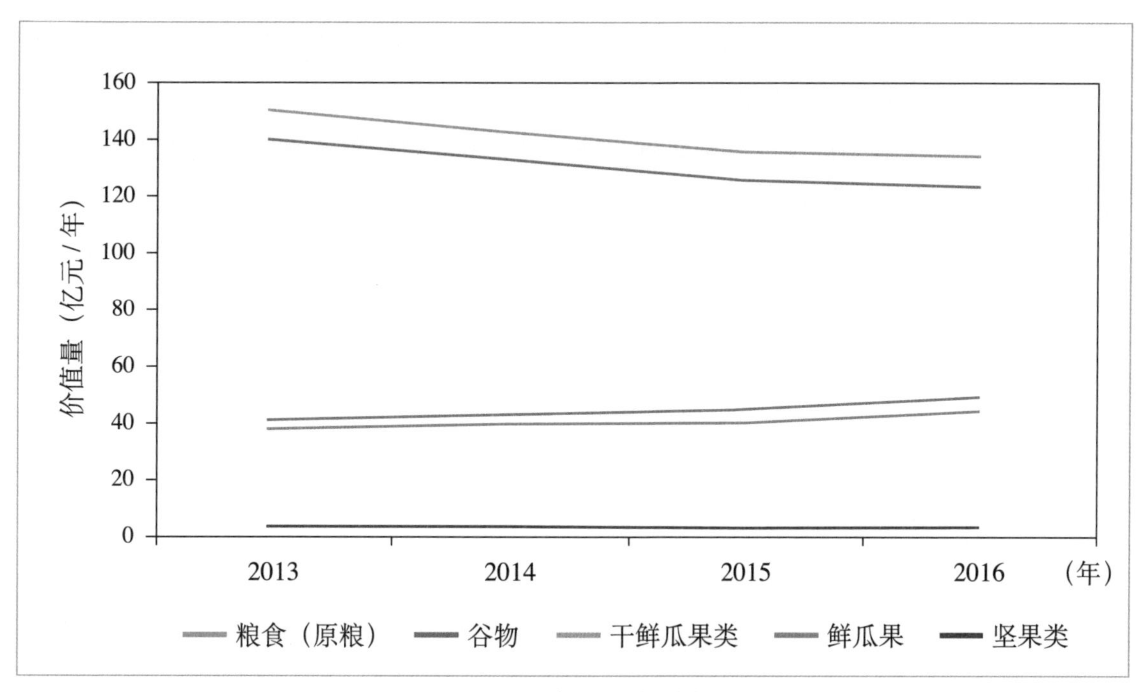

图5-19 居民食物消费结构变化

的趋势（图5-19）。退耕还林工程所引起的农村产业结构调整与居民食物消费结构变化趋势相适应。从这个角度看，退耕还林工程对农村产业结构的调整是合理且有效的。

退耕还林所取得社会经济效益不仅有利于“生态脱贫”和区域经济发展，而且对生态效益的增长具有促进作用。获得经济效益后，农民退耕还林意愿增强，更利于退耕还林工程的实施，同时也有利于退耕还林林地的科学管理，从而可以有效地驱动退耕还林工程生态效益的提升。综合以上对退耕还林工程社会经济与生态效益的耦合分析可以看出，退耕还林工程实现了社会经济生态三大效益协调发展，社会经济效益与生态效益相互促进。

5.2.3 自然环境因素对全国退耕还林工程生态效益驱动作用分析

自然环境因素是退耕还林工程生态效益时空格局动态的重要驱动力，通过影响树木生长代谢过程、森林结构、森林生态系统能量流动与物质循环等方式驱动退耕还林工程生态效益时空格局的演变。自然环境要素对全国退耕还林工程生态效益的驱动作用主要表现在生态效益增减和生态效益地理分异性两个方面。自然环境因素是森林生长的基础，因此良好的自然环境可以有效促进森林群落植被的生长、能量流动及养分循环，从而增加其生态效益，而恶劣的自然生态环境会限制森林群落植被的生长，严重的自然灾害甚至会摧毁退耕林分，从而减少其生态效益。

自然环境因素对生态效益地理分异性的驱动作用较为复杂，是不同区域自然环境要素的差异与退耕地森林植被群落相互作用的过程。本报告以长江黄河流域水力侵蚀区退耕还林工程生态效益以及北方沙化土地风力侵蚀区退耕还林工程生态效益影响为例分析不同自然地理区域自然环境要素对生态效益的驱动作用。

在平均降水量和植被覆盖度是影响长江黄河流域水力侵蚀区退耕还林工程生态效益的主要驱动因素。中国降水分布表现为从北到南、从西到东逐渐增多的趋势，这主要是由于纬度变化和水陆位置变化引起。植物生长与水分关系密切，降水充沛的区域，植物生长良好，其植被覆盖度较高，森林也发挥着较高的生态效益（Chen DL，2005；Hongjian Zhou，2009；Runsheng Yin，2009），除此以外地形地貌也是一个重要的影响因素，主要表现为坡度坡向对于退耕还林营造林的影响，有研究表明，土壤侵蚀最严重的地域发生在坡度为10～25度的农业用地上，一定的坡度条件下对农田和多季作物的土壤侵蚀量的百分比几乎相同，农田土壤侵蚀中，耕地水土流失占到86.2%，在发生水土流失的耕地当中，小于5度的坡耕地占到22.5%，5到10度坡耕地占到20.3%，大于10度的坡耕地占到57.1%。在小于5度的坡耕地当中，约有6%的耕地遭遇到较强［5000～8000吨/（平方千米·年）］或极强［8000～15000吨/（平方千米·年）］的侵蚀，然而，在25度以上坡耕地，遭受的较强或极强的土壤侵蚀超过了总耕地面积的42%（Long H. L.，2006），我国退耕还林工程主要针对25度以上的坡耕地进行退耕还林，而如此的地形多见于长江黄河所流经省份，所以该地区也是我国退耕还林的重点实施区域、产生生态效益的主要地区。本评估报告显示，流经长江流域的退耕省份中，四川省、重庆市、云南省和贵州省处于西南高山峡谷区，年平均降水量为1224.33毫米，植被覆盖度为97.25%，生态效益价值量最大为4509.96亿元/年；流经黄河流域的退耕省份，其全年平均降雨量为401.08毫米，覆盖度为68.33%，生态效益价值量最大为3950.47亿元/年。可见，黄河流域退耕还林工程生态效益价值量是流经长江流域西南高山峡谷区退耕还林工程生态效益价值量的87.59%，但黄河流域退耕还林面积是流经长江流域西南高山峡谷区退耕还林面积的1.62倍。这充分证实了平均降水量和植被覆盖度对长江黄河流域退耕还林工程生态效益的巨大影响。

平均降水量、2米高年均风速、土地生产力和土壤有机质是影响北方沙化土地退耕还林工程生态效益的主要驱动因素。植物通过三种方式阻止地表风蚀或风沙活动：①覆盖部分地表，使被覆盖部分免受风力作用；②分散地表以上一定高度内的风动量从而减弱到达地表的风动量；③拦截运动沙粒促其沉积。退耕还林工程的实施能够有效的防治土壤风蚀，而且也促进了自然景观的恢复（A.Saleh and D.W.Fryrear，1999；Mitchell RJ，1999）。本评估报告显示，年平均降雨量小于300毫米的新疆维吾尔自治区、甘肃省、青海省和宁夏回族自治区，降雨量较少，气候干旱，风沙较多，防风固沙物质量总计40047.90万吨/年，占全国退耕还林工程防风固沙物质量的56.59%。这些地区防风固沙功能随风蚀等级增强呈现增大的趋势，新疆维吾尔自治区东部、甘肃省西部和内蒙古自治区西部等地区的风速大于6.0米/秒的天数均超过了60天，且这些地区的沙尘暴灾害严重，根据40

多年来的中强和特强沙尘暴的频数分布，新疆维吾尔自治区和田地区、吐鲁番地区和甘肃省河西走廊均属于沙尘暴频发区。此外，该区遍布荒漠和沙地，这些因素都决定该地区退耕还林工程能够在干旱的自然条件下，将潜在的防护功能最大化（Xu, K.J., 2016）。

年平均降雨量内蒙古自治区、陕西省和山西省风沙区年平均降雨量在300～500毫米之间，净化大气环境功能与森林防护功能贡献较大，净化大气环境功能价值量的相对比例在24.65%～30.70%之间，森林防护功能价值量占该区域生态系统服务价值量的比例在3.61%～7.59%之间。这些区域，降雨量较少，雨量季节分布不均，且降雨多集中在夏秋季节，与新疆维吾尔自治区、甘肃省和青海省等地相比较，其降雨次数和降雨强均明增加，因此森林植被的叶片经雨水冲刷能够反复滞纳颗粒物，退耕还林工程森林植被亦发挥着较强的净化大气环境功能（Zhang W K，2015）。

北京市、天津市和河北省风沙区年平均降雨量在500～650毫米之间，其净化大气环境价值量占比例在25.23%～31.67%之间（均值28.48%），高于新疆维吾尔自治区、甘肃省、宁夏回族自治区等地（25.87%）和陕西省、内蒙古自治区等地的比例（25.78%）。表明北京市、天津市和河北省风沙区退耕还林工程在吸收污染物和滞纳颗粒物方面的成效显著（Wu W Q，2002），这一区域属于半湿润和湿润区，降雨分配比较均匀，降雨次数明显增加，其距离沙源比较远，但由于区域经济发达，人口密度大，工业较多，因此污染物排放量较多，而且近年来雾霾天气频繁，因此其退耕还林工程营造林起到了很强的滞纳颗粒物的作用，经雨水冲刷反复滞纳，将净化大气环境功能的潜力全部发挥出来（Chen B，2016）。

5.2.4 全国退耕还林工程生态效益关键驱动力因子甄别

近年来，随着生态文明意识的增强，我国有林地面积、人工林面积、天然林面积和退耕还林面积等均呈现出增加的趋势，这种增长趋势与全国林业发展政策密不可分，专项林业政策的出台对森林资源的改善具有直接的促进作用。

本评估报告通过查阅相关统计年鉴、历史资料和森林连清资源数据，选取自然环境因素、社会经济发展因素和政策因素，共计14项具有典型代表性的退耕还林工程生态效益驱动力指标（表5-1），以此来分析不同因素对退耕还林工程生态效益的影响。

通过全国退耕还林工程生态效益驱动力因素主成分分析表明，第一主成分（成分1）解释了所有因素66.02%的贡献率，第二主成分（成分2）解释了20.32%的贡献率，这两个成分累积包含了原始变量信息总量的86.34%，为此只需分析第一和第二主成分与各指标的相关性就可阐明影响退耕还林工程生态效益的主要因素。第一主成分主要贡献指标中退耕还林政策治理区面积、粮食补贴资金、节水通道长度、人均纯收入和工农业生产的比例与退耕还林生态效益的相关性均在0.80以上，林业投资与退耕还林生态效益的相关性也达到了较高的0.73。此外，第一主成分中政策治理区面积和粮食补贴资金的相关性均在0.90以上，分别达到了0.95和0.92，说明退耕还林政策治理区面积和粮食补贴资金（包括生态补偿的内容）是政策因素中主要的驱动因素（Xu and Cao，2002；Xie *et al*.，2017）。针对退耕还林工程区的逐年扩大和生态补偿政策的实施，植被覆盖率增加，并明显影响退耕还林工程生态效应（Wei *et al*.，2017）。

第二主成分中各指标对退耕还林生态效益也具有较高的相关性，随着道路建设长度、人均纯收入和工农业的生产比例以及社会经济发展因素和居民收入水平密切相关，与退耕还林工程生态效益的相关系数分别为0.59、0.57和0.52，可以认为主要是社会经济发展因素。当地居民生活水平的提高使人们对居住环境有了更高的要求，道路建设有助于地方旅游业和其他新兴产业的快速发展（Xie *et al*., 2017）。这些变化在促进退耕还林工程实施、

表5-1 全国退耕还林工程生态效益驱动力因素

驱动力因素		驱动力指标		驱动力因素单元	数据来源
自然环境因素	1	X_1	年平均降水量	毫米	历史统计年鉴数据（2014—2015）和调查
	2	X_2	年平均气温	摄氏度	历史统计年鉴数据（2014—2015）和调查
	3	X_3	地形坡度	度	连续的退耕还林工程调查资料；森林资源清查数据
社会经济发展因素	1	X_4	人口密度	人/平方千米	历史统计年鉴数据（2014—2015）和调查
	2	X_5	人均耕地面积	公顷/人	连续的退耕还林工程调查资料；森林资源清查数据
	3	X_6	人均纯收入	元/人	历史统计年鉴数据（2014—2015）和调查
	4	X_7	工业和农业的生产比例	%	历史统计年鉴数据（2014—2015）和调查
	5	X_8	作物产值	万元	历史统计年鉴数据（2014—2015）和调查
	6	X_9	林果产值	万元	对历史统计年鉴数据（2014—2015）和调查
政策因素	1	X_{10}	林业投资	万元	中国林业统计年鉴2016
	2	X_{11}	退耕还林政策治理区面积	平方千米	连续的退耕还林工程调查资料；森林资源清查数据
	3	X_{12}	道路建设长度	千米	连续的退耕还林工程调查资料；森林资源清查数据
	4	X_{13}	粮食补贴资金	元/人	连续的退耕还林工程调查资料；森林资源清查数据
	5	X_{14}	节水渠道长度	千米	连续的退耕还林工程调查资料；森林资源清查数据
生态效益变化	1	Y	生态效益变化率	%	连续的退耕还林工程调查资料；森林资源清查数据

提高生态系统服务方面作用巨大。此外，第二主成分与自然环境因素有一定的相关性，如年平均降水量和地形坡度，它们与退耕还林工程生态效益的相关系数分别为较高的0.51和0.49，水是植物生长必需的成分，降水量越高的区域，植物生长越繁茂；退耕还林工程西南高山峡谷区和中南部山地丘陵区降雨量大，植物生长好，与相应生态效益较高的结果一致，这表明自然环境因素是退耕还林生态效益变化的基础。

综上分析，政策因素是全国退耕还林工程生态效益的主要驱动力，在生态系统服务的变化中发挥了关键作用，社会经济发展因素是次要驱动力，自然环境因素是生态效益变化基础。

退耕还林工程生态效益变化中政策驱动和生态补偿发挥了举足轻重的作用，随着退耕还林工程实施地区的增加，对生态环境改善和社会经济发展产生了许多正面的影响。为更好的实施退耕还林工程，中央政府积极推出一系列政策：如增加和延长退耕还林补贴，启动了新一轮退耕还林补偿政策，提高了补助标准，国家按退耕还林每亩*补助1500元，资金分三次下达给省级人民政府，每亩第一年800元、第三年300元和第五年400元；为确保农民粮食自给，采取了建设梯田、节水灌溉等有效措施，加强基本农田水利基础设施建设；在种植经济林上采取“公司+农户”的运作模式，出台优惠政策，鼓励后续产业，如信贷支持、技术指导和培训等，加快了剩余劳动力转移。这些政策的实施激发了农民群众对实施退耕还林工程的热情，使更多的人参与进来，有助于将退耕还林工程的社会和生态效益推向新阶段。此外，中央政府大力推动精准扶贫，退耕还林工程将优化农业结构、助力精准扶贫。退耕还林在经济方面直接受益主体是退耕农户，国家对退耕农户直接提供钱粮补助，地方政府通过引资国内大型企业、培植当地企业共同建设退耕地还林产业基地，为农户解决长远生计问题提供有力保障，使农民逐渐减弱对土地的依赖性，增加工资性收入，农户家庭纯收入稳步得到提升，生活质量得到了显著改善（Zhang *et al.*, 2010；Farley，2012）。

新一轮退耕还林助力精准扶贫，退耕还林工程的实施改变了长期以来广种薄收的传统耕种习惯，有效地调整了不合理的土地利用结构，同时解放了大量农村剩余劳动力，使更多的劳动力投入到第二、三产业建设中，一定程度加快了第一产业逐渐向第二、三产业转变的步伐，助推了农村产业结构优化升级，促进了农民增收。精准扶贫政策的实施也对退耕还林提出了新要求，兼顾退耕还林生态治理与扶贫开发双重目标，使扶贫开发成为退耕还林持续发展的重要保障（Wang，2017）。

在全国突显了一批退耕还林精准扶贫的重点地区，如乌蒙山区和武陵山区等贫困地区，增强退耕还林的扶贫效应与扶贫针对性：①云南省丽江市始终坚持将退耕还林作为大

---

* 1亩=1／15公顷，下同。

地增绿、农民增收和生态扶贫工程的重要抓手，有效增加了山区林农收入，2014—2016年，全市共计完成新一轮退耕还林建设任务9.56万亩，涉及44个乡镇、202个行政村、10811户、35637人；建档立卡贫困户累计退耕还林25888.9亩，涉及5517户、11840人，补助期内户均将获得现金补助5631元；采取“合作社+基地+贫困户”等模式带动贫困户发展软仔石榴、芒果、澳洲坚果等特色经济林果产业，降低贫困户入股门槛，带动贫困户如期脱贫。②重庆市18个贫困区县建起了近150万亩生态产业基地，18个贫困区县已累计下达新一轮退耕还林任务222.9万亩，占全市3年计划任务250万亩的89.2%；新一轮退耕还林市级以上补助资金已达22.28亿元，其中现金直接补助农民14.50亿元，造林种苗费补助7.50亿元，退耕农户人均获得补助1538元，助推了贫困农户增收。③江油市把退耕还林作为改善生态、调整产业结构、增加林农收入和助推精准扶贫的重要举措，突出重点，扎实推进。截至目前，全市完成新一轮退耕还林任务计划5000亩，惠及1407户退耕农户、4394人，其中贫困退耕农户248户、贫困人口639人，5年内补助资金总额600万元，户均补助4264元、人均补助1365元。④汉中市镇巴县积极引导农户发展林业特色产业，因地制宜，宜茶则茶、宜果则果、宜油则油，采取“合作社+基地+农户”和“企业+基地+贫困户”等模式带动贫困户发展茶叶、魔芋、核桃、油茶、油用牡丹等涉林产业，目前全县茶叶和魔芋面积均达10万亩，油茶、核桃、油用牡丹初具规模，该县2014—2015年累计退耕还林7751.8亩，发展茶叶、核桃、油茶等种植专业合作社73家，兑现退耕还林补助金387.6万元，带动1154户贫困户3799人年均增收1020元。

总体来看，退耕还林工程实施产生了显著的生态效益，既缓解了长江中上游、黄河中上游的水土流失，也增强了北方沙化土地森林防护功能，减少土地沙化。同时，退耕还林工程并未对国家粮食安全产生不利影响，退耕还林面积与粮食生产呈现双增长；退耕还林工程有效地改善了区域产业结构，退耕还林工程发展的林果产业，更适应我国居民食品消费结构的变化；退耕还林工程是实现农村经济增长的动力，生态效益与社会经济效益可同步增长。耦合分析结果表明，退耕还林工程实现了社会、经济、生态三大效益的协调发展。

参考文献

北京市统计局. 2015. 北京市统计年鉴(2015) [M]. 北京: 中国统计出版社.

国家林业局. 2001. 退耕还林工程生态林与经济林认定标准(国家林业局林退发[2001] 550号).

国家林业局. 2003. 森林生态系统定位观测指标体系(LY/T 1606-2003). 4-9.

国家林业局. 2005. 森林生态系统定位研究站建设技术要求(LY/T 1626-2005). 6-16.

国家林业局. 2007. 干旱半干旱区森林生态系统定位监测指标体系(LY/T 1688-2007). 3-9.

国家林业局. 2008. 森林生态系统服务功能评估规范(LY/T 1721-2008). 3-6.

国家林业局. 2010a. 森林生态系统定位研究站数据管理规范(LY/T 1872-2010). 3-6.

国家林业局. 2010b. 森林生态站数字化建设技术规范(LY/T 1873-2010). 3-7.

国家林业局. 2011. 森林生态系统长期定位观测方法(LY/T 1952-2011). 4-121.

国家林业局. 2014. 退耕还林工程生态效益监测国家报告(2013) [M]. 北京: 中国林业出版社.

国家林业局. 2015a. 退耕还林工程生态效益监测国家报告(2014) [M]. 北京: 中国林业出版社.

国家林业局. 2015b. 中国荒漠化和沙化状况公报.

国家林业局. 2016. 退耕还林工程生态效益监测国家报告(2015) [M]. 北京: 中国林业出版社.

国家林业局. 2016. 退耕还林工程生态效益监测与评估规范 (LY/T 2573-2016). 8-11.

国家统计局. 2015. 中国统计年鉴(2014) [M]. 北京: 中国统计出版社.

国家统计局. 2016. 中国统计年鉴 (2015) [M]. 北京: 中国统计出版社.

黑龙江省统计局. 2015. 黑龙江省统计年鉴(2014) [M]. 北京: 中国统计出版社.

环境保护部. 2015. 2015年中国机动车污染防治年报.

吉林省统计局. 2013. 吉林省统计年鉴(2012) [M]. 北京: 中国统计出版社.

辽宁省统计局. 2015. 辽宁省统计年鉴(2014) [M]. 北京: 中国统计出版社.

内蒙古自治区水利厅. 2014. 内蒙古自治区水资源公报.

内蒙古自治区统计局. 2014. 内蒙古自治区统计年鉴(2013) [M]. 北京: 中国统计出版社.

宁夏回族自治区统计局. 2015. 宁夏回族自治区统计年鉴(2014) [M]. 北京: 中国统计出版社.

山西省统计局. 2015. 山西省统计年鉴(2014) [M]. 北京: 中国统计出版社.
陕西省统计局. 2015. 陕西省统计年鉴(2014) [M]. 北京: 中国统计出版社.
水利部. 2013. 第一次全国水利普查水土保持情况公报.
水利部. 2014a. 2014年中国水土保持公报.
水利部. 2014b. 2014年全国水利发展统计公报.
水利部. 2016. 中国水利统计年鉴 2016 [M]. 北京: 中国水利水电出版社.
水利部水利建设经济定额站. 2002. 中华人民共和国水利部水利建筑工程预算定额[M]. 北京: 黄河水利出版社.
宋庆丰, 王雪松, 王晓燕, 等. 2015. 基于生物量的森林生态功能修正系数的应用——以辽宁省退耕还林工程为例[J]. 中国水土保持科学, 13(3): 111-116.
苏志尧. 1999. 植物特有现象的量化 [J]. 华南农业大学学报, 20(1): 92-96.
汪松, 解焱. 2004. 中国物种红色名录(第1卷:红色名录) [M]. 北京：高等教育出版社.
王兵, 王晓燕, 牛香, 等. 2015. 北京市常见落叶树种叶片滞纳空气颗粒物功能[J]. 环境科学, 36(6): 2005-2009.
王兵, 张维康, 牛香, 等. 2015. 北京10个常绿树种颗粒物吸附能力研究 [J]. 环境科学, 36(2): 408-414.
王兵. 2015. 森林生态连清技术体系构建与应用 [J]. 北京林业大学学报, 37: 1-8.
王兵. 2016. 生态连清理论在森林生态系统服务功能评估中的实践[J]. 中国水土保持科学, 14(1): 1-10.
宣捷. 2000. 中国北方地面起尘总量分布 [J]. 环境科学学报, 20(4): 426-430.
张维康, 牛香, 王兵. 2015. 北京不同污染地区园林植物对空气颗粒物的滞纳能力[J]. 环境科学, 7: 1-11.
“中国森林资源核算研究”项目组”. 2015. 生态文明制度构建中的的中国森林资源核算研究[M]. 北京：中国林业出版社.
中国水利年鉴编辑委员会. 1994. 中国水利年鉴(1993) [M]. 北京: 中国水利水电出版社.
中国水利年鉴编辑委员会. 1995. 中国水利年鉴(1994) [M]. 北京: 中国水利水电出版社.
中国水利年鉴编辑委员会. 1996. 中国水利年鉴(1995) [M].北京: 中国水利水电出版社.
中国水利年鉴编辑委员会. 1997. 中国水利年鉴(1996) [M].北京: 中国水利水电出版社.
中国水利年鉴编辑委员会. 1997. 中国水利年鉴(1997) [M].北京: 中国水利水电出版社.
中国水利年鉴编辑委员会. 1998. 中国水利年鉴(1998) [M]. 北京: 中国水利水电出版社.
中国水利年鉴编辑委员会. 1999. 中国水利年鉴(1999) [M]. 北京: 中国水利水电出版社.
中华人民共和国国家质量监督检验检疫总局, 中国国家标准化管理委员会. 2016. 森林生态系统长期定位观测方法 (GB/T 33027-2016).

Saleh A, Fryrear DW. 1991. Soil roughness for the revised wind erosion equation, Journal of soil and water conservation [J]. Second Quarter: 473-476.

Cammeraat L H, Imeson. 1998. Deriving indicators of soil degradation from soil aggregation studies in southeastem Spain and southern Frane [J]. Geomorphology, 23: 307-321.

Chen B, Li SN, Yang XB, *et al.* 2016. Pollution remediation by urban forests: PM2.5 reduction in Beijing, China [J]. Polish Journal of Environmental Studies, 25(5): 1873-1881.

Chen DL, Yu XX, Liao BH. 2005. Analysis on the function of conservation water of the Chinese forest ecosystem. World Forestry Research, 18(1): 49-54.

Clarke JM. 2000. Effect of drought stress on residual transpiration and its relationship with water use of wheat [J]. Canadian Journal of Plant Science, 1(3): 695-702.

Farley J. 2012. Ecosystem services: the economics debate [J]. Ecosyst. Serv. 1, 40-49.

IPCC. 2013. Contribution of working group I to the fifth assessment reportofthe intergovernmental panel on climate change. Climate Change 2013: the physical science basis [M]. Cambfige: Cambfige Universtiy Press.

Jiang WL. 2003. Theory andmethod to accounting value of forestwater conservative [J]. Journal of Soil and Water Conservation, 17(2): 34-40.

Jin MG, Zhang RQ, Sun LF, *et al.* 1999. Temporal and spatial soil water management: a case study in the Heilonggang region, P R China [J]. AgriculturalWaterManagement, 42: 173-187.

Long HL, Heilig GK, Wang J, *et al.* 2006. Land use and soil erosion in the upper reaches of the Yangtze River: some socio economic considerations on China' s Grain for Green Programme[J]. Land Degradation & Development, 17(6): 589-603.

McDonald AG, Bealey WJ, Fowler D, *et al.* 2007. Quantifying the effect of urban tree planting on concentrations and depositions of PM_{10} in two UK conurbations [J]. Atmospheric Environment, 41(38): 8455-8467.

Mitchell RJ, Marrs RH, Leduc MQ, *et al.* 1999. A study of the restoration of heathland on successional sites: 1999, changes in vegetation and soil chemical proprerties. Joural of Applied [J]. Ecology, 36: 770-783.

Morales BRE. 2009. Analysis in the decay of particle concentration caused by tree species found in Korea. M.S [D]. Hanyang University.

Niu X, Wang B, Liu S R. 2012. Economical assessment of forest ecosystem services in China: Characteristics and Implications [J]. Ecological Complexity, 11:1-11.

Nowak DJ, Hirabayashi S, Bodine A, *et al.* 2013. Modeled $PM_{2.5}$ removal by trees in ten

231

U.S. cities and associated health effects [J]. Environmental Pollution, 178: 395-402.

Wang B, Gao P, Niu X, *et al.* 2017. Policy-driven China's Grain to Green Program: Implications for ecosystem services [J]. Ecosystem Services, 27: 38-47.

Wang B, Wang D, Niu X. 2013a. Past, present and future forest resources in China and the implications for carbon sequestration dynamics [J]. Journal of Food, Agriculture &Environment, 11(1): 801-806.

Wang B, Wei WJ, Liu CJ, *et al.* 2013b. Biomass and carbon stock in Moso Bamboo forests in subtropical China: Characteristics and Implications [J]. Journal of Tropical Forest Science, 25(1): 137-148.

Wang B, Wei WJ, Xing ZK, *et al.* 2012. Biomass carbon pools of cunning hamialance data (Lamb.) Hook.forests in subtropical China: characteristics and potential [J]. Scandinavian Journal of Forest Research: 1-16.

Wang D, Wang B, Niu X. 2014. Forest carbon sequestration in China and its benefit [J]. Scandinavian Journal of Forest Research, 29 (1): 51-59.

Wei, HJ, Fan, WG, Wang, XC, *et al.* 2017. Integrating supply and social demand in ecosystem services assessment: a review [J]. Ecosyst. Serv. 25: 15-27.

Wu WQ, Li JY, Zhang ZM, *et al.* 2002. Soil water characteristics of plantations in the west mountains of Beijing [J]. Journal of Beijing Forestry University, 24(4): 51-55.

Xie GD, Zhang CX, Zhen L, *et al.* 2017. Dynamic changes in the value of China's ecosystem services [J]. Ecosyst. Serv. 26: 146-154.

Xu J, Cao Y. 2002. Study on sustainability of converting farmland to forests/grasslands. Int. Econ. Rev. 22, 56-60.

Xu KJ, Xie JS, Zeng HD, *et al.* 2016. Driving factors and spatiotemporal dynamics of carbon storage of a Pinus massoniana plantation in reddish soil erosion region with ecological restoration [J]. Sci. Soil Water Conservation 14 (1): 89-96.

Yin R, Yin G, Li L. Assessing China's ecological restoration programs: what's been done and what remains to be done? [J] . Environmental Management, 2010, 45(3): 442-453.

Yin S, Shen Z, Zhou P, *et al.* 2011. Quantifying air pollution attenuation within urban parks: an experimental approach in Shanghai, China [J]. Environmental Pollution,159: 2155-2163.

Zhang JH, Su ZA, Liu GC. 2008. Effects of terracing and forestry on soil and water loss in hilly areas of the Sichuan basin, China [J]. Journal of Mountain Science, 5: 241-248.

Zhang K, Dang H, Tan S, *et al.* 2010. Change in soil organic carbon following the Grain-for-

Green programme in China [J]. Land Degrad. Dev. 21: 16-28.

Zhang WK, Wang B, Niu X. 2015. Study on the adsorption capacities for airborne particulates of landscape plants in different polluted regions in Beijing (China) [J]. International Journal of Environmental Research and Public Health, 12: 9623-9638.

Zhao CY, Feng ZD, Liu Y. 2003. Study on one ofecological services of forestecosystem in arid regionwater resource conservation [J]. Journal of Mountain Science, 21(2): 157-161.

Zhou H, Van Rompaey A. Detecting the impact of the "Grain for Green" program on the mean annual vegetation cover in the Shaanxi province, China using SPOT-VGT NDVI data [J]. Land Use Policy, 2009, 26(4): 954-960.

Zhou ZC, Gan ZT, Shangguan ZP, *et al*. 2009. China's Grain for Green program has reduced soil erosion in the upper reaches of the Yangtze River and the middle reaches of the Yellow River [J]. Int. J. Sustain. Dev. World Ecol. 16: 234-239.

附 录

附件1 名词术语

生态系统功能：ecosystem function

生态系统的自然过程和组分直接或间接地提供产品和服务的能力，包括生态系统服务功能和非生态系统服务功能。

生态系统服务：ecosystem service

生态系统中可以直接或间接地为人类提供的各种惠益，生态系统服务建立在生态系统功能的基础之上。

退耕还林工程生态效益全指标体系连续观测与清查（退耕还林生态连清）：ecological continuous inventory in conversion of cropland to forest program

以生态地理区划为单位，依托国家林业局现有森林生态系统定位观测研究站、退耕还林工程生态效益专项监测站和辅助监测点，采用长期定位观测技术和分布式测算方法，定期对退耕还林工程生态效益进行全指标体系观测与清查，它与退耕还林工程资源连续清查相耦合，评估一定时期和范围内退耕还林工程生态效益，进一步了解退耕还林工程生态效益的动态变化。

退耕还林工程生态效益监测与评估：observation and evaluation of ecological effects of conversion of cropland to forest program

通过定位监测、野外试验等手段，运用森林生态效益评价的原理和方法，通过退耕后林地的生态环境与退耕前农耕地、坡耕地的生态环境发生的变化作对比，对退耕还林工程的防风固沙、净化大气环境、生物多样性保护、固碳释氧、涵养水源、保育土壤和林木积累营养物质等生态效益进行评估。

退耕还林工程生态效益专项监测站：special observation station of ecological effects of conversion of cropland to forest program

承担退耕还林工程生态效益监测任务的各类野外观测台站。通过定位监测、野外试验等手段，运用森林生态效益评价的原理和方法，通过退耕后林地的生态环境与退耕前农耕地、坡耕地的生态环境发生的变化作对比，对退耕还林工程的防风固沙、净化大气环境、固碳释氧、生物多样性保护、涵养水源、保育土壤和林木积累营养物质等功能进行评估。

森林生态功能修正系数（FEF-CC）：forest ecological function correction coefficient

基于森林生物量决定林分的生态质量这一生态学原理，森林生态功能修正系数是指评估林分生物量和实测林分生物量的比值。反映森林生态服务评估区域森林的生态功能状况，还可以通过森林生态质量的变化修正森林生态系统服务的变化。

贴现率：discountrate

又称门槛比率，指用于把未来现金收益折合成现在收益的比率。

等效替代法：equivalent substitution approach

等效替代法是当前生态环境效益经济评价中最普遍采用的一种方法，是生态系统功能物质量向价值量转化的过程中，在保证某评估指标生态功能相同的前提下，将实际的、复杂的的生态问题和生态过程转化为等效的、简单的、易于研究的问题和过程来估算生态系统各项功能价值量的研究和处理方法。

权重当量平衡法：weight parameters equivalent balance approach

生态系统服务功能价值量评估过程中，当选取某个替代品的价格进行等效替代核算某项评估指标的价值量时，应考虑计算所得的各评估指标价值量在总价值量中所占的权重，使其保持相对平衡。

替代工程法：alternative engineering strategy

又称影子工程法，是一种工程替代的方法，即为了估算某个不可能直接得到的结果的损失项目，假设采用某项实际效果相近但实际上并未进行的工程，以该工程建造成本替代待评估项目的经济损失的方法。

替代市场法：surrogatemarket approach

研究对象本身没有直接市场交易与市场价格来直接衡量时，寻找具有这些服务的替代品的市场与价格来衡量的方法。

附表1　IPCC推荐使用的木材密度（D）　（单位：吨干物质/立方米鲜材积）

气候带	树种组	D	气候带	树种组	D
北方生物带、温带	冷杉	0.40	热带	陆均松	0.46
	云杉	0.40		鸡毛松	0.46
	铁杉、柏木	0.42		加勒比松	0.48
	落叶松	0.49		楠木	0.64
	其他松类	0.41		花榈木	0.67
	胡桃	0.53		桃花心木	0.51
	栎类	0.58		橡胶	0.53
	桦木	0.51		楝树	0.58
	槭树	0.52		椿树	0.43
	樱桃	0.49		柠檬桉	0.64
	其他硬阔类	0.53		木麻黄	0.83
	椴树	0.43		含笑	0.43
	杨	0.35		杜英	0.40
	柳	0.45		猴欢喜	0.53
	其他软阔类	0.41		银合欢	0.64

引自IPCC（2003）。

附表2 IPCC推荐使用的生物量转换因子（BEF）

编号	*a*	*b*	森林类型	R^2	备注
1	0.46	47.50	冷杉、云杉	0.98	针叶树种
2	1.07	10.24	桦木	0.70	阔叶树种
3	0.74	3.24	木麻黄	0.95	阔叶树种
4	0.40	22.54	杉木	0.95	针叶树种
5	0.61	46.15	柏木	0.96	针叶树种
6	1.15	8.55	栎类	0.98	阔叶树种
7	0.89	4.55	桉树	0.80	阔叶树种
8	0.61	33.81	落叶松	0.82	针叶树种
9	1.04	8.06	照叶树	0.89	阔叶树种
10	0.81	18.47	针阔混交林	0.99	混交树种
11	0.63	91.00	檫树落叶阔叶混交林	0.86	混交树种
12	0.76	8.31	杂木	0.98	阔叶树种
13	0.59	18.74	华山松	0.91	针叶树种
14	0.52	18.22	红松	0.90	针叶树种
15	0.51	1.05	马尾松、云南松	0.92	针叶树种
16	1.09	2.00	樟子松	0.98	针叶树种
17	0.76	5.09	油松	0.96	针叶树种
18	0.52	33.24	其他松林	0.94	针叶树种
19	0.48	30.60	杨	0.87	阔叶树种
20	0.42	41.33	杉、柳杉、油杉	0.89	针叶树种
21	0.80	0.42	热带雨林	0.87	阔叶树种

引自Fang等(2001)，$BEF = a + b/x$，a、b为常数，x为实测林分的蓄积量。

附表3 各树种组单木生物量模型及参数

序号	公式	树种组	建模样本数	模型参数	
1	$B/V=a(D^2H)^b$	杉木类	50	0.788432	-0.069959
2	$B/V=a(D^2H)^b$	马尾松	51	0.343589	0.058413
3	$B/V=a(D^2H)^b$	南方阔叶类	54	0.889290	-0.013555
4	$B/V=a(D^2H)^b$	红松	23	0.390374	0.017299
5	$B/V=a(D^2H)^b$	云杉、冷杉	51	0.844234	-0.060296
6	$B/V=a(D^2H)^b$	落叶松	99	1.121615	-0.087122
7	$B/V=a(D^2H)^b$	胡桃楸、黄波罗	42	0.920996	-0.064294
8	$B/V=a(D^2H)^b$	硬阔叶类	51	0.834279	-0.017832
9	$B/V=a(D^2H)^b$	软阔叶类	29	0.471235	0.018332

引自李海奎和雷渊才(2010)。

附表4 退耕还林工程生态效益评估社会公共数据表（推荐使用价格）

编号	名称	单位	出处值	2016价格	来源及依据
1	水资源市场交易价格	元/吨	—	6.93	采用水权市场价格法来评估森林持续供水价值，按照《关于加快建立完善城镇居民用水阶梯价格制度的指导意见》要求和发改委、财政部和水利部共同发布《关于水资源费征收标准有关问题的通知》等。
2	水的净化费用	元/吨	2.94	3.37	采用网格法得到2016年全国各大中城市的居民用水价格的平均值，为3.37元/吨。
3	挖取单位面积土方费用	元/立方米	42.00	42.00	根据2002年黄河水利出版社出版《中华人民共和国水利部水利建筑工程预算定额》（上册）中人工挖土方I和II类土类每100立方米需42工时，人工费依据《建设工程工程量清单计价规范》取100元/工日。
4	磷酸二铵含氮量	%	14.00	14.00	化肥产品说明。
5	磷酸二铵含磷量	%	15.01	15.01	
6	氯化钾含钾量	%	50.00	50.00	
7	磷酸二铵化肥价格	元/吨	3300.00	3641.83	根据中国化肥网（http://www.fert.cn）2013年春季公布的磷酸二胺和氯化钾化肥平均价格，磷酸二铵为3300元/吨；氯化钾化肥价格为2800元/吨；有机质价格根据中国农资网（www.ampcn.com）2013年鸡粪有机肥的春季平均价格得到，为800元/吨。
8	氯化钾化肥价格	元/吨	2800.00	3090.03	
9	有机质价格	元/吨	800.00	882.87	
10	固碳价格	元/吨	855.40	944.01	采用2013年瑞典碳税价格：136美元/吨二氧化碳，人民币对美元汇率按照2013年平均汇率6.2897计算，贴现至2016年。
11	制造氧气价格	元/吨	1000.00	1433.67	采用中华人民共和国卫生部网站（http://www.nhfpc.gov.cn）2007年春季氧气平均价格（1000元/吨），根据贴现率贴现到2016年的价格，为1433.67元/吨。
12	负离子生产费用	元/10^{18}个	9.50	9.50	根据企业生产的适用范围30立方米（房间高3米）、功率为6瓦、负离子浓度1000000个/立方米、使用寿命为10年、价格每个65元的KLD-2000型负离子发生器而推断获得，其中负离子寿命为10分钟；根据全国电网销售电价，居民生活用电现行价格为0.65元/千瓦时。

（续）

编号	名称	单位	出处值	2016价格	来源及依据
13	二氧化硫治理费用	元/千克	1.20	2.05	采用中华人民共和国国家发展和改革委员会第四部委2003年第31号令《排污费征收标准及计算方法》中北京市高硫煤二氧化硫排污费收费标准1.20元/千克；氟化物排污费收费标准为0.69元/千克；氮氧化物排污费收费标准为0.63元/千克；一般粉尘排放物收费标准为0.15元/千克。贴现到2016年二氧化硫排污费收费标准为2.05元/千克；氟化物排污费收费标准为1.17元/千克；氮氧化物排污费收费标准为1.07元/千克；一般粉尘排污费收费标准为0.26元/千克。
14	氟化物治理费用	元/千克	0.69	1.17	
15	氮氧化物治理费用	元/千克	0.63	1.07	
16	降尘清理费用	元/千克	0.15	0.26	
17	PM_{10}所造成健康危害经济损失	元/千克	28.30	31.23	根据David等2013年《Modeled $PM_{2.5}$ removal by trees in ten U.S. cities and associated health effects》中对美国十个城市绿色植被吸附$PM_{2.5}$及对健康价值影响的研究。其中，价值贴现至2016年，人民币对美元汇率按照2014年平均汇率6.2897计算。
18	$PM_{2.5}$所造成健康危害经济损失	元/千克	4350.89	4801.57	
19	草方格固沙成本	元/吨	—	23.67	根据《草方格沙障固沙技术，http://www.zhiwuwang.com/news/show.php?itemid=20192》计算得出，铺设1米×1米规格的草方格沙障，每公顷使用麦秸6000千克，每千克麦秸0.4元，即2400元/公顷；用工量245个工（日），人工费依据《建设工程工程量清单计价规范》取100元/工日，即24500元/公顷；另草方格维护成本150元/公顷，合计27050元/公顷。根据《沙坡头人工植被防护体系防风固沙功能价值评价》，1米×1米规格的草方格沙障每公顷固沙1142.85吨，即23.67元/吨。
20	稻谷价格	元/千克	2.70	2.78	根据中华粮网2015年稻谷（粳稻）平均收购价格，贴现到2016年为2.78元/千克。
21	牧草价格	元/千克	0.40	0.40	赤峰市翁牛特旗综合效益的经济评价。
22	生物多样性保护价值	元（公顷·年）			根据Shannon-Wiener指数计算生物多样性保护价值，采用2008年价格，即： Shannon-Wiener指数<1时，S1为3000元/（公顷·年）； 1≤Shannon-Wiener指数<2，S1为5000元/（公顷·年）； 2≤Shannon-Wiener指数<3，S1为10000元/（公顷·年）； 3≤Shannon-Wiener指数<4，S1为20000元/（公顷·年）； 4≤Shannon-Wiener指数<5，S1为30000元/（公顷·年）； 5≤Shannon-Wiener指数<6，S1为40000元/（公顷·年）； 指数≥6时，S1为50000元/（公顷·年）。 通过贴现率贴现至2016年价格。

注：该表用于除长江黄河中上游地区以外其他地区退耕还林工程生态效益价值量评估，2016年价格由价格出处值通过贴现率贴现所得。